Arbeitnehmerähnliche Personen in der Betriebsverfassung unter besonderer Berücksichtigung des Arbeitsschutzrechts

Recht der Arbeit und der sozialen Sicherheit

Herausgegeben von Wolfgang Däubler, Katja Nebe,
Konstanze Plett, Ursula Rust, Klaus Sieveking

(bigas - Bremer Institut für
Gender-, Arbeits- und Sozialrecht,
Fachbereich Rechtswissenschaft
der Universität Bremen)

Band 35

Lea Frey

Arbeitnehmerähnliche Personen in der Betriebsverfassung unter besonderer Berücksichtigung des Arbeitsschutzrechts

Bibliografische Information der Deutschen Nationalbibliothek
Die Deutsche Nationalbibliothek verzeichnet diese Publikation
in der Deutschen Nationalbibliografie; detaillierte bibliografische
Daten sind im Internet über http://dnb.d-nb.de abrufbar.

Zugl: Bremen, Univ., Diss., 2014

Abdruck der Logos auf dem Umschlag
mit freundlicher Genehmigung
der Universität Bremen

D 46
ISSN 0178-4285
ISBN 978-3-631-65251-0 (Print)
E-ISBN 978-3-653-04311-2 (E-Book)
DOI 10.3726/978-3-653-04311-2

© Peter Lang GmbH
Internationaler Verlag der Wissenschaften
Frankfurt am Main 2014
Alle Rechte vorbehalten.
PL Academic Research ist ein Imprint der Peter Lang GmbH.

Peter Lang – Frankfurt am Main · Bern · Bruxelles · New York ·
Oxford · Warszawa · Wien

Diese Publikation wurde begutachtet.

www.peterlang.com

Vorwort

Die vorliegende Arbeit wurde im Wintersemester 2012/2013 von dem Fachbereich Rechtswissenschaft der Universität Bremen als Dissertation angenommen. Die öffentliche Verteidigung fand am 10.01.2014 statt. Rechtsprechung und Literatur konnten bis Januar 2014 berücksichtigt werden.

Betreut wurde die Arbeit von meiner verehrten Doktormutter Prof. Dr. Katja Nebe, der ich an dieser Stelle meinen herzlichen und aufrichtigen Dank aussprechen möchte. Frau Prof. Nebe war während der Entstehung dieser Arbeit stets für Fragen und Diskussionen offen und hat hierdurch in vielfältiger Weise zum Gelingen der Arbeit beigetragen. Ihre bedeutsamen inhaltlichen Impulse und die Diskussion mit ihr waren für mich stets von unschätzbarem Wert und haben die Arbeit zurückhaltend, aber entscheidend geprägt.

Herrn Prof. Dr. Wolfhard Kohte möchte ich nicht nur für die zügige Erstellung des Zweitgutachtens, sondern auch für seinen Vorschlag zum Thema der Arbeit sowie seine wertvollen inhaltlichen Anregungen danken.

Ein ganz besonderer und sehr großer Dank gilt meinen Eltern, Dr. Max Löffler und Ute Löffler sowie meiner Schwester Kyra, die nicht nur bei der Entstehung dieser Arbeit ein wichtiger Rückhalt waren, sondern während meines gesamten bisherigen Werdegangs jederzeit und in allen Lebenslagen sowie bei allen sich stellenden Herausforderungen bedingungslos an meiner Seite standen. Ohne ihre Förderung, Unterstützung und Liebe hätte ich es nicht bis hierher geschafft.

Besonders und von ganzem Herzen danke ich schließlich meinem lieben Mann Max. Er hat mir während der Entstehung dieser Arbeit unermüdlich und liebevoll die notwendige emotionale Unterstützung entgegengebracht, aus der ich immer wieder Kraft, Motivation und neuen Tatendrang schöpfen konnte.

Ich danke ihm dafür, dass er immer für mich da ist, er mich jederzeit in allem unterstützt und ich mir seines immerwährenden und entscheidenden Rückhalts stets sicher sein kann.

Ihm und meiner Familie widme ich diese Arbeit.

Hannover, im Februar 2014

Lea Frey

Inhaltsverzeichnis

12

15

16

Einleitung

„Es ist [...] zumindest diskussionswürdig, arbeitnehmerähnliche Personen generell im selben Umfang wie die in Heimarbeit Beschäftigten als Arbeitnehmer des
Betriebs anzusehen. Einer solchen Erweiterung des Betriebsverfassungsrechts
über die in Heimarbeit Beschäftigten hinaus auf alle arbeitnehmerähnlichen Personen wäre ein gewisser „Charme" nicht abzusprechen."[1]

Zu diesem Ergebnis kam *Rost* bereits im Jahre 1999. In seinem Aufsatz „Arbeitnehmer und arbeitnehmerähnliche Personen im Betriebsverfassungsrecht"
befasst er sich mit der Frage, inwieweit eine Erstreckung des BetrVG auf arbeitnehmerähnliche Personen möglich ist, kommt aber letztlich zu dem Ergebnis, dass
„die Beschränkung auf die in Heimarbeit Beschäftigten [...] für das Betriebsverfassungsrecht zu respektieren [sei]".[2]

Ob diesem Ergebnis in letzter Konsequenz auch nach heutigem Stand noch
zugestimmt werden kann, ist angesichts anhaltender Umwandlung von Normalarbeitsverhältnissen in sog. „neue Beschäftigungsformen", wie „freie Mitarbeit", „Leiharbeit" oder sog. „Solo-Selbstständigkeit", die rein äußerlich meist
als Flexibilisierungsstrategie dargestellt wird, fraglich. Die Umwandlung erfolgt
nämlich nicht mehr nur in Reaktion auf temporäre Arbeitsspitzen. Vielmehr
werden durch die neuen Beschäftigungsformen mittlerweile in großen Teilen
auch Stammarbeitsplätze ersetzt.[3] Der dahingehende Trend steigt stetig. So liegt
der Anteil an „neuen Beschäftigungsformen" in Deutschland heute bei etwa
einem Drittel der Beschäftigten. Der Anteil der Normalarbeitsverhältnisse ist
in den Jahren 1998 bis 2008 um 6,6 % gesunken, während die Anzahl atypi-
scher Beschäftigungsverhältnisse um 46,2 % und die Anzahl der Solo-Selbstständigen um 27,8 % angestiegen ist. Im Zeitraum von 1991 bis 2008 ist die
Zahl der Solo-Selbstständigen laut statistischem Bundesamt sogar um 66 % gestiegen. Ein großer Teil dieser Solo-Selbstständigen ist nicht marktorientiert,
hat also keinen eigenen Kundenstamm, sondern ist lediglich für ein oder zwei

---

1   *Rost*, NZA 1999, 113 (120).
2   *Rost*, NZA 1999, 113 (121).
3   *Karthaus/Klebe*, NZA 2012, 417 (417).

Auftraggeber tätig[4], von diesem bzw. von einem dieser Auftraggeber wirtschaftlich abhängig und als arbeitnehmerähnliche anzusehen. Diese Umwandlung von Normalarbeitsverhältnissen dient neben der Flexibilisierung insbesondere auch der Absenkung der Arbeitsbedingungen.[5] Gerade unter Berücksichtigung des Europäischen Arbeitsrechts ist zu untersuchen, ob diese durch die andauernde Umwandlung von Normalarbeitsverhältnissen erfolgte Absenkung nicht gleichzeitig dazu führen muss, die Rechte der anstelle von Arbeitnehmern eingesetzten Beschäftigten entsprechend anzupassen, um der Verringerung des Beschäftigtenschutzes Einhalt zu gebieten. Eine gewichtige Maßnahme ist in diesem Zusammenhang nicht nur die Erstreckung von Arbeitsschutzvorschriften auf bestimmte Beschäftigungsgruppen, was durch das ArbSchG weitgehend erfolgt ist. Die Effektivität des Arbeitsschutzes gebietet vielmehr sowohl auf europäischer als auch auf nationaler Ebene die Mitwirkung der Beschäftigten. Die Effektivität der Mitwirkung der Beschäftigten bzw. ihrer Vertreter wurde insbesondere durch den Erlass der Richtlinie 2002/14/EG zur Festlegung eines allgemeinen Rahmens für die Unterrichtung und die Anhörung der Arbeitnehmer[6] exponiert und auch die Richtlinie 89/391/EWG über die Durchführung von Maßnahmen zur Verbesserung der Sicherheit und des Gesundheitsschutzes der Arbeitnehmer bei der Arbeit[7] erkennt die Partizipation der Beschäftigten als eines der tragenden Elemente des Arbeitsschutzes an. Sie sieht im Hinblick auf die elementare Bedeutung der Mitwirkung im Bereich des Arbeitsschutzes umfassende Beteiligungsrechte der Beschäftigten bzw. ihrer Vertreter vor, die es im nationalen Recht umzusetzen gilt.[8] Im deutschen Recht werden diese Beteiligungsrechte aber weitestgehend vom Betriebsrat ausgeübt und damit durch

---

4   *Waltermann*, Gutachten B zum 68. Deutschen Juristentag, B 17, B 101.

5   *Karthaus/Klebe*, NZA 2012, 417 (417).

6   Richtlinie 2002/14/EG des Europäischen Parlaments und des Rates vom 11.03.2002 zur Festlegung eines allgemeinen Rahmens für die Unterrichtung Anhörung der Arbeitnehmer in der Europäischen Gemeinschaft, ABl. Nr. L 80/29.

7   Richtlinie 89/391/EWG des Rates vom 12.06.1989 über die Durchführung von Maßnahmen zur Verbesserung der Sicherheit und des Gesundheitsschutzes der Arbeitnehmer bei der Arbeit, ABl. Nr. L 183/1, zuletzt geändert durch Anh. Nr. 2.1 ÄndVO (EG) Nr. 1137/2008 vom 22.10.2008, ABl. Nr. L 311/1.

8   Vgl. nur Art. 10 und 11 der Richtlinie 89/391/EWG; *EuGH*, Urteil vom 22.05.2003, Rs. C-441/01 – Kommission der Europäischen Gemeinschaften ./. Königreich Niederlande, Slg. 2003, 5463 ff.; *Bücker/Feldhoff/Kohte*, Arbeitsumwelt, Rn. 267; *Habich*, Sicherheits- und Gesundheitsschutz, S: 61 f.; *Kohte*, Arbeitsschutzrahmenrichtlinie, EAS B 6100, Rn. 101; *ders.*, Jahrbuch des Arbeitsrechts, Bd. 37, S. 36 ff.; *ders.*, Partizipation, S. 7; *Nebe*, Betrieblicher Mutterschutz, S. 138; vgl. auch § 2, B., I., 4.

das Betriebsverfassungsgesetz umgesetzt[9]. Das Betriebsverfassungsrecht selbst kann insofern als dem Beschäftigtenschutz zugehörig angesehen werden. Denn das Anliegen des Betriebsverfassungsrechts besteht darin, die betriebliche Ordnung so zu regeln, dass auf der einen Seite die schützenswerten Belange der Belegschaft sowie der einzelnen Beschäftigten, gerade auch im Bereich des Arbeitsschutzes, geschützt werden, während auf der anderen Seite die wirtschaftliche Entscheidungsfreiheit des Arbeitgebers im Grundsatz gewahrt bleibt. Das Betriebsverfassungsrecht nimmt damit gerade auch bei der Effektivierung des Arbeitsschutzes eine gewichtige Schlüsselrolle ein.[10]

Nach der Rechtsprechung des BAG soll die für die Anwendbarkeit des Betriebsverfassungsrechts notwendige Voraussetzung, dass die betroffene Person als Arbeitnehmer i.S.d. § 5 BetrVG angesehen werden kann, in Bezug auf arbeitnehmerähnliche Personen aber gerade nicht erfüllt sein.[11] Der dem Betriebsverfassungsrecht zugrunde liegende Gedanke des Beschäftigungsschutzes soll demnach den zwar nicht persönlich, aber wirtschaftlich abhängigen arbeitnehmerähnlichen Personen, die im Grunde als selbstständig angesehen werden[12], nicht zugute kommen.

---

9   So auch BT-Drucks. 13/3540, S. 22.
10 *BAG*, Beschluss vom 08.06.2004, Az.: 1 ABR 13/03, NZA 2004, 1175; *BAG*, Urteil vom 12.08.2008, Az.: 9 AZR 1117/06, NZA 2009, 102; *BAG*, Beschluss vom 18.08.2009, Az.: 1 ABR 43/08, NZA 2009, 1434; *Faber*, Die arbeitsschutzrechtlichen Grundpflichten, S. 463; MünchArb-*v. Hoyningen-Huene*, § 210, Rn. 1; *Kohte*, Festschrift für Gnade, S. 675 (684); *Pieper*, ArbSchR, Betriebsverfassungsgesetz, Rn. 1; D/K/K/W-*Trümner*, § 87 BetrVG, Rn. 204; insofern wird das Betriebsverfassungsgesetz auch häufig als „Grundgesetz des Betriebs" bezeichnet, *Julius*, Arbeitsschutz und Fremdfirmenbeschäftigung, S. 45; *Kohte*, Arbeitsschutzrahmenrichtlinie, EAS B 6100, Rn. 18; *ders.*, Jahrbuch des Arbeitsrechts, Bd. 37, S. 26; *ders.*, Partizipation, S. 5, *Wlotzke*, NZA 1990, 417 (419 f.); *ders.*, RdA 1992, 85 (91); *ders.*, NZA 1994, 602 (603); *Pieper*, ArbSchR, Einl., Rn. 87.
11 *BAG*, Beschluss vom 12.02.1992, Az.: 7 ABR 42/91, NZA 1993, 334.
12 *BAG*, Urteil vom 17.10.1990, Az: 5 AZR 639/89, NZA 1991, 402; *BAG*, Beschluss vom 11.04.1997, Az.: 5 AZB 33/96, AP Nr. 30 zu § 5 ArbGG 1979; *BGH*, Beschluss vom 21.10.1998, Az.: VIII ZB 54-97, NJW 1999, 648; *BAG*, Beschluss vom 17.06.1999, Az.: 5 AZB 23/98, NZA 1999, 1175; *BAG*, Beschluss vom 30.08.2000, Az.: 5 AZB 12/00, NZA 2000, 1359; *BAG*, Urteil vom 15.11.2005, Az.: 9 AZR 626/04, AP Nr. 12 zu § 611 BGB – Arbeitnehmerähnlichkeit; *Buchner*, ZUM 2000, 624 (624 ff.); *Brox/Rüthers/Henssler*, Arbeitsrecht, Rn. 88; *Fitting*, § 5 BetrVG, Rn. 92, *Löwisch*, Arbeitsrecht, Rn. 5; ErfK/*Preis*, § 611 BGB, Rn. 110 f.; *Reinecke* in Däubler, § 12a TVG, Rn. 22 f.; MünchArb-*Richardi*, § 20, Rn. 2; *Plander*, DB 1999, 330 (330); *ders.* in Festschrift für Däubler, S. 272 (273); *Raab* in GK-BetrVG,

Wie aber bereits die Kommission der Europäischen Gemeinschaften in ihrem am 22.11.2006 vorgelegte Grünbuch mit dem Titel „Ein modernes Arbeitsrecht für die Herausforderung des 21. Jahrhunderts"[13] hervorhebt, spiegelt diese herkömmliche Unterscheidung zwischen abhängigen Beschäftigten und nicht abhängigen Selbstständigen die wirtschaftlichen und sozialen Gegebenheiten der Arbeitswelt nicht mehr angemessen wider.[14] Gerade in Bezug auf die wirtschaftlich abhängigen Beschäftigten, die keinen Arbeitsvertrag haben und sich in einer „Grauzone" zwischen Arbeits- und Handelsrecht bewegen, wird erwogen, die „überkommenen Grenzen" des Arbeitsrechts zu überschreiten und das Europäische Arbeitsrecht auch auf arbeitnehmerähnliche Personen auszudehnen.[15]

Mit Rücksicht auf diese Erkenntnisse, auch auf europäischer Ebene, und den Schutzzweck des Betriebsverfassungsrechts, erscheint der Ausschluss arbeitnehmerähnlicher Personen aus dem gesamten Betriebsverfassungsrecht daher fraglich. Dies nicht zuletzt auch aufgrund der jüngst ergangenen Entscheidung des BAG zu der betriebsverfassungsrechtlichen Stellung von Leiharbeitnehmern. Das BAG hat nach einigen Jahren der Orientierung auf den Trend, Stammarbeitsplätze durch Leiharbeit zu ersetzen, reagiert, um das Phänomen der Leiharbeit mit den bestehenden Prinzipien der betrieblichen Mitbestimmung in Einklang zu bringen und geht in Abkehr von seiner früheren Rechtsprechung nunmehr davon aus, dass im Entleiherbetrieb beschäftigte Leiharbeitnehmer bei den Schwellenwerten des § 9 S. 1 BetrVG in der Regel mitzuzählen sind[16], obwohl Leiharbeitnehmer zu dem Entleiher nicht in einem klassischen Arbeitsverhältnis stehen.

Vor diesem Hintergrund befasst sich die vorliegende Arbeit mit der Frage, ob und inwieweit nach derzeitiger Lage die Möglichkeit oder aufgrund unionsrechtlicher Vorgaben sogar die Verpflichtung besteht, arbeitnehmerähnliche Personen in

---

§ 5 BetrVG, Rn. 52; H/S/W/G/N/R-*Rose*, § 5 BetrVG, Rn. 48; KR-*Rost*, ArbNähnl. Pers., Rn. 8; D/K/K/W-*Trümner*, § 5 BetrVG, Rn. 96; Wiedemann/*Wank*, § 12a TVG, Rn. 1 ff.

13 Kommission der Europäischen Gemeinschaften, Grünbuch, Ein modernes Arbeitsrecht für die Herausforderungen des 21. Jahrhunderts, KOM(2006) 708 endgültig vom 22.11.2006.

14 Kommission der Europäischen Gemeinschaften, Grünbuch, Ein modernes Arbeitsrecht für die Herausforderungen des 21. Jahrhunderts, KOM(2006) 708 endgültig vom 22.11.2006, S. 12.

15 Kommission der Europäischen Gemeinschaften, Grünbuch, Ein modernes Arbeitsrecht für die Herausforderungen des 21. Jahrhunderts, KOM(2006) 708 endgültig vom 22.11.2006, S. 12 f.; *Thüsing*, Europäisches Arbeitsrecht, § 1, Rn. 18, 63.

16 *BAG*, Beschluss vom 13.03.2013, Az.: 7 ABR 69/11, NZA 2013, 789.

den Schutz des BetrVG einzubeziehen. Es soll untersucht werden, ob das tatsächliche Schutzbedürfnis arbeitnehmerähnlicher Personen es erfordert, auch ihnen den rechtlichen Schutz des Betriebsverfassungsrechts insgesamt oder zumindest in Teilen zukommen zu lassen.

Die Untersuchung ist dabei in vier Abschnitte untergliedert. Im ersten Abschnitt sollen die Grundlagen für die Untersuchung der betriebsverfassungsrechtlichen Stellung arbeitnehmerähnlicher Personen ausführlich dargestellt werden. Es soll zunächst der Begriff der arbeitnehmerähnlichen Person erläutert werden (§ 1), um anschließend die im Arbeitsschutzrecht bestehenden unionsrechtlichen Vorgaben und deren Erfassung arbeitnehmerähnlicher Personen darzustellen (§ 2). Im zweiten Abschnitt ist daran anknüpfend zu ermitteln, inwieweit nach unionsrechtlichen und nationalen Vorgaben die Möglichkeit und Notwendigkeit besteht, arbeitnehmerähnlichen Personen den Schutz des BetrVG insgesamt (§ 3) oder hinsichtlich einzelner Vorschriften (§ 4) zukommen zu lassen, wobei der Fokus auf den Bereich des Arbeitsschutzes gelegt wird. Der dritte Abschnitt befasst sich im Anschluss daran mit der Frage, wie arbeitnehmerähnliche Personen im Bereich des Arbeitsschutzes im Betrieb repräsentiert werden können, ob ein neben dem Betriebsrat bestehendes Repräsentationsorgan geschaffen werden muss und inwieweit arbeitnehmerähnliche Personen an der Wahl ihrer Repräsentanten teilhaben können (§§ 5 und 6). Der vierte und letzte Abschnitt enthält abschließend eine Zusammenfassung der wesentlichen im Rahmen der Arbeit ermittelten Ergebnisse.

Erster Abschnitt: Begriffliche Grundlagen und unionsrechtliche Vorgaben zum Schutz arbeitnehmerähnlicher Personen

§ 1 Kritische Analyse des Begriffs der arbeitnehmerähnlichen Person nach nationalem Verständnis unter Berücksichtigung des Arbeitsschutzrechts

Dem in der Einleitung bereits skizzierten Aufbau folgend, geht es in § 1 dieser Arbeit um die Frage, wie der Begriff der arbeitnehmerähnlichen Person im nationalen Recht bislang verstanden wird. Bevor in die eigentliche Untersuchung der Arbeit eingestiegen wird, die sich mit der betriebsverfassungsrechtlichen Stellung arbeitnehmerähnlicher Personen, insbesondere im Bereich des Arbeitsschutzes befasst, soll der Begriff „arbeitnehmerähnliche Person" zunächst anhand der von der nationalen Rechtsprechung hierfür entwickelten Kriterien dargestellt und anschließend kritisch hinterfragt werden, ob die von der Rechtsprechung vorrangig an zeitlichen Bindungen oder monetären Kriterien vorgenommene Typisierung dem Schutzzweck des Arbeitsschutzes und dessen Erstreckung auf arbeitnehmerähnliche Personen (vgl. § 2 ArbSchG) gerecht wird oder nicht stattdessen – was diesseits im Ergebnis auch vertreten wird – eine funktionsbezogene Auslegung angezeigt ist.[17]

Dabei ist zu berücksichtigen, dass das derzeitige Rechtssystem zwischen verschiedenen Beschäftigungsformen differenziert. Anerkannte Beschäftigungsgruppen sind Arbeitnehmer, arbeitnehmerähnliche Personen und Selbstständige.[18] Arbeitnehmerähnliche Personen sind nach dem derzeitigen Verständnis des Arbeitnehmerbegriffs demnach keine Arbeitnehmer im Sinne des deutschen

---

17 Diese Vorabuntersuchung ist erforderlich, um im weiteren Verlauf der Arbeit die Divergenzen zwischen nationalem und Unionsrecht aufzeigen und untersuchen zu können, ob diese mit den anerkannten Auslegungsmethoden beseitigt werden können.

18 *BAG*, Urteil vom 20.09.2000, Az.: 5 AZR 61/99, NZA 2001, 551; *Buchner*, NZA 1998, 1144 (1149 f.); *Hromadka*, NZA 1997, 569 (576), *Hümmerich*, NJW 1998, 2625 (2633); *Reichold*, Arbeitsrecht, § 2, Rn. 24; *Reinecke* in Däubler, § 12a TVG, Rn. 22; *Schubert*, Schutz der arbNähnl. Pers., S. 18 ff; Wiedemann/*Wank*, § 12a TVG, Rn. 2a.

Arbeitsrechts.[19] Nach der Rechtsprechung sind arbeitnehmerähnliche Personen in der Regel wegen ihrer fehlenden oder gegenüber Arbeitnehmern erheblich geringeren Weisungsgebundenheit und Eingliederung in die Betriebsorganisation nicht in dem Maße persönlich abhängig, wie es für die Annahme der Arbeitnehmereigenschaft erforderlich wäre.[20] An die Stelle der persönlichen Abhängigkeit tritt bei arbeitnehmerähnlichen Personen deren wirtschaftliche Abhängigkeit. Anders als klassische Selbstständige sind sie mithin nicht wirtschaftlich selbstständig.[21] Sie nehmen eine Zwischenstellung zwischen Arbeitnehmern und Selbstständigen ein, wobei sie gleichwohl als dem Grunde nach selbstständig anzusehen sind.[22]

Arbeitnehmerähnliche Personen sind dem nationalen Rechtssystem mithin bekannt. Ebenso anerkannt ist auch deren Schutzbedürftigkeit, was durch die Ausweitung einzelner arbeitsrechtlicher Vorschriften, nämlich § 5 Abs. 1 S. 2 ArbGG, § 2 S. 2 BUrlG und § 12a TVG, § 6 Abs. 1 Nr. 3 AGG und § 2 Abs. 2 Nr. 3 ArbSchG, deutlich zum Ausdruck gebracht wurde. Gleichwohl ist im nationalen Recht bis heute strittig, ob eine allgemeingültige verbindliche Definition dieses Begriffs existiert. Eine gesetzliche Umschreibung der arbeitnehmerähnlichen Personen findet sich allein in § 12a Abs. 1 Nr. 1, HS. 1 TVG, wonach arbeitnehmerähnliche

---

19 *Buchner*, ZUM 2000, 624 (624 ff.); *Brox/Rüthers/Henssler*, Arbeitsrecht, Rn. 88; *Fitting*, § 5 BetrVG, Rn. 92, *Löwisch*, Arbeitsrecht, Rn. 5; ErfK/*Preis*, § 611 BGB, Rn. 110 f.; *Reinecke* in Däubler, § 12a TVG, Rn. 22 f.; MünchArb-*Richardi*, § 20, Rn. 2; *Plander*, DB 1999, 330 (330); *ders.* in Festschrift für Däubler; S. 272 (273); *Raab* in GK-BetrVG, § 5 BetrVG, Rn. 52; H/S/W/G/N/R-*Rose*, § 5 BetrVG, Rn. 48; KR-*Rost*, ArbNähnl. Pers., Rn. 8; D/K/K/W-*Trümner*, § 5 BetrVG, Rn. 96; Wiedemann/*Wank*, § 12a TVG, Rn. 1 ff.

20 *BAG*, Urteil vom 17.10.1990, Az: 5 AZR 639/89, NZA 1991, 402; *BAG*, Beschluss vom 11.04.1997, Az.: 5 AZB 33/96, AP Nr. 30 zu § 5 ArbGG 1979; *BGH*, Beschluss vom 21.10.1998, Az.: VIII ZB 54-97, NJW 1999, 648; *BAG*, Beschluss vom 17.06.1999, Az.: 5 AZB 23/98, NZA 1999, 1175; *BAG*, Beschluss vom 30.08.2000, Az.: 5 AZB 12/00, NZA 2000, 1359; *BAG*, Urteil vom 15.11.2005, Az.: 9 AZR 626/04, AP Nr. 12 zu § 611 BGB – Arbeitnehmerähnlichkeit; *Reinecke* in Däubler, § 12a TVG, Rn. 23.

21 *BAG*, Beschluss vom 17.06.1999, Az.: 5 AZB 23/98, NZA 1999, 1175; *BAG*, Beschluss vom 30.08.2000, Az.: 5 AZB 12/00; NZA 2000, 1359; *BAG*, Urteil vom 17.01.2006, Az.: 9 AZR 61/05, NJOZ 2006, 3821; *BAG*, Urteil vom 15.11.2005, Az.: 9 AZR 626/04, AP Nr. 12 zu § 611 BGB – Arbeitnehmerähnlichkeit; *BAG*, Beschluss vom 11.06.2003, Az.: 5 AZB 43/02, NZA 2003, 1163; *BAG*, Beschluss vom 26.09.2002, Az.: 5 AZB 19/01, NZA 2002, 1412; *BAG*, Beschluss vom 19.12.2000, Az.: 5 AZB 16/00, NZA 2001, 285; *BAG*, Beschluss vom 21.02.2007, 5 AZB 52/06, NZA 2007, 699; *Schubert*, Schutz der arbNähnl. Pers., S. 5; *Reinecke* in Däubler, § 12a TVG, Rn. 23.

22 Vgl. § 1, B., IV., 2.

Personen all jene Personen sind, die wirtschaftlich abhängig und einem Arbeitnehmer vergleichbar schutzbedürftig sind. Dies entspricht der Definition, die auch die Rechtsprechung zur Umschreibung des Begriffs der arbeitnehmerähnlichen Person heranzieht.[23] Unter Rückgriff auf diese Begriffsbestimmung sollen die arbeitnehmerähnlichen Beschäftigten vornehmlich durch ihre wirtschaftliche Abhängigkeit von den persönlich abhängigen Arbeitnehmern abzugrenzen sein. Das Erfordernis der sozialen Schutzbedürftigkeit soll ferner eine Abgrenzung zu den klassischen Selbstständigen ermöglichen, die eines entsprechenden arbeitsrechtlichen Schutzes mangels Gebundenheit an einen bestimmten Auftraggeber nicht bedürfen.[24]

A. Wirtschaftliche Abhängigkeit

Ein erstes konkretisierendes Abgrenzungsmerkmal für den Typus der arbeitnehmerähnlichen Person soll mithin die wirtschaftliche Abhängigkeit des Beschäftigten gegenüber seinem Auftraggeber sein.[25] Dieses Erfordernis der wirtschaftlichen Abhängigkeit wird von der Rechtsprechung durch die nachfolgend dargestellten einzelnen positiven und negativen Kriterien ausgefüllt und so einer näheren Konkretisierung zugeführt.

I. Überwiegende Tätigkeit für nur einen Auftraggeber

Die wirtschaftliche Abhängigkeit soll sich nach der ständigen Rechtsprechung des BAG maßgeblich dadurch auszeichnen, dass der Beschäftigte seine Existenz durch Einsatz seiner persönlichen Arbeitskraft sichert, wobei er auf die Beschäftigung bei überwiegend einem Auftraggeber angewiesen ist.[26] Hintergrund dieser

---

23 *BAG*, Urteil vom 17.10.1990, Az: 5 AZR 639/89, NZA 1991, 402; *BAG*, Beschluss vom 11.04.1997, Az.: 5 AZB 33/96, AP Nr. 30 zu § 5 ArbGG 1979; *BGH*, Beschluss vom 21.10.1998, Az.: VIII ZB 54-97, NJW 1999, 648; *BAG*, Beschluss vom 17.06.1999, Az.: 5 AZB 23/98, NZA 1999, 1175; *BAG*, Beschluss vom 30.08.2000, Az.: 5 AZB 12/00, NZA 2000, 1359; *BAG*, Urteil vom 15.11.2005, Az.: 9 AZR 626/04, AP Nr. 12 zu § 611 BGB – Arbeitnehmerähnlichkeit; KR-*Rost*, ArbNähnl. Pers., Rn. 8.

24 MünchArb-*Düwell*, § 77, Rn. 13; *Reinecke* in Däubler, § 12a TVG, Rn. 50 ff.;

25 *Schubert*, Schutz der arbNähnl. Pers., S. 28.

26 **Zu § 5 ArbGG**: *BAG*, Beschluss vom 14.01.1997, Az.: 5 AZB 22/96, NZA 1997, 399; *BAG*, Beschluss vom 17.06.1999, Az.: 5 AZB 23/98, NZA 1999, 1175; *BAG*, Beschluss vom 30.08.2000, Az.: 5 AZB 12/00, NZA 2000, 1359; *BAG*, Beschluss vom 19.12.2000, Az.: 5 AZB 16/00, NZA 2001, 285; *BAG*, Beschluss vom 21.02.2007,

Überlegung ist die mangelnde Flexibilität des Beschäftigten, der im Falle der Beendigung des Beschäftigungsverhältnisses nicht ohne weiteres auf andere Auftraggeber zurückgreifen kann. Die wirtschaftliche Abhängigkeit soll sich insoweit durch ein erhöhtes Erwerbsrisiko auszeichnen.[27] Entscheidend soll es hierbei darauf ankommen, dass der Beschäftigte *vorwiegend* für nur einen Auftraggeber tätig ist; nicht relevant ist eine geringfügige Tätigkeit für weitere Personen, sofern die von einem Auftraggeber erhaltene Vergütung den wesentlichen Einkommensanteil ausmacht und damit die entscheidende Existenzgrundlage darstellt.[28]

Aufgrund der überwiegenden Tätigkeit für einen konkreten Auftraggeber sei der Beschäftigte an diesen gebunden und von ihm abhängig, denn der Verlust des Einkommens aus dieser Tätigkeit würde für den Beschäftigten eine erhebliche Bedrohung seiner Daseinsgrundlage darstellen. Anderweitige Beschäftigungen, welchen es an dieser Gebundenheit mangelt, seien von untergeordneter Bedeutung.[29]

Wirtschaftliche Abhängigkeit liegt demzufolge nach der nationalen Rechtsprechung nur dann vor, wenn der Beschäftigte seine überwiegende Arbeitszeit einem bestimmten Auftraggeber zur Verfügung stellt und von diesem sein überwiegendes Einkommen erzielt. Die in zeitlicher Hinsicht überwiegende Tätigkeit für einen Auftraggeber und die durch diese Tätigkeit gesicherte Daseinsvorsorge ist eines der wesentlichen Indizien für die Einordnung eines Beschäftigten unter die Gruppe der arbeitnehmerähnlichen Personen.

II. Verwertung der Arbeitsergebnisse durch den Auftraggeber

Die wirtschaftliche Abhängigkeit soll jedoch nicht nur von der zuvor dargestellten Bindung an einen Auftraggeber abhängen. Maßgeblich soll auch sein, dass der Beschäftigte die Verwertung der Arbeitsergebnisse seinem Auftraggeber überlässt.

Az.: 5 AZB 52/06, NZA 2007, 699; **zu § 2 BUrlG**: *BAG*, Urteil vom 28.06.1973, Az.: 5 AZR 568/72, NJW 1973, 1994; *BAG*, Urteil vom 15.11.2005, Az.: 9 AZR 626/04, AP Nr. 12 zu § 611 BGB – Arbeitnehmerähnlichkeit; *BAG*, Urteil vom 17.01.2006, Az.: 9 AZR 61/05, NJOZ 2006, 3821; **zu § 12a TVG**: *BAG*, Urteil vom 02.10.1990, Az.: 4 AZR 106/90, AP Nr. 1 zu § 12a TVG; *Reinecke* in Däubler, § 12a TVG, Rn. 44 ff.; Wiedemann/*Wank*, § 12a TVG, Rn. 72.

27 *Schubert*, Schutz der arbNähnl. Pers., S. 38.
28 *Löwisch/Rieble*, § 12a TVG, Rn. 19, 21; *Müller*, ArbNähnl. Pers. im Arbeitsschutzrecht, S. 107; *Reinecke* in Däubler, § 12a TVG, Rn. 30; Wiedemann/*Wank*, § 12a TVG, Rn. 71.
29 *Hromadka*, NZA 1997, 1249 (1254); *Müller*, ArbNähnl. Pers. im Arbeitsschutzrecht, S. 107; *Schubert*, Schutz der arbNähnl. Pers., S. 39; Thüsing/Braun/*Ulrich*, Tarifrecht, 14. Kap., Rn. 46.

Die Tätigkeit müsse daher fremdnützig und im Interesse des Auftraggebers aus-geführt werden. Aufgrund dieser Fremdnützigkeit agiere der Beschäftigte nicht selbst auf dem Markt. Es fehle ihm an einem festen Kundenstamm und an dem erforderlichen Marktüberblick. Er selbst erziele auch keinen eigenen Unterneh-mensgewinn, da die Verwertung der Arbeitsergebnisse durch den Auftraggeber erfolge. Damit sei der Beschäftigte insgesamt auf seinen Auftraggeber und dessen Vermittlung angewiesen.[30]

Tritt der Beschäftigte dagegen selbst am Markt auf, soll seine wirtschaftliche Abhängigkeit konsequenterweise zu verneinen sein, denn dann ist er selbst für den durch ihn erzielten Gewinn verantwortlich.

III. Einsatz der persönlichen Arbeitskraft

Weiteres Kriterium für die wirtschaftliche Abhängigkeit des Beschäftigten soll dessen Pflicht sein, die ihm übertragenen Aufgaben persönlich zu erbringen. Der Beschäftigte dürfe sich keiner oder nur weniger weiterer Mitarbeiter bedienen und soll nicht berechtigt sein, sich in unbegrenztem Maße durch andere Personen vertreten zu lassen.[31] Durch diese Pflicht zur persönlichen Leistungserbringung werde dem Beschäftigten jede Möglichkeit genommen, die ihm zur Verfügung stehende Arbeitskraft zu vermehren. Ihm fehle es an der Option, eine Vielzahl von Aufträgen anzunehmen und deren Ausführung durch Verteilung auf weite-re Mitarbeiter sicherzustellen. Dies gehe wiederum mit einer Bindung an einen Auftraggeber einher, da der Beschäftigte wegen der Beschränkung seiner per-sönlichen Arbeitskraft auf wenige Auftraggeber fixiert sei und er keine Möglich-keit habe, sein Erwerbsrisiko durch Einsatz weiterer Kräfte zu minimieren.[32] Der

---

30 *BAG*, Urteil vom 09.03.1977, Az.: 5 AZR 110/76, AP Nr. 21 zu § 611 BGB; *BAG*, Urteil vom 03.04.1990, Az.: 3 AZR 258/88, NZA 1991, 267; *BAG*, Beschluss vom 26.09.2002, Az.: 5 AZB 19/01, NZA 2002, 1412; *BAG*, Urteil vom 17.01.2006, Az.: 9 AZR 61/05, NJOZ 2006, 3821; *LAG* Köln, Beschluss vom 03.02.2011, Az.: 6 Ta 409/10, NZA-RR 2011, 211; *Müller*, ArbNähnl. Pers. im Arbeitsschutzrecht, S. 92 ff.; *Schubert*, Schutz der arbNähnl. Pers., S. 30, 34 f.

31 *LAG Köln*, Beschluss vom 29.09.2003, Az.: 13 Ta 77/03, NZA-RR 2004, 553; *Hro-madka*, NZA 1997, 1249 (1253); Kempen/Zachert-*Stein*, § 12a TVG, Rn. 20; *Löwisch/ Rieble*, § 12a TVG, Rn. 21; *Reinecke* in Däubler, § 12a TVG, Rn. 30; *Stolterfoht*, DB 1973, 1068 (1070); Wiedemann/*Wank*, § 12a TVG, Rn. 71; *Wiese*, Buchautoren als arbNähnl. Pers., S. 56 f.; Wiedemann/*Wank*, § 12a TVG, Rn. 71; *Wlotzke*, DB 1974, 2252 (2257).

32 *Schubert*, Schutz der arbNähnl. Pers., S. 35.

Arbeitnehmerähnlichkeit stehe es jedoch nicht entgegen, wenn der Beschäftigte geringfügige Hilfe von Familienangehörigen oder Dritten in Anspruch nehme.[33]

IV. Dauerhaftigkeit der Beschäftigung

Aus den vorangegangenen Ausführungen ergibt sich, dass die wirtschaftliche Abhängigkeit auf die persönliche Bindung des Beschäftigten an seinen Auftraggeber zurückzuführen sein soll. Zusätzlich soll die wirtschaftliche Abhängigkeit aber auch maßgeblich durch die Dauerhaftigkeit des Beschäftigungsverhältnisses geprägt sein. Dies ergebe sich schon daraus, dass eine Vertragsbeziehung von lediglich kurzer Dauer kaum eine dauerhafte Sicherung der Daseinsvorsorge begründen wird. Ferner würde die dauerhafte Tätigkeit für einen konkreten Auftraggeber zu einer engen Bindung zwischen dem Auftraggeber und dem Beschäftigten führen, welche die wirtschaftliche Abhängigkeit intensiviere, was aus der Tatsache resultiere, dass der Beschäftigte sich der Arbeitsorganisation seines Auftraggebers in der Regel schon deshalb anpasse, weil er ausschließlich oder überwiegend für diesen tätig ist. Hieraus folge die Schwierigkeit, trotz der Teilhabe an der auftraggeberseitigen Arbeitsorganisation für weitere Auftraggeber tätig zu werden. Mithin verstärke sich die wirtschaftliche Abhängigkeit von jenem Auftraggeber, von welchem der Beschäftigte das seine Lebensgrundlage sichernde Entgelt erhält.[34]

Welche Voraussetzungen an die Dauerhaftigkeit zu stellen sein sollen, ist ungeklärt. Die Abgrenzung zwischen „dauerhaft" und „kurzfristig" bereitet aufgrund des gleitenden Übergangs praktische Schwierigkeiten. Stützend soll insofern auf § 12a TVG zurückgegriffen werden können, der das Vorliegen einer dauerhaften Beschäftigung bei einem Zeitraum von sechs Monaten unterstellt.[35] Gleichzeitig lässt § 12a TVG aber auch eine kürzere Tätigkeit als sechs Monate ausreichen, indem in § 12a Abs. 1 Nr. 1 b) TVG vorgesehen ist, dass bei der Feststellung der Vergütung auf die letzten sechs Beschäftigungsmonate oder den jeweils kürzeren Zeitraum abzustellen ist. In Anbetracht der Tatsache, dass mit der Dauerhaftigkeit die wirtschaftliche Abhängigkeit von dem aus der Beschäftigung erzielten Einkommen einhergehen soll, wird teilweise die Ansicht vertreten, dass zumindest

---

33 *Hromadka*, NZA 1997, 1249 (1253); *Schubert*, Schutz der arbNähnl. Pers., S. 36.

34 *BAG*, Urteil vom 06.12.1974, Az.: 5 AZR 418/74, AP Nr. 14 zu § 611 BB – Abhängigkeit; *BAG*, Urteil vom 17.01.2006, Az.: 9 AZR 61/05, NJOZ 2006, 3821; *BAG*, Urteil vom 15.11.2005, Az.: 9 AZR 626/04, AP Nr. 12 zu § 611 BGB – Arbeitnehmerähnlichkeit; KR-*Rost*, ArbNähnl. Pers., Rn. 23; *Schubert*, Schutz der arbNähnl. Pers., S. 32 ff.

35 Vgl. § 12a Abs. 1 Nr. 1 b) TVG.

eine wesentlich kürzere Beschäftigungsdauer als sechs Monate nicht ausreichend sein kann.[36] Aber auch dies wäre nicht weiterführend hilfreich, zumal nicht geklärt ist, was unter „wesentlich kürzer" zu verstehen sein soll und auch das TVG davon ausgeht, dass das Beschäftigungsverhältnis durchaus kürzer sein kann als sechs Monate. Letztlich müsste bei der Entscheidung, ob die Dauerhaftigkeit des Beschäftigungsverhältnisses anzunehmen ist, auf den konkreten Einzelfall abgestellt werden. Hierbei müssten das Beschäftigungsverhältnis und dessen tatsächliche Ausgestaltung betrachtet werden, da je nach Inhalt des Vertrags auch schon nach sehr kurzer Dauer eine längerfristige Bindung möglich ist, während auch bei längerer Beziehung die Dauerhaftigkeit verneint werden kann, wenn es etwa nur sporadisch und unregelmäßig zu einer Zusammenarbeit zwischen Auftraggeber und Beschäftigtem kommt. Zumindest bei Vorliegen eines Dauerschuldverhältnisses soll die Dauerhaftigkeit der Zusammenarbeit aber zu bejahen.[37] Auch ist nachvollziehbar, dass eine einmalige kurzfristige Erbringung etwa einer Dienst- oder Werkleistung in aller Regel nicht das Entgelt zur Gegenleistung haben wird, welches die wesentliche Existenzgrundlage des Beschäftigten darstellt.[38] Dass einmalige kurzfristige Tätigkeiten für eine Einordnung als Arbeitnehmer wohl nicht ausreichen können, spiegelt sich auch im Unionsrecht wider, das etwa hinsichtlich der Freizügigkeit ebenfalls eine Tätigkeit für eine „bestimmte Zeit" erfordert. Zwar hat der EuGH diesbezüglich ausgeführt, „dass der bloße Umstand, dass eine unselbständige Tätigkeit von kurzer Dauer ist, als solcher nicht dazu führt, dass diese Tätigkeit vom Anwendungsbereich des […] [Art. 45 AEUV] ausgeschlossen ist".[39] Allerdings ging es in diesen Entscheidungen um Tätigkeiten für etwas mehr als einen Monat[40] bzw. zweieinhalb Monate[41], also um Tätigkeiten mit nicht lediglich sehr kurzer Dauer. Das Erfordernis eines gewissen Dauermoments zeigt sich zudem auch aus dem Vergleich mit einem Arbeitsverhältnis, dem

---

36   So *Schubert*, Schutz der arbNähnl. Pers., S. 33 f.; *Wiese*, Buchautoren als arbNähnl. Pers., S. 42.

37   *Schubert*, Schutz der arbNähnl. Pers., S. 33 f.

38   KR-*Rost*, ArbNähnl. Pers., Rn. 23.

39   *EuGH*, Urteil vom 04.06.2009, Rs. C-22,23/08 – Vatsouras u. a. ./. Arbeitsgemeinschaft [ARGE] Nürnberg 900, EuZW 2009, 702; *EuGH*, Urteil vom 06.11.2003, Rs. C-413/01 – Ninni-Orasche ./. Bundesminister für Wissenschaft, Verkehr und Kunst, EuZW 2004, 117; Rebhahn, EuZA 2012, 3 (15).

40   *EuGH*, Urteil vom 04.06.2009, Rs. C-22,23/08 – Vatsouras u. a. ./. Arbeitsgemeinschaft [ARGE] Nürnberg 900, EuZW 2009, 702.

41   *EuGH*, Urteil vom 06.11.2003, Rs. C-413/01 – Ninni-Orasche ./. Bundesminister für Wissenschaft, Verkehr und Kunst, EuZW 2004, 117.

die arbeitnehmerähnlichen Rechtsverhältnisse angenähert werden sollen und das ebenfalls als Dauerschuldverhältnis ausgestaltet ist.[42]

V. Dem Beschäftigungsverhältnis zugrunde liegende Vertragsverhältnisse

Die formale Festschreibung des Vertragsverhältnisses ist für das Entstehen der wirtschaftlichen Abhängigkeit nicht von Bedeutung. Entscheidend ist alleine, dass der Beschäftigte im Rahmen eines Dienst- oder Werkvertrags oder eines diesem ähnlich gelagerten Rechtsverhältnisses beschäftigt ist.[43] Dies dürfte spätestens seit Einführung des § 12a TVG unstrittig sein[44], insbesondere unter Berücksichtigung des dort bezweckten Umgehungsschutzes. Hintergrund ist, dass Dienst- und Werkverträge sowie die diesen ähnlich ausgestalteten Vertragsformen abhängig von deren Ausgestaltung zu einer dauerhaften Bindung an den Auftraggeber, mithin zur wirtschaftlichen Abhängigkeit führen können. Gerade vertragliche Gestaltungsmöglichkeiten, die zumindest in der Regel einseitig vom Auftraggeber vorgegeben werden, und welche die Möglichkeit der Vereinbarung vertraglicher Nebentätigkeitsverbote oder Vertragsstrafenvereinbarungen einräumen, können faktisch die wirtschaftliche Abhängigkeit des Auftragnehmers auslösen. Die damit dann einhergehende stärkere Fixierung auf einen bestimmten Auftraggeber führt zu einer Vergleichbarkeit des Beschäftigten mit einem Arbeitnehmer und rückt ihn insoweit näher an die Arbeitnehmerstellung.[45]

VI. Zusammenfassung zur wirtschaftlichen Abhängigkeit

Für die wirtschaftliche Abhängigkeit eines Beschäftigten soll nach alledem maßgeblich sein, dass er seine Arbeitskraft vorwiegend und nicht nur kurzfristig für

---

42 KR-*Rost*, ArbNähnl. Pers., Rn. 23.

43 *BAG*, Urteil vom 08.06.1967, Az.: 5 AZR 461/66, NJW 1967, 1982; *BAG*, Urteil vom 13.01.1983, Az.: 5 AZR 149/82, AP Nr. 42 zu § 611 BGB – Abhängigkeit; *BAG*, Urteil vom 27.03.1991, Az.: 5 AZR 194/90, AP Nr. 53 zu § 611 BGB – Abhängigkeit; *BAG*, Urteil vom 24.06.1992, Az.: 5 AZR 384/91, AP Nr. 61 zu § 611 BGB – Abhängigkeit; *BAG*, Beschluss vom 30.10.1991, Az.: 7 ABR 19/91, AP Nr. 59 zu § 611 BGB – Abhängigkeit; *Hromadka*, NZA 1997, 1249 (1253); *Löwisch/Rieble*, § 12a TVG, Rn. 20; *Reinecke* in Däubler, § 12a TVG, Rn. 31 ff.; Thüsing/Braun/*Ulrich*, Tarifrecht, 14. Kap., Rn. 46; Wiedemann/*Wank*, § 12a TVG, Rn. 61 ff.

44 KR-*Rost*, ArbNähnl. Pers., Rn. 11.

45 *Schubert*, Schutz der arbNähnl. Pers., S. 36.

einen bestimmten Auftraggeber einsetzt und er von diesem sein überwiegendes Einkommen erzielt. Hierbei soll der Beschäftigte seine Arbeitsleistung im Wesentlichen ohne Mithilfe Dritter erbringen und seinem Auftraggeber die Verwertung der Arbeitsergebnisse vollumfänglich überlassen müssen. Die konkrete Art des Beschäftigungsverhältnisses ist dagegen nicht von Bedeutung.

B. Soziale Schutzbedürftigkeit

Neben der zuvor dargestellten wirtschaftlichen Abhängigkeit des Beschäftigten verlangt die Rechtsprechung für die Zuordnung zu dem Typus der arbeitnehmerähnlichen Person ferner dessen soziale Schutzbedürftigkeit. Die soziale Schutzbedürftigkeit stellt dabei lediglich ein Korrektiv zu dem Kriterium der wirtschaftlichen Abhängigkeit dar, zumal letztere im Regelfall mit der Schutzbedürftigkeit korreliert.[46] Aufgrund dieser Korrelation überschneiden sich die Ausführungen zur wirtschaftlichen Abhängigkeit und zur sozialen Schutzbedürftigkeit in der Rechtsprechung häufig.[47]

Zur Klärung, ob die soziale Schutzbedürftigkeit eines Beschäftigten vorliegt, bedarf es nach der Rechtsprechung in jedem konkreten Einzelfall einer Abwägung aller Umstände. Soziale Schutzbedürftigkeit soll erst und nur dann vorliegen, wenn der Beschäftigte unter Berücksichtigung seiner wirtschaftlichen Abhängigkeit und der Art seiner geleisteten Dienste in seiner Gesamtbetrachtung des einem typischen Arbeitnehmer gleichgelagerten Sozialschutzes bedarf.[48] Diese Voraussetzung soll nach der Rechtsprechung des BAG nur dann erfüllt sein, „wenn das Maß der Abhängigkeit nach der Verkehrsanschauung einen solchen Grad erreicht hat, wie er im Allgemeinen nur in einem Arbeitsverhältnis vorkommt".[49] Dabei kann sich das Maß der Abhängigkeit lediglich auf die wirtschaftliche Abhängigkeit beziehen, da

---

46 *Schubert*, Schutz der arbNähnl. Pers., S. 47.

47 Vgl. nur *BGH*, Beschluss vom 04.11.1998, Az.: VIII ZB 12/98, NJW 1999, 218, wo im Rahmen der sozialen Schutzbedürftigkeit die Ausführungen zur wirtschaftlichen Unselbständigkeit teilweise wiederholt werden; *Pottschmidt*, ArbNähnl. Pers. in Europa, S. 422.

48 *BAG*, Beschluss vom 16.07.1997, Az.: 5 AZB 29/96, NZA 1997, 1126; *BAG*, Beschluss vom 17.06.1999, Az.: 5 AZB 23/98, NZA 1999, 1175; *BAG*, Beschluss vom 03.08.2000, Az.: 5 AZB 12/00, NZA 2000, 1359; *BAG*, Urteil vom 15.11.2005, Az.: 9 AZR 626/04, AP Nr. 12 zu § 611 BGB – Arbeitnehmerähnlichkeit; *Endemann*, AuR 1954, 211; KR-*Rost*, ArbNähnl. Pers., Rn. 24.

49 *BAG*, Urteil vom 02.10.1990, Az.: 4 AZR 106/90, AP Nr. 1 zu § 12a TVG; *BAG*, Urteil vom 17.01.2006, Az.: 9 AZR 61/05, NJOZ 2006, 3821; *Löwisch/Rieble*, § 12a

ein Abstellen auf die persönliche Abhängigkeit zur Annahme der Arbeitnehmereigenschaft führen würde. Entscheidend für die Beurteilung der sozialen Schutzbedürftigkeit eines Beschäftigten soll daher das Maß der wirtschaftlichen Abhängigkeit sein.[50] Dieses wiederum soll nach der Rechtsprechung von den nachfolgend darzustellenden Kriterien abhängig sein.

I. Höhe des Gesamteinkommens

Bei der Frage der sozialen Schutzbedürftigkeit ist nach der Rechtsprechung insbesondere die Höhe des Arbeitseinkommens zu berücksichtigen.[51] Nebeneinkommen und Renten seien ebenfalls einzubeziehen.[52]

Ist dieses Gesamteinkommen besonders hoch, so soll nach der Rechtsprechung die typische Notwendigkeit für den Beschäftigten entfallen, zur Sicherung seiner Existenz seine Arbeitskraft zu verwerten. In solchen Fällen sei eine existenzielle Absicherung auch auf andere Weise möglich, sodass der Beschäftigte zur Risikoabsicherung nicht zwingend auf das Einkommen des Auftraggebers angewiesen sein müsse. Der Beschäftigte sei nämlich selbst in der Lage, Eigenvorsorge für soziale Risiken zu betreiben, sich insbesondere gegen Krankheit, Alter und Invalidität zu versichern. Das bedeutet aber zugleich, dass der Beschäftigte in der Rechtsprechung nur dann nicht in die Gruppe der arbeitnehmerähnlichen Personen eingeordnet wird, wenn seine Einkünfte eine solche Höhe erreicht haben, dass

---

TVG, Rn. 19; *Reinecke* in Däubler, § 12a TVG, Rn. 50; Thüsing/Braun/*Ulrich*, Tarifrecht, 14. Kap., Rn. 46; *Willemsen/Müntefering*, NZA 2008, 193 (194, 196).

50 *Reinecke* in Däubler, § 12a TVG, Rn. 50; *Willemsen/Müntefering*, NZA 2008, 193 (194).

51 *BAG*, Urteil vom 13.09.1956, Az.: 2 AZR 605/54, NJW 1956, 1812; *BAG*, Urteil vom 08.06.1967, Az.: 5 AZR 461/66, AP Nr. 6 zu § 611 BGB – Abhängigkeit; *LAG Berlin*, Beschluss vom 18.05.1998, Az.: 11 Ta 2/98, NZA 1998, 943; *BAG*, Urteil vom 19.10.2004, Az.: 9 AZR 411/03, NZA 2005, 529; *BAG*, Urteil vom 17.01.2006, Az.: 9 AZR 61/05, NJOZ 2006, 3821; *LAG Baden-Württemberg*, Beschluss vom 07.07.2008, Az.: 6 Ta 95/08, BeckRS 2008, 55643; *Löwisch/Rieble*, § 12a TVG, Rn. 19; *Müller*, ArbNähnl. Pers. im Arbeitsschutzrecht, S. 109 ff.; *Reinecke* in Däubler, § 12a TVG, Rn. 51; KR-*Rost*, ArbNähnl. Pers., Rn. 24; *Schubert*, Schutz der arbNähnl. Pers., S. 49 f.

52 *BAG*, Urteil vom 13.12.1962, Az.: 2 AZR 128/62, AP Nr. 3 zu § 611 BGB – Abhängigkeit; *BAG*, Urteil vom 16.08.1977, Az.: 5 AZR 290/76, AP Nr. 23 zu § 611 BGB – Abhängigkeit; *BAG*, Urteil vom 02.10.1990, Az.: 4 AZR 106/90, AP Nr. 1 zu § 12a TVG; *Müller*, ArbNähnl. Pers. im Arbeitsschutzrecht, S. 109; a.A. *Reinecke* in Däubler, § 12a TVG, Rn. 53;

es sowohl zur Sicherung der Existenz als auch zur Risikovorsorge ausreicht.[53] Konkrete Einkommensgrenzen konnten bisher nicht festgelegt werden.[54]

Der Höhe des Einkommens misst die Rechtsprechung mithin nicht lediglich bei der wirtschaftlichen Abhängigkeit entscheidende Bedeutung bei. Im Rahmen der wirtschaftlichen Abhängigkeit ist es nach der Rechtsprechung schon ausreichend, wenn der Beschäftigte zur Daseinsvorsorge auf die Vergütung seines Auftraggebers angewiesen ist. Soziale Schutzbedürftigkeit trete demgegenüber erst dann ein, wenn diese Vergütung nicht ausreicht, um neben der Daseinsvorsorge zusätzlich die Risikovorsorge im Hinblick auf Alter, Krankheit und Invalidität sicherstellen zu können.

Darüber hinaus sind nach der Rechtsprechung jeweils die Besonderheiten des konkreten Einzelfalls, insbesondere im Hinblick auf die Art des Rechtsverhältnisses, zu berücksichtigen.[55]

II. Gesamtvermögen

Neben den Einkünften berücksichtigt die Rechtsprechung bei der Frage nach der sozialen Schutzbedürftigkeit ferner das private Vermögen des Beschäftigten.[56] Hat der Beschäftigte ein hohes Privatvermögen, das seine dauerhafte Versorgung

---

53 *LAG Hamburg*, Teilurteil vom 03.11.2003, Az.: 4 Sa 112/02, BeckRS 2003, 30799561; *Reinecke* in Däubler, § 12a TVG, Rn. 51; *Schubert*, Schutz der arbNähnl. Pers., S. 50.

54 Vgl. etwa *BAG*, Urteil vom 23.12.1961, Az.: 5 AZR 53/61, AP Nr. 2 zu § 717 ZPO; *BAG*, Beschluss vom 28.09.1995, Az.:5 AZB 32/94, BeckRS 1995, 30756995; *BAG*, Beschluss vom 29.12.1997, Az.: 5 AZB 38/97, AP Nr. 40 zu § 5 ArbGG 1979; *LAG Düsseldorf*, Beschluss vom 14.09.1998, Az.: 15 Ta 119/98, LAGE Nr. 7 zu § 5 ArbGG; *LAG Köln*, Urteil vom 22.04.1999, Az.: 10 Sa 722/97, NZA-RR 1999, 589; *BAG*, Beschluss vom 17. 06. 1999, Az.: 5 AZB 23/98, NZA 1999, 1175; *BAG*, Urteil vom 15.02.2005, Az.: 9 AZR 51/04, NZA 2006, 223; *OLG Saarbrücken*, Beschluss vom 11.04.2011, Az.: 5 W 71/11-29, BeckRS 2011, 08611; Vgl. hierzu ausführlich *Müller*, ArbNähnl. Pers. im Arbeitsschutzrecht, S. 110 f.

55 Vgl. hierzu *Schubert*, Schutz der arbNähnl. Pers., S. 47 f., die hier beispielhaft projektbezogen arbeitende Freiberufler heranzieht. Gerade die Art der Tätigkeit bedinge, dass die Freiberufler während eines Projekts für nur einen Auftraggeber tätig seien und von diesem ihr wesentliches Einkommen erzielten. Deshalb sei, um die Fixierung auf einen Auftraggeber und die soziale Schutzbedürftigkeit eines Beschäftigten beurteilen zu können, ein Zeitraum von mehr als einem Jahr zu betrachten.

56 *BAG*, Urteil vom 13.12.1962, Az.: 2 AZR 128/62, AP Nr. 3 zu § 611 BGB – Abhängigkeit; *LAG Hamburg*, Teilurteil vom 03.11.2003, Az.: 4 Sa 112/02, BeckRS 2003, 30799561; *Löwisch/Rieble*, § 12a TVG, Rn. 19.

sichert, beseitigt dies nach der Rechtsprechung dessen soziale Schutzbedürftigkeit. In die Beurteilung des Gesamtvermögens werden sämtliche Rücklagen des Beschäftigten eingestellt.[57] Denn auch hier gelte, dass eine soziale Schutzbedürftigkeit vergleichbar mit einem Arbeitnehmer nicht besteht, wenn der Beschäftigte aufgrund der Höhe seines Gesamtvermögens selbst in der Lage ist, sich gegen finanzielle oder sonstige, wie etwa gesundheitliche Risiken selbst abzusichern.[58]

III. Zusammenfassung zur sozialen Schutzbedürftigkeit

Die soziale Schutzbedürftigkeit wird von der überwiegenden Rechtsprechung in der Regel dann verneint, wenn der Beschäftigte aufgrund der Höhe seines Gesamteinkommens oder Gesamtvermögens selbst in der Lage ist, sich gegen finanzielle oder sonstige Risiken abzusichern. Sollten das Einkommen und das vorhandene Vermögen nicht ausreichen, um neben der Daseinsvorsorge zusätzlich die Risikovorsorge im Hinblick auf Alter, Krankheit und Invalidität sicherstellen zu können, wird die soziale Schutzbedürftigkeit von der Rechtsprechung als gegeben angesehen. Diese vorrangig an monetären Gesichtspunkten vorgenommene Typisierung der sozialen Schutzbedürftigkeit wirtschaftlich abhängiger Beschäftigter ist jedoch kritisch auf ihre Rechtfertigung zu untersuchen.

IV. Rechtfertigung der Höhe der Vergütung und der Höhe des Gesamtvermögens als wesentliche Kriterien der sozialen Schutzbedürftigkeit im Bereich des Arbeitsschutzrechts

Wie soeben ausgeführt, stellt die Rechtsprechung bei der Frage der sozialen Schutzbedürftigkeit arbeitnehmerähnlicher Personen vornehmlich darauf ab, ob der Beschäftigte entsprechend der Höhe seines Einkommens oder der Höhe seines Gesamtvermögens grundsätzlich in der Lage ist, sich selbst gegen soziale Risiken zu versichern. Nur teilweise wird die Ausgestaltung des Beschäftigungsverhältnisses oder die zeitliche Bindung in den Mittelpunkt der Betrachtung gerückt.

Die soziale Schutzbedürftigkeit eines wirtschaftlich abhängig Beschäftigten soll sich dabei an der Schutzbedürftigkeit eines Arbeitnehmers zu orientieren haben. Nach der Rechtsprechung muss der wirtschaftlich Abhängige „seiner gesamten sozialen Stellung nach einem Arbeitnehmer vergleichbar schutzbedürftig

---

57 *Schubert*, Schutz der arbNähnl. Pers., S. 51.
58 *LAG Hamburg*, Teilurteil vom 03.11.2003, Az.: 4 Sa 112/02, BeckRS 2003, 30799561.

sein".[59] Die Rechtsprechung stellt hierbei allgemeine Überlegungen an, die unabhängig davon getroffen werden, die Anwendung welchen Gesetzes bei der konkreten Auseinandersetzung in Frage steht.

Ob es gerechtfertigt ist, bei der Frage der vergleichbaren Schutzbedürftigkeit vornehmlich ökonomische Gesichtspunkte ins Feld zu führen, erscheint insoweit fraglich, als das Schutzbedürfnis prinzipiell auch daran orientiert werden kann, welchen Sinn und Zweck ein bestimmtes Schutzgesetz oder eine konkrete Norm verfolgt. Es stellt sich mithin die Frage, ob die soziale Schutzbedürftigkeit arbeitnehmerähnlicher Personen in den einzelnen Gesetzen tatsächlich immer nach der Höhe des Einkommens und des Gesamtvermögens beurteilt werden muss oder der Fokus der Betrachtung nicht darauf gelegt werden sollte, ob es das jeweilige Gesetz oder Rechtsgebiet seinem Sinn und Zweck entsprechend erfordert, wirtschaftlich Abhängige in den personellen Anwendungsbereich einzubeziehen. Hierauf soll nachfolgend näher eingegangen werden.

1. Hintergrund der sozialen Schutzbedürftigkeit von Arbeitnehmern

Bereits im Jahre 1966 stellte *Wiedemann* klar, dass sich der Schutz der unselbstständig Beschäftigten nicht in deren wirtschaftlicher Unterlegenheit erschöpft. Es müssten andere Umstände gegeben sein, die das Schutzbedürfnis der Arbeitnehmerschaft rechtfertigen.[60] Auch auf die Weisungsgebundenheit, der Arbeitnehmer unterworfen sind, könne nicht ausschließlich abgestellt werden.[61] Für den Sozialschutz des Arbeitnehmers entscheidend sei die Tatsache, dass sich der Beschäftigte für die Dauer des Arbeitsverhältnisses seiner wirtschaftlichen Dispositionsfreiheit begebe. Dadurch, dass er seine gesamte Arbeitskraft und seine Fähigkeiten seinem Arbeitgeber zur Verfügung stelle und mithin auf seine eigenen Gewinnchancen verzichte, verliere er die Möglichkeit, selbständig für seine soziale Absicherung Sorge zu tragen. Es sei daher Aufgabe des Arbeitgebers, die Daseinsvorsorge des Arbeitnehmers sicherzustellen, da es der Arbeitgeber sei, der zur Erreichung seiner eigenen wirtschaftlichen Vorteile andere Personen einsetze.

---

59 *BAG*, Beschluss vom 16.07.1997, Az.: 5 AZB 29/96, NZA 1997, 1126; *BAG*, Beschluss vom 17.06.1999, Az.: 5 AZB 23/98, NZA 1999, 1175; *BAG*, Beschluss vom 03.08.2000, Az.: 5 AZB 12/00, NZA 2000, 1359; *BAG*, Urteil vom 15. 11. 2005, Az.: 9 AZR 626/04, AP Nr. 12 zu § 611 BGB – Arbeitnehmerähnlichkeit; *Endemann*, AuR 1954, 211; KR-*Rost*, ArbNähnl. Pers., Rn. 24.

60 *Wiedemann*, Arbeitsverhältnis, S. 12; zum Begriff der sozialen Schutzbedürftigkeit von Arbeitnehmern und arbeitnehmerähnlichen Personen ferner ausführlich *Müller*, ArbNähnl. Pers. im Arbeitsschutzrecht, S. 139 ff.

61 *Wiedemann*, Arbeitsverhältnis, S. 13.

Die soziale Absicherung durch den Arbeitgeber sei mithin dessen Gegenleistung für das Zur-Verfügung-Stellen der Arbeitskraft durch den Arbeitnehmer.[62]

Dieser Auffassung hat sich *Lieb* im Jahre 1974 angeschlossen. Er sieht die Rechtfertigung des Arbeitsschutzrechts im weiteren Sinne darin, dass der Arbeitnehmer als unselbstständiger Beschäftigter seine Arbeitskraft einem Unternehmer zur Verfügung stelle und zwar unter Verzicht auf eigene unternehmerische Dispositionsmöglichkeiten. Dies habe zugleich zur Folge, dass sich die Dispositionsmöglichkeiten und die unternehmerischen Chancen des Arbeitgebers erweitern. Dies rechtfertige es, die Daseinsvorsorge, zu welcher der Arbeitnehmer aufgrund seines Verzichts auf seine Dispositionsmöglichkeiten nicht mehr fähig sei, dem bessergestellten Arbeitgeber aufzuerlegen.[63]

Im Jahre 1978 beschäftigten sich schließlich *Beuthin/Wehler* mit der Stellung und dem Schutz freier Mitarbeiter im Arbeitsrecht.[64] Hierbei vertraten sie die Auffassung, der Begriff des Arbeitnehmers zeichne sich nicht allein durch dessen persönliche Abhängigkeit aus. Als zusätzliches Kriterium müsse die soziale Schutzbedürftigkeit hinzukommen. Diese hänge wiederum mit der Aufgabe der Selbständigkeit zusammen. Wer darauf verzichte, seine Arbeitskraft und die damit verbundenen unternehmerischen Chancen als selbstständiger Unternehmer am Markt zu verwerten, mache sich seiner Fähigkeit zur Daseinsvorsorge verlustig. Im Sinne des Arbeitsrechts sozial schutzbedürftig sei also, wer wegen des Verzichts auf die eigene unternehmerische Arbeitskraftverwertung unfähig sei, für die Fälle von Krankheit, Unfall, Mutterschaft, Arbeitslosigkeit und Alter ausreichende Rücklagen zu bilden.[65]

Auch *Rosenfelder* befasste sich im Jahr 1982 mit der arbeitsrechtlichen Stellung der freien Mitarbeiter und mit der Frage, wodurch sich die soziale Schutzbedürftigkeit von Arbeitnehmern auszeichnet. Dabei kommt er zu dem Ergebnis, dass „Arbeitnehmer ist, wer wegen der Verpflichtung zur Leistung fremdgestalteter und die berufliche Mobilität nicht unerheblich beeinträchtigender Arbeit als sozial schutzbedürftig anzusehen ist". Eine nicht unerhebliche Beeinträchtigung der beruflichen Mobilität soll dabei dann vorliegen, „wenn durch unbefristete Verpflichtung zur Arbeitsleistung ein wesentlicher Teil der Arbeitskraft in Anspruch genommen wird oder infolge der sonstigen zeitlichen Umstände der Arbeitsleistung die jederzeitige volle Verwertung der Arbeitskraft in einem weiteren Dienstverhältnis

---

62 *Wiedemann*, Arbeitsverhältnis, S. 15 f.
63 *Lieb*, RdA 1974, 257 (259).
64 *Beuthin/Wehler*, RdA 1978, 2 (2 ff.).
65 *Beuthin/Wehler*, RdA 1978, 2 (5).

in demselben oder einem verwandten Beruf ausgeschlossen ist".[66] Die soziale Schutzbedürftigkeit zeichne sich demnach im Wesentlichen durch zwei Aspekte aus, nämlich die Fremdgestaltung der Arbeitsabläufe und die Bindung der Arbeitskraft.[67] Die Fremdgestaltung der Arbeitsabläufe gebiete es, den Arbeitnehmer vor mit der Arbeit verbundenen Gefahren zu schützen. Der Schutz der Arbeitnehmer bezüglich solcher Regelungen, die der Sicherung der Daseinsvorsorge Rechnung tragen, rechtfertige sich demgegenüber allein durch die Arbeitskraftbindung.[68] Beide Kriterien müssten kumulativ vorliegen, um die Arbeitnehmereigenschaft und die dieser immanenten sozialen Schutzbedürftigkeit bejahen zu können.[69]

Die größte Beachtung betreffend die Neudefinition des Arbeitnehmerbegriffs hat die Habilitationsschrift von *Wank* erfahren. Nach Auffassung von *Wank* soll es für die Anwendung arbeitsrechtlicher Schutznormen nicht darauf ankommen, ob der betroffene Beschäftigte weisungsgebunden oder in den Betrieb eingegliedert ist. Es fehle insoweit am Sinnzusammenhang zwischen den Merkmalen auf der Tatbestandsseite und den Rechtsfolgen.[70] Auch gebe es keine allgemeine Schutzbedürftigkeit. Die Schutzbedürftigkeit sei vielmehr nach den jeweiligen Schutzrichtungen und Risikobereichen zu ermitteln. Dabei gehe es im Wesentlichen um Berufsschutz und Schutz vor Existenzrisiken.[71] Entscheidend für die Selbstständigkeit sollen die freiwillige Übernahme des Unternehmerrisikos, das Auftreten am Markt und die Ausgewogenheit im Hinblick auf unternehmerische Chancen und Risiken sein. Freiwillig erfolge eine solche Übernahme nämlich nur, wenn den übernommenen Risiken auch entsprechende Chancen gegenüberstehen. Selbstständig soll somit sein, wer das Unternehmerrisiko – mithin das Berufs- und Existenzrisiko – auf sich nehme und hierdurch entsprechende unternehmerische Chancen erhält. Wem demgegenüber lediglich die Risiken einer beruflichen Tätigkeit aufoktroyiert werden, soll als Arbeitnehmer anzusehen sein, mit der Folge, dass das Arbeitsschutzrecht im weiteren Sinne insgesamt Anwendung findet.[72]

---

66   *Rosenfelder*, Status des freien Mitarbeiters, S. 207.

67   *Rosenfelder*, Status des freien Mitarbeiters, S. 171 ff., 177 ff.

68   *Rosenfelder*, Status des freien Mitarbeiters, S. 171 ff., 177 ff.

69   *Rosenfelder*, Status des freien Mitarbeiters, S. 189 f.

70   *Wank*, Arbeitnehmer und Selbständige, S. 34 ff., S. 117, S. 145 ff.; *Reiserer* in Moll, Arbeitsrecht, § 4, Rn. 4, *Müller*, ArbNähnl. Pers. im Arbeitsschutzrecht, S. 147; ErfK/ *Preis*, § 2 ArbZG, Rn. 3.

71   *Wank*, Arbeitnehmer und Selbständige, S. 54 ff.; *Müller*, ArbNähnl. Pers. im Arbeitsschutzrecht, S. 147.

72   *Wank*, Arbeitnehmer und Selbständige, S. 127 ff.; *Reiserer* in Moll, Arbeitsrecht, § 4, Rn. 4; *Müller*, ArbNähnl. Pers. im Arbeitsschutzrecht, S. 147.

Vorstehenden Auffassungen ist gemein, dass der Hintergrund der sozialen Schutzbedürftigkeit von Arbeitnehmern vornehmlich darin gesehen wird, dass diese auf die Möglichkeit verzichten, ihre Arbeitskraft am Markt anzubieten und sie die Verwertung ihrer Arbeitskraft stattdessen ihrem Arbeitgeber überlassen. Auch das BAG hat dies bereits im Jahre 1978 in einer grundlegenden Entscheidung anerkannt.[73] In dieser Entscheidung ging es um die Arbeitnehmereigenschaft von Mitarbeitern im Bereich Rundfunk und Fernsehen. Das BAG führte darin aus, dass Mitarbeiter von Rundfunk und Fernsehen typischerweise sozial schutzbedürftig seien, weil sie fremdbestimmte und fremdnützige Arbeit leisten. Sie seien beruflich auf die „Anstalt" angewiesen, bei der sie ihren Arbeitsplatz haben. Gerade dies sei ein charakteristisches Kennzeichen des Arbeitnehmers. Wer seinen Arbeitsplatz nur bei einem anderen, seinem Arbeitgeber, finden könne, bedürfte der Sicherung dieses Arbeitsplatzes und des gesamten sozialen Schutzes, den das Arbeitsrecht ihm biete. Umgekehrt müsse derjenige, der die Arbeitsleistung eines anderen für seine Zwecke verwerte und daraus Nutzen ziehe, die von der Rechtsordnung dem Arbeitgeber auferlegten Pflichten erfüllen.

2. Bedeutung des Hintergrundes der sozialen Schutzbedürftigkeit von Arbeitnehmern für die Auslegung der sozialen Schutzbedürftigkeit und der wirtschaftlichen Abhängigkeit des Beschäftigten

Hintergrund der sozialen Schutzbedürftigkeit eines Arbeitnehmers ist entsprechend der vorangegangenen Ausführungen im Wesentlichen, dass er die Verwertung seiner Arbeitskraft seinem Arbeitgeber überlässt und auf die mit ihr verbundenen Gewinnchancen verzichtet. Sofern als zusätzliches Kriterium die Fremdbestimmtheit der Arbeit herangezogen wird, kann dies nicht in Bezug auf wirtschaftlich Abhängige gelten. Diese zeichnen sich schließlich gerade dadurch aus, dass sie keine entsprechend fremdbestimmte Arbeit leisten und im Grunde als selbständig anzusehen sind. Würde bei der Frage der mit einem Arbeitnehmer vergleichbaren sozialen Schutzbedürftigkeit auf die Fremdbestimmtheit der Tätigkeit abgestellt, hätte dies zur Folge, dass die Beschäftigungsgruppe der arbeitnehmerähnlichen Personen insgesamt entfiele. Mithin kann die einem Arbeitnehmer vergleichbare Schutzbedürftigkeit allenfalls in Bezug auf die Arbeitskraftbindung und die damit verbundene Unfähigkeit zur Daseinsvorsorge gesehen werden.

---

73 *BAG*, Urteil vom 15.03.1978, Az.: 5 AZR 819/76, AP Nr. 26 zu § 611 BGB – Abhängigkeit.

Auch *Seidel* und *Wiese* machen die vergleichbare Schutzbedürftigkeit von dem Verlust der Dispositionsfreiheit bezüglich der Arbeitskraft abhängig.[74] *Wiese* stellt hinsichtlich der sozialen Schutzbedürftigkeit einer arbeitnehmerähnlichen Person sogar allein auf ihre ökonomische Lage ab. Diese sei dadurch gekennzeichnet, dass der Beschäftigte mangels eigener Dispositionsmöglichkeiten dem wirtschaftlich überlegenen Auftraggeber aus einer Position der Schwäche gegenübertrete und nicht nur keinen Druck auf diesen auszuüben vermöge, sondern auf die Einkünfte aus diesem Beschäftigungsverhältnis für seinen Lebensunterhalt angewiesen sei, sodass er die angebotenen Bedingungen im Wesentlichen hinnehmen müsse.[75] *Wank* dagegen macht die Schutzbedürftigkeit davon abhängig, ob der Beschäftigte das Unternehmerrisiko freiwillig übernommen hat.[76]

Völlig unbeachtet bleibt bei diesen Überlegungen jedoch der Schutzzweck des konkreten Gesetzes, dessen personelle Reichweite in Frage steht, worauf es aber etwa im Unionsrecht entscheidend ankommt. Zwar ist der Arbeitnehmerbegriff für verschiedene Regelungen des Unionsrechts jeweils unionseinheitlich zu verstehen. Das bedeutet aber nicht, dass sämtliche autonomen Arbeitnehmerbegriffe auch inhaltlich übereinstimmen. Vielmehr existiert auf Unionsebene kein einheitlicher Arbeitnehmerbegriff. Die Bedeutung der verschiedenen autonomen Arbeitnehmerbegriffe ist stets von deren jeweiligen Anwendungsbereichen abhängig. Bei der Anwendung von unionsrechtlichen Vorschriften, die auf den Begriff des Arbeitnehmers abstellen, ist daher stets darauf zu achten, welchen Sinn und Zweck die jeweilige Vorschrift verfolgt und ob die Übernahme von Aussagen hinsichtlich des Arbeitnehmerbegriffs anderer Regelungskomplexe sinnvoll möglich ist.[77]

Auf entsprechende funktionsbezogene Überlegungen kann aber auch auf nationaler Ebene keinesfalls verzichtet werden. In der Literatur sprechen sich daher vermehrt Stimmen für eine funktionsbezogene Auslegung der nationalen Arbeitnehmerbegriffe aus. So befasst sich etwa *Müller* im Rahmen seiner Dissertation „Arbeitnehmerähnliche Personen im Arbeitsschutzrecht" mit der Frage, wie die soziale Schutzbedürftigkeit arbeitnehmerähnlicher Personen zu ermitteln ist. Der maßgebliche Anknüpfungspunkt des Arbeitsschutzes im engeren Sinne sei die spezifische Tätigkeit des Beschäftigten sowie die Art seiner Beschäftigung.

---

74   *Seidel*, BB 1970, 971 (972); *Wiese*, Buchautoren als arbNähnl. Pers., S. 76 ff.

75   *Wiese*, Buchautoren als arbNähnl. Pers., S. 77.

76   *Wank*, Arbeitnehmer und Selbständige, S. 127 ff.

77   *Rebhahn*, EuZA 2012, 3 (5); *Ziegler*, Arbeitnehmerbegriffe, S. 444; *Scheibeler*, Begriffsbildung durch den EuGH, S. 98; vgl. auch § 2, B., III, insbesondere § 2, B., III., 6.

Alle Personen, die aufgrund ihrer Tätigkeit besonderen Gefährdungen ausgesetzt seien, müssten dem Arbeits- und Gesundheitsschutz im engeren Sinne zugeordnet werden. *Müller* verweist dabei zutreffend auf § 5 Abs. 5 AsylblG und § 149 Abs. 2 StVollzG sowie auf § 1 Abs. 1 JArbSchG und § 138 SGB IX und stellt klar, dass es sich zwar auch bei den dort genannten Beschäftigungsgruppen nicht um Arbeitnehmer handelt, der Arbeitsschutz aber gleichwohl auf diese ausgeweitet worden ist. Gerade bei diesen Beschäftigungsgruppen stelle sich die Frage nach der Bedeutung des Einkommens und des Vermögens aber von vornherein nicht.[78] Er fordert aus diesem Grund ein Abweichen vom bisherigen Verständnis der arbeitnehmerähnlichen Person im Bereich des Arbeitsschutzrechts. Es soll von wirtschaftlichen Erwägungen insgesamt abgerückt und der Fokus auf die soziale Schutzbedürftigkeit gelegt werden. Das Kriterium der wirtschaftlichen Abhängigkeit solle entfallen. Die soziale Schutzbedürftigkeit solle sich zum einen aus der Art und Weise der ausgeübten Tätigkeit, zum anderen aus dem Bezug zum Herrschafts- und Organisationsbereichs des Auftraggebers ergeben. Er kommt daher zu dem Ergebnis, dass der Begriff der arbeitnehmerähnlichen Person im Arbeitsschutzrecht einer neuen Definition zugeführt werden sollte, wonach arbeitnehmerähnliche Person ist, „wer eine einem Arbeitnehmer vergleichbare soziale Schutzbedürftigkeit aufweist". Eine solche liege vor, „soweit der Beschäftigte nicht nur kurzfristig im Interesse des Auftraggebers in dessen Organisations- und Herrschaftsbereichs tätig wird und dabei Arbeiten verrichtet, die denen von Arbeitnehmern ähnlich sind".[79] Auch *Kohte* und *Julius* sehen wirtschaftliche Erwägungsgründe im Bereich des Arbeitsschutzes als ungeeignet an, um eine Aussage über die Schutzbedürftigkeit eines Beschäftigten am Arbeitsplatz treffen zu können.[80]

Dieser Auffassung ist im Ergebnis teilweise beizupflichten. Bei der Frage der *sozialen Schutzbedürftigkeit* im Bereich des Arbeitsschutzes darf der Fokus der Betrachtung tatsächlich nicht auf die finanzielle Lage des Beschäftigten gelegt werden. Unerheblich muss sein, inwieweit der Beschäftigte über privates Vermögen verfügt und in welcher Größenordnung sich sein Einkommen bewegt. Entscheidend ist vielmehr, ob der Beschäftigte seine Tätigkeit im Rahmen einer

---

78 *Müller*, ArbNähnl. Pers. im Arbeitsschutzrecht, S. 224 ff.
79 *Müller*, ArbNähnl. Pers. im Arbeitsschutzrecht, S. 220, 226, 230 ff., 236.
80 *Julius*, Arbeitsschutz und Fremdfirmenbeschäftigung, S. 90 f.; *Kohte* in Kollmer/ Klindt, § 2 ArbSchG, Rn. 77 ff., insbesondere Rn. 82; *Däuber*, ZIAS 2000, 326 (330 f.), der auf die Auffassung von Kohte verweist, wonach das Erfordernis der wirtschaftlichen Abhängigkeit im Arbeitsschutz schwerlich zu sachgerechten Ergebnissen führen könne; a.A. *Schubert*, Schütz der arbNähnl. Pers., S. 361, die in dem Verzicht auf wirtschaftliche Kriterien eine unzulässige teleologische Reduktion sieht.

Organisation des Auftraggebers erbringt, wenn auch diese Einbindung nicht mit einer Eingliederung im betriebsverfassungsrechtlichen Sinne gleichzusetzen ist.[81] Es ist auf die konkrete Art und Weise der Tätigkeit abzustellen und danach zu fragen, ob der Beschäftigte aufgrund seiner Einordnung in die auftraggeberseitige Organisation mit den von dem Arbeitsplatz oder den Arbeitsmitteln ausgehenden Gefahren in Berührung kommt und er sich diesen aufgrund seiner wirtschaftlichen Abhängigkeit nicht ohne weiteres entziehen kann. Ist dies der Fall, kann von sozialer Schutzbedürftigkeit ausgegangen werden.

Eine funktionsbezogene Auslegung, die sich an dem jeweiligen Sinn und Zweck der im Fokus stehenden gesetzlichen Vorschrift orientiert, ist damit zu befürworten. Nur so kann sichergestellt werden, dass der jeweilige zugrunde liegende Sinn und Zweck praktisch umgesetzt wird. Entsprechendes bestätigt auch die bereits eingangs zitierte jüngst ergangene Entscheidung des BAG zur betriebsverfassungsrechtlichen Stellung von Leiharbeitnehmern.[82] Das BAG hatte darüber zu entscheiden, ob bei der Berechnung der Schwellenwerte des § 9 S. 1 BetrVG im Entleiherbetrieb beschäftigte Leiharbeitnehmer mitzuzählen sind. Dies hat das BAG bejaht und in den Entscheidungsgründen darauf hingewiesen, dass im Betriebsverfassungsrecht in ganz unterschiedlichen Zusammenhängen auf „den" Arbeitnehmer verwiesen werde. Würde hier stringent am Arbeitnehmerbegriff des § 5 BetrVG festgehalten, hätte dies, so das BAG, zur Folge, dass Leiharbeitnehmer dem betriebsverfassungsrechtlichen Schutz gänzlich entzogen würden. Bei aufgespaltener Arbeitgeberstellung, wie etwa bei Leiharbeitsverhältnissen, seien deshalb differenzierende Lösungen geboten, die zum einen die ausdrücklich normierten gesetzlichen Konzepte, zum anderen aber auch die Funktion des Arbeitnehmerbegriffs im jeweiligen betriebsverfassungsrechtlichen Zusammenhang angemessen berücksichtigen.[83]

Mit Leiharbeitsverhältnissen vergleichbar sind auch die sog. Gestellungsverträge, die zum Beispiel im Rahmen der DRK-Schwesternschaft in Betrieben nach dem BetrVG genutzt werden. Auch im Rahmen dieser Gestellungsverträge muss das Arbeitsschutzrecht seinen Niederschlag finden. Wie etwa § 12 Abs. 2 S. 3 ArbSchG dokumentiert, wird auch der dem Verleiher vergleichbare Gestellungsträger

81 *Kohte* in Kollmer/Klindt, § 2 ArbSchG, Rn. 85; *Müller*, ArbNähnl. Pers. im Arbeitsschutzrecht, S. 236 f.

82 *BAG*, Beschluss vom 13.03.2013, Az.: 7 ABR 69/11, NZA 2013, 789; vgl. Einleitung, Fn. 16.

83 *BAG*, Beschluss vom 13.03.2013, Az.: 7 ABR 69/11, NZA 2013, 789 (791).

nicht von seiner Unterrichtungspflicht nach § 81 Abs. 1 BetrVG frei.[84] Vergleichbares dürfte für die § 4 f. ArbSchG gelten. Zu beachten ist zudem, dass die DRK-Schwestern nach § 2 Abs. 1 SGB VII dem Schutz der gesetzlichen Unfallversicherung unterfallen, sodass die Unfallverhütungsvorschriften unabhängig von der Rechtsformwahl auf sie anwendbar waren. Wegen des Unfallversicherungsmodernisierungsgesetzes vom 30.10.2008 und den damit einhergehenden Gesetzesänderungen dürfen Unfallverhütungsvorschriften nur noch dann erlassen werden, wenn vergleichbare staatliche Arbeitsschutzvorschriften nicht existieren, § 15 Abs. 1 S. 1 HS. 1 SGB VII. Die hierdurch entstehenden Schutzlücken waren vom Gesetzgeber sicherlich nicht beabsichtigt, sodass es geboten ist, die Arbeitsschutznormen auch auf DRK-Schwestern anzuwenden.[85]

Dieser zweckorientierte Bezugspunkt ist auch der Gesetzesbegründung zum Arbeitsschutzgesetz zu entnehmen. Danach soll das ArbSchG allen Beschäftigten zugute kommen, die „aufgrund einer rechtlichen Beziehung zum Arbeitgeber (u. a. Arbeitsvertrag, öffentlich-rechtliches Dienstverhältnis, Arbeitnehmerüberlassung) Arbeitsleistungen erbringen und durch Arbeitsschutzmaßnahmen vor Gesundheitsgefahren geschützt werden sollen".[86]

Allerdings ergibt sich aus der Gesetzesbegründung zugleich, dass auf das Kriterium der wirtschaftlichen Abhängigkeit nicht gänzlich verzichtet werden kann. Im Anschluss an den vorstehend zitierten Satz heißt es in der Gesetzesbegründung nämlich weiter, dass „wegen der Vielfalt der rechtlichen Gestaltungsmöglichkeiten, in denen *abhängige* Arbeit geleistet wird [...] der Begriff „Beschäftigte" als geeignet weiter Oberbegriff [erscheine]".[87] Die Gesetzesbegründung selbst fordert daher eine wie auch immer geartete Form der Abhängigkeit, was auch durch den in § 2 Abs. 2 Nr. 3 ArbSchG enthaltenen Verweis auf § 5 ArbGG bestätigt wird.[88] Bekräftigt wird dies nochmals dadurch, dass klassische Selbstständige, denen es gerade an jeglicher Abhängigkeit mangelt, nicht in das ArbSchG einbezogen

---

84 *Julius*, Arbeitsschutz und Fremdfirmenbeschäftigung, S. 186, Fn. 33; *Nebe/Schulze-Doll*, AuR 2010, 216 (218).

85 *Nebe/Schulze-Doll*, AuR 2010, 216 (218).

86 BT-Drucks. 13/3540, S. 15; so auch *Julius*, Arbeitsschutz und Fremdfirmenbeschäftigung, S. 91.

87 BT-Drucks. 13/3540, S. 15.

88 Nach § 5 ArbGG sind Arbeitnehmer im Sinne des ArbGG auch solche Personen, die wegen ihrer wirtschaftlichen Unselbständigkeit als arbeitnehmerähnlich anzusehen sind. Auch § 2 Abs. 2 Nr. 3 ArbSchG stellt aufgrund des Verweises daher auf die wirtschaftliche Abhängigkeit ab.

wurden. Sie sind vielmehr ausschließlich über §§ 311 Abs. 2, 241 Abs. 2, 618 BGB geschützt.[89]

3. Zusammenfassung zur Rechtfertigung der Höhe des Einkommens und des Gesamtvermögens als wesentliche Kriterien der sozialen Schutzbedürftigkeit

Es ist damit nicht gerechtfertigt, die soziale Schutzbedürftigkeit allein von der wirtschaftlichen Lage des Beschäftigten abhängig zu machen. Entscheidende Bedeutung muss vielmehr auch dem Zweck des konkreten Gesetzes zukommen, dessen personelle Reichweite in Frage steht. Es ist zwar prinzipiell einleuchtend, dass derjenige besonderen Schutz genießen muss, dem die persönliche Daseinsvorsorge nicht möglich ist. Gerade der Bereich des Arbeitsschutzrechts zeigt jedoch, dass ökonomische Gesichtspunkte nicht zwingend Einfluss auf die Schutzbedürftigkeit eines Beschäftigten haben müssen. Auch der wirtschaftlich abgesicherte Beschäftigte kann schon dadurch schutzbedürftig sein, dass er mit den vom Betrieb ausgehenden Gefahren in Berührung kommt. Im Bereich des Arbeitsschutzes darf die soziale Schutzbedürftigkeit daher nicht von der Höhe des Einkommens oder der Höhe des Privatvermögens bzw. der Vorsorgefähigkeit in Bezug auf die Daseinsvorsorge abhängen. Entscheidend ist vielmehr der Berührungspunkt zwischen der Tätigkeit für einen Auftraggeber und den darauf beruhenden Gefahren für die Sicherheit und Gesundheit des Beschäftigten.

C. Zusammenfassung zum Begriff der arbeitnehmerähnlichen Person

Als arbeitnehmerähnliche Person wird nach der Rechtsprechung jeder Beschäftigte angesehen, der wirtschaftlich von einem Auftraggeber abhängig und vergleichbar einem Arbeitnehmer sozial schutzbedürftig ist.

---

89 Der BGH hat bereits mit Beschluss vom 05.02.1952, Az.: GSZ 4/51, NJW 1952, 458, entschieden, dass § 618 BGB im Bereich des privatrechtlichen Arbeitsschutzes analog auch dann anzuwenden ist, wenn ein Unternehmer aufgrund eines Werkvertrages im Betrieb des Bestellers tätig sein muss und der Betrieb Gefahren für die Gesundheit des Unternehmers begründet. Mittlerweile ist anerkannt, dass dies nicht nur für Werkverträge gilt, sondern der Schutz des § 618 BGB auf alle Auftragstätigkeiten analog anzuwenden ist, die der räumlichen und organisatorischen Herrschaft des jeweiligen Vertragspartners unterliegen, vgl. *Müller*, ArbNähnl. Pers. im Arbeitsschutzrecht, S. 221.

Für die wirtschaftliche Abhängigkeit wird als maßgeblich betrachtet, dass der Beschäftigte seine Arbeitskraft vorwiegend und dauerhaft für einen bestimmten Auftraggeber einsetzt und er von diesem sein überwiegendes Einkommen bezieht. Der Beschäftigte muss seine Arbeitsleistung im Wesentlichen ohne Mithilfe Dritter erbringen und seinem Auftraggeber die Verwertung der Arbeitsergebnisse vollumfänglich überlassen. Hierdurch wird ihm ein Wechsel zu anderen Auftraggebern erschwert, mit der Folge, dass er auf die Tätigkeit bei seinem Auftraggeber angewiesen ist.

Die soziale Schutzbedürftigkeit, die lediglich als Korrektiv zur wirtschaftlichen Abhängigkeit herangezogen wird, soll in der Regel dann gegeben sein, wenn das Einkommen und das vorhandene Vermögen nicht ausreichen, um neben der Daseinsvorsorge zusätzlich die Risikovorsorge im Hinblick auf Alter, Krankheit und Invalidität sicherstellen zu können.

Diese Rechtsprechung wird im Bereich des Arbeitsschutzes zu Recht in Frage gestellt. Wirtschaftliche Erwägungen dürfen für die Frage der sozialen Schutzbedürftigkeit im Bereich des Arbeitsschutzes nämlich gerade keine Rolle spielen. Es ist vielmehr auf den Sinn und Zweck des Arbeitsschutzes abzustellen. Hiervon ausgehend ist die soziale Schutzbedürftigkeit stets dann zu bejahen, wenn der Beschäftigte mit den vom Betrieb oder den zur Verfügung gestellten Betriebsmitteln in Berührung kommt und er sich diesen vor dem Hintergrund seiner wirtschaftlichen Abhängigkeit nicht ohne weiteres entziehen kann.

Gleichwohl dürfen wirtschaftliche Erwägungen auch im Bereich des Arbeitsschutzrechts nicht gänzlich außer Acht bleiben. Entgegen teilweise vertretener Auffassung kann nicht insgesamt auf das Kriterium der wirtschaftlichen Abhängigkeit verzichtet werden. Denn sowohl das deutsche als auch das europäische Arbeitsschutzrecht setzen ein gewisses Abhängigkeitsverhältnis zwischen dem Beschäftigten und dem Auftraggeber voraus, um dem Auftraggeber die Verantwortung im Hinblick auf den gesamten Arbeitsschutz aufzuerlegen. In Fällen fehlender Abhängigkeit greift bereits das allgemeine Vertragsrecht, insbesondere §§ 311 Abs. 2, 241 Abs. 2, § 618 BGB.

D. Vom Arbeitsschutz erfasste wirtschaftlich abhängige Personen

Vom deutschen Arbeitsschutz zu erfassen wären vorbehaltlich der noch zu untersuchenden Vorgaben supranationalen Rechts damit all diejenigen wirtschaftlich abhängigen Personen, die mit den vom Betrieb oder den zur

Verfügung gestellten Betriebsmitteln ausgehenden Gefahren in Berührung kommen, weil sie sich diesen Gefahren aufgrund ihrer Abhängigkeit faktisch nicht entziehen können.

Ist der wirtschaftlich abhängige Beschäftigte dagegen nicht im Betrieb tätig und werden ihm auch keine Betriebsmittel zur Verfügung gestellt, von denen Gefahren für seine Gesundheit ausgehen können, ist es nicht gerechtfertigt, dem Auftraggeber die volle arbeitsschutzrechtliche Verantwortung aufzuerlegen. Etwas anderes kann allerdings dann gelten, wenn es die Art der zu erbringenden Leistung mit sich bringt, dass der Bereich des Arbeitsschutzes betroffen ist.[90] Wer etwa in großem Umfang Aufträge vergibt, die ausschließlich am Computer erledigt werden können, wird sich seiner arbeitsschutzrechtlichen Verantwortung, insbesondere aus der Bildschirmarbeitsverordnung, die auf die Bildschirmarbeitsrichtlinie 90/270/EWG[91] zurückgeht, nicht gänzlich entziehen können, indem er die Bildschirme nicht selbst zur Verfügung stellt.[92] Dies würde eine Umgehung seiner arbeitsschutzrechtlichen Pflichten darstellen.

Ausgehend von dem vorstehenden Verständnis der arbeitnehmerähnlichen Person kann schon jetzt für eine funktionsbezogene Auslegung plädiert werden. Vorbehaltlich des noch zu untersuchenden unionsrechtlichen Einflusses unterfielen dem Begriff der arbeitnehmerähnlichen Person danach alle Personen, die wirtschaftlich von ihrem Auftraggeber abhängig sind und aufgrund dieser faktischen Gebundenheit eher mit Arbeitnehmern vergleichbar und schutzwürdiger als klassische Selbstständige sind.[93] Im Bereich des Arbeitsschutzes würde sich die Schutzbedürftigkeit danach beurteilen, ob die wirtschaftlich abhängig Beschäftigten mit den vom Betrieb oder den zur Verfügung gestellten Betriebsmitteln ausgehenden Gefahren in Berührung kommen und sie sich diesen aufgrund ihrer wirtschaftlichen Abhängigkeit nicht ohne weiteres entziehen können.

---

90   *Kollmer/Vogl*, ArbSchG, Rn. 53 f.; *Wlotzke* in Festschrift für Däubler, S. 654 (655).
91   Richtlinie 90/270/EWG des Rates vom 29.05.1990 über die Mindestvorschriften bezüglich der Sicherheit und des Gesundheitsschutzes bei der Arbeit an Bildschirmgeräten, ABl. EG Nr. L 156/14, zuletzt geändert durch Richtlinie 2007/30/EG vom 20.06.2007, ABl. EU Nr. L 165/21.
92   *Kollmer/Vogl*, ArbSchG, Rn. 53.
93   So auch *Pottschmidt*, ArbNähnl. Pers. in Europa, S. 63.

§ 2 Unionsrechtliche Vorgaben zum Arbeits- und Gesundheitsschutz arbeitnehmerähnlicher Personen

Nachdem in § 1 der Begriff der arbeitnehmerähnlichen Personen unter Berücksichtigung des Arbeitsschutzrechts untersucht wurde, befasst sich § 2 dieser Arbeit mit den vorrangig zu berücksichtigenden supranationalen Vorgaben im Bereich des Arbeitsschutzrechts. Die zwingend vorrangige Berücksichtigung des Unionsrechts auch im Bereich des Arbeitsrechts hat das BVerfG in einer jüngeren Entscheidung vom 25.02.2010[94] noch einmal betont.

Besonderes Augenmerk muss dabei auf die Arbeitsschutzrahmenrichtlinie 89/391/EWG, deren Leitbild und deren personellen Anwendungsbereich gelegt werden, um die Auswirkungen des europäischen Arbeitsschutzrechts auf die Rechtsstellung arbeitnehmerähnlicher Personen, insbesondere im BetrVG beurteilen zu können. Mit Rücksicht auf die starke Beeinflussung der Arbeitsschutzrahmenrichtlinie durch das skandinavische Recht der Arbeitsumwelt, das wiederum deutlich vom ILO-Übereinkommen Nr. 155[95] geprägt ist[96], muss auch die Rolle der Internationalen Arbeitsorganisation und die Bedeutung des ILO-Übereinkommens Nr. 155 zwingend Berücksichtigung finden. Ferner sollen vorab bedeutende Bestimmungen aus dem AEUV und die ESC erwähnt werden.

A. Die Bedeutung des Arbeitsschutzes auf internationaler und europäischer Ebene

Auf internationaler Ebene nahm sich die Internationale Arbeitsorganisation, auch ILO („International Labour Organisation") genannt, den Fragen des Arbeitsschutzes an und proklamierte die Verbesserung der Arbeitsumwelt zu ihrem ausdrücklichen Ziel.[97]

---

94 *BVerfG*, Beschluss vom 25.02.2010, Az.: 1 BvR 230/09, NZA 2010, 439.

95 ILO-Übereinkommen Nr. 155 über Arbeitsschutz vom 22.06.1981, abrufbar im Internet unter http://www.ilo.org/ilolex/german/docs/gc155.htm., abgedr. in Übereinkommen und Empfehlungen der IAO, Bd. II, S. 1720 ff., das von der Bundesrepublik Deutschland jedoch bislang nicht ratifiziert wurde. Vgl. hierzu auch § 4, A., I., 2., b), aa).

96 *Birk* in Festschrift für Wlotzke, 645 (647, 656); *Wlotzke* in Festschrift für Däubler, S. 654 (659).

97 *Birk* in Festschrift für Wlotzke, 645 (648).

Die ILO ist eine Sonderorganisation der Vereinten Nationen. Sie wurde 1919 gegründet und widmet sich seither der Formulierung und Durchsetzung internationaler Arbeits- und Sozialnormen, der sozialen und fairen Gestaltung der Globalisierung sowie der Schaffung menschenwürdiger Arbeitsbedingungen als einer der zentralen Voraussetzungen für die Armutsbekämpfung.[98] In diesem Zusammenhang erarbeitet die ILO Übereinkommen und Empfehlungen.[99]

I. ILO-Übereinkommen Nr. 155

Im Bereich des Arbeitsschutzes war das im Jahr 1975 beschlossene ILO-Übereinkommen Nr. 155[100] von besonderer Bedeutung. Es sollte die Mitgliedstaaten, denen auch Deutschland angehört, erstmals zu einer systematischen und präventiven Gesundheitspolitik, die durch den Arbeitgeber sichergestellt sein soll und vor körperlicher Überforderung und psychischer Fehlbelastung schützen soll, verpflichten.

Wesentlicher Inhalt des Übereinkommens ist die Schaffung einer systematischen und präventiven Arbeitsschutzpolitik, insbesondere auf betrieblicher Ebene.[101] Während sich Teil I des Übereinkommens mit dem Geltungsbereich und den Begriffsbestimmungen befasst, sieht Teil II in den Art. 4 – 7 Grundsätze einer innerstaatlichen Politik vor. Nach Art. 4 hat jedes Mitglied eine innerstaatliche Arbeitsschutzpolitik zu schaffen, die das Ziel verfolgt, Unfälle und Gesundheitsschäden, die in Zusammenhang mit der Arbeit entstehen, zu verhüten, indem die Gefahrenursachen – soweit möglich – auf ein Mindestmaß herabgesetzt werden. Art. 5 legt die Hauptaktionsbereiche dieser Arbeitsschutzpolitik fest, bei denen es sich um die materiellen Komponenten, wie Arbeitsplatz, Werkzeuge, Maschinen etc. handelt sowie um die Zusammenhänge zwischen den materiellen Komponenten und den die Arbeit ausführenden Personen, den Bildungsmaßnahmen im Bereich des Arbeitsschutzes, der Kommunikation und Zusammenarbeit auf allen Ebenen der Arbeitseinheit und dem Schutz der Arbeitnehmer und ihrer Vertreter vor Disziplinarmaßnahmen aufgrund von Handlungen, die sie entsprechend der

---

98 Informationen zur ILO abrufbar im Internet unter: http://www.ilo.org/public/german/ region/eurpro/bonn/index.htm.

99 *Wank* in Hanau/Steinmeyer/Wank, § 34, Rn. 71.

100 ILO-Übereinkommen Nr. 155 über Arbeitsschutz vom 22.06.1981, abrufbar im Internet unter http://www.ilo.org/ilolex/german/docs/gc155.htm., abgedr. in Übereinkommen und Empfehlungen der IAO, Bd. II, S. 1720 ff.; vgl. hierzu auch § 4, A., I., 2., b), aa).

101 *Bücker/Feldhoff/Kohte*, Arbeitsumwelt, Rn. 235; MünchArb-*Kohte*, § 288, Rn. 38.

Arbeitsschutzpolitik berechtigterweise unternommen haben. Art. 6 sieht eine an-zugebende Aufgabenverteilung der Arbeitsschutzpolitik vor und Art. 7 verpflich-tet die Mitgliedstaaten, in geeigneten Zeitabständen die Lage auf dem Gebiet des Arbeitsschutzes zu überprüfen und Methoden zur weiteren Verbesserung zu erar-beiten.

Teil III des Übereinkommens befasst sich schließlich mit den Maßnahmen auf nationaler Ebene. Art. 8 und 9 verpflichten die Mitgliedstaaten zur Durch-führung der Vorgaben des Übereinkommens, insbesondere durch Schaffung eines geeigneten Aufsichtssystems und Zwangsmaßnahmen. Art. 10 schreibt schließlich vor, dass Maßnahmen zur Anleitung der Arbeitgeber und Arbeitnehmer geschaf-fen werden müssen. Art. 11 ff. listen detailliert die Aufgaben auf, die von den Mitgliedstaaten zu erfüllen sind und die zu treffenden Maßnahmen, um sicherzu-stellen, dass diejenigen Personen, die Maschinen, Ausrüstungen oder Stoffe zum gewerblichen Gebrauch entwerfen, herstellen, einführen, in Verkehr bringen oder auf sonstige Weise verlassen, die notwendigen Schutzvorkehrungen einhalten und Schutzmaßnahmen ergreifen.

Die auf betrieblicher Ebene zu treffenden Maßnahmen sind schließlich in Teil IV des Übereinkommens geregelt. Nach Art. 16 hat der Arbeitgeber dafür Sorge zu tragen, dass von materiellen Komponenten und sonstigen Arbeitsstoffen keine Gesundheitsgefahren ausgehen. Gegebenenfalls sind Schutzkleidung und Schutz-ausrüstung bereitzustellen. Mehrere Betriebe haben zusammenzuarbeiten, soweit sie an der gleichen Arbeitsstätte tätig sind (Art. 17) und es sind Maßnahmen für Notfälle und Unfälle vorzusehen (Art. 18). Auf Ebene des Betriebs sind nach Art. 19 ff. zudem weitere Vorkehrungen zu treffen, die die Mitwirkung der Arbeitneh-mer bzw. ihrer Vertreter betreffen, wobei diese mit keinerlei Ausgaben für die Arbeitnehmer verbunden sein dürfen.

Vorgaben bezüglich der Zusammenarbeit zwischen dem Arbeitgeber und den Arbeitnehmern sind vornehmlich in Art. 19 des Übereinkommens geregelt. Von besonderer Relevanz ist dabei zunächst Art. 19 lit. c). Danach sind auf der Ebene des Betriebs Vorkehrungen zu treffen, wonach „die Vertreter der Arbeitnehmer in einem Betrieb ausreichend über die Maßnahmen unterrichtet werden, die der Arbeitgeber zur Gewährleistung des Arbeitsschutzes getroffen hat […]". Die Ar-beitnehmervertreter sind mithin über die nach Art. 16 ff. vom Arbeitgeber auf be-trieblicher Ebene vorzunehmenden Schutzmaßnahmen zu unterrichten. Die Unter-richtungspflicht des Arbeitgebers bezieht sich dabei auf diejenigen Schritte, die er unternommen hat, um dafür Sorge zu tragen, dass die „Arbeitsplätze, Maschinen, Ausrüstungen und Verfahren keine Gefahr für die Sicherheit und die Gesundheit der Arbeitnehmer darstellen" und dass die seinem Verfügungsrecht unterliegenden

„chemischen, physikalischen und biologischen Stoffe und Einwirkungen, keine Gesundheitsgefahren darstellen" (Art. 16 Ziff. 1 und 2). Ferner sind die Arbeitnehmervertreter zu unterrichten über die vom Arbeitgeber bereitgestellte Schutzkleidung und Schutzausrüstung und über Maßnahmen für Notfälle und Unfälle, einschließlich angemessener Erste-Hilfe-Vorkehrungen.

Neben dem vorstehend beschriebenen Unterrichtungsrecht soll den Arbeitnehmern oder ihren Vertretern nach Art. 19 lit. e) des ILO-Übereinkommens Nr. 155 auf betrieblicher Ebene ferner ein Anhörungsrecht betreffend die mit dem Arbeitsschutz zusammenhängenden Aspekte eingeräumt werden. Die Arbeitnehmer oder ihre Vertreter sind danach in die Lage zu versetzen, alle mit ihrer Arbeit zusammenhängenden Aspekte des Arbeitsschutzes zu untersuchen und vom Arbeitgeber diesbezüglich angehört zu werden.

Das Übereinkommen verlangt damit erstmals eine umfassende, präventiv geprägte betriebliche Gesundheitspolitik, die in die Verantwortung des Arbeitgebers gestellt ist und eine aktive Rolle der Beschäftigten anstrebt.[102]

Das ILO-Übereinkommen Nr. 155 kann auf nationaler Ebene allerdings keine unmittelbare Bindungswirkung entfalten, da es bisher nicht in das innerstaatliche Recht integriert worden ist. Hierzu wäre eine Ratifizierung durch die Bundesrepublik Deutschland erforderlich[103], die jedoch bis heute nicht erfolgt ist.[104] Eine mittelbare Wirkung kommt dem ILO-Übereinkommen Nr. 155 aber bereits dadurch zu, dass die EU als Völkerrechtssubjekt Träger völkerrechtlicher Rechte und Pflichten ist, d. h. ihrerseits eine Bindung an Völkerrecht besteht.[105] Auch der EuGH sieht sich bei der Anwendung des Unionsrechts daher an Völkerrecht gebunden.[106] Über die Bindung der nationalen Gerichte an das Unionsrecht ergibt

---

102 MünchArb-*Kohte*, § 288, Rn. 38 f.
103 *Leinemann/Schütz*, BB 1993, 2519 (2519); *Lörcher*, AuR 1991, 97 (102 ff.); MünchArb-*Kohte*, § 288, Rn. 44; *Wank* in Hanau/Steinmeyer/Wank, § 34, Rn. 80.
104 Vgl. http://www.ilo.org/public/german/region/eurpro/bonn/arbeitsnormen/index.html., wo sämtliche von der Bundesrepublik Deutschland ratifizierte ILO-Übereinkommen aufgelistet sind und abgerufen werden können.
105 *Lörcher*, AuR 1991, 97 (103 f.); *Kokott* in Streinz, Art. 47 EUV, Rn. 11.
106 *EuGH*, Urteil vom 16.10.2012, Rs. C-364/10 – Ungarn ./. Slowakische Republik, becklink 1022978; *EuGH*, Urteil vom 18.11.2003, Rs. C-216/01 – Budejovický Budvar, národní podnik ./. Rudolf Ammersin GmbH, Budejovický Budvar ./. Ammersin GmbH [American Bud], LMRR 2003, 36; *Dörr* in Grabitz/Hilf/Nettesheim, Art. 47 EUV, Rn. 100 m.w.N; *Ernst-Ulrich* in v.d.Groeben/Schwarze, Art. 307 EG, Rn. 24 ff.; *Lörcher*, AuR 1991, 97 (103 f.); *Philipp* in Schwarze/Becker/Hatje/Schoo, Art. 47 EUV, Rn. 18 ff.

sich insofern wiederum eine indirekte bzw. mittelbare Bindung auch an Völkerrecht. Wie bereits ausgeführt, ist die Arbeitsschutzrahmenrichtlinie zudem stark durch das skandinavische Recht der Arbeitsumwelt beeinflusst, das wiederum deutlich vom ILO-Übereinkommen Nr. 155[107] geprägt ist[108].

II. Europäische Sozialcharta

Auch der Europäischen Sozialcharta (ESC) kommt im Bereich des internationalen Rechts eine bedeutende Rolle zu. Das Recht auf sichere und gesunde Arbeitsbedingungen ist dort in Art. 3 verankert. Danach verpflichten sich die Vertragsparteien Sicherheits- und Gesundheitsvorschriften zu erlassen, für Kontrollmaßnahmen zur Einhaltung dieser Vorschriften zu sorgen und die Arbeitgeber- und Arbeitnehmerorganisationen in geeigneten Fällen bei Maßnahmen zu Rate zu ziehen, die auf eine Verbesserung der Sicherheit und der Gesundheit bei der Arbeit gerichtet sind. Die Überwachung der Europäischen Sozialcharta erfolgt durch einen Sachverständigenausschuss. Dieser versteht die zentralen, an die nationalen Arbeitsschutzsysteme zu stellenden Anforderungen, im Sinne einer Regulation, Inspektion und Partizipation der Beschäftigten.[109] Die Mitwirkung der Beschäftigten nimmt mithin auch im Rahmen der Sozialcharta eine maßgebende Rolle ein.

In diesem Sinne ermöglicht Art. 151 AEUV unter Bezugnahme auf die ESC die Angleichung sozialer Standards. Letztere betreffen insbesondere auch den Bereich des Arbeits- und Gesundheitsschutzes, sodass auf Grundlage des Art. 118a EWGV (nunmehr Art. 153 AEUV) die bedeutsame Arbeitsschutzrahmenrichtlinie 89/391/EWG geschaffen werden konnte. Diese Vorschrift korrespondiert mit der Entwicklung der sozialen Grundrechte. Schon Nr. 19 der Gemeinschaftscharta der sozialen Grundrechte der Arbeitnehmer vom 09.12.1989 forderte, dass jeder Arbeitnehmer in seiner Arbeitsumwelt zufriedenstellende Bedingungen für Gesundheit und Sicherheit vorfindet. Und auch die Charta der Grundrechte vom 07.12.2000 schreibt das „Recht auf gesunde, sichere und würdige Arbeitsbedingungen" in Art. 31 ausdrücklich vor.[110]

---

107 ILO-Übereinkommen Nr. 155 über Arbeitsschutz vom 22.06.1981, abrufbar im Internet unter http://www.ilo.org/ilolex/german/docs/gc155.htm., abgedr. in Übereinkommen und Empfehlungen der IAO, Bd. II, S. 1720 ff., das von der Bundesrepublik Deutschland jedoch bislang nicht ratifiziert wurde. Vgl. hierzu § 4, A., I., 2., b), aa).

108 *Birk* in Festschrift für Wlotzke, 645 (647, 656); *Wlotzke* in Festschrift für Däubler, S. 654 (659).

109 MünchArb-*Kohte* § 288, Rn. 45 ff.

110 MünchArb-*Kohte* § 289, Rn. 1 ff.

Dem Ziel der allmählichen Angleichung des Arbeitsschutzes wird schließlich in Art. 153 Abs. 1 lit. a) AEUV Rechnung getragen, wonach die Union die Tätigkeiten der Mitgliedstaaten auf dem Gebiet der Verbesserung der Arbeitsumwelt zum Schutz der Gesundheit und der Sicherheit der Arbeitnehmer unterstützt und ergänzt. Zu diesem Zweck wird der Union in Art. 153 Abs. 2 lit. b) AEUV die Richtlinienkompetenz eingeräumt. In Ausübung dieser Richtlinienkompetenz sind mittlerweile zahlreiche Richtlinien erlassen worden. Maßgebliche Bedeutung kam hierbei der in diesem Zusammenhang erlassenen Arbeitsschutzrahmenrichtlinie 89/391/EWG zu.[111] Sie nimmt insbesondere auf betrieblicher Ebene im Bereich der Partizipation der Beschäftigten eine besondere Rolle ein, weshalb ihr auch im Rahmen der vorliegenden Untersuchung eine zentrale Stellung zukommt. Die mit Erlass der Richtlinie 89/391/EWG geschaffenen unionsrechtlichen Vorgaben im Bereich des Arbeitsschutzes sollen nachfolgend ausführlich dargestellt werden.

B. Die Arbeitsschutzrahmenrichtlinie 89/391/EWG

Die Arbeitsschutzrahmenrichtlinie 89/391/EWG wurde nicht eigens zum Schutz arbeitnehmerähnlicher Personen erlassen. Gleichwohl spielt sie im Rahmen der vorliegenden Untersuchung eine wesentliche Rolle, da sie spezifische Regelungen zu den Beteiligungsrechten der Arbeitnehmer bzw. ihrer Vertreter betreffend den Bereich Sicherheit und Gesundheitsschutz enthält. Sie lehnte sich an das bereits erwähnte ILO-Übereinkommen Nr. 155 an und wird als Grundgesetz des betrieblichen Arbeitsschutzes bezeichnet.[112]

I. Leitbild der Richtlinie 89/391/EWG

Ziel der Rahmenrichtlinie zum Arbeitsschutz ist nach deren Art. 1 Abs. 1 der Richtlinie 89/391/EWG „die Durchführung von Maßnahmen zur Verbesserung der Sicherheit und des Gesundheitsschutzes der Arbeitnehmer am Arbeitsplatz".

---

111 *Fuchs/Marhold*, Europäisches Arbeitsrecht, S. 387 f., 390; *Balze* in Kollmer/Klindt, ArbSchG, Einl B, Rn. 55 ff.; die Richtlinie selbst wurde allerdings noch auf die Vorgängervorschrift des § 118a EWGV gestützt, vgl. § 2, B., I., insbesondere § 2, B., I., 2.

112 *Julius*, Arbeitsschutz und Fremdfirmenbeschäftigung, S. 45; *Kohte*, Arbeitsschutzrahmenrichtlinie, EAS B 6100, Rn. 18; *ders.*, Jahrbuch des Arbeitsrechts, Bd. 37, S. 26; *ders.*, Partizipation, S. 5, *Wlotzke*, NZA 1990, 417 (419 f.); *ders.*, RdA 1992, 85 (91); *ders.*, NZA 1994, 602 (603); *Pieper*, ArbSchR, Einl., Rn. 87.

Folgerichtig wurde das Ziel des die Richtlinie 89/391/EWG umsetzenden deutschen ArbSchG darin gesehen, den Gesundheitsschutz der Beschäftigten „zu sichern und zu verbessern".[113] Dieser Leitgedanke kann insbesondere den der Richtlinie vorangestellten Erwägungsgründen entnommen werden. Die tragende Bedeutung dieser Erwägungsgründe wird in besonderem Maße vom EuGH berücksichtigt, der bei seinen Entscheidungen regelmäßig auf die Erwägungsgründe zurückgreift.[114]

Entsprechend Nr. 9 der Erwägungsgründe waren die Rechtsvorschriften der Mitgliedstaaten auf dem Gebiet der Sicherheit und des Gesundheitsschutzes am Arbeitsplatz sehr unterschiedlich und sollten verbessert werden. Vor diesem Hintergrund hat das Europäische Parlament im Februar 1988 die Kommission aufgefordert, eine Rahmenrichtlinie auszuarbeiten, die als Grundlage von Einzelrichtlinien dienen kann, die alle Risiken betreffend Sicherheit und Gesundheitsschutz am Arbeitsplatz abdecken, vgl. Erwägungsgrund Nr. 7 der Richtlinie 89/391/EWG.[115] Als prägende Gedanken der Richtlinie lassen sich vorab folgende zusammenfassen:

1. einheitliche Rechtssetzung;
2. ganzheitlicher Arbeitsschutz und Risikovorsorge;
3. Prävention und Betriebsorientierung;
4. Partizipation der Arbeitnehmer;
5. Kooperationsprinzip.[116]

Im Einzelnen sollen sie nachstehend dargestellt werden:

---

113 *Balze* in Kollmer/Klindt, ArbSchG, Einl B, Rn. 88; *Kohte*, Arbeitsschutzrahmenrichtlinie, EAS B 6100, Rn. 7.
114 *EuGH*, Urteil vom 20.10.2011, Rs. C-123/10 – Brachner ./. Pensionsversicherungsanstalt, BeckRS 2011, 81513; *EuGH*, Urteil vom 13.09.2011, Rs. C-447/09 – Prigge u. a. ./. Deutsche Lufthansa AG, NZA 2011, 1039; anschaulich zur Bedeutung der Erwägungsgründe: *EuGH,* Urteil vom 12.11.1996, Rs. C-84/94 – Vereinigtes Königreich ./. Rat, NZA 1997, 23; *Bücker/Feldhoff/Kohte*, Arbeitsumwelt, Rn. 246; MünchArb-*Kohte*, § 289, Rn. 10; *ders.* Arbeitsschutzrahmenrichtlinie, EAS B 6100, Rn. 6.
115 *Bremer*, Arbeitsschutz im Baubereich, S. 27.
116 *Balze* in Kollmer/Klindt, ArbSchG, Einl B, Rn. 104; *Bremer*, Arbeitsschutz im Baubereich, S. 27; *Habich,* Sicherheit- und Gesundheitsschutz, S. 55 ff.; *Kohte*, Arbeitsschutzrahmenrichtlinie, EAS B 6100, Rn. 9 ff.; MünchArb-*ders.*, § 289, Rn. 10 ff.; *Nebe*, Betrieblicher Mutterschutz, S: 124.

1. Einheitliche Rechtssetzung

Der Gedanke der einheitlichen Rechtssetzung ergibt sich aus dem bereits erwähnten Erwägungsgrund Nr. 9. Danach waren die Rechtsvorschriften der Mitgliedstaaten auf dem Gebiet der Sicherheit und des Gesundheitsschutzes sehr unterschiedlich und sollten verbessert werden. Weiter heißt es, dass die einschlägigen einzelstaatlichen Bestimmungen, die weitgehend durch technische Vorschriften bzw. freiwillig eingeführte Normen ergänzt werden, zu einem unterschiedlich stark ausgeprägten Grad der Sicherheit und des Gesundheitsschutzes führen können, wodurch eine Konkurrenz geschaffen wird, die zulasten der Sicherheit und des Gesundheitsschutzes geht. Dementsprechend soll durch die Richtlinie 89/391/EWG und der mit ihr verbundenen Festlegung von Mindestvorschriften ein Unterbietungswettbewerb zulasten des Arbeitsschutzes ausgeschlossen werden. Es soll eine einheitliche und umfassende Geltung der Mindestbedingungen im Bereich des Arbeitsschutzes gesichert werden, weshalb auch der Anwendungsbereich der Richtlinie sehr weit zu verstehen ist.[117]

2. Ganzheitlicher Arbeitsschutz und Risikovorsorge

Nach Art. 1 Abs. 1 der Richtlinie 89/391/EWG verfolgt diese das Ziel der Sicherheit und des Gesundheitsschutzes. Unter Berücksichtigung der Rechtsgrundlage der Richtlinie kann das Ziel jedoch nicht allein unfall- und technikorientiert verstanden werden. Rechtsgrundlage für den Erlass der Rahmenrichtlinie 89/391/EWG zum Arbeitsschutz war ex-Art. 118a EWGV. Ex-Art. 118a EWGV wurde mit Wirkung zum 01.07.1987 durch die Einheitliche Europäische Akte als Gemeinschaftskompetenz zum Erlass von Mindestvorschriften eingeführt, welche die Verbesserung insbesondere der Arbeitsumwelt fördern und die Sicherheit und Gesundheit der Arbeitnehmer schützen sollen.[118] Nach Änderung des EG-Vertrags wurden weitere Neuerungen auf Art. 137 EGV gestützt. Eine entsprechende Kompetenzvorschrift enthält seit dem Inkrafttreten des Vertrags von Lissabon

---

117 *EuGH*, Beschluss vom 03.07.2001, Rs. C-241/99 – Confederación Intersindical Galega ./. Servicio Galego de Saúde, Slg. 2001, I-5139; *EuGH*, Urteil vom 03.10.2000, Rs. C-303/98 – Simap, NZA 2000, 1227; *EuGH*, Urteil vom 05.10.2004, Rs. C-397/01 bis C 403/01 – Pfeiffer u. a. ./. Deutsches Rotes Kreuz, NZA 2004, 1145; *EuGH*, Beschluss vom 14.07.2005, Rs. C-52/04 – Personalrat der Feuerwehr Hamburg ./. Leiter der Feuerwehr Hamburg, Slg. 2005, I-7113 ff.; *Habich*, Sicherheits- und Gesundheitsschutz, S. 62 f.; *Kohte*, Arbeitsschutzrahmenrichtlinie, EAS B 6100, Rn. 10.; MünchArb-*ders.*, § 289, Rn. 11.

118 *Nebe*, Betrieblicher Mutterschutz, S. 105.

am 01.12.2009, durch den der „Vertrag zur Gründung der Europäischen Gemeinschaft" in „Vertrag über die Arbeitsweise der Europäischen Union" umbenannt wurde, Art. 153 AEUV. Schon Art. 118a EWGV, auf den die Richtlinie gestützt wurde, sah es als erforderlich an, die Verbesserung insbesondere auch der Arbeitsumwelt zu fördern, um die Sicherheit und die Gesundheit der Arbeitnehmer zu schützen. Art. 137 EGV sah ebenfalls den Erlass von Richtlinien durch den Rat vor, wobei Inhalt der Richtlinien die Festlegung von Mindestvorschriften war, die die Verbesserung insbesondere der Arbeitsumwelt fördern.[119] Entsprechendes gilt für die aktuelle Kompetenzvorschrift des Art. 153 AEUV.[120]

Auf die Arbeitsumwelt stellt die Richtlinie 89/391/EWG in Nr. 1 der Erwägungsgründe selbst ab, indem sie auf Art. 118a EWGV verweist. Darüber hinaus wird die Arbeitsumwelt auch in Art. 6 Abs. 2 lit. g) und Art. 6 Abs. 3 lit. c) der Richtlinie berücksichtigt. Dem Gesichtspunkt der Arbeitsumwelt kam auch schon im ILO-Übereinkommen Nr. 155 über Arbeitsschutz und Arbeitsumwelt[121] eine maßgebende Bedeutung zu. Wie bereits ausgeführt ist es Ziel dieses Übereinkommens, Unfälle und Gesundheitsschäden, die infolge, im Zusammenhang mit oder bei der Arbeit entstehen, zu verhüten, indem die mit der Arbeitsumwelt verbundenen Gefahrenursachen, soweit praktisch durchführbar, auf ein Mindestmaß herabgesetzt werden.[122] Da das Recht der ILO sowohl im Unionsrecht als auch im nationalen Recht regelmäßig als Orientierungs- und Auslegungshilfe herangezogen wird[123], kann auch der übergeordnete Sinn und Zweck der Richtlinie

---

119 Zu ex.-Art. 118a EWGV und ex.-Art. 137 EGV als Rechtsgrundlage der Richtlinie 92/85/EWG als 10. Einzelrichtlinie der Richtlinie 89/391/EWG: *Nebe*, Betrieblicher Mutterschutz, S. 105.

120 *Benecke* in Grabitz/Hilf/Nettesheim, Art. 153 AEUV, Rn. 5 ff.; *Krebber* in Calliess/Ruffert, Art. 153 AEUV, Rn. 1 ff.; *Rebhahn/Reiner* in Schwarze/Becker/Hatje/Schoo, Art. 153 AEUV, Rn. 1.

121 ILO-Übereinkommen Nr. 155 über Arbeitsschutz vom 22.06.1981, abrufbar im Internet unter http://www.ilo.org/ilolex/german/docs/gc155.htm., abgedr. in Übereinkommen und Empfehlungen der IAO, Bd. II, S. 1720 ff.; vgl. § 2, A.

122 Vgl. § 2, A. sowie Art. 4 Ziff. 2 des ILO-Übereinkommens Nr. 155.

123 Vgl. § 2, A. sowie Stellungnahme des Wirtschafts- und Sozialausschusses zu dem Vorschlag für eine Richtlinie des Rates über den Schutz von Schwangeren und Wöchnerinnen am Arbeitsplatz, ABl. EG Nr. C 41 vom 18.02.1991, S. 30; *EuGH*, Urteil vom 22.11.2011, Rs. C-214/10 – KHS AG ./. Schulte, in welchem der EuGH im Rahmen einer Vorlage des LAG Hamm darüber zu entscheiden hatte, ob Art. 7 Abs. 1 der Richtlinie 2003/88/EG dahin auszulegen ist, dass er einzelstaatlichen Rechtsvorschriften oder Gepflogenheiten wie etwa Tarifverträgen entgegensteht, die die Möglichkeit eines während mehrerer Bezugszeiträume in Folge arbeitsunfähigen Arbeitnehmers,

89/391/EWG nicht anders verstanden werden. Neben Unfall- und Technikorientierung strebt die Richtlinie damit eine ganzheitliche und soziale Arbeitsorganisation an, die auch vor Über- und Unterforderung, Eintönigkeit bei der Arbeit und psychischen Belastungen durch Dauer, Organisation und Inhalt der Tätigkeit schützen soll.[124]

Dieses Ziel des ganzheitlichen Arbeitsschutzes beinhaltet auch das Ziel der umfassenden Risikovorsorge. Nach Art. 1 Abs. 2 enthält die Richtlinie gerade auch allgemeine Grundsätze für die Ausschaltung von Risiko- und Unfallfaktoren. Dies entspricht dem der Richtlinie allgemein immanenten Präventionszweck, wonach Gefährdungen der Arbeitnehmer schon im Vorfeld vermieden werden sollen und nicht erst nach deren Eintritt.[125] Auch Art. 6 Abs. 3a der Rahmenrichtlinie 89/391/EWG bestätigt den Zweck der Risikovorsorge. Zwar verwendet Art. 6 Abs. 3a in der deutschen Fassung der Richtlinie nicht ausdrücklich den Begriff „Risiko". Es geht dort vielmehr um die Beurteilung von „Gefahren" für die Sicherheit und den Gesundheitsschutz. Ein Blick in den englischen und französischen Text der Richtlinie zeigt jedoch den hinter dem Begriff „Gefahren" steckenden Grundgedanken. Im englischen Text ist die Aufgabe benannt als „evaluate *risks* to the safety and health of workers". Im französischen Text heißt es "evaluer *les risques* pour la sécurité et la sante de travailleurs". Die Richtlinie 90/679/EWG[126] stellt als Einzelrichtlinie der Richtlinie 89/391/EWG in Art. 3 ebenfalls auf die Ermittlung und Abschätzung von „Risiken" ab.[127] Das Ziel umfassender Risikovorsorge lässt sich zudem auch dem Verweis auf Art. 118a EWGV entnehmen, dessen Intention

---

Ansprüche auf bezahlten Jahresurlaub anzusammeln, dadurch einschränken, dass sie einen Übertragungszeitraum von 15 Monaten vorsehen, nach dessen Ablauf der Anspruch auf diesen Urlaub erlischt; *LAG Hamm*, das unter Bezugnahme auf Art. 9 Abs. 1 des ILO-Übereinkommens Nr. 132, davon ausgeht, dass Urlaubsansprüche langjährig arbeitsunfähiger Arbeitnehmer spätestens nach 18 Monaten nach Ablauf des Übertragungszeitraums verfallen; MünchArb-*Kohte*, § 288, Rn. 41; *Nebe*, Betrieblicher Mutterschutz, S. 107.

124 *EuGH*, Urteil vom 12.11.1996, Rs. C-84/94 – Vereinigtes Königreich Großbritannien und Nordirland, Slg. 1996, I-5755 ff.; MünchArb-*Kohte*, § 289, Rn. 11; zum Leitgedanken der Richtlinie 92/85/EWG als 10. Einzelrichtlinie der Richtlinie 89/391/EWG vgl. ferner *Nebe*, Betrieblicher Mutterschutz, S. 124 f.

125 Zum Grundsatz der Prävention vgl. § 2, B., I., 3.

126 Richtlinie 90/679/EWG des Rates vom 26.11.1990 über den Schutz der Arbeitnehmer gegen Gefährdung durch biologische Arbeitsstoffe bei der Arbeit, ABl. Nr. L 374/1.

127 *Kohte*, Arbeitsschutzrahmenrichtlinie, EAS B 6100, Rn. 45 ff.; zum Leitgedanken der Richtlinie 92/85/EWG als 10. Einzelrichtlinie der Richtlinie 89/391/EWG: *Nebe*, Betrieblicher Mutterschutz, S. 125.

gerade in der Harmonisierung der Arbeitsschutzbestimmungen bei gleichzeitigem Fortschritt besteht. In diesem Sinne enthält die Richtlinie auch lediglich Mindestvorschriften, deren Überschreitung erlaubt ist, die aber die Einschränkung bisheriger Standards verbietet.[128]

3. Prävention und Betriebsorientierung

Prägender Gedanke der Arbeitsschutzrahmenrichtlinie 89/391/EWG ist das präventive Sicherheitsmanagement im Betrieb.[129]

Um die nach wie vor zu hohe Anzahl von Arbeitsunfällen und betriebsbedingten Gesundheitsgefahren zu minimieren, schreibt die Richtlinie 89/391/EWG eine präventive Sicherheits- und Gesundheitspolitik vor, wonach die Gefahren bereits an der Quelle zu bekämpfen sind. Es müssen vorbeugende Maßnahmen ergriffen werden.[130] Da die Quelle der Gesundheitsgefahren in der Regel im Betrieb selbst zu finden ist, liegt der Richtlinie – wie schon dem ILO-Übereinkommen Nr. 155[131] – zugleich der maßgebende Gedanke der Betriebsorientierung zugrunde. Die Aufgabe der präventiven Sicherheits- und Gesundheitspolitik ist daher im Sinne der Effektivität innerbetrieblich zu lösen. Konsequenterweise ist der Arbeitgeber, der die Herrschaftsgewalt über die betrieblichen Gefahren innehat, primärer Adressat der Richtlinie. Nach dem 14. Erwägungsgrund der Richtlinie 89/391/EWG sind die Arbeitgeber verpflichtet, sich unter Berücksichtigung der in ihrem Unternehmen bestehenden Risiken über den neuesten Stand der Technik und der wissenschaftlichen Erkenntnisse auf dem Gebiet der Gestaltung von Arbeitsplätzen zu informieren und diese Kenntnisse an die Arbeitnehmervertreter weiterzugeben, um eine bessere Sicherheit und einen besseren Gesundheitsschutz der Arbeitnehmer gewährleisten zu können. Art. 5 Abs. 1 der Richtlinie verpflichtet den Arbeitgeber vor diesem Hintergrund, für die Sicherheit und den Gesundheitsschutz in Bezug auf alle die Arbeit betreffenden Aspekte Sorge zu tragen.[132] Im Rahmen dieser Verpflichtung trifft der Arbeitgeber nach

---

128 *Nebe*, Betrieblicher Mutterschutz, S. 125.

129 *Balze* in Kollmer/Klindt, ArbSchG, Einl B., Rn. 104; *Habich*, Sicherheits- und Gesundheitsschutz, S. 58 f.; MünchArb-*Kohte* § 289, Rn. 11; *ders.,* Arbeitsschutzrahmenrichtlinie, EAS B 6100, Rn. 11; zum Leitgedanken der Richtlinie 92/85/EWG als 10. Einzelrichtlinie der Richtlinie 89/391/EWG: *Nebe,* Betrieblicher Mutterschutz, S. 127 ff.

130 Vgl. Erwägungsgrund Nr. 10 der Richtlinie 89/391/EWG.

131 Vgl. § 2, A.

132 *EuGH*, Urteil vom 22.05.2003, Rs. C-441/01 – Kommission der Europäischen Gemeinschaften ./. Königreich Niederlande, Slg. 2003, 5463 ff.; *EuGH*, Urteil vom

Art. 6 Abs. 1 der Richtlinie die für die Sicherheit und Gesundheit der Arbeit-
nehmer erforderlichen Maßnahmen, einschließlich der Maßnahmen zur Verhü-
tung berufsbedingter Gefahren, zur Information und zur Unterweisung sowie der
Bereitstellung einer geeigneten Organisation und der erforderlichen Mittel. Die
Grundsätze, von denen er hierbei auszugehen hat, werden in Art. 6 Abs. 2 der
Richtlinie konkretisiert.[133]

Die Aufgabenverteilung, die den Arbeitgeber als primären Adressat arbeitsschutzrechtlicher Aufgaben ansieht, ist sachgerecht, denn die Quelle der Gefährdungen geht vom Betrieb des jeweiligen Unternehmens selbst aus. Die Gefahren
werden also vom Betrieb und damit vom Arbeitgeber geschaffen, sodass hiermit
im Sinne des Verursacherprinzips Pflichten für den Arbeitgeber einhergehen.
Wer Gefährdungsquellen schafft, muss auch dafür Sorge tragen, dass sich diese
Gefährdung nicht zu einer konkreten Gefahr für die Beschäftigten entwickelt.[134]
Die Verantwortlichkeit des Arbeitgebers wird auch nicht durch die aktive Beteiligung weiterer Personen an der betrieblichen Gesundheitspolitik beschränkt. Ggf.
durch den Arbeitgeber hinzugezogene außerbetriebliche Fachleute oder durch ihn
zur Gefahrenverhütung beauftragte Arbeitnehmer unterstützen den Arbeitgeber
lediglich; von seiner grundsätzlichen Verantwortlichkeit kann sich der Arbeitgeber durch deren Einschaltung, die nach deutschem Recht im Übrigen abhängig
von der Größe des Unternehmens oder Betriebs verpflichtend sein soll[135], nicht

---

06.04.2006, Rs. C-428/04 – Kommission ./. Republik Österreich, Slg. 2006, I-3325;
Habich, Sicherheits- und Gesundheitsschutz, S. 57 f.; *Kohte*, Arbeitsschutzrahmenrichtlinie, EAS B 6100, Rn. 22; MünchArb-*ders.*, § 289, Rn. 11.

133 *Faber*, Die arbeitsschutzrechtlichen Grundpflichten, S. 46 ff. sowie S. 300 ff.

134 *EuGH*, Urteil vom 15.11.2001, Rs. C-49/00 – Kommission der Europäischen Gemeinschaften ./. Italienische Republik, Slg. 2001, I-8575 ff., *EuGH*, Urteil vom
07.02.2002, Rs. C-5/00 – Kommission der Europäischen Gemeinschaften ./. Bundesrepublik Deutschland, Slg. 2002, I-1305 ff.; *EuGH*, Urteil vom 22.05.2003, Rs.
C-441/01 – Kommission der Europäischen Gemeinschaften ./. Königreich Niederlande, Slg. 2003, 5463 ff.; *EuGH*, Urteil vom 06.04.2006, Rs. C-428/04 – Kommission ./.
Republik Österreich, Slg. 2006, I-3325; *EuGH*, Urteil vom 14.06.2007, Rs. C-127/05 –
Kommission der Europäischen Gemeinschaften ./. Vereinigtes Königreich, Slg. 2007,
I-4619 ff.; *Faber*, Die arbeitsschutzrechtlichen Grundpflichten, S. 32 f. *Kohte*, Ar-
beitsschutzrahmenrichtlinie, EAS B 6100, Rn. 22; zur begrifflichen Differenzierung
von Gefahr und Gefährdung, vgl. *Kohte*, Arbeitsschutzrahmenrichtlinie, EAS B 6100,
Rn. 44 f.

135 Zur Unionsrechtswidrigkeit einer Beschränkung der Arbeitsschutzrahmenrichtlinie 89/391/EWG auf Kleinbetriebe vgl. *EuGH*, Urteil vom 07.02.2002, Rs. C-5/00
– Kommission der Europäischen Gemeinschaften ./. Bundesrepublik Deutschland,

freizeichnen. Dieser Gedanke findet sich auch in der Richtlinie selbst wieder, die nach Art. 5 Abs. 2 klarstellt, dass die Hinzuziehung außerbetrieblicher Fachleute den Arbeitgeber nicht von seiner Verantwortung enthebt. Nach Art. 5 Abs. 3 der Richtlinie 89/391/EWG berühren auch die Pflichten der Arbeitnehmer selbst nicht den Grundsatz der Verantwortung des Arbeitgebers.[136]

Der Arbeitsschutz nach der Richtlinie 89/391/EWG ist damit insgesamt präventiv geprägt und vollständig betriebsbezogen.

4. Partizipation der Arbeitnehmer

Wesentliches und tragendes Element der Richtlinie 89/391/EWG und des damit bezweckten betrieblichen Arbeitsschutzes ist die Partizipation der Arbeitnehmer. Es geht nicht mehr um fürsorgliche Umhegung der Beschäftigten. Ihnen soll vielmehr Eigeninitiative zukommen, die es ihnen ermöglicht, aktiv und handlungsorientiert am Arbeits- und Gesundheitsschutz mitzuwirken.[137] Auch insoweit zeigt sich der Bezug zu dem ILO-Übereinkommen Nr. 155, das bei der Entstehung von Arbeitsschutzrichtlinien stets eine große Rolle spielt[138], denn gerade das ILO-Übereinkommen Nr. 155 geht von einer präventiven Gesundheitspolitik aus, die in die Verantwortung des Arbeitgebers gestellt ist und eine aktive Rolle der Beschäftigten anstrebt.[139]

Die Richtlinie selbst stellt die Bedeutung der Arbeitnehmermitwirkung insoweit bereits in den Erwägungsgründen besonders heraus.[140] So ist es nach Erwägungsgrund Nr. 11 erforderlich, dass die Arbeitnehmer bzw. ihre Vertreter über die Gefahren für ihre Sicherheit und Gesundheit und die erforderlichen Maßnahmen zur Verringerung oder Ausschaltung dieser Gefahren informiert werden. Es ist ferner *unerlässlich,* dass die Arbeitnehmer in die Lage versetzt werden,

---

Slg. 2002, I-1305 ff.; *EuGH*, Urteil vom 06.04.2006, Rs. C-428/04 – Kommission ./. Republik Österreich, Slg. 2006, I-3325 sowie *Kohte/Faber*, Anmerkung zu EuGH, Urteil vom 06.04.2006, Rs. C-428/04, ZESAR 2007, 39 ff. (40).

136 *Bremer*, Arbeitsschutz im Baubereich, S. 29, *Faber*, Die arbeitsschutzrechtlichen Grundpflichten, S. 47; *Kohte*, Arbeitsschutzrahmenrichtlinie, EAS B 6100, Rn. 23; *Pottschmidt*, ArbNähnl. Pers. in Europa, S. 204; *Riesenhuber*, Europäisches Arbeitsrecht, S. 268.

137 *Faber*, Die arbeitsschutzrechtlichen Grundpflichten, S. 405 ff.; *Kohte*, Jahrbuch des Arbeitsrechts, Bd. 37, S. 36 ff.

138 Vgl. § 2, A. sowie *Bücker/Feldhoff/Kohte*, Arbeitsumwelt, Rn. 237.

139 Vgl. § 2, A.

140 Zu der Bedeutung der Erwägungsgründe vgl. *EuGH*, Urteil vom 12.11.1996, Rs. C-84/94 – Vereinigtes Königreich Großbritannien und Nordirland, NZA 1997, 23.

durch eine *angemessene Mitwirkung* entsprechend den nationalen Rechtsvorschriften bzw. Praktiken zu überprüfen und zu gewährleisten, dass die erforderlichen Schutzmaßnahmen getroffen werden. Nach Erwägungsgrund Nr. 12 ist es ferner erforderlich, die Unterrichtung, *den Dialog* und die *ausgewogene Zusammenarbeit* zwischen dem Arbeitgeber und den Arbeitnehmern bzw. ihren Vertretern durch geeignete Verfahren und Instrumente entsprechend den nationalen Rechtsvorschriften bzw. Praktiken auszuweiten. Diesen Erwägungsgründen entsprechend, schreibt die Richtlinie 89/391/EWG in Art. 11 vor, dass die Arbeitgeber die Arbeitnehmer bzw. ihre Vertreter in allen Fragen betreffend die Sicherheit und die Gesundheit am Arbeitsplatz anhören und deren Beteiligung ermöglichen. Dies beinhaltet das *Anhörungs- und Vorschlagsrecht* sowie das Recht auf *ausgewogene Beteiligung* nach den nationalen Rechtsvorschriften und Praktiken. Träger dieser Rechte sind die Arbeitnehmer, die allgemeinen Arbeitnehmervertreter sowie die Arbeitnehmervertreter mit einer besonderen Funktion bei der Sicherheit und beim Gesundheitsschutz. Die Rolle der Arbeitnehmer bzw. ihrer Vertreter ist daher als eine aktive, angemessen mitwirkende zu verstehen und ist nicht auf die bloße Überwachung beschränkt.[141] Sie entspringt der Erkenntnis, dass die Effektivität des Arbeitsschutzes ohne aktive Beteiligung der Arbeitnehmer bzw. ihrer Vertreter nicht gewährleistet ist. Allein die Gewerbeaufsichtsämter oder sonstige Vollzugsbehörden können einen ausreichenden Schutz nicht effektiv herbeiführen.[142]

Auch der EuGH betont in seinen Entscheidungen zur Richtlinie 89/391/EWG die maßgebliche Bedeutung der Partizipation der Arbeitnehmer. In einem Verfahren gegen die Niederlande hatte der EuGH darüber zu entscheiden, ob das Königreich der Niederlande dadurch gegen seine Verpflichtungen aus Art. 7 Abs. 3 der Richtlinie 89/391/EWG verstoßen hat, dass es dem Arbeitgeber gestattet hat, frei zwischen inner- und außerbetrieblichen Gesundheitsschutz- und Sicherheitsdiensten zu wählen.[143] Der EuGH hat dies bejaht. Im Rahmen seiner Würdigung hat er die Erwägungsgründe der Richtlinie herangezogen und

---

141 *Faber*, Die arbeitsschutzrechtlichen Grundpflichten, S. 406 ff., 461 ff.; *Habich*, Sicherheits- und Gesundheitsschutz, S. 61 f.; *Kohte*, Partizipation, S. 7 ff.; *Nebe*, Betrieblicher Mutterschutz, S. 138.

142 *Bücker/Feldhoff/Kohte*, Arbeitsumwelt, Rn. 267; *Habich*, Sicherheits- und Gesundheitsschutz, S: 61 f.; *Kohte*, Arbeitsschutzrahmenrichtlinie, EAS B 6100, Rn. 101; *ders.*, Jahrbuch des Arbeitsrechts, Bd. 37, S. 36 ff.; *ders.*, Partizipation, S. 7; *Nebe*, Betrieblicher Mutterschutz, S. 138.

143 *EuGH*, Urteil vom 22.05.2003, Rs. C-441/01 – Kommission der Europäischen Gemeinschaften ./. Königreich Niederlande, Slg. 2003, 5463 ff.

ausgeführt, dass nach der elften und zwölften Begründungserwägung der Richtlinie zu deren Zielen u. a. der Dialog und die ausgewogene Zusammenarbeit zwischen den Arbeitgebern und den Arbeitnehmern im Hinblick auf den Erlass der Maßnahmen gehöre, die zum Schutz der Arbeitnehmer gegen Arbeitsunfälle und berufsbedingte Krankheiten erforderlich sind. Bei der in Art. 7 der Richtlinie 89/391/EWG zum Ausdruck gebrachten Entscheidung, falls es die Möglichkeiten im Unternehmen gestatten, der Mitwirkung der Arbeitnehmer an den Schutzmaßnahmen und Maßnahmen zur Verhütung berufsbedingten Gefahren den Vorrang vor der Hinzuziehung außerbetrieblicher Fachleute einzuräumen, handle es sich um eine organisatorische Maßnahme, die mit dem genannten Ziel der Mitwirkung der Arbeitnehmer an der Verbesserung ihrer eigenen Sicherheit im Einklang stehe.[144] Die Mitwirkung der Arbeitnehmer im Bereich des Arbeits- und Gesundheitsschutz ist daher, auch nach Auffassung des EuGH, stets als vorrangig und schützenswert anzusehen.

In einer weiteren Entscheidung aus dem Jahr 2006 wurde die Bedeutsamkeit der Arbeitnehmerbeteiligung im Bereich des Arbeits- und Gesundheitsschutzes seitens des EuGH noch einmal hervorgehoben.[145] Der EuGH hat erneut auf die elfte und zwölfte Begründungserwägung abgestellt und das Ziel der Richtlinie, den Dialog und die ausgewogene Zusammenarbeit zwischen den Arbeitnehmern und Arbeitgebern im Hinblick auf Maßnahmen zum Schutz der Arbeitnehmer, ausdrücklich betont. Mit Rücksicht auf die gewichtige Bedeutung der Arbeitnehmermitwirkung könne der Umstand, dass die zur Umsetzung des Art. 11 Abs. 2 lit. c) der Richtlinie 89/391/EWG erlassene österreichische Regelung, die vorsehe, dass nacheinander Betriebsrat, Sicherheitsvertrauenspersonen und Arbeitnehmer allgemein als die Stellen genannt sind, die bei der Ermittlung und Beurteilung von Gefahren mitzuwirken haben, in dem Fall, dass ein Belegschaftsorgan wie der Betriebsrat existiert, dazu führen, dass die Arbeitnehmer, die mit Schutzmaßnahmen und Maßnahmen zur Gefahrenverhütung, also eben den in Art. 7 Abs. 1 der Richtlinie 89/391/EWG genannten Maßnahmen, beauftragt sind, nicht an dieser Informationsbeschaffung mitwirken, wie es die Richtlinie verlange. Vor diesem Hintergrund hat der EuGH auch hier einen Verstoß gegen die Richtlinie 89/391/

---

144 *EuGH*, Urteil vom 22.05.2003, Rs. C-441/01 – Kommission der Europäischen Gemeinschaften ./. Königreich Niederlande, Slg. 2003, 5463 ff., Rn. 39 f.
145 *EuGH*, Urteil vom 06.04.2006, Rs. C-428/04 – Kommission ./. Republik Österreich, Slg. 2006, I-3325.

EWG und deren Ziel, die Mitwirkung der Arbeitnehmer und den Dialog zwischen Arbeitgeber und Arbeitnehmer zu stärken, angenommen.[146]

Der Partizipation der Arbeitnehmer kommt im Rahmen der Richtlinie nach alledem eine herausragende Rolle zu.

5. Kooperationsprinzip

Entsprechend dem der Richtlinie 89/391/EWG zugrunde liegenden Partizipationsgrundsatz erfordert die Richtlinie zur Verbesserung der Sicherheit und des Gesundheitsschutzes auch eine Zusammenarbeit bzw. Kooperation der mitwirkenden Arbeitnehmer bzw. Arbeitnehmervertreter und des Arbeitgebers. Seinen Niederschlag findet das Kooperationsprinzip in Nr. 12 der Erwägungsgründe. Danach ist es erforderlich, die Unterrichtung, den Dialog und die ausgewogene Zusammenarbeit im Bereich der Sicherheit und des Gesundheitsschutzes am Arbeitsplatz zwischen den Arbeitgebern und den Arbeitnehmern bzw. ihren Vertretern durch geeignete Verfahren und Instrumente entsprechend den nationalen Rechtsvorschriften bzw. Praktiken auszuweiten.[147]

II. Wesentlicher Inhalt der Arbeitsschutzrahmenrichtlinie 89/391/EWG

Ausgehend von dem vorstehend dargestellten Leitbild der Richtlinie 89/391/ EWG, das eine einheitliche normzweckorientierte Anwendung der arbeitsschutzrechtlichen Vorgaben in den Mitgliedstaaten ermöglichen soll, wird in der Richtlinie inhaltlich systematisch nach dem Zweck, dem Anwendungsbereich und den in der Richtlinie vorgegebenen materiellen Pflichten differenziert.[148]

Ziel der Rahmenrichtlinie zum Arbeitsschutz ist nach Art. 1 Abs. 1 „die Durchführung von Maßnahmen zur Verbesserung der Sicherheit und des Gesundheitsschutzes der Arbeitnehmer am Arbeitsplatz". Zu diesem Zweck enthält die Richtlinie dem Wortlaut des Art. 1 Abs. 2 zufolge „allgemeine Grundsätze für die Verhütung berufsbedingter Gefahren, für die Sicherheit und den Gesundheitsschutz, die Ausschaltung von Risiko- und Unfallfaktoren, die Information, die

---

146 *EuGH*, Urteil vom 06.04.2006, Rs. C-428/04 – Kommission ./. Republik Österreich, Slg. 2006, I-3325, Rn. 74 f. sowie *Kohte/Faber*, Anmerkung zu EuGH, Urteil vom 06.04.2006, Rs. C-428/04, ZESAR 2007, 39 ff. (40).

147 *Bremer*, Arbeitsschutz im Baubereich, S. 27; *Kohte*, Arbeitsschutzrahmenrichtlinie, EAS B 6100, Rn. 15; vgl. zu den entsprechenden Vorgaben im ILO-Übereinkommen Nr. 155 ferner § 2, A.

148 *Kohte*, Arbeitsschutzrahmenrichtlinie, EAS B 6100, Rn. 17.

Anhörung, die ausgewogene Beteiligung nach den nationalen Rechtsvorschriften bzw. Praktiken, die Unterweisung der Arbeitnehmer und ihrer Vertreter sowie allgemeine Regeln für die Durchführung dieser Grundsätze". Es soll nicht der Status quo gesichert, sondern eine Verbesserung der gesundheitlichen Verhältnisse am Arbeitsplatz erreicht werden.[149] Die Grundsätze des Art. 1 Abs. 2 der Richtlinie 89/391/EWG sind in den Art. 5 ff. näher konkretisiert. Mit Rücksicht auf die grundsätzliche Verantwortung des Arbeitgebers für den betrieblichen Arbeits- und Gesundheitsschutz geht die Richtlinie zutreffend davon aus, dass der erwünschte Schutz nur im sozialen Dialog zwischen Arbeitgeber und Arbeitnehmer bzw. deren Vertreter erreicht werden kann. Die Art. 5 ff. legen dem Arbeitgeber daher umfassende Organisationspflichten auf. Gleichzeitig werden den Arbeitnehmern wegen ihrer aktiven Rolle bei der Förderung des betrieblichen Arbeits- und Gesundheitsschutzes zum einen Rechte eingeräumt und zum anderen Pflichten auferlegt. Hierdurch soll die Effektivierung des betrieblichen Arbeit- und Gesundheitsschutzes gefördert und sichergestellt werden.

1. Arbeitgeberpflichten

Im Sinne der betrieblichen Orientierung der Richtlinie beschreibt Art. 5 Abs. 1 der Richtlinie die Pflicht des Arbeitgebers, als Gefahrenverursacher für die Sicherheit und den Gesundheitsschutz der Arbeitnehmer in Bezug auf alle Aspekte, die die Arbeit betreffen, zu sorgen.[150] Der Arbeitnehmer soll im Hinblick auf jede Tätigkeit, die mit seinen Arbeitsleistungen in Zusammenhang steht, geschützt werden. Die weite Formulierung, wonach sich die Pflicht auf „alle" Gesichtspunkte, die die Arbeit betreffen, beziehen soll, zeigt, dass der besagte Schutz dem Arbeitnehmer nicht nur während seiner tatsächlichen Arbeitszeit zustehen soll, sondern darüber hinaus auch während zu leistender Überstunden und während der Dauer der Pausenzeiten. Insbesondere Art. 8 der Richtlinie 89/391/EWG legt dies nahe, zumal die Evakuierung von Arbeitnehmern, sofern sie erforderlich ist, nicht nur

---

149 *Balze* in Kollmer/Klindt, ArbSchG, Einl B, Rn. 87 f.; *Kohte*, Arbeitsschutzrahmenrichtlinie, EAS B 6100, Rn. 18; MünchArb-*ders.*, § 289, Rn. 10 ff.; *Pottschmidt*, Arb-Nähnl. Pers. in Europa, S. 203.

150 *Bücker/Feldhoff/Kohte*, Arbeitsumwelt, Rn. 249; *Fuchs/Marhold*, Europäisches Arbeitsrecht, S. 393 f.; *Habich*, Sicherheits- und Gesundheitsschutz, S. 55; *Wank* in Hanau/Steinmeyer/Wank, EAS, § 18, Rn. 446; *Kohte*, Arbeitsschutzrahmenrichtlinie, EAS 6100, Rn. 22; MünchArb-*ders.*, § 289, Rn. 17; *ders.*, Jahrbuch des Arbeitsrechts, Bd. 37, S. 26; *Pottschmidt*, ArbNähnl. Pers. in Europa, S. 204; *Riesenhuber*, Europäisches Arbeitsrecht, S. 268; *Wank/Börgmann*, Deutsches und Europäisches Arbeitsschutzrecht, S. 89 f.

diejenigen betreffen kann, die im Rahmen ihrer regulären Arbeitszeit tatsächlich ihrer Arbeitspflicht nachgehen. Des Weiteren erschöpft sich die Pflicht des Arbeitgebers nicht in der Bereitstellung erforderlicher Schutzvorkehrungen. Vielmehr genügt er seiner Pflicht nur, wenn er auch sicherstellt, dass der Arbeitnehmer Kenntnis von den geschaffenen Schutzvorkehrungen hat und er weiß, wie er damit im konkreten Fall umzugehen hat. Er muss den Arbeitnehmer also nicht nur durch Schaffung physischer Vorkehrungen schützen, sondern ihn darüber hinaus über diese Maßnahmen informieren, ihn unterweisen und sonstige erforderliche organisatorische Maßnahmen treffen.[151]

Dies ist auch der Vorschrift des Art. 6 der Richtlinie zu entnehmen, worin sämtliche vom Arbeitgeber zu ergreifende Maßnahmen der Gefahrenverhütung geregelt sind. Der Arbeitgeber hat nach Art. 6 Abs. 1 UA 2 der Richtlinie 89/391/EWG neben der allgemeinen Pflicht, die erforderlichen Maßnahmen für die Sicherheit und den Gesundheitsschutz zu treffen, darauf zu achten, dass diese Maßnahmen entsprechend den sich ändernden Gegebenheiten angepasst werden. Mit dieser Anpassungspflicht geht einher, dass der Arbeitgeber die einmal getroffenen Maßnahmen regelmäßig zu beobachten hat, was wiederum im Einklang mit seiner Organisationsverpflichtung steht.[152]

Die in Art. 6 Abs. 1 vorgesehene grundlegende Pflicht zum Gefahrenschutz und zur Gefahrenvorsorge wird konkretisiert durch Art. 6 Abs. 2 der Richtlinie, wonach der Arbeitgeber im Rahmen seiner Aufgaben von bestimmten Grundsätzen auszugehen hat. Der erste in Art. 6 Abs. 2 lit. a) bis c) umschriebene Grundsatz entspricht dem Leitbild der Prävention. Gefahren sollen danach bereits an der Quelle bekämpft und Risiken möglichst vermieden, zumindest aber gering gehalten werden.[153] Als weitere Grundsätze der Gefahrenverhütung sind ferner aufgeführt, die Berücksichtigung des Faktors „Mensch" bei der Arbeit, insbesondere bei der Gestaltung von Arbeitsplätzen sowie der Auswahl von Arbeitsmitteln und Arbeits- und Fertigungsverfahren, die Berücksichtigung des Stands der Technik, die Ausschaltung oder Verringerung von Gefahrenmomenten, die Planung der Gefahrenverhütung, die Erteilung geeigneter Anweisungen an die Arbeitnehmer sowie die vorrangige Berücksichtigung des kollektiven vor dem individuellen Gefahrenschutz.

---

151 *Kohte*, Arbeitsschutzrahmenrichtlinie, EAS 6100, Rn. 35; *Pottschmidt*, ArbNähnl. Pers. in Europa, S. 204.

152 *Kohte*, Arbeitsschutzrahmenrichtlinie, EAS B 6100, Rn. 39 ff.

153 *Kohte*, Arbeitsschutzrahmenrichtlinie, EAS B 6100, Rn. 50 ff.

Art. 6 Abs. 3 lit. a) der Richtlinie formuliert außerdem eine Pflicht zur konkreten Risikoanalyse. Der Arbeitgeber hat danach die Verpflichtung, Gefahren bzw. Risiken für die Sicherheit und den Gesundheitsschutz der Arbeitnehmer zu beurteilen. Aufgrund dieser Beurteilung hat der Arbeitgeber sodann Maßnahmen zu treffen, die einen höheren Grad an Sicherheit und einen besseren Gesundheitsschutz gewährleisten. Die Maßnahmen sind dabei in alle Tätigkeiten des Unternehmens und in alle Führungsebenen zu integrieren. Alles in allem ergibt sich aus Art. 6 der Richtlinie 89/391/EWG ein „Doppelcharakter der Risikoanalyse", wonach die Risiken einerseits erfasst und bewertet werden und andererseits entgegensteuernde Maßnahmen zu treffen sind.[154]

Von den in Art. 6 umfassend dargestellten allgemeinen Aufgaben des Arbeitgebers kann dieser sich nicht losschreiben, indem er sie an andere Personen delegiert.[155] Vielmehr ist er sogar zur Hinzuziehung anderer Personen verpflichtet, um überhaupt seiner originären Aufgabe gerecht werden zu können, Art. 7 der Richtlinie.[156] Nach Art. 7 Abs. 1 der Richtlinie 89/391/EWG ist der Arbeitgeber verpflichtet, einen oder mehrere Arbeitnehmer zu benennen, die mit Schutzmaßnahmen und Präventionsaufgaben beauftragt werden. Diese innerbetrieblichen Experten unterstützen den Arbeitgeber lediglich bei Schutz und Prävention, nehmen ihm seine Verpflichtung also nicht ab, sodass die Sicherheit und der Gesundheitsschutz die Aufgabe des Arbeitgebers bleibt.[157]

Neben den Aufgaben der Art. 5 bis 7 der Richtlinie muss der Arbeitgeber des Weiteren die für die Erste Hilfe, Brandbekämpfung und Evakuierung der Arbeitnehmer erforderlichen Vorkehrungen treffen (Art. 8), die Arbeitnehmer über die Gefahren und die zu deren Vermeidung getroffenen Maßnahmen unterrichten

---

154 *Kohte*, Arbeitsschutzrahmenrichtlinie, EAS B 6100, Rn. 42 ff., *ders.*, Jahrbuch des Arbeitsrechts, Bd. 37, S. 38.

155 Vgl. bereits § 2, B., I., 3.; ferner *Bremer*, Arbeitsschutz im Baubereich, S. 29; *Pottschmidt*, ArbNähnl. Pers. in Europa, S. 204; *Riesenhuber*, Europäisches Arbeitsrecht, S. 268.

156 *Balze* in Kollmer/Klindt, ArbSchG, Einl B, Rn. 95; *Bremer*, Arbeitsschutz im Baubereich, S. 30; *Wank* in Hanau/Steinmeyer/Wank, Europäisches Arbeitsrecht, § 18, Rn. 448; *Kohte*, Arbeitsschutzrahmenrichtlinie, EAS B 6100, Rn. 69; *Pottschmidt*, ArbNähnl. Pers. in Europa, S. 205; *Riesenhuber*, Europäisches Arbeitsrecht, S. 272 f.

157 Vgl. § 2, B., I., 3.; *Kohte*, Arbeitsschutzrahmenrichtlinie, EAS B 6100, Rn. 69; *Pottschmidt*, ArbNähnl. Pers. in Europa, S. 204.

(Art. 10) und sie beteiligen (Art. 11) sowie für die Unterweisung über Sicherheit und Gesundheitsschutz sorgen (Art. 12).[158]

Dem Arbeitgeber werden mithin umfassende materielle Pflichten auferlegt, die aber gleichzeitig auch eine Einbeziehung der Arbeitnehmer sicherstellen.

Die Richtlinie 89/391/EWG begnügt sich damit zutreffend nicht mit einer einseitigen Auferlegung von Pflichten, sondern erkennt, dass eine effektive Umsetzung des Arbeits- und Gesundheitsschutzes nur unter Beteiligung der Arbeitnehmer bzw. deren Vertreter sichergestellt werden kann.[159] Ausgehend von diesem Leitbild, das die Unterrichtung, den Dialog und die ausgewogene Zusammenarbeit im Bereich der Sicherheit und des Gesundheitsschutzes als zwingend erforderlich erachtet, werden den Arbeitnehmern gleichsam Pflichten auferlegt und zugleich Rechte eingeräumt, die ihre Mitwirkung am betrieblichen Sicherheits- und Gesundheitsschutz gewährleisten sollen.

2. Rechte und Pflichten der Arbeitnehmer

Die Rechte der Arbeitnehmer knüpfen im Wesentlichen an die vorgenannten Pflichten des Arbeitgebers an, was die primäre Adressatenstellung des Arbeitgebers als dem letztlich Verantwortlichen für die Sicherheit und den Gesundheitsschutz der Arbeitnehmer noch einmal bestätigt. Ausgehend von dem Leitbild der Richtlinie 89/391/EWG kommt aber – wie soeben ausgeführt – auch den Arbeitnehmern bei der Effektivierung des betrieblichen Gesundheitsschutzes eine große Bedeutung zu. Sie werden nicht als bloß passive Objekte betrachtet, sondern als aktiv Beteiligte an der betrieblichen Sicherheits- und Gesundheitspolitik angesehen.[160]

Unabdingbare Voraussetzung für die Wahrnehmung dieser aktiven Rolle der Arbeitnehmer ist die Einräumung eines ihnen zustehenden Informationsrechts.

---

158 Zu den in der Richtlinie 89/391/EWG vorgesehenen Arbeitgeberpflichten vgl. insgesamt ausführlich *Kohte*, Arbeitsschutzrahmenrichtlinie, EAS B 6100, Rn. 35–62 sowie *Pottschmidt*, ArbNähnl. Pers. in Europa, S. 204–206.

159 *EuGH*, Urteil vom 22.05.2003, Rs. C-441/01 – Kommission der Europäischen Gemeinschaften ./. Königreich Niederlande, Slg. 2003, 5463 ff.; *EuGH*, Urteil vom 06.04.2006, Rs. C-428/04 – Kommission ./. Republik Österreich, Slg. 2006, I-3325.

160 *EuGH*, Urteil vom 06.04.2006, Rs. C-428/04 – Kommission ./. Republik Österreich, Slg. 2006, I-3325; *Balze* in Kollmer/Klindt, ArbSchG, Einl B, Rn. 101; *Wank* in Hanau/Steinmeyer/Frank, Europäisches Arbeitsrecht, § 18, Rn. 449 ff.; *Kohte*, Arbeitsschutzrahmenrichtlinie, EAS B 6100, Rn. 84; *ders.* Jahrbuch des Arbeitsrechts, Bd. 37, S. 36 f.; *Merten*, Gesundheitsschutz und Mitbestimmung, S. 22 ff; *Nebe*, Betrieblicher Mutterschutz, S. 138; *Riesenhuber*, Europäisches Arbeitsrecht, S. 274 f.; *Wank/Börgmann*, Deutsches und Europäisches Arbeitsschutzrecht, S. 89.

Dies erkennt die Richtlinie 89/391/EWG bereits in Nr. 11 ihrer Erwägungsgründe an. Danach ist es erforderlich, dass die Arbeitnehmer bzw. ihrer Vertreter über die Gefahren für ihre Sicherheit und Gesundheit informiert werden, um einen besseren Schutz zu gewährleisten. In konsequenter Fortführung dieses Gedankens wurde das Informationsrecht der Arbeitnehmer in Art. 10 der Richtlinie festgelegt. Den Arbeitgeber trifft insoweit die Pflicht, alle geeigneten Maßnahmen zu treffen, damit die Arbeitnehmer bzw. ihre Vertreter gemäß den nationalen Rechtsvorschriften bzw. Praktiken im Unternehmen alle erforderlichen Informationen über die Gefahren für ihre Sicherheit und Gesundheit sowie die Maßnahmen zur Verringerung oder Ausschaltung derselben erhalten.

Entsprechend Art. 11 der Richtlinie erschöpfen sich die Rechte der Arbeitnehmer jedoch nicht in dem Recht auf Information. Zur Wahrnehmung ihrer aktiven Rolle wird ihnen vielmehr zusätzlich ein Anhörungs- und Vorschlagsrecht eingeräumt. Der Arbeitgeber hat die Arbeitnehmer danach zu allen Fragen betreffend die Sicherheit und den Gesundheitsschutz anzuhören und ihnen die Möglichkeit einzuräumen, Vorschläge zu unterbreiten. Eine Erweiterung erfährt das Anhörungsrecht in Art. 6 Abs. 3 lit. c) der Richtlinie, wonach die Arbeitnehmer bzw. ihre Vertreter bei der Planung und Einführung neuer Technologien zu den Auswirkungen zu hören sind, die die Auswahl der Arbeitsmittel, die Gestaltung der Arbeitsbedingungen und die Einwirkung der Umwelt auf den Arbeitsplatz für die Sicherheit und die Gesundheit haben. Daneben sieht die Richtlinie das Recht der Arbeitnehmer bzw. ihrer Vertreter vor, bei allen Fragen betreffend die Sicherheit und den Gesundheitsschutz entsprechend den nationalen Rechtsvorschriften und Praktiken ausgewogen beteiligt zu werden. Dieses Recht spiegelt den Gedanken der Erwägungsgründe wider, die die angemessene Mitwirkung der Arbeitnehmer als unerlässlich bezeichnen.[161] Darauf, wie der Passus „ausgewogene Beteiligung" in Art. 11 Abs. 1 der Richtlinie 89/391/EWG zu verstehen ist, wird an späterer Stelle noch einzugehen sein.[162]

Neben den vorgenannten Unterrichtungs-, Anhörungs-, Vorschlags- und Beteiligungsrechten sieht die Richtlinie auch das Recht der Arbeitnehmer vor, während der Arbeitszeit eine konkrete arbeitsplatzbezogene und aufgabenbereichsbezogene Unterweisung betreffend die Sicherheit und den Gesundheitsschutz zu erfahren, Art. 12 der Richtlinie 89/391/EWG. Bei ernster, unmittelbarer und nicht vermeidbarer Gefahr dürfen die Arbeitnehmer ihren Arbeitsplatz oder einen anderen gefährlichen Betriebsbereich verlassen, ohne dass ihnen hierdurch

---

161 Vgl. hierzu § 2, B., I., 4.
162 Vgl. hierzu § 4, B., II., 1., c), aa).

Nachteile entstehen dürfen, Art. 8 Abs. 4 der Richtlinie. Sofern die Arbeitnehmer der Auffassung sind, dass die vom Arbeitgeber getroffenen Maßnahmen und bereitgestellten Mittel nicht ausreichen, um die Sicherheit und den Gesundheitsschutz am Arbeitsplatz sicherzustellen, können sie oder ihre Vertreter sich an die gemäß den nationalen Rechtsvorschriften bzw. Praktiken für den Arbeitsschutz zuständige Stelle wenden, Art. 11 Abs. 6 der Richtlinie. Art. 14 der Richtlinie räumt den Arbeitnehmern darüber hinaus das Recht ein, sich auf eigenen Wunsch einer regelmäßigen präventivmedizinischen Überwachung zu unterziehen.

Im Sinne der aktiven Mitwirkung an der betrieblichen Sicherheit und dem betrieblichen Gesundheitsschutz legt die Richtlinie 89/391/EWG den Arbeitnehmern neben ihren Rechten auch zahlreiche Pflichten für ein sicherheitsgerechtes Verhalten und zur Bekämpfung und Anzeige von Gefahrenquellen auf. Diese Arbeitnehmerpflichten finden ihren Niederschlag in Art. 13 der Richtlinie 89/391/EWG.

III. Arbeitnehmerähnliche Personen als Arbeitnehmer im Sinne der Richtlinie 89/391/EWG?

Im Hinblick auf die elementare Bedeutung der Richtlinie 89/391/EWG für den betrieblichen Arbeits- und Gesundheitsschutz, insbesondere die durch die Richtlinie eingeräumten Mitwirkungsrechte der Arbeitnehmer, stellt sich die Frage, ob auch arbeitnehmerähnliche Personen als lediglich wirtschaftlich und nicht persönlich abhängige Beschäftigte in personeller Hinsicht von der Richtlinie erfasst sind. Diese Thematik ist deshalb von maßgeblicher Bedeutung, weil der Arbeits- und Gesundheitsschutz dem Leitbild der Richtlinie entsprechend betriebsorientiert zu verstehen ist und nur in Zusammenarbeit und unter Mitwirkung der Beschäftigten im sozialen Dialog gewährleistet werden kann. Diese durch die Richtlinie zwingend vorgesehene Partizipation und Kooperation soll im deutschen Recht durch das Betriebsverfassungsrecht gewährleistet werden.[163] Hiervon sind arbeitnehmerähnliche Personen jedoch nach einhelliger Auffassung[164] dem Wortlaut des § 5 BetrVG entsprechend nicht erfasst. Sollte sich die Richtlinie 89/391/EWG also

---

163 BT-Drucks. 13/3540, S. 22.
164 *Fitting*, § 5 BetrVG, Rn. 92; *Plander*, DB 1999, 330 (330); *Preis* in Wlotzke/Preis/ Kreft, § 5 BetrVG, Rn. 19; *Raab* in GK-BetrVG, § 5 BetrVG, Rn. 52; Richardi-*Richardi*, § 5 BetrVG, Rn. 145; H/S/W/G/N/R-*Rose*, § 5 BetrVG, Rn. 48; KR-*Rost*, ArbNähnl. Pers., Rn. 37; D/K/K/W-*Trümner*, § 5 BetrVG, Rn. 96.

auf arbeitnehmerähnliche Personen erstrecken, hätte dies zur Folge, dass sie im deutschen Recht lediglich eine defizitäre Umsetzung erfahren hätte.

Hierbei ist zu berücksichtigen, dass arbeitnehmerähnliche Personen im Unionsrecht nicht als eigenständige rechtliche Kategorie behandelt werden und arbeitnehmerähnliche Personen auf Unionsebene entweder den Arbeitnehmern oder den Selbstständigen zugeordnet werden.[165] Viele unionsrechtliche Vorschriften verwenden bei Zugrundelegung einer unselbstständigen Tätigkeit den Arbeitnehmerbegriff. Zum Verständnis des Arbeitnehmerbegriffs wird teilweise auf den jeweils in den Mitgliedstaaten geltenden Arbeitnehmerbegriff verwiesen, teilweise findet sich eine entsprechende Verweisung auf nationales Recht dagegen nicht. In letzteren Fällen ist anerkannt, dass der Begriff des Arbeitnehmers dann „autonom" und unionseinheitlich zu verstehen ist. Dass der Arbeitnehmerbegriff für verschiedene Regelungen unionseinheitlich ist, bedeutet aber nicht zugleich, dass diese verschiedenen Regelungen inhaltlich gleichbedeutend sind. Vielmehr ist anerkannt, dass das Unionsrecht keinen allgemeingültigen Arbeitnehmerbegriff kennt und dessen Bedeutung jeweils von seinem konkreten Anwendungsbereich abhängt.[166]

Es ist daher zu untersuchen, welche Bedeutung dem Arbeitnehmerbegriff im Rahmen der Richtlinie 89/391/EWG konkret beigemessen wird. Mit der terminologischen Betrachtung der Erwägungsgründe der Richtlinie 89/391/EWG und deren einzelner Artikel ist dabei nicht viel erreicht. Zwar zeigt sich, dass die Richtlinie 89/391/EWG einerseits für Arbeitgeber und andererseits für Arbeitnehmer gelten soll. Gleichwohl ist den Erwägungsgründen und auch dem Richtlinientext selbst nicht zu entnehmen, wer nach dem Willen des Richtliniengebers jeweils

---

165 So *Pottschmidt*, ArbNähnl. Pers. in Europa, S. 54, die darauf hinweist, dass arbeitnehmerähnliche Personen bislang nur in wenigen unionsrechtlichen Dokumenten Erwähnung gefunden haben. Sie nimmt hierbei insbesondere Bezug auf die Stellungnahme des Wirtschafts- und Sozialausschusses 2000/C 117/13 zum Thema „Beschäftigung, Wirtschaftsreform und sozialer Zusammenhalt – Für ein Europa der Innovation und des Wissens", ABl. Nr. C 117/62 vom 26.04.2000 sowie auf die von der Kommission in Auftrag gegebenen Untersuchungen von *Supiot*, Beyond Employment – Changes in Work and the Future of Labour Law in Europe, Oxford 2001 und *Perulli*, Wirtschaftlich abhängige Beschäftigungsverhältnisse/arbeitnehmerähnliche Selbstständige, Brüssel 2003.

166 *Rebhahn*, EuZA 2012, 3 (4 f.); *Ziegler*, Arbeitnehmerbegriffe, S. 444, die dem Unionsrecht drei eigene, von dem nationalen Arbeitnehmerbegriff losgelöste Arbeitnehmerbegriffe zuschreibt, die aufgrund ihres jeweiligen Schutzzwecks voneinander abweichen. Anderer Auffassung ist hier *Scheibeler*, Begriffsbildung durch den EuGH, S. 98, der von lediglich zwei autonomen Arbeitnehmerbegriffen ausgeht.

unter diese Begriffe, insbesondere unter den Arbeitnehmerbegriff zu subsumieren sein soll.

Arbeitnehmerähnlichen Personen kommt der Schutz der Richtlinie 89/391/ EWG insofern nur dann zu, wenn sie dem Arbeitnehmerbegriff der Richtlinie 89/391/EWG unterfallen und darin abweichend vom deutschen Recht als Arbeitnehmer und nicht als Selbstständige anzusehen sind. Dies ist im Folgenden näher zu untersuchen.

1. Definition des Arbeitnehmerbegriffs nach Art. 3 der Richtlinie 89/391/EWG

Die Arbeitsschutzrahmenrichtlinie ist neben den jeweils auf sie gestützten Einzelrichtlinien die einzige Richtlinie, die Vorgaben zu dem nach ihr geltenden Arbeitnehmerbegriff enthält, ohne auf das Recht der Mitgliedstaaten zu verweisen.[167] Einen entscheidenden Anhaltspunkt für die personelle Reichweite der Richtlinie 89/391/EWG könnte daher die in ihr in Art. 3 enthaltene Definition des Arbeitnehmerbegriffs liefern.

Ursprünglich hatte der Richtlinienentwurf eine sehr weitgehende Fassung des Arbeitnehmerbegriffs vorgesehen, wonach Arbeitnehmer jede Person sein sollte, die Leistungen irgendeiner Art erbringt.[168] Dieser Vorschlag war dahingehend zu verstehen, dass es für den Anwendungsbereich der Richtlinie nicht von Relevanz sein sollte, welche Beziehung zwischen dem Auftraggeber und demjenigen, der mit den vom Betrieb oder Betriebsmitteln ausgehenden Gefahren in Berührung kommt, besteht. Entscheidend und ausreichend sollte es sein, dass der Auftraggeber eine Gefahrenquelle für die Sicherheit und Gesundheit der Personen geschaffen hat, die für ihn tätig sind. Es wurde ausschließlich auf die Verantwortlichkeit des Auftraggebers in seinem Betrieb abgestellt. Auf ein Abhängigkeitsverhältnis sollte es nicht ankommen. Der Wirtschafts- und Sozialausschuss schlug daran anschließend eine abweichende Definition des Arbeitnehmerbegriffs vor, die an Art. 3 des ILO-Übereinkommens Nr. 155 angelehnt war. Danach sollten Arbeitnehmer „alle Beschäftigten, einschließlich der öffentlich Bediensteten" sein.[169] Keine dieser Definitionsvorschläge wurde letztendlich in dem Richtlinientext übernommen. Die endgültige Fassung der Richtlinie 89/391/EWG enthält vielmehr eine eigenständige, abweichende Regelung, wonach Arbeitnehmer im Sinne der Richtlinie

---

167 *Ziegler*, Arbeitnehmerbegriffe, S. 267.
168 ABl. EG Nr. C 141 vom 30.05.1988, S. 2; *Müller*, ArbNähnl. Pers. im Arbeitsschutzrecht, S. 211; *Ziegler*, Arbeitnehmerbegriffe, S. 274 ff.
169 ABl. EG Nr. C 141 vom 30.05.1988, S. 2; *Kohte*, Arbeitsschutzrahmenrichtlinie, EAS B 6100, Rn. 31; *Pottschmidt*, ArbNähnl. Pers. in Europa, S. 215.

„jede Person [ist], die von einem Arbeitgeber beschäftigt ist, einschließlich Praktikanten und Lehrlinge, jedoch mit Ausnahme von Hausangestellten", Art. 3 lit. a) der Richtlinie.[170]

Aus den vorstehenden Ausführungen ergibt sich zunächst, dass sich der Begriff des Arbeitnehmers nach dem Willen des europäischen Gesetzgebers nicht an nationalen Definitionen orientieren soll; ein Rückgriff auf nationales Recht und die dort vorgesehenen Bestimmungen ist nicht gewollt. Der Arbeitnehmerbegriff der Richtlinie 89/391/EWG ist vielmehr autonom. Dies wird dadurch bestätigt, dass diejenigen Richtlinien, die einen Rückgriff auf das nationale Verständnis des Arbeitnehmerbegriffs zulassen, dies zumindest in der Regel ausdrücklich klarstellen. So ist Arbeitnehmer im Sinne der Richtlinie 2001/23/EG[171] nach deren Art. 2 „jede Person, die in dem betreffenden Mitgliedstaat aufgrund des einzelstaatlichen Arbeitsrechts geschützt ist." Die Richtlinie 91/533/EWG[172] gilt nach deren Art. 1 für „jeden Arbeitnehmer, der einen Arbeitsvertrag oder ein Arbeitsverhältnis hat, der/das in dem in einem Mitgliedstaat geltenden Recht definiert ist und/oder dem in einem Mitgliedstaat geltenden Recht unterliegt." Weitere Richtlinien, die im Zusammenhang mit dem Arbeitnehmerbegriff auf mitgliedschaftliches Recht verweisen, sind beispielsweise die Richtlinie 80/987/EWG[173], die Richtlinie 94/33/EG[174] und die Richtlinie 1999/70/EG[175].

Demzufolge gilt im Rahmen der Richtlinie 89/391/EWG ausschließlich der dort eigenständig definierte Arbeitnehmerbegriff, wonach Arbeitnehmer eben jede Person ist, die von einem Arbeitgeber beschäftigt wird. Arbeitgeber in diesem Sinne

---

170 *Müller*, ArbNähnl. Pers. im Arbeitsschutzrecht, S. 70, 211; *Pottschmidt*, ArbNähnl. Pers. in Europa, S. 215 f., 224; *Ziegler*, Arbeitnehmerbegriffe, S. 270.

171 Richtlinie 2001/23/EG des Rates vom 12.03.2001 zur Angleichung der Rechtsvorschriften der Mitgliedstaaten über die Wahrung von Ansprüchen beim Übergang von Unternehmen, Betrieben oder Unternehmens- und Betriebsteilen, ABl. Nr. 82/16.

172 Richtlinie 91/533/EWG des Rates vom 14.10.1991 über die Pflicht des Arbeitgebers zur Unterrichtung des Arbeitnehmers über die für seinen Arbeitsvertrag oder sein Arbeitsverhältnis geltenden Bedingungen, ABl. Nr. L 288/32.

173 Richtlinie 80/987/EWG des Rates vom 20.10.1980 über den Schutz der Arbeitnehmer bei Zahlungsunfähigkeit des Arbeitgebers, ABl. Nr. L 283/23, zuletzt geändert durch Art. 16 ÄndRL 2008/94/EG vom 22.10.2008, ABl. Nr. L 283/36.

174 Richtlinie 94/33/EG des Rates vom 22. 06.1994 über den Jugendarbeitsschutz, ABl. Nr. 216/12, zuletzt geändert durch Art. 2 Abs. 4, Art. 3 Nr. 15 ÄndRL 2007/30/EG vom 20. 6. 2007, ABl. Nr. L 165/21.

175 Richtlinie 1999/70/EG des Rates vom 28. Juni1999 zu der EGB-UNICE-CEEP-Rahmenvereinbarung über befristete Arbeitsverträge, ABl. Nr. L 175/43, zuletzt geändert durch Art. 1 ÄndB 2007/882/EG vom 20. 12. 2007, ABl. Nr. L 346/19.

ist nach Art. 3 lit. b) jede natürliche oder juristische Person, die als Vertragspartei des Beschäftigungsverhältnisses mit dem Arbeitnehmer die Verantwortung für das Unternehmen bzw. den Betrieb trägt. Aus der Entstehungsgeschichte ergibt sich zwar, dass klassische Selbstständige von der Richtlinie 89/391/EWG nicht erfasst sein sollen.[176] Im Übrigen ist die in der Richtlinie 89/391/EWG enthaltene Definition des Arbeitnehmerbegriffs, die selbst wiederum allein von dem Begriff des Arbeitgebers und dem Tätigkeitsort abhängig ist, aber sehr weitgehend. Es drängt sich daher die Annahme auf, dass auch arbeitnehmerähnliche Personen unter den Begriff der Arbeitnehmer im Sinne der Richtlinie 89/391/EWG fallen sollen. Denn der Auftraggeber der arbeitnehmerähnlichen Person schafft mit dem Unternehmen bzw. dem Betrieb eine Gefahrenquelle, trägt daher für dieses bzw. diesen die Verantwortung und die arbeitnehmerähnliche Person ist für den Auftraggeber tätig, wird also von ihm beschäftigt.[177] Für eine Einbeziehung arbeitnehmerähnlicher Personen spricht insbesondere die Formulierung „beschäftigt". Der Begriff „Beschäftigung" wird nämlich – zumindest auf nationaler Ebene – in der Regel verwendet, um deutlich zu machen, dass sich eine Norm gerade nicht ausschließlich auf Arbeitnehmer beschränkt.[178] Für den nationalen Umgang mit beiden Termini kann § 7 SGB IV beispielhaft herangezogen werden. Danach ist Beschäftigung „die nichtselbstständige Arbeit, insbesondere in einem Arbeitsverhältnis". Der Wortlaut zeigt, dass das Arbeitsverhältnis nur eine Möglichkeit der Beschäftigung ist, sodass ein Beschäftigungsverhältnis auch unter anderen Voraussetzungen vorliegen kann. Auch § 6 AGG und § 2 ArbSchG, die arbeitnehmerähnliche Personen sogar ausdrücklich unter den Begriff der Beschäftigten fassen, verdeutlichen, dass der Begriff Beschäftigung umfassender als der des Arbeitsverhältnisses ist.[179] Allerdings ist zu berücksichtigen, dass nationale Vorschriften nicht

---

176 *Pottschmidt*, ArbNähnl. Pers. in Europa, S. 224; vgl. ferner die Empfehlung 2003/134/ EG des Rates vom 18.02.2003 zur Verbesserung des Gesundheitsschutzes und der Sicherheit Selbstständiger am Arbeitsplatz, ABl. EU L 53/45, abrufbar im Internet unter http://eur-lex.europa.eu/LexUriServ/LexUriServ.do?uri=OJ:L:2003:053:0045:0046:- DE:PDF, die darauf hinweist, dass klassische Selbstständige von der Richtlinie 89/391/EWG nicht erfasst sind, sie aber in gleicher Weise Gefahren für ihre Gesundheit ausgesetzt sein können.

177 *Ziegler*, Arbeitnehmerbegriffe, S. 270.

178 *Müller*, Arbeitnehmerbegriff, S. 51; *Pottschmidt*, ArbNähnl. Pers. in Europa, S. 213.

179 Auch die Tätigkeit im Rahmen eines Ein-Euro-Jobs begründet kein Arbeitsverhältnis im Sinne des Arbeitsrechts, sondern vielmehr ein öffentlich-rechtliches *Beschäftigungsverhältnis*, vgl. *LSG Rheinland-Pfalz*, Beschluss vom 12.09.2005, Az.: L 3 ER 79/05 AS, BeckRS 2005, 43116; *BAG*, Beschluss vom 08.11.2006, Az.: 5 AZB

zur Auslegung unionsrechtlicher Rechtsnormen herangezogen werden können.[180] Dies ergibt sich bereits aus dem Anwendungsvorrang des Unionsrechts gegenüber nationalem Recht, sodass auch der Begriff der Beschäftigung bei der Frage, wie der persönliche Anwendungsbereich der Richtlinie zu beurteilen ist, nicht weiterführt. Bei der Untersuchung, wie der Begriff der Beschäftigung im Rahmen der Richtlinie 89/391/EWG zu verstehen ist, kann allenfalls auf Unionsrecht zurückgegriffen werden. Als Vergleichsmaßstab kann in diesem Zusammenhang etwa die Richtlinie 2000/78/EG herangezogen werden. Ziel dieser Richtlinie ist nach Art. 1 die Schaffung eines allgemeinen Rahmens zur Bekämpfung der Diskriminierung in Beschäftigung und Beruf. Die Richtlinie 2000/78/EG greift – wie auch die Richtlinie 89/391/EWG – auf den Begriff der Beschäftigung zurück. Hierunter sollen dem Sinn und Zweck der Richtlinie entsprechend jedoch nicht nur Arbeitnehmer, sondern auch Selbstständige, mithin auch arbeitnehmerähnliche Personen fallen.[181] Da auch die Arbeitsschutzrahmenrichtlinie 89/391/EWG das Wort „Beschäftigung" verwendet, um den Begriff des Arbeitnehmers zu umschreiben, ist dies ein gewichtiges Indiz dafür, dass auch die Arbeitsschutzrichtlinie auf arbeitnehmerähnliche Personen Anwendung finden soll. Mit Gewissheit lässt sich dies dem Wortlaut der Richtlinie aber nicht entnehmen.

Aus der Entstehungsgeschichte der Richtlinie ergibt sich jedenfalls, dass klassische Selbstständige der Definition des Art. 3 lit. a) nicht unterfallen sollen. Die Richtlinie verwendet nun einmal den Begriff des Arbeitnehmers und definiert diesen – entgegen dem ursprünglichen Vorschlag – nicht als jede Person, die Leistungen irgendwelcher Art erbringt, sondern als Person, die in einem Beschäftigungsverhältnis steht. Bestätigt wird dies auch durch die im Jahr 2003 ergangene Empfehlung des Rates zur Verbesserung des Gesundheitsschutzes und der Sicherheit Selbstständiger am Arbeitsplatz.[182] In dem Erwägungsgrund Nr. 5 ist ausgeführt, dass Erwerbstätige, die nicht durch ein Arbeitsverhältnis an einen Arbeitgeber oder ganz allgemein durch ein Beschäftigungs- oder Abhängigkeitsverhältnis an einen Dritten gebunden sind, in der Regel nicht unter

---

36/06, NJW 2007, 1227; *BAG*, Beschluss vom 17.01.2007, Az.: 5 AZB 43/06, NJW 2007, 3303; *BSG*, Urteil vom 27.08.2011, Az.: B 4 AS 1/10 R, NJOZ 2012, 1428; *Trenk-Hinterberger* in Stahlmann, Handbuch Ein-Euro-Jobs, S. 272; KR-*Rost*, Arb-Nähnl. Pers., Rn. 4b; ErfK/*Preis*, § 611 BGB, Rn. 32.

180 *Pottschmidt*, ArbNähnl. Pers. in Europa, S. 213.
181 Vgl. hierzu ausführlich *Pottschmidt*, ArbNähnl. Pers. in Europa, S. 311 ff.
182 Empfehlung 2003/134/EG des Rates vom 18.02.2003 zur Verbesserung des Gesundheitsschutzes und der Sicherheit Selbstständiger am Arbeitsplatz, ABl. EU L 53/45.

die Gemeinschaftsrichtlinien zum Arbeitsschutz, insbesondere nicht unter die Rahmenrichtlinie 89/391/EWG fallen.

2. Meinungen in der Literatur

Mit Rücksicht auf die Auslegungsbedürftigkeit der in der Richtlinie 89/391/EWG vorgesehenen Arbeitnehmerdefinition wird die personelle Reichweite der Richtlinie auch in der Literatur nicht einheitlich beurteilt. Die Mehrzahl der Literaturmeinungen scheint sich aber für einen weiten Anwendungsbereich auszusprechen.[183] Teilweise wird hierzu die in der Richtlinie in Art. 3 lit. a) vorgesehene Definition des Arbeitnehmerbegriffs herangezogen. Diese sei „außerordentlich weitreichend", da dort das ansonsten verwendete Merkmal der Weisungsgebundenheit gegenüber dem Auftraggeber fehle. Die Richtlinie begnüge sich damit, die Beschäftigung einer Person ausreichen zu lassen, um die Schutzvorschriften zur Anwendung kommen zu lassen. Es wird daher sogar die Frage aufgeworfen, ob es ausreichend war, den Anwendungsbereich des ArbSchG neben den klassischen Arbeitnehmern nur auf arbeitnehmerähnliche Personen und nicht auch auf solche Beschäftigte auszuweiten, die auf freiberuflicher oder werkvertraglicher Basis tätig sind.[184] Andere ziehen zur Begründung eines weiten persönlichen Anwendungsbereichs den Wortlaut der englischen Sprachfassung heran. Ein Vergleich der dort verwendeten Definition „employed by an employer" mit dem auf den klassischen Arbeitnehmer hindeutenden Ausdruck „contract of employment", der in Zusammenhang mit der Richtlinie 89/391/EWG nicht zur Anwendung gekommen sei, deute auf einen umfassenden

---

183 *Balze* in Kollmer/Klindt, ArbSchG, Einl B, Rn. 90, der ausdrücklich auch arbeitnehmerähnliche Personen als erfasst ansieht; *Nebe*, Betrieblicher Mutterschutz, S. 127; *Kohte*, Arbeitsschutzrahmenrichtlinie, EAS B 6100, Rn. 33; *ders.* in Kollmer/Klindt, § 2 ArbSchG, Rn. 37 ff.; *ders.*, Jahrbuch des Arbeitsrechts, Bd. 37, S. 26; *Pieper*, ArbSchR, § 2 ArbSchG, Rn. 11, der darauf hinweist, dass die Richtlinie 89/391/EWG lediglich verlangt, dass ein Arbeitgeber jemanden „beschäftigt"; *Rebhahn*, RdA 2009, 236 (242, Fn. 65); *Riesenhuber*, Europäisches Arbeitsrecht, S. 266 f.; *Schrammel/Winkler*, Europäisches Arbeits- und Sozialrecht, S. 188; *Wank* in Hanau/Steinmeyer/Frank, Europäisches Arbeitsrecht, § 18, Rn. 444, der alle „Beschäftigungsgruppen" als von der Richtlinie 89/391/EWG einbezogen sieht; *Wank/Börgmann*, Deutsches und Europäisches Arbeitsschutzrecht, S. 88, auf die auch *Ziegler*, Arbeitnehmerbegriffe, S. 271, Fn. 587, verweist; *Wlotzke*, NZA 1996, 1017 (1019).

184 *v. Roetteken*, NZA 2001, 414 (418).

persönlichen Anwendungsbereich der Richtlinie hin.[185] Wieder andere stellen maßgeblich auf den Zweck des Arbeitsschutzes ab, der nicht nur persönlich abhängige Beschäftigte einbeziehe.[186]

3. Der Arbeitnehmerbegriff im Primärrecht

Einen weiteren Anhaltspunkt für das Verständnis des Arbeitnehmerbegriffs der Richtlinie 89/391/EWG könnte das primäre Unionsrecht liefern. Sollten arbeitnehmerähnliche Personen nämlich von den im Primärrecht existierenden Arbeitnehmerbegriffen – jedenfalls zum Teil – erfasst sein, könnte viel dafür sprechen, sie auch dem arbeitsschutzrechtlichen Arbeitnehmerbegriff zuzuordnen. Denn auch der EuGH orientiert sich bei der Auslegung sekundärrechtlicher Arbeitnehmerbegriffe an den Begrifflichkeiten des Primärrechts.[187] Die entsprechenden primärrechtlichen Begrifflichkeiten sollen daher nachfolgend darauf untersucht werden, ob auch arbeitnehmerähnliche Personen von ihnen erfasst sind.

a) Unionsrechtlicher Arbeitnehmerbegriff des Art. 45 AEUV

Unter den verschiedenen unionsrechtlichen Arbeitnehmerbegriffen nimmt Art. 45 AEUV eine besondere Rolle ein.[188] Danach haben Unionsbürger das Recht, in jedem Mitgliedstaat der Europäischen Union eine Beschäftigung aufzunehmen und auszuüben und sich zu diesem Zweck im Hoheitsgebiet des betreffenden Mitgliedstaates frei zu bewegen und aufzuhalten.[189] Ausgangspunkt der Gründung dieses Freizügigkeitsrechts war nicht der Einzelne, dem dieses Recht zustehen sollte, sondern vielmehr der Gedanke eines Gemeinsamen Marktes.[190] Wirtschaftlich betrachtet, erschien die Schaffung eines Gemeinsamen Marktes mit freiem

---

185 *Müller*, Arbeitnehmerbegriff, S. 49 f.; *Pieper*, ArbSchR, § 2 ArbSchG, Rn. 11, der darauf hinweist, dass die Richtlinie 89/391/EWG lediglich verlangt, dass ein Arbeitgeber jemanden „beschäftigt"; *Wank* in Hanau/Steinmeyer/Frank, Europäisches Arbeitsrecht, § 18, Rn. 444, der alle „Beschäftigungsgruppen" als von der Richtlinie 89/391/EWG einbezogen sieht.

186 *Nebe*, Betrieblicher Mutterschutz, S. 127; *Kohte*, Arbeitsschutzrahmenrichtlinie, EAS B 6100, Rn. 33; *ders.* in Kollmer/Klindt, § 2 ArbSchG, Rn. 37 ff.; *Pottschmidt*, ArbNähnl. Pers. in Europa, S. 206 ff.

187 Vgl. nur *EuGH*, Urteil vom 11.11.2010, Rs. C 232/09 – Dita Danosa ./. LKB Lizzings SIA, NZA 2011, 143.

188 *Wank*, EuZA 2008, 172 (178).

189 *Fuchs/Marhold*, Europäisches Arbeitsrecht, S. 37.

190 *Franzen* in Streinz, Art. 45 AEUV, Rn. 1. *Fuchs/Marhold*, Europäisches Arbeitsrecht, S. 4; *Brechmann* in Calliess/Ruffert, Art. 45 AEUV, Rn. 1; *Müller*, ArbNähnl. Pers. im

Verkehr von Personen, Gütern und Kapitalien für die Produktivität des europäischen Wirtschaftsraums unerlässlich.[191] Erst später wurden auch soziale Gesichtspunkte in den Mittelpunkt des Freizügigkeitsrechts gerückt.[192] Heute ist das Recht auf Freizügigkeit eines der elementarsten Rechte der Arbeitnehmer der Union. Sie umfasst die Abschaffung jeder auf der Staatsangehörigkeit eines Arbeitnehmers der Mitgliedstaaten der EU beruhenden unterschiedlichen Behandlung, wobei sich dies insbesondere auf die Beschäftigung an sich, den Arbeitslohn sowie sonstige Arbeitsbedingungen bezieht.[193]

Zentraler Begriff der Freizügigkeit ist der des Arbeitnehmers. Er ist unionsrechtlich auszulegen; ein Rückgriff auf nationales Recht ist unzulässig.[194] Der EuGH führte bereits in der Rechtssache Levin[195] aus, dass „die Begriffe ‚Arbeitnehmer' und ‚Tätigkeit im Lohn- und Gehaltsverhältnis' nicht durch Verweisung auf die Rechtsvorschriften der Mitgliedstaaten definiert werden [dürfen]; sie haben vielmehr eine gemeinschaftsrechtliche Bedeutung. Anderenfalls würde die Einhaltung der gemeinschaftsrechtlichen Vorschriften über die Freizügigkeit der Arbeitnehmer vereitelt, denn der Inhalt dieser Begriffe könnte ohne Kontrolle durch die Gemeinschaftsorgane einseitig durch nationale Rechtsvorschriften festgelegt und verändert werden; jeder Staat wäre somit in der Lage, bestimmten Personengruppen nach Belieben den Schutz des Vertrags zu entziehen." In der Rechtssache Lawrie-Blum stellte der EuGH zur Auslegung des Arbeitnehmerbegriffs des Art. 48 EWGV (sodann Art. 39 EGV, nunmehr 45 AEUV) schließlich klar, dass der „Begriff [...] anhand objektiver Kriterien zu definieren [sei], die das Arbeitsverhältnis im Hinblick auf die Rechte und Pflichten der betroffenen Personen kennzeichnen. Das wesentliche Merkmal des Arbeitsverhältnisses besteh[e]

Arbeitsschutzrecht, S. 199; *Schneider/Wunderlich* in Schwarze/Becker/Hatje/Schoo, Art. 45 AEUV, Rn. 1; *Thüsing*, Europäisches Arbeitsrecht, § 2, Rn. 1.

191 *Fuchs/Marhold*, Europäisches Arbeitsrecht, S. 4.

192 *Müller*, ArbNähnl. Pers. im Arbeitsschutzrecht, S. 199.

193 *Schrammel/Winkler*, Europäisches Arbeits- und Sozialrecht, S. 47.

194 *EuGH*, Urteil vom 23.03.1982, Rs. C-53/81 – Levin ./. Staatssecretaris van Justitie, Slg. 1982, I-1035; EuGH, Urteil vom 08.06.1999, Rs. C-337/97 – Meeusen ./. Hoofddirectie van de Informatie Beheer Groep, Slg. 1999, I-3289, Rn. 13 ff.; *Brechmann* in Calliess/Ruffert, Art. 45 AEUV, Rn. 11; *Epiney* in Vedder/Heintschel v. Heinegg, Art. 45 AEUV, Rn. 10; *Franzen* in Streinz, Art. 45 AEUV, Rn. 15; *Khan* in Geiger/Khan/Kotzur, Art. 45 AEUV, Rn. 8; *Oberthür*, NZA 2011, 253 (253 f.); *Schneider/Wunderlich* in Schwarze/Becker/Hatje/Schoo, Art. 45 AEUV, Rn. 9; *Ziegler*, Arbeitnehmerbegriffe, S. 125 ff., 133.

195 *EuGH*, Urteil vom 23.03.1982, Rs. C-53/81 – Levin ./. Staatssecretaris van Justitie, Slg. 1982, I-1035.

aber darin, daß jemand während einer bestimmten Zeit für einen anderen nach dessen Weisung Leistungen erbring[e], für die er als Gegenleistung eine Vergütung erhält."[196]

Fraglich ist, ob auch arbeitnehmerähnliche Personen nach dieser vom EuGH aufgestellten Definition als Arbeitnehmer anzusehen sind. Die Beantwortung dieser Frage bedarf einer näheren Betrachtung der vom EuGH aufgestellten Kriterien.

aa) Erbringung von Leistung für einen anderen

Die erste vom EuGH aufgestellte Voraussetzung zur Einordnung unter den unionsrechtlichen Arbeitnehmerbegriff des Art. 45 AEUV ist die Erbringung von Leistungen für einen anderen. Diese setzt zunächst die tatsächliche Ausübung einer Tätigkeit voraus, die für den Arbeitgeber einen gewissen wirtschaftlichen Wert hat, wobei solche Tätigkeiten außer Betracht bleiben, die einen so geringen Umfang haben, dass sie sich als völlig untergeordnet und unwesentlich darstellen. Teilzeitbeschäftigte werden nicht als untergeordnet und unwesentlich verstanden, sodass diese gleichermaßen durch Art. 45 AEUV geschützt sind.[197] Soweit sie wirtschaftlicher Natur sind, fallen zudem auch sportliche Tätigkeiten unter den Begriff der Leistungserbringung im Sinne des Freizügigkeitsrechts, sodass auch Profisportlern das Freizügigkeitsrecht aus Art. 45 AEUV zukommt.[198]

Der EuGH stellt daher im Wesentlichen darauf ab, ob eine Tätigkeit wirtschaftlichen Wert hat. Nicht erfasst sind Tätigkeiten, die lediglich einem Rehabilitationszweck dienen oder bei denen der Rehabilitationszweck zumindest im Vordergrund steht.[199] Die Rechtsbeziehung zwischen Arbeitgeber und Arbeitnehmer ist

---

196 *EuGH*, Urteil vom 03.07.1986, Rs. 66/85 – Lawrie-Blum ./. Land Baden-Württemberg, Slg. 1986, I-2121; *Rebhahn*, EuZA 2012, 3 (11 ff.); *Riesenhuber*, Europäisches Arbeitsrecht, S. 64.

197 *EuGH*, Urteil vom 03.07.1986, Rs. 66/85 – Lawrie-Blum ./. Land Baden-Württemberg, Slg. 1986, I-2121; *Blanpain/Schmidt/Schweibert*, Europäisches Arbeitsrecht, S. 186; *Epiney* in Vedder/Heintschel v. Heinegg, Art. 45 AEUV, Rn. 10; *Franzen* in Streinz, Art. 45 AEUV, Rn. 20; *Fuchs/Marhold*, Europäisches Arbeitsrecht, S. 40; *Khan* in Geiger/Khan/Kotzur, Art. 45 AEUV, Rn. 8; *Müller*, ArbNähnl. Pers. im Arbeitsschutzrecht, S. 201; *Pottschmidt*, ArbNähnl. Pers. in Europa, S. 145 f.; *Schneider/Wunderlich* in Schwarze/Becker/Hatje/Schoo, Art. 45 AEUV, Rn. 11;

198 *EuGH*, Urteil vom 15.12.1995, Rs. C-415/93 – Bosman ./. Union royale belge des sociétés de football association ASBL, Slg. 1995, I-4921; *Fuchs/Marhold*, Europäisches Arbeitsrecht, S. 41.

199 *EuGH*, Urteil vom 31.05.1989, Rs. 344/87 – Bettray ./. Staatssecretaris van Justitie, Slg. 1989, I-1641.

für den EuGH dagegen nicht von Relevanz. So genießen nach Unionsrecht auch Beschäftigte eines öffentlich-rechtlichen Dienstverhältnisses das Freizügigkeitsrecht des Art. 45 AEUV.[200] Auch arbeitnehmerähnliche Personen erbringen in der Regel Leistungen in diesem Sinne.

bb) Gegen Entgelt

Weitere Voraussetzung des Arbeitnehmerbegriffs des Art. 45 AEUV ist, dass die Leistung gegen Vergütung erbracht wird.[201] Hierunter sind sämtliche Leistungen zu verstehen, denen im weitesten Sinne der Charakter einer Gegenleistung für die wirtschaftliche Tätigkeit des Beschäftigten zukommt. Damit können dem Begriff „Entgelt" nicht lediglich Zahlungen in Geld, sondern auch Sachbezüge unterfallen.[202] Auch diese Voraussetzung des Art. 45 AEUV ist in Bezug auf arbeitnehmerähnliche Personen, die sich gerade durch ihre wirtschaftliche Abhängigkeit gegenüber ihrem Auftraggeber auszeichnen, erfüllt.

cc) Weisungsgebundenheit des Arbeitnehmers

Neben den zuvor dargestellten Merkmalen fordert der EuGH ferner das Vorliegen von Weisungsgebundenheit, um einer bestimmten Person das Recht auf Freizügigkeit zukommen zu lassen. Dieses Kriterium der Weisungsgebundenheit zwischen Auftraggeber und Beauftragtem soll dabei im Wesentlichen der Abgrenzung zwischen dem Recht auf Freizügigkeit aus Art. 45 AEUV und dem der Niederlassungs- oder Dienstleistungsfreiheit des Art. 49 AEUV dienen. Auf letztere können sich nur Selbstständige berufen, während das Freizügigkeitsrecht nur Nichtselbstständigen dient.[203] Das Merkmal der Weisungsgebundenheit ist damit das ausschlaggebende Abgrenzungsmerkmal zwischen Arbeitnehmern und

---

200 *EuGH*, Urteil vom 03.07.1986, Rs. 66/85 – Lawrie-Blum ./. Land Baden-Württemberg, Slg. 1986, I-2121; *Riesenhuber*, Europäisches Arbeitsrecht, S. 64.

201 *EuGH*, Urteil vom 03.07.1986, Rs. 66/85 – Lawrie-Blum ./. Land Baden-Württemberg, Slg. 1986, I-2121; *Franzen* in Streinz, Art. 45 AEUV, Rn. 25; *Schiek*, Europäisches Arbeitsrecht, S. 216; *Schneider/Wunderlich* in Schwarze/Becker/Hatje/Schoo, Art. 45 AEUV, Rn. 15.

202 *Brechmann* in Calliess/Ruffert, Art. 45 AEUV, Rn. 16; *Franzen* in Streinz, Art. 45 AEUV, Rn. 25; *Pottschmidt*, ArbNähnl. Pers. in Europa, S. 150; *Schneider/Wunderlich* in Schwarze/Becker/Hatje/Schoo, Art. 45 AEUV, Rn. 15.

203 *Brechmann* in Calliess/Ruffert, Art. 45 AEUV, Rn. 14; *Epiney* in Vedder/Heintschel v. Heinegg, Art. 45 AEUV, Rn. 10; *Franzen* in Streinz, Art. 45 AEUV, Rn. 18; *Khan* in Geiger/Khan/Kotzur, Art. 45 AEUV, Rn. 8; *Müller*, Arbeitnehmerbegriff, S. 30; *Forsthoff* in Grabitz/Hilf/Nettesheim, Art. 45 AEUV, Rn. 69; *Pache* in Schulze/

Selbstständigen und zwar sowohl auf nationaler als auch auf unionsrechtlicher Ebene. Da aber arbeitnehmerähnliche Personen in der Regel nicht oder zumindest nicht in dem Maße weisungsgebunden sind, wie es zumindest nach deutschem Recht für die Einordnung als Arbeitnehmer erforderlich ist[204], ist es entscheidend, wie der Begriff der Weisungsgebundenheit auf Unionsebene zu verstehen ist.

(1) Gleichlauf der Begriffe Weisungsgebundenheit und Über-/ Unterordnungsverhältnis

Während bei der Auslegung des Arbeitnehmerbegriffs des Art. 45 AEUV teilweise auf das Erfordernis der Weisungsgebundenheit abgestellt wird, wird auch häufig der Begriff des Über-/Unterordnungsverhältnisses verwendet. Dabei ist jedoch zu berücksichtigen, dass die unterschiedlichen Begrifflichkeiten teilweise auf die Übersetzungen der jeweiligen Mitgliedstaaten zurückzuführen sind[205] und der EuGH die Formulierung „Über-/Unterordnungsverhältnis" in der Regel synonym zu dem Begriff der Weisungsgebundenheit verwendet, wie es sich u.a. aus der Entscheidung des EuGH in der Rechtssache Aldona Malgorzata Jany[206] ergibt. Dort führte der EuGH aus, dass „eine Tätigkeit, die jemand nicht im Rahmen eines Unterordnungsverhältnisses ausübt, als selbstständige Erwerbstätigkeit i.S. von Art. 52 EGV anzusehen [sei]", da „wesentliches Merkmal eines Arbeitsverhältnisses im Sinne von Artikel 48 EG-Vertrag (nach Änderung jetzt Artikel 39 EG) darin besteh[e], dass jemand während einer bestimmten Zeit für einen anderen nach dessen Weisung Leistungen erbring[e], für die er als Gegenleistung eine Vergütung erhält". Diese synonyme Verwendung der Begriffe „Weisungsgebundenheit" und „Über-/Unterordnungsverhältnis" könnte als Indiz dafür verstanden werden, dass die Weisungsgebundenheit auch im Unionsrecht von solchem Ausmaß sein muss, wie es im deutschen Recht für die persönliche Abhängigkeit eines Beschäftigten erforderlich ist; denn auch im deutschen Recht wird bei der Beurteilung

---

Zuleeg/Kadelbach, § 10, Rn. 100; *Schneider/Wunderlich* in Schwarze/Becker/Hatje/ Schoo, Art. 45 AEUV, Rn. 14; *Ziegler*, Arbeitnehmerbegriffe, S. 144.

204 *BAG*, Urteil vom 17.10.1990, Az: 5 AZR 639/89, NZA 1991, 402; *BAG*, Beschluss vom 11.04.1997, Az.: 5 AZB 33/96, AP Nr. 30 zu § 5 ArbGG 1979; *BGH*, Beschluss vom 21.10.1998, Az.: VIII ZB 54-97, NJW 1999, 648; *BAG*, Beschluss vom 17.06.1999, Az.: 5 AZB 23/98, NZA 1999, 1175; *BAG*, Beschluss vom 30.08.2000, Az.: 5 AZB 12/00, NZA 2000, 1359; *BAG*, Urteil vom 15.11.2005, Az.: 9 AZR 626/04, AP Nr. 12 zu § 611 BGB – Arbeitnehmerähnlichkeit.

205 Hiermit befasst sich *Rebhahn*, EuZA 2012, 3 (9 ff.).

206 *EuGH*, Urteil vom 20.11.2001, Rs. C-268/99 – Jany u. a. ./. Staatssecretaris van Justitie, NVwZ 2002, 326.

der Weisungsgebundenheit das Vorliegen eines Über-/Unterordnungsverhältnisses untersucht. Mit Gewissheit lässt sich dies allein der synonymen Verwendung der vorgenannten Begrifflichkeiten allerdings nicht entnehmen.

(2) Rechtsprechung des EuGH zu Art. 45 AEUV

Das Erfordernis der Weisungsgebundenheit hat der EuGH maßgebend in seiner Entscheidung in der Rechtssache Lawrie-Blum begründet. Deshalb ist in einem ersten Schritt der Wortlaut dieser für Art. 45 AEUV bedeutsamen Entscheidung heranzuziehen, um das Verständnis vom Begriff der Weisungsgebundenheit nachvollziehen zu können.

Während in der deutschen Sprachfassung des vorgenannten Urteils von „Weisung" gesprochen wird, heißt es in der englischen Fassung des Urteils „under the direction" und in der französischen Fassung „sous la direction". Sowohl die englische als auch die französische Sprachfassung setzen den Begriff des Weisungsrechts demzufolge mit dem Begriff des Direktionsrechts gleich. Direktionsrecht wiederum ist allgemein dahingehend zu verstehen, dass der Arbeitgeber eine arbeitsrechtliche Leitungsmacht innehat. Diese Leitungsmacht bezieht sich zum einen auf die Arbeitsleistung, zum anderen auf das den Arbeitsvollzug begleitende und das sonstige organisationsbedingte Verhalten. Nach § 106 S. 1 GewO kann der Arbeitgeber im deutschen Recht insbesondere Inhalt, Ort und Zeit der Arbeitsleistung festlegen, wobei dies nach billigem Ermessen zu erfolgen hat.[207] Andererseits wird argumentiert, der Begriff „Über-/Unterordnungsverhältnis" sei potenziell weiter, als der Begriff der „Weisungsgebundenheit", aber auch darauf hingewiesen, dass die Entscheidungen des EuGH in den verschiedenen Gemeinschaftsstaaten teilweise enger und teilweise weiter übersetzt worden sind.[208] Jedenfalls muss aber unabhängig von den Begrifflichkeiten ein Unterordnungsverhältnis vorliegen.[209] Die Entscheidung des EuGH in der Rechtsache Lawrie-Blum deutet mithin sowohl in der deutschen als auch in der englischen und der französischen Fassung darauf hin, dass die Arbeitnehmereigenschaft vom EuGH nur dann angenommen wird, wenn der Auftragnehmer gegenüber dem Auftraggeber ein Direktionsrecht in Bezug auf Inhalt, Ort und Zeit der Arbeitsleistung innehat, was wiederum mit dem nationalen Arbeitnehmerbegriff übereinstimmen würde, wie er in den meisten Mitgliedstaaten zu verstehen ist.[210] Diesem Verständnis entsprechend hat der

---

207 *Franzen* in Streinz, Art. 45 AEUV, Rn. 18; MünchArb-*Richardi*, § 7, Rn. 54 f.
208 *Rebhahn*, EuZA 2012, 3 (10).
209 *Rebhahn*, EuZA 2012, 3 (11).
210 *Epiney* in Vedder/Heintschel v. Heinegg, Art. 45 AEUV, Rn. 10.

EuGH in der Rechtssache Lawrie-Blum die Tätigkeit eines Studienreferendars dem Arbeitnehmerbegriff des Art. 45 AEUV zugeordnet, weil „der Studienreferendar während der gesamten Dauer des Vorbereitungsdienstes der Weisung und Aufsicht der Schule, der er zugewiesen ist, untersteh[e], die ihm die *zu erbringenden Leistungen und die Arbeitszeiten vorschreib[e]*, deren Anweisungen er auszuführen und deren Vorschriften er einzuhalten ha[be]".

Auch im Nachgang zu der Entscheidung Lawrie-Blum hatte sich der EuGH mit der Frage auseinanderzusetzen, ob eine bestimmte Person unter den unionsrechtlichen Arbeitnehmerbegriff des Art. 45 AEUV fallen sollte. Dabei geriet insbesondere der Begriff der Weisungsgebundenheit in den Fokus der Betrachtung. Unter Bezugnahme auf seine Entscheidung in der Rechtssache Lawrie-Blum hat der EuGH in der Rechtssache C-3/87 (The Queen/Ministry of Agriculture) ausgeführt, dass die Antwort auf die Frage, ob ein Arbeitsverhältnis vorliegt, von der Gesamtheit der jeweiligen Faktoren und Umstände abhänge, wie etwa der Beteiligung an den geschäftlichen Risiken des Unternehmens, der freien Gestaltung der Arbeitszeit und des freien Einsatzes eigener Hilfskräfte.[211] Auch in dieser Entscheidung legte der EuGH in seiner Auslegung Kriterien zugrunde, die nach den nationalen Rechtsordnungen in der Regel Indizien für die persönliche Abhängigkeit eines Beschäftigten darstellen. In der Rechtssache Merci Convenzionali Porto di Genova ging der EuGH schließlich davon aus, dass ein Gesellschafter eines Unternehmens, an dem er selbst Anteile hält, als Arbeitnehmer angesehen werden könne, wenn er von der Gesellschaft Weisungen entgegennehme.[212] Der EuGH hat im Rahmen dieser Entscheidung jedoch nicht dazu Stellung genommen, was konkret unter dem Begriff der Weisungsgebundenheit zu verstehen ist. Demgegenüber soll der Geschäftsführer einer Gesellschaft, dessen alleiniger Gesellschafter er ist, seine Tätigkeit „nicht im Rahmen eines Unterordnungsverhältnisses [ausüben], so dass er nicht als Arbeitnehmer im Sinne des Art. 48 EGV[213] anzusehen [sei], sondern als Person, die eine selbstständige Erwerbstätigkeit [...] ausüb[e]".[214] Gleichwohl liefert auch diese Entscheidung keinen Hinweis darauf, wie diese Begriffe jeweils vom EuGH verstanden werden.

---

211 *EuGH*, Urteil vom 14.12.1989, Rs. C-3/87 – The Queen ./. Ministry of Agriculture, Fisheries und Food, ex parte Agegate, Slg, 1989, 4459, Rn. 36.

212 *EuGH*, Urteil vom 10.12.1991, Rs. C-179/90 – Merci Convenzionali Porto di Genova ./. Siderurgica Gabrielli, Slg. 1991, 5889 (5927 f.).

213 Nunmehr Art. 45 AEUV.

214 *EuGH*, Urteil vom 27.06.1996, Rs. C-107/94 – Asscher ./. Staatssecretaris van Financiën, NJW 2921 (2922).

Der Entscheidung des EuGH in der Rechtssache Raulin[215] könnte jedoch entnommen werden, dass der EuGH von einer weiten Auslegung des Begriffs der Weisungsgebundenheit ausgeht. Darin hatte sich der EuGH mit der Vorlagefrage zu befassen, ob ein Beschäftigter mit einem „oproepcontract"[216] als Arbeitnehmer im Sinne des damaligen Art. 48 EWG-Vertrag, mithin des heutigen Art. 45 AEUV, anzusehen ist. Zum Vertragsinhalt eines solchen „oproepcontract" führte der EuGH aus, dass bei Verträgen dieser Art Arbeit auf Abruf geleistet werde. Allerdings sei der Arbeitnehmer nicht verpflichtet, diesem Abruf tatsächlich Folge zu leisten.[217] Hinsichtlich des „Ob" der Arbeitsaufnahme bestand also kein Weisungsrecht des Arbeitgebers; ein wichtiger Teil der Arbeitsorganisation war der Weisungsbefugnis des Arbeitgebers entzogen. Gleichwohl ist der EuGH in der vorgenannten Entscheidung vom Vorliegen der Arbeitnehmereigenschaft ausgegangen, was einerseits dafür sprechen könnte, den Begriff der Weisungsgebundenheit tatsächlich einer sehr weiten Auslegung zuzuführen. Andererseits ist aber zu bedenken, dass dem Arbeitgeber das Weisungsrecht nach dem „oproepcontract" lediglich zu einem Zeitpunkt entzogen war, zu dem es noch nicht zu einer tatsächlichen Tätigkeit durch den Beschäftigten gekommen ist. Wie die Generalanwältin Kokott in ihren Schlussanträgen in der Rechtssache Wippel jedoch ausführte, ist als Arbeitnehmer im Sinne des Art. 45 AEUV nur anzusehen, wer während einer bestimmten Zeit für einen anderen nach dessen Weisung Leistungen erbringt, was jedoch zumindest eine tatsächliche und echte Tätigkeit voraussetze.[218] Auch der EuGH scheint darauf abzustellen, ob der Beschäftigte *bei* Ausübung der ihm übertragenen Aufgaben der Weisung des Auftraggebers unterworfen ist. Hierfür spricht auch der Wortlaut in der Entscheidung Lawrie-Blum, wonach es darauf ankommt, ob jemand nach Weisung des Arbeitgebers Leistungen „erbringt".[219]

---

215 *EuGH*, Urteil vom 26.02.1992, Rs. C-357/89 – Raulin ./. Minister van Onderwijs en Wetenschappen, Slg. 1992, S. I-1027, Rn. 9 ff.

216 Ein „oproepcontract" ist nach niederländischem Recht ein Mittel zur Anwerbung von Arbeitnehmern in Bereichen wie dem Hotel- und Gaststättengewerbe, in denen der Arbeitsanfall saisonabhängig ist, vgl. hierzu *EuGH*, Urteil vom 26.02.1992, Rs. C-357/89 – Raulin ./. Minister van Onderwijs en Wetenschappen, Slg. 1992, S. I-1027, Rn. 16.

217 *EuGH*, Urteil vom 26.02.1992, Rs. C-357/89 – Raulin / Minister van Onderwijs en Wetenschappen, Slg. 1992, S. I-1027, Rn. 9.

218 Schlussanträge der Generalanwältin Kokott vom 18.05.2004, Rs. C-313/02 – Wippel ./. Peek & Cloppenburg GmbH & Co. KG, Slg. 2004, I-9483, Rn. 50.

219 *EuGH*, Urteil vom 03.07.1986, Rs. 66/85 – Lawrie-Blum ./. Land Baden-Württemberg, Slg. 1986, I-2121, Rn. 17.

Das Weisungsrecht dürfte sich demnach nur auf den Zeitpunkt beziehen, in dem tatsächlich Leistungen erbracht werden. Demzufolge kann die Entscheidung in der Rechtssache Raulin kaum als Argument für eine weite Auslegung des Weisungsrechts herangezogen werden.

Im Hinblick auf die Bedeutung der Freizügigkeit für den Gemeinsamen Markt ist der Arbeitnehmerbegriff nach der Rechtsprechung des EuGH allerdings insgesamt eher weit auszulegen[220], was wiederum für eine Einbeziehung arbeitnehmerähnlicher Personen sprechen könnte. Eine entsprechende Schlussfolgerung wäre jedoch allenfalls dann möglich, wenn die weite Auslegung den Zweck verfolgt, dass möglichst viele Personen unter das Freizügigkeitsrecht fallen sollen und die anderen Grundfreiheiten als Auffangtatbestände für solche Fälle dienen sollen, dass ein Beschäftigter keinesfalls unter den Arbeitnehmerbegriff des Art. 45 AEUV fällt. Dabei ist jedoch zu bedenken, dass auch die übrigen Grundfreiheiten des Vertrags nach der Rechtsprechung des EuGH weit auszulegen sind.[221] Aus dem Grundsatz, dass die Freizügigkeitsbestimmungen weit auszulegen sind, können damit keine Rückschlüsse auf die Einbeziehung arbeitnehmerähnliche Personen gezogen werden.[222]

Nach alledem sprechen die besseren Argumente gegen eine Einbeziehung arbeitnehmerähnlicher Personen in den Schutzbereich des Art. 45 AEUV. Wie sich aus der Rechtsprechung des EuGH ergibt, stellt auch der EuGH bei der Beurteilung, ob ein Arbeitsverhältnis vorliegt, vorwiegend auf Kriterien ab, die auch im deutschen Recht als Indizien für die Arbeitnehmerstellung anzusehen sind, wie etwa die Weisungsgebundenheit hinsichtlich der Art der zu erbringenden Leistung und der Arbeitszeit. Es spricht daher viel dafür, dass der Begriff der Weisungsgebundenheit auch auf Unionsebene auf das Erfordernis der persönlichen Abhängigkeit hindeutet.[223] Dieses Kriterium erfüllen arbeitnehmerähnliche Personen aber gerade nicht, da sie nicht oder zumindest nicht in einem solchen Ausmaß

---

220 EuGH, Urteil vom 08.06.1999, Rs. C-337/97 – Meeusen ./. Hoofddirectie van de Informatie Beheer Groep, Slg. 1999, I-3289, Rn. 13 ff.; *Epiney* in Vedder/Heintschel v. Heinegg, Art. 45 AEUV, Rn. 10.

221 *EuGH*, Urteil vom 30.11.1995, Rs. C-55/94 – Gebhard ./. Consiglio dell'Ordine degli Avvocati e Procuratori di Milano, Slg. 1995, S. 4164, Rn. 25; *Pottschmidt*, ArbNähnl. Pers. in Europa, S. 162.

222 *Pottschmidt*, ArbNähnl. Pers. in Europa, S. 162.

223 So im Ergebnis auch: *Müller*, ArbNähnl. Pers. im Arbeitsschutzrecht, S. 201; *Runggaldier*, Die Freizügigkeit der Arbeitnehmer im EG-Vertrag, EAS B 2000, Rn. 20; *Schubert*, Schutz der arbNähnl. Pers., S. 158; *Wank*, EuZA 2008, 172 (180).

weisungsgebunden sind, wie es für die Annahme der Arbeitnehmereigenschaft erforderlich wäre.[224]

dd) Zusammenfassung zum unionsrechtlichen Arbeitnehmerbegriff des Art. 45 AEUV

Der Begriff des Arbeitnehmers im Sinne des Art. 45 AEUV scheint auf Unionsebene wie im deutschen Recht im Sinne einer persönlichen Abhängigkeit gegenüber dem Auftraggeber zu verstehen zu sein.[225] Entscheidend kommt es demzufolge darauf an, ob sich der Beschäftigte bei Ausübung seiner Tätigkeit den Weisungen des Auftraggebers rechtlich unterzuordnen hat. Auf arbeitnehmerähnliche Personen trifft dies nicht zu. Jedenfalls sind sie nicht in dem Maße weisungsgebunden, wie es auf nationaler Ebene für die Annahme der Arbeitnehmereigenschaft erforderlich wäre. Sie sind vielmehr als selbständig anzusehen, weshalb sie nicht dem unionsrechtlichen Arbeitnehmerbegriff des Art. 45 AEUV unterfallen. Insofern könnte der personelle Anwendungsbereich des Art. 45 AEUV gegen die persönliche Anwendbarkeit der Richtlinie 89/391/EWG auf arbeitnehmerähnliche Personen sprechen.

b) Unionsrechtlicher Arbeitnehmerbegriff aus Art. 48 AEUV

Wie bereits festgestellt, kennt das Unionsrecht keinen einheitlichen Arbeitnehmerbegriff, sodass die alleinige Untersuchung des Arbeitnehmerbegriffs aus Art. 45 AEUV keinen umfassenden Aufschluss über die unionsrechtliche Stellung arbeitnehmerähnlicher Personen zu geben vermag. Daneben ist vielmehr der Arbeitnehmerbegriff im Zusammenhang mit den Vorschriften über die soziale Sicherheit zu berücksichtigen. Die Tatsache, dass sich Art. 48 AEUV, wonach auf dem Gebiet der sozialen Sicherheit die „für die Herstellung der Freizügigkeit der Arbeitnehmer notwendigen Maßnahmen" beschlossen werden, ebenfalls im Abschnitt zum Freizügigkeitsrecht befindet, legt die Annahme nahe, den Arbeitnehmerbegriff aus Art. 48 AEUV demjenigen aus Art. 45 AEUV gleichzustellen. Ob dies zutreffend

---

224 *BAG*, Urteil vom 17.10.1990, Az: 5 AZR 639/89, NZA 1991, 402; *BAG*, Beschluss vom 11.04.1997, Az.: 5 AZB 33/96, AP Nr. 30 zu § 5 ArbGG 1979; *BGH*, Beschluss vom 21.10.1998, Az.: VIII ZB 54-97, NJW 1999, 648; *BAG*, Beschluss vom 17.06.1999, Az.: 5 AZB 23/98, NZA 1999, 1175; *BAG*, Beschluss vom 30.08.2000, Az.: 5 AZB 12/00, NZA 2000, 1359; *BAG*, Urteil vom 15.11.2005, Az.: 9 AZR 626/04, AP Nr. 12 zu § 611 BGB – Arbeitnehmerähnlichkeit.

225 *Wank*, EuZA 2008, 172 (180).

ist, kann am besten anhand der die Vorschriften zur sozialen Sicherheit konkretisierenden Verordnungen beurteilt werden.

Die VO Nr. 3 über die soziale Sicherheit von Wanderarbeitnehmern ist am 25.09.1958 in Kraft getreten.[226] Sie trug dem Umstand Rechnung, dass die Beschäftigung in einem anderen Mitgliedstaat für Arbeitnehmer und deren Familienangehörigen nicht von sozialem Nachteil sein dürfe.[227] Wer unter den Begriff des Arbeitnehmers fallen sollte, wurde in der VO jedoch nicht ausdrücklich geregelt. Nach Art. 4 Abs. 1 der VO findet die Verordnung Anwendung auf „Arbeitnehmer und ihnen Gleichgestellte […], für welche Rechtsvorschriften eines oder mehrerer Mitgliedstaaten gelten oder galten und welche Staatsangehörige eines Mitgliedstaats sind […]."

In Art. 1 lit. a) der VO 1408/71 vom 14.06.1971[228], die die VO Nr. 3 ersetzte[229], war der Begriff des Arbeitnehmers schließlich definiert als „jede Person, die gegen ein Risiko oder gegen mehrere Risiken, die von den Zweigen eines Systems der sozialen Sicherheit für Arbeitnehmer oder Selbstständige oder einem Sondersystem für Beamte erfasst werden, pflichtversichert oder freiwillig versichert ist". Arbeitnehmer im Sinne der VO 1408/71 ist demnach jede Person, die der Sozialgesetzgebung unterworfen ist.[230] Allerdings werden Selbstständige in dieser Vorschrift ebenso definiert, sodass der darin enthaltenen Definition keine Anhaltspunkte zu entnehmen sind, wie Arbeitnehmer von Selbstständigen abgegrenzt werden sollen. Erst an anderer Stelle, nämlich in Art. 13 ff. der VO 1408/71, wird zwischen Arbeitnehmern und Selbstständigen differenziert. Diese Vorschriften regeln, welches Recht im Falle der Grenzüberschreitung jeweils auf die von der Verordnung erfassten Personen anwendbar ist, wobei in Bezug auf Selbstständige und Arbeitnehmer unterschiedliche Regelungen getroffen werden. Insoweit stellt Art. 13 Abs. 2 lit. a) der VO 1408/71 darauf ab, ob eine Person „abhängig beschäftigt" ist.[231] Was aber konkret unter einer „abhängigen Beschäftigung" zu verstehen ist, ob hierunter lediglich persönlich oder auch wirtschaftlich abhängige Personen fallen sollen, ist der VO nicht zu entnehmen.

---

226 *Wank* in Hanau/Steinmeyer/Wank, § 14, Rn. 17.
227 *Müller*, ArbNähnl. Pers. im Arbeitsschutzrecht, S. 203; *Scheibeler*, Begriffsbildung durch den EuGH, S. 41.
228 Diese VO wurde zwischenzeitlich ersetzt durch die VO (EG) 883/2004.
229 *Müller*, ArbNähnl. Pers. im Arbeitsschutzrecht, S. 204.
230 *Scheibeler*, Begriffsbildung durch den EuGH, S. 46.
231 *Pottschmidt*, ArbNähnl. Pers. in Europa, S. 164.

Mit der Frage, wie die Begriffe „Arbeitnehmer" und „Selbstständige" zu verstehen sind, hat sich indes schon der EuGH auseinandergesetzt, auf dessen Rechtsprechung zurückgegriffen werden muss. In der Rechtssache C-221/95 hat der EuGH diesbezüglich ausgeführt, dass bei der Festlegung des Personenkreises, der sich auf die Vorschriften zur Koordinierung der nationalen Systeme der sozialen Sicherheit beruft, auf die den nationalen Systemen angeschlossenen Personen Bezug genommen werde. Die Begriffe „Arbeitnehmer" und „Selbstständige" verwiesen auf die Definitionen dieser Begriffe in den Rechtsvorschriften der Mitgliedstaaten auf dem Gebiet der sozialen Sicherheit. Der Zweck der Vorschriften über die soziale Sicherheit liege nicht in einer Harmonisierung der Vorschriften über die soziale Sicherheit, sondern vielmehr in ihrer Koordinierung.[232]

Damit kommt es im Rahmen des Art. 48 AEUV maßgeblich darauf an, ob eine Person nach den nationalen Rechtsvorschriften und Praktiken als Arbeitnehmer oder als Selbstständiger einzuordnen ist. Nach deutschem Recht unterfallen arbeitnehmerähnliche Personen damit den Selbstständigen im Sinne der Vorschriften über die soziale Sicherheit.[233]

c) Unionsrechtlicher Arbeitnehmerbegriff aus Art. 157 Abs. 1 AEUV

Nachdem Art. 45 AEUV auf arbeitnehmerähnliche Personen keine Anwendung findet und der Arbeitnehmerbegriff des Art. 48 AEUV nach den Vorschriften der Mitgliedstaaten zu beurteilen ist, könnte weiterhin der primärrechtliche Arbeitnehmerbegriff des Art. 157 Abs. 1 AEUV von Interesse sein.

Diesbezüglich hat der EuGH in der Rechtssache Allonby[234] zunächst klargestellt, dass der Begriff des Arbeitnehmers im Sinne des Art. 157 Abs. 1 AEUV gemeinschaftsrechtlich auszulegen und zu verstehen sei. Ein Rückgriff auf

---

232 *EuGH*, Urteil vom 30.01.1997, Rs. C-221/95 – Inasti ./. Hervein und Hervillier, Slg. 1997, S. I-609, Rn. 17, 21; *Brechmann* in Calliess/Ruffert, Art. 48 AEUV, Rn. 4 ff.; *Epiney* in Vedder/Heintschel v. Heinegg, Art. 48 AEUV, Rn. 1; *Eichenhofer* in Streinz, Art. 48 AEUV, Rn. 16; *Khan* in Geiger/Khan/Kotzur, Art. 48 AEUV, Rn. 10; *Becker* in Schwarze/Becker/Hatje/Schoo, Art. 48 AEUV, Rn. 26.

233 Mit dem Vertrag von Lissabon ist die Frage, wer unter den Begriff des Arbeitnehmers im Sinne der Vorschriften über die soziale Sicherheit fällt, praktisch nicht mehr von Relevanz. Denn Art. 48 AEUV erfuhr durch den Vertrag von Lissabon – verglichen mit der Vorgängervorschrift Art. 42 EG – erhebliche Neuerungen. Der persönliche Anwendungsbereich wurde darin erstmals ausdrücklich auch auf Selbstständige erstreckt, *Forsthoff* in Grabitz/Hilf/Nettesheim, Art. 48 AEUV, Rn. 1.

234 *EuGH*, Urteil vom 13.01.2004, Az.: C-256/01 – Allonby ./. Accrington & Rossendale College, NZA 2004, 201 ff.

nationales Recht sei nicht möglich. Bei der Frage, wer als Arbeitnehmer im Sinne des Art. 157 AEUV angesehen werden könne, sei auf die Rechtsprechung zu Art. 45 AEUV zurückzugreifen. Demzufolge sei Arbeitnehmer im Sinne des Art. 157 AEUV, wer während einer bestimmten Zeit für einen anderen nach dessen Weisung Leistungen erbringe, für die er als Gegenleistung eine Vergütung erhalte. Nach Art. 157 Abs. 2 UA 1 AEUV seien unter Entgelt im Sinne dieses Artikels zudem die üblichen Grund- oder Mindestlöhne und -gehälter sowie alle sonstigen Vergütungen zu verstehen, die der Arbeitgeber auf Grund des Dienstverhältnisses dem Arbeitnehmer unmittelbar oder mittelbar in bar oder in Sachleistungen zahlt. Aus dieser Definition gehe hervor, dass die Verfasser des Vertrags selbstständige Erbringer von Dienstleistungen, die gegenüber dem Empfänger der Dienstleistungen nicht in einem Unterordnungsverhältnis stehen, nicht in den Begriff Arbeitnehmer i.S.v. Art. 157 Abs. 1 haben einbeziehen wollen. Die Frage, ob ein solches Unterordnungsverhältnis vorliege, sei in jedem Einzelfall nach Maßgabe aller Gesichtspunkte und aller Umstände zu beantworten, die die Beziehungen zwischen den Beteiligten kennzeichnen. Hierbei sei insbesondere zu prüfen, inwieweit die Freiheit der Beschäftigten bei der Wahl von Zeit, Ort und Inhalt eingeschränkt sei.[235]

Hiervon ausgehend spricht viel dafür, dass arbeitnehmerähnliche Personen nicht vom Arbeitnehmerbegriff des Art. 157 AEUV erfasst sind. Auch der Arbeitnehmerbegriff des Art. 157 AEUV scheint damit den Arbeitnehmerbegriff im Arbeits- und Gesundheitsschutz nicht auf arbeitnehmerähnliche Personen erweitern zu können.

d) Unionsrechtlicher Arbeitnehmerbegriff der Charta der Grundrechte

Auch in der Charta der Grundrechte haben die Rechte der Arbeitnehmer Berücksichtigung gefunden. Die wichtigsten dort verankerten Arbeitnehmergrundrechte finden sich in den Kapiteln III (Gleichheit) und IV (Solidarität).[236] So

---

235 *EuGH*, Urteil vom 13.01.2004, Az.: C-256/01 – Allonby ./. Accrington & Rossendale College, NZA 2004, 201 ff.; *Rebhahn*, EuZA 2012, 3 (18 ff., 20), der in diesem Zusammenhang darauf hinweist, dass die Aussage, wonach es für die Arbeitnehmereigenschaft auf die Freiheit in der Wahl von Zeit, Ort und Inhalt der Arbeit ankomme, deutlich konkreter als das Abstellen der Lawrie-Blum-Formel auf die Arbeit unter der „Direktion" bzw. in Unterordnung sei, weil die eingeschränkte Selbstbestimmung bei diesen Punkten einen, wenn nicht den wesentlichen Aspekt der Unterordnung darstelle.
236 *Fuchs/Marhold*, Europäisches Arbeitsrecht, S. 26.

soll die Charta der Grundrechte die Gleichbehandlung von Männern und Frauen in allen Bereichen, einschließlich der Beschäftigung, der Arbeit und des Arbeitsentgelts[237], das Recht der Arbeitnehmer auf Unterrichtung und Anhörung in Unternehmen[238], das Recht auf Kollektivverhandlungen und Kollektivmaßnahmen[239] sowie das Recht auf Zugang zu einem Arbeitsvermittlungsdienst[240] sicherstellen. Darüber hinaus verbürgt die Charta der Grundrechte den Schutz vor ungerechtfertigter Entlassung[241], die Sicherstellung gerechter und angemessener Arbeitsbedingungen[242], das Verbot vor Kinderarbeit und den Schutz der Jugendlichen am Arbeitsplatz[243] sowie den Schutz des Familien- und Berufslebens[244]. Jeder Arbeitnehmer hat zudem ein Recht auf soziale Sicherheit und Unterstützung[245], auf Gesundheitsschutz[246], auf Zugang zu Dienstleistungen von allgemeinem wirtschaftlichem Interesse[247] sowie auf Umwelt-[248] und Verbraucherschutz[249].

Der der Charta der Grundrechte zugrunde liegende Arbeitnehmerbegriff, wird durch die Charta jedoch selbst nicht definiert. Die herrschende Meinung legt allerdings auch der Charta der Grundrechte und den dort verbürgten Grundrechten zugunsten der Arbeitnehmer den Arbeitnehmerbegriff aus Art. 45 AEUV zugrunde.[250] Demnach soll Arbeitnehmer im Sinne der sozialen Arbeitnehmergrundrechte jeder sein, der „während einer bestimmten Zeit für einen anderen nach dessen

---

237 Art. 23 UA 1 GRCh.
238 Art. 27 GRCh.
239 Art. 28 CRCh.
240 Art. 29 CRCh.
241 Art. 30 CRCh.
242 Art. 31 CRCh.
243 Art. 32 CRCh.
244 Art. 33 CRCh.
245 Art. 34 CRCh.
246 Art. 35 CRCh.
247 Art. 36 CRCh.
248 Art. 37 CRCh.
249 Art. 38 CRCh.
250 Vgl. *Breitenmoser/Riemer/Seitz*, Grundrechtsschutz, S. 326; *Jarass*, Charta der Grundrechte, Art. 27, Rn. 5; *ders.*, EU-Grundrechte, § 29, Rn. 3; *Meyer*, Charta der Grundrechte, Art. 27, Rn. 20; *Tettinger/Stern*, Europäische Grundrechte-Charta, Art. 27, Rn. 21.

Weisungen Leistungen erbringt, für die er als Gegenleistung eine Vergütung erhält".[251] Arbeitnehmerähnliche Personen sollen hierunter nicht fallen.[252]

e) Unionsrechtlicher Arbeitnehmerbegriff des Art. 153 AEUV (ex-Art. 118a EWGV)

Nach alledem scheint das Primärrecht sehr dafür zu sprechen, dass arbeitnehmerähnliche Personen nicht von der Arbeitsschutzrahmenrichtlinie erfasst werden. Für die Auslegung des der Richtlinie 89/391/EWG zugrunde liegenden Arbeitnehmerbegriffs ist aber gerade der Arbeitnehmerbegriff des ex-Art. 118a EWGV (nunmehr Art. 153 AEUV) von besonderer Relevanz. Denn ex-Art. 118a EWGV diente als Rechtsgrundlage für den Erlass der Arbeitsschutzrichtlinie 89/391/EWG, sodass der Arbeitnehmerbegriff der Richtlinie 89/391/EWG nicht weiter sein darf, als es der Arbeitnehmerbegriff des ex-Art. 118a EWGV war; ansonsten hätte eine Kompetenzüberschreitung vorgelegen. Ex-Art: 118a EWGV darf daher bei der Auslegung keinesfalls unberücksichtigt bleiben.

Nach ex-Art. 118a EWGV sollten sich die Mitgliedstaaten bemühen, die Verbesserung insbesondere der Arbeitsumwelt zu fördern, um die Sicherheit und die Gesundheit der Arbeitnehmer zu schützen und sich die Harmonisierung der in diesem Bereich bestehenden Bedingungen bei gleichzeitigem Fortschritt zum Ziel setzen. Allerdings enthielt ex-Art. 118a EWGV keine eigenständige Definition des Arbeitnehmerbegriffs. Die deutsche Fassung des ex-Art. 118a EWGV stellte lediglich auf den Begriff des Arbeitnehmers ab. Abweichend hiervon sahen etwa die englische bzw. die französische Sprachfassung, welche die Begriffe „worker" bzw. „travailleurs" verwendeten, eine weitere Fassung vor. Dies könnte für eine weite Auslegung des Art. 118a EWGV sprechen.[253] Mit Gewissheit ist dies jedoch

---

251 *EuGH*, Urteil vom 03.07.1986, Rs. 66/85 – Lawrie-Blum ./. Land Baden-Württemberg, Slg. 1986, I-2121; *Ehlers*, European Fundamental Rights and Freedoms, § 9, Rn. 6.

252 Diese Auffassung scheint mit Rücksicht auf Art. 31 Abs. 1 der Charta der Grundrechte und den Zweck des Arbeitsschutzes fragwürdig, vgl. zur funktionsbezogenen Auslegung im Bereich des Arbeits- und Gesundheitsschutzes § 2, B., III., 6.

253 *Pottschmidt*, ArbNähnl. Pers. in Europa, S. 157, S. 504 ff., a.A. wohl *Balze* in Kollmer/Klindt, ArbSchG, Einl B, Rn. 56, der davon ausgeht, dass Art. 153 AEUV (bisher ex.-Art. 137 EG bzw. ex.-Art. 118a EGV) ausdrücklich nur zum Erlass von Mindestrichtlinien zum Schutz der Sicherheit und Gesundheit von Arbeitnehmern ermächtige, sodass Selbständige vom Anwendungsbereich dieser Bestimmung nicht erfasst seien, obwohl sie sehr häufig den gleichen Gefährdungen ausgesetzt seien wie die Arbeitnehmer.

auch ex-Art. 118a EWGV nicht zu entnehmen. Auch die übrigen Vorschriften im Kapitel über die Sozialvorschriften (ex-Art. 117 bis 122 EWGV) können über die personelle Reichweite des Arbeitnehmerbegriffs keine weiteren Erkenntnisse liefern. Ex-Art. 118a EWGV kann daher keine sicheren Aufschlüsse über das Verständnis des Arbeitnehmerbegriffs in der Richtlinie 89/391/EWG liefern.

4. Rechtsprechung des EuGH zum Arbeitnehmerbegriff einzelner Arbeitsschutzrichtlinien

Womöglich ergeben sich jedoch aus den Entscheidungen des EuGH zu den Arbeitnehmerbegriffen im sekundären Arbeits- und Gesundheitsschutz relevante Erkenntnisse für die personelle Reichweite der Richtlinie 89/391/EWG.

Soweit ersichtlich, existieren bisher lediglich wenige aktuellere Urteile des EuGH, die sich mit dem Arbeitnehmerbegriff der Arbeitsschutzrichtlinie, wenn auch nur mittelbar, auseinandersetzen.

In dem Urteil vom 11.11.2010[254] ging es um die Vorlagefrage eines lettischen Gerichts. Die Klägerin des Ausgangsverfahrens, Frau Danosa, war Geschäftsführerin einer lettischen Aktiengesellschaft. Während ihrer Schwangerschaft wurde sie von diesem Posten abberufen. Mit Datum vom 31.08.2007 erhob die Geschäftsführerin Klage, da sie ihre Abberufung für rechtswidrig hielt. Im Rahmen des Rechtsstreits trug sie unter anderem vor, sie sei Arbeitnehmerin im Sinne des Unionsrechts. Hierbei sei insbesondere das in Art. 10 der Richtlinie 92/85/EWG[255] verankerte Kündigungsverbot schwangerer Arbeitnehmerinnen zu berücksichtigen. Mit seiner ersten Vorlagefrage wollte das Gericht des Ausgangsrechtsstreits im Wesentlichen geklärt wissen, ob ein Mitglied der Unternehmensleitung einer Kapitalgesellschaft, das dieser gegenüber Leistungen erbringt, als Arbeitnehmer im Sinne der Richtlinie 92/85/EWG anzusehen ist. Der EuGH hat hierzu entschieden, dass die Arbeitnehmereigenschaft zu bejahen sei, wenn das Mitglied der Unternehmensleitung seine Tätigkeit für eine bestimmte Zeit nach der Weisung oder unter der Aufsicht eines anderen Organs dieser Gesellschaft ausübe und insoweit auf den für Art. 45 AEUV entwickelten Arbeitnehmerbegriff Bezug genommen.

---

254 *EuGH*, Urteil vom 11.11.2010, Rs. C-232/09 – Dita Danosa ./. LKB Lizzings SIA, NZA 2011, 143.

255 Richtlinie 92/85/EWG des Rates vom 19.10.1992 über die Durchführung von Maßnahmen zur Verbesserung der Sicherheit und des Gesundheitsschutzes von schwangeren Arbeitnehmerinnen, Wöchnerinnen und stillenden Arbeitnehmerinnen am Arbeitsplatz, ABl. Nr. L 384/1, zuletzt geändert durch Art. 3 Nr. 11 ÄndRL 2007/30/EG vom 27.06. 2007, ABl. Nr. L 165/21.

Maßgeblich war die Weisungsgebundenheit, wobei das Gericht diesbezüglich ein sehr geringes Maß für ausreichend erachtete. Es ließ die Tatsache, dass die Klägerin trotz des ihr zustehenden Ermessensspielraums gegenüber dem Aufsichtsrat Rechenschaft ablegen und mit diesem zusammenarbeiten musste, sowie das Faktum, dass ihre Abberufung jederzeit gegen ihren Willen durch Gesellschafterbeschluss möglich war, für ausreichend, um die Arbeitnehmereigenschaft bejahen zu können. Bemerkenswert an dieser Entscheidung ist, dass der EuGH bei seinem Ergebnis zumindest nicht ausdrücklich auf die Arbeitsschutzrahmenrichtlinie zurückgreift, obgleich die Bestimmungen der Richtlinie 89/391/EWG mit Ausnahme des Art. 2 Abs. 2 nach Art. 1 Abs. 2 der Richtlinie 92/85/EWG uneingeschränkt für den gesamten Anwendungsbereich der Mutterschutzrichtlinie maßgeblich sein sollten. Stattdessen stützt sich der EuGH auf die Begriffsdefinition in Art. 2 lit. a) der Mutterschutzrichtlinie und nimmt hierbei auf den Arbeitnehmerbegriff des Art. 45 AEUV Bezug.[256]

Auch im Jahr 2007 hatte der EuGH hinsichtlich des Arbeitnehmerbegriffs der Mutterschutzrichtlinie bereits vertreten, dass das wesentliche Merkmal eines Arbeitsverhältnisses die Weisungsgebundenheit sei.[257] In der Rechtssache Kiiski ging es um eine Gymnasiallehrerin, die aufgrund einer zweiten Schwangerschaft die vorzeitige Unterbrechung ihres Erziehungsurlaubs begehrte, um stattdessen Mutterschaftsurlaub zu beantragen. Da während des gesamten Mutterschaftsurlaubs das Arbeitsentgelt fortgezahlt bzw. durch entsprechende Sozialleistungen ersetzt wird, hätte der Mutterschaftsurlaub Frau Kiiski im Vergleich zum Erziehungsurlaub finanziell besser gestellt. Die vorzeitige Beendigung des Erziehungsurlaubs wurde durch die Stadt Tampere, bei der Frau Kiiski angestellt war, abgelehnt. Eine zweite Schwangerschaft stelle keinen unvorhersehbaren und triftigen Grund dar, der es gemäß dem einschlägigen Tarifvertrag erlaube, die Dauer des Erziehungsurlaubs abzuändern. Frau Kiiski sah hierin eine Diskriminierung wegen ihres Geschlechts und klagte daraufhin auf Schadensersatz. Das zuständige finnische Gericht erbat in einer Vorlage an den EuGH u. a. die Klärung der Frage, ob die Richtlinie 92/85/EWG überhaupt anwendbar sei.[258]

---

256 *Ziegler*, Arbeitnehmerbegriffe, S. 287; vgl. auch *Rebhahn*, EuZA 2012, 3 (26 ff., 28), der die Einbeziehung von Geschäftsführern in den Arbeitnehmerbegriff, in einer Zeit, in der Unternehmen Mitarbeiter in „freie Mitarbeit" drängen, rechtspolitisch für nicht überzeugend hält, da hierdurch „eher Starke als Schwache" geschützt würden.

257 *EuGH*, Urteil vom 20.09.2007, Rs. C.J011/06 – Kiiski ./. Tampereem kaupunki, EuZW 2007, 741.

258 *EuGH*, Urteil vom 20.09.2007, Rs. C.J011/06 – Kiiski ./. Tampereem kaupunki, EuZW 2007, 741; *Ziegler*, Arbeitnehmerbegriffe, S. 286.

Auch in dieser Entscheidung ging der EuGH von einem autonom zu bestimmenden Arbeitnehmerbegriff aus und führte aus, dass das wesentliche Merkmal eines Arbeitsverhältnisses darin bestehe, dass eine Person während eines bestimmten Zeitraums für eine andere nach deren Weisung Leistungen erbringe, für die sie als Gegenleistung eine Vergütung erhalte.[259] Der EuGH hat sich mithin wiederum an Art. 45 AEUV orientiert, wenn auch Art. 1 Abs. 2 der Mutterschutzrichtlinie ausdrücklich auf die Arbeitsschutzrahmenrichtlinie Bezug nimmt.

Hieraus könnte nunmehr die Schlussfolgerung gezogen werden, dass der EuGH in den vorgenannten Entscheidungen davon ausgegangen zu sein scheint, dass sich der der Richtlinie 92/85/EWG und damit wegen Art. 1 Abs. 2 der Richtlinie 92/85/EWG auch der der Richtlinie 89/391/EWG zugrunde liegende Arbeitnehmerbegriff an dem unionsrechtlichen Arbeitnehmerbegriff des Art. 45 AEUV orientiert. Andererseits erweckt aber ein weiteres Urteil des EuGH aus dem Jahr 2010 den Eindruck, als sei der EuGH im Hinblick auf Art. 45 AEUV, die nationalen Rechtsordnungen und die Richtlinie 89/391/EWG von jeweils verschiedenen Arbeitnehmerbegriffen ausgegangen. Im Rahmen des Urteils vom 14.10.2010[260] hatte sich der EuGH ebenfalls mit einer Vorlagefrage befasst. Dem Ausgangsverfahren lag eine Klage unter anderem auf Nichtigerklärung des französischen Dekrets Nr. 2006-950 über den Bildungseinsatz zugrunde, das Personen, die aufgrund von Verträgen über den Bildungseinsatz gelegentliche und saisonale Tätigkeiten in Ferien- und Freizeitzentren ausüben, vom Anspruch auf eine tägliche Mindestruhezeit ausschloss. Dies verstoße gegen die Ziele des Art. 3 der Arbeitszeitrichtlinie 2003/88/EG[261]. Mit seiner ersten Vorlagefrage wollte das vorlegende Gericht wissen, ob Personen, die aufgrund von Verträgen über den Bildungseinsatz Gelegenheits- und Saisontätigkeiten in Ferien- und Freizeitzentren ausüben und höchsten 80 Arbeitstage pro Jahr tätig sind, in den Anwendungsbereich der Richtlinie 2003/88/EG fallen. Der Gerichtshof hat diese Frage bejaht, wobei er auch hier auf den Arbeitnehmerbegriff des Art. 45 AEUV Bezug genommen hat. Zuvor hat er jedoch klargestellt, dass die Richtlinie 89/391/EWG in Art. 3 lit. a)

---

259 *EuGH*, Urteil vom 20.09.2007, Rs. C.J011/06 – Kiiski ./. Tampereem kaupunki, EuZW 2007, 741; vgl. auch *Rebhahn*, EuZA 2012, 3 (24 f.), der dafür plädiert, den Arbeitnehmerbegriff der Richtlinie 92/85/EWG nicht autonom auszulegen und eine Verweisung auf nationales Recht befürwortet.

260 *EuGH*, Urteil vom 14.10.2010, Rs. C-428/09 – Union syndicale Solidaires Isère ./. Premier ministre, Ministère du Travail, des Relations sociales, de la Famille, de la Solidarité et de la Ville, Ministère de la Santé et des Sports, BeckRS 2010, 91197.

261 Richtlinie 2003/88/EG des Europäischen Parlaments und des Rates vom 04.11.2003 über bestimmte Aspekte der Arbeitszeitgestaltung, ABl. Nr. L 299/9.

eine eigenständige Arbeitnehmerdefinition enthalte. Er führte hierzu aus, dass die Richtlinie 2003/88/EG weder eine Verweisung auf diese Bestimmung der Richtlinie 89/391/EWG noch eine Verweisung auf den nationalen Arbeitnehmerbegriff, wie er sich aus einzelstaatlichen Rechtsvorschriften/Gepflogenheiten ergebe, enthalte. Anschließend ist der EuGH auf Art. 45 AEUV eingegangen und hat diesen seiner Entscheidung zugrunde gelegt. Hieraus kann der Rückschluss gezogen werden, dass der EuGH in seiner Entscheidung nicht von einer Deckungsgleichheit der Arbeitnehmerbegriffe der Richtlinie 89/391/EWG und des Art. 45 AEUV ausgegangen ist; anderenfalls ergäbe es keinen Sinn zunächst klarzustellen, dass der Arbeitnehmerbegriff der Richtlinie 89/391/EWG hier nicht anwendbar sei, um anschließend auf Art. 45 AEUV zurückzugreifen.

Den vorgenannten Entscheidungen zum Arbeitnehmerbegriff der Arbeitsschutzrichtlinien kann jedoch letztlich ebenfalls nicht mit Gewissheit entnommen werden, ob der EuGH der Richtlinie 89/391/EWG den Arbeitnehmerbegriff aus Art. 45 AEUV zugrunde legen will oder er eine weitgehendere Definition befürwortet.

5. Der Arbeitnehmerbegriff in der Europäischen Sozialcharta

Die ESC sieht in Art. 3 das Recht auf sichere und gesunde Arbeitsbedingungen vor. Sie knüpft dabei, wie auch die Richtlinie 89/391/EWG an den Begriff „Arbeitnehmer" an, ohne ihn einer näheren Definition zuzuführen. Die englische Fassung verwendet stattdessen einen weitergehenden Begriff. Es wird dort nicht der Begriff „employee" verwendet, sondern der sehr weite Begriff „worker". Der Ausschuss der sozialen Rechte, der für die Überwachung der ESC vorgesehen ist, legt den Arbeitnehmerbegriff insofern umfassend aus. Der personelle Anwendungsbereich der ESC soll sich nicht auf Personen beschränken, die in einem Arbeitsverhältnis stehen.[262] Der Arbeitnehmerbegriff, welcher der ESC zugrunde gelegt wird, spricht mithin für eine Einbeziehung arbeitnehmerähnlicher Personen. Mit Gewissheit lässt sich die personelle Reichweite der Richtlinie 89/391/EWG jedoch auch nicht anhand der ESC beurteilen.

6. Zweck der Richtlinie 89/391/EWG

Nachdem im Rahmen der bisherigen Auslegung nicht mit Sicherheit ermittelt werden konnte, ob arbeitnehmerähnliche Personen dem arbeitsschutzrechtlichen Arbeitnehmerbegriff der Richtlinie 89/391/EWG unterfallen, bleibt abschließend

---

262 MünchArb-*Kohte*, § 288, Rn. 47; *ders.*, Festschrift für Birk, S. 417 (419).

noch ein Rückgriff auf den von der Richtlinie 89/391/EWG verfolgten Sinn und Zweck.

Wie oben[263] bereits festgestellt, ist Ziel der Richtlinie „die Durchführung von Maßnahmen zur Verbesserung der Sicherheit und des Gesundheitsschutzes der Arbeitnehmer am Arbeitsplatz". Es soll Arbeitsunfällen und berufsbedingten Erkrankungen von Arbeitnehmern entgegengewirkt werden.[264] Arbeitsunfälle und berufsbedingte Erkrankungen sind in diesem Sinne allerdings stets auf die konkrete Tätigkeit im Betrieb des Auftraggebers oder auf die bei der Tätigkeit benötigten Arbeitsmittel zurückzuführen. Jedenfalls implizieren schon die Begrifflichkeiten einen konkreten Bezug zu der von dem Beschäftigten zur Bestreitung seines Lebensunterhalts ausgeübten beruflichen Tätigkeit. Fakt ist mithin, dass Bezugspunkt von Arbeitsunfällen und berufsbedingten Erkrankungen nicht die rechtliche Ausgestaltung des zwischen dem Beschäftigten und dem Auftraggeber bestehenden Vertragsverhältnisses ist, sondern vielmehr der Ort der Leistungserbringung oder die verwendeten Arbeitsmittel. Im Bereich des Arbeitsschutzes ist insofern eine gewisse Einbindung in die Betriebsorganisation erforderlich, die sodann den Berührungspunkt zwischen den vom Betrieb ausgehenden Gefahren und den getroffenen Schutzmaßnahmen ausmacht. Diese Eingliederung muss freilich nicht derart fest sein, wie es bei Arbeitnehmern vorausgesetzt wird. Entscheidend für die Einbindung sind daher allein die für die Sicherheit und den Gesundheitsschutz bedeutsamen äußeren Umstände der betrieblichen Organisation. Der Schutz der Richtlinie 89/391/EWG soll nach dem Willen des EG-Gesetzgebers daher dann greifen, wenn die Sicherheit und Gesundheit der Arbeitskraft aufgrund der betrieblichen Gefahren von der Organisation des Betriebs, insbesondere den technischen oder organisatorischen Maßnahmen des Betriebsinhabers abhängig ist.[265] Bezugspunkt der gesamten Arbeitsschutzrahmenrichtlinie ist damit der Betrieb,

---

263 Vgl. § 2, B., I.

264 *EuGH*, Beschluss vom 14.07.2005, Rs. C-52/04 – Personalrat der Feuerwehr Hamburg ./. Leiter der Feuerwehr Hamburg, Slg. 2005, I-7113 ff.; *EuGH*, Urteil vom 06.04.2006, Rs. C-428/04 – Kommission ./. Republik Österreich, Slg. 2006, I-3325 sowie *Kohte/Faber*, Anmerkung zu EuGH, Urteil vom 06.04.2006, Rs. C-428/04, ZESAR 2007, 39 ff. (40); *Pottschmidt*, ArbNähnl. Pers. in Europa, S. 223.

265 *EuGH*, Urteil vom 22.05.2003, Rs. C-441/01 – Kommission der Europäischen Gemeinschaften ./. Königreich Niederlande, Slg. 2003, 5463 ff.; *EuGH*, Urteil vom 06.04.2006, Rs. C-428/04 – Kommission ./. Republik Österreich, Slg. 2006, I-3325 sowie *Kohte/Faber*, Anmerkung zu EuGH, Urteil vom 06.04.2006, Rs. C-428/04, ZESAR 2007, 39 ff. (40); *Julius*, Arbeitsschutz und Fremdfirmenbeschäftigung, S. 94 f.

von welchem die Gefahren für die Beschäftigten ausgehen bzw. die betriebliche veranlasste Tätigkeit. Wie schon das ILO-Übereinkommen Nr. 155 ist auch die Arbeitsschutzrahmenrichtlinie durch ihren präventiven und betriebsorientierten Ansatz geprägt.[266]

Dieser Gedanke des betrieblichen Arbeitsschutzes legt nahe, dass der durch die Richtlinie bezweckte Schutz jedem zugute kommen muss, der mit den Gefahren im Unternehmen oder Betrieb in Berührung kommt, wobei hiervon diejenigen Personen ausgeschlossen sein müssen, die nur für kurze Dauer und nicht wegen eines gemeinsamen Arbeitszwecks den Gefahren ausgesetzt sind, wie etwa Briefträger, Kunden oder sonstige Besucher. Diese sind auf allgemeine zivilrechtliche Ansprüche (z.B. §§ 280 Abs. 1, 311 Abs. 2, 241 Abs. 2 BGB bzw. § 823 BGB) beschränkt, sofern sie etwaige Schäden erleiden.

Allerdings legt die Richtlinie 89/391/EWG dem Arbeitgeber nicht generell die Verantwortung für den Arbeitsschutz auf. Klassische Selbstständige sind vom Schutz der Richtlinie nicht erfasst.[267] Dies bedeutet dennoch nicht zugleich, dass auch arbeitnehmerähnliche Personen, die im deutschen Recht ebenso als selbständig einzuordnen sind, nicht durch die Richtlinie 89/391/EWG geschützt sein sollen. Auch arbeitnehmerähnliche Personen können den betrieblichen Gefahren aufgrund der vertraglichen Ausgestaltung des Beschäftigungsverhältnisses ausgesetzt sein, vor denen die Richtlinie schützen will. Sinn und Zweck des Arbeitsschutzes ist grundsätzlich zunächst, diejenigen zu schützen, die abhängige und fremdbestimmte Arbeit leisten. Zwar sind arbeitnehmerähnliche Personen nicht in dem Maße weisungsgebunden, dass sie rechtlich betrachtet persönlich fremdbestimmt in diesem Sinne tätig sind. Gleichwohl sind auch sie von ihrem Auftraggeber zumindest wirtschaftlich abhängig, sodass zwischen Auftraggeber und arbeitnehmerähnlicher Person ein vergleichbares Abhängigkeitsverhältnis besteht. Mit diesem Abhängigkeitsverhältnis geht einher, dass sich die arbeitnehmerähnliche Person der Einordnung in die von dem Auftraggeber vorgegebenen betrieblichen Abläufe nicht entziehen kann, sodass sie sich letztlich faktisch – wenn auch nicht

---

266 Vgl. zum ILO-Übereinkommen Nr. 155 bereits § 2, A.

267 Vgl. § 2, B., III., 1. und die dort bereits genannte Empfehlung 2003/134/EG des Rates vom 18.02.2003 zur Verbesserung des Gesundheitsschutzes und der Sicherheit Selbstständiger am Arbeitsplatz, ABl. EU L 53/45, abrufbar im Internet unter http://eurlex.europa.eu/LexUriServ/LexUriServ.do?uri=OJ:L:2003:053:0045:0046:DE:PDF. Gleichwohl besteht auch insoweit keine Lücke. Wie bereits in Fn. 99 ausgeführt, ist § 618 BGB analog auf alle Auftragstätigkeiten analog anzuwenden, die der räumlichen und organisatorischen Herrschaft des jeweiligen Vertragspartners unterliegen, *Müller*, ArbNähnl. Pers. im Arbeitsschutzrecht, S. 221.

rechtlich – der Organisation des Auftraggebers unterwerfen müssen. Wenn sie sich nämlich den Wünschen ihres Auftraggebers entziehen und sich dessen Organisation nicht unterordnen, laufen sie Gefahr, dass dieser das bestehende Beschäftigungsverhältnis beendet. Dieses Risiko werden arbeitnehmerähnliche Personen, die zumindest nach deutschem Recht keinen Kündigungsschutz genießen[268], in der Regel nicht auf sich nehmen und sich stattdessen der Einordnung in die Organisation des Auftraggebers fügen. Aufgrund der vorstehenden Besonderheit ist es arbeitnehmerähnlichen Personen daher nicht möglich, sich den von ihrer Tätigkeit ausgehenden Gefahren, die dem Auftraggeber zuzurechnen sind, ohne weiteres zu entziehen. Sie sind faktisch an ihren Auftraggeber gebunden. Auch wenn eine arbeitnehmerähnliche Person also den Weisungen des Auftraggebers hinsichtlich Tätigkeitsort und –zeit rechtlich nicht unterworfen ist, darf sie dem Schutzbereich der Richtlinie 89/391/EWG dann nicht entzogen werden, wenn sie mit den von den Arbeitsmitteln oder den von den Tätigkeiten im Rahmen eines gemeinsam verfolgten arbeitsteiligen Zweck ausgehenden Gefahren in Berührung kommt. Das maßgebliche Kriterium ist die Betriebsbezogenheit. Die in Art. 5 und Art. 6 der Richtlinie 89/391/EWG vorgesehenen Organisationspflichten des Betriebsinhabers haben ihren Grund gerade in der überlegenen Kenntnis des Auftraggebers in Bezug auf die von dem Betrieb ausgehenden Risikopotentiale. Entscheidend ist damit nicht die rechtliche Fremdbestimmtheit, sondern es kommt auf die faktisch fehlende oder erschwerte Möglichkeit an, sich dem Herrschaftsbereich des Auftraggebers und den von diesem Bereich ausgehenden Risiken und Gefahren für die Sicherheit und Gesundheit zu entziehen.[269] Es entspricht dem Sinn und Zweck des Arbeitsschutzes, sämtliche Personen zu erfassen, die auf die betriebliche Organisation des Auftraggebers angewiesen sind, unabhängig davon, welcher Art das zugrunde liegende Abhängigkeitsverhältnis ist. Diesem Sinn und Zweck entsprechend sieht auch das ILO-Übereinkommen Nr. 155 in Art. 3 lit. b) eine sehr umfassende Definition des Arbeitnehmers vor. Danach umfasst der Ausdruck „Arbeitnehmer" im Sinne dieses Übereinkommens „alle Beschäftigten, einschließlich der öffentlich Bediensteten".

Dem Zweck der Richtlinie entsprechend ist mithin davon auszugehen, dass die Richtlinie 89/391/EWG auch auf wirtschaftlich abhängige Personen anzuwenden ist, sofern diese – entsprechend dem dieser Arbeit zugrunde liegenden Verständnis

---

268   KR-*Rost*, ArbNähnl. Pers., Rn. 34.
269   *Karthaus/Klebe*, NZA 2012, 417 (421); *Nebe*, Betrieblicher Mutterschutz, S. 129; *Müller*, ArbNähnl. Pers. im Arbeitsschutzrecht, S. 230; *Pottschmidt*, ArbNähnl. Pers. in Europa, S. 223 ff.

der sozialen Schutzbedürftigkeit – mit den von der Arbeitstätigkeit ausgehenden Gefahren tatsächlich in Berührung kommen und sich diesen aufgrund ihrer wirtschaftlichen Abhängigkeit nicht entziehen können.[270]

7. Zusammenfassung zum persönlichen Anwendungsbereich der Richtlinie 89/391/EWG

In der überwiegenden Literatur wird zutreffend von einem umfassenden persönlichen Anwendungsbereich der Richtlinie 89/391/EWG ausgegangen. Ein entsprechendes Verständnis betreffend den Arbeits- und Gesundheitsschutz kann zwar weder der Rechtsprechung des EuGH noch den im Primärrecht verwendeten Arbeitnehmerbegriffen oder der ESC mit Gewissheit entnommen werden. Allerdings sprechen sowohl die in Art. 3 der Richtlinie 89/391/EWG enthaltene Definition des Arbeitnehmerbegriffs als auch der übrige Wortlaut der Richtlinie für eine Anwendbarkeit auf arbeitnehmerähnliche Personen. Ungeachtet dessen legt schon der Sinn und Zweck der Richtlinie 89/391/EWG eine entsprechende Auslegung nahe. Dieser besteht gerade in dem Schutz der Beschäftigten, die aufgrund ihrer abhängigen Tätigkeit für den Auftraggeber besonderen Gesundheitsgefahren ausgesetzt sind. Ziel der Richtlinie 89/391/EWG ist die Durchführung von Maßnahmen zur Verbesserung der Sicherheit und des Gesundheitsschutzes der Arbeitnehmer am Arbeitsplatz. Sie enthält zu diesem Zweck allgemeine Grundsätze für die Verhütung berufsbedingter Gefahren, die Sicherheit und den Gesundheitsschutz. Diesem Ziel würde es jedoch zuwiderlaufen, wenn lediglich diejenigen Personen von dem Schutz der Richtlinie 89/391/EWG erfasst wären, die von ihrem Auftraggeber persönlich abhängig bzw. ihm gegenüber weisungsgebunden sind, denn auch die arbeitnehmerähnlichen Personen sind wirtschaftlich von ihrem Auftraggeber abhängig und können sich den vom Betrieb oder den Betriebsmitteln ausgehenden Gesundheitsgefahren faktisch nicht entziehen. Der Auftraggeber muss kraft seines Wissensvorsprungs daher auch arbeitnehmerähnliche Personen vor den vom Betrieb für die auszuübende Tätigkeit ausgehenden Risiken schützen, wenn sie der Betriebsorganisation faktisch unterworfen sind.

Die Richtlinie 89/391/EWG schützt demzufolge nicht lediglich die persönlich abhängigen Arbeitnehmer, sondern auch die wirtschaftlich abhängigen Beschäftigten.

---

270 *Balze* in Kollmer/Klindt, ArbSchG, Einl B, Rn. 90; *Pottschmidt*, ArbNähnl. Pers. in Europa, S. 223 ff.; *Kohte* in Kollmer/Klindt,§ 2 ArbSchG, Rn. 37; *ders.*, Arbeitsschutzrahmenrichtlinie, EAS B 6100, Rn. 30 ff.; MünchArb-*ders.*, § 289, Rn. 14 ff.; *Müller*, ArbNähnl. Pers. im Arbeitsschutzrecht, S. 211 f.

C. Zusammenfassung zu den unionsrechtlichen Vorgaben in Bezug auf arbeitnehmerähnliche Personen

Die Auslegung hat ergeben, dass dem Sinn und Zweck der Arbeitsschutzrahmenrichtlinie 89/391/EWG entsprechend sämtliche darin enthaltenen unionsrechtlichen Vorgaben auch dem Schutz wirtschaftlich abhängiger Personen dienen, die mit den vom Betrieb, der betrieblichen Organisation oder den Betriebsmitteln ausgehenden Gefahren in Berührung kommen.

Demzufolge ist es zur effektiven Umsetzung erforderlich, dass auch die den Arbeitnehmern nach der Richtlinie 89/391/EWG zustehenden Beteiligungsrechte, wonach den Arbeitnehmern bzw. deren Vertretern Unterrichtungs-, Anhörungs- und Vorschlagsrechte sowie das Recht auf ausgewogene Beteiligung im Bereich des Arbeitsschutzes einzuräumen sind, zugunsten arbeitnehmerähnlicher Personen gelten müssen. Aufgrund der unionsrechtlichen Vorgaben ist der deutsche Gesetzgeber daher verpflichtet, auch arbeitnehmerähnlichen Personen die vorgenannten Beteiligungsrechte einzuräumen und einen den Arbeitnehmern zustehenden äquivalenten Schutz auch arbeitnehmerähnlicher Personen zu gewährleisten. Den in der Richtlinie 89/391/EWG vorgesehenen Beteiligungsrechten wird im deutschen Recht jedoch weitestgehend durch das BetrVG Rechnung getragen. In der Gesetzesbegründung zum ArbSchG, welches auf arbeitnehmerähnliche Personen ausdrücklich Anwendung findet und das der Umsetzung der Richtlinie 89/391/EWG dienen sollte, wird ausgeführt, dass die in der Richtlinie 89/391/EWG vorgesehenen Unterrichtungs- und Beteiligungsrechte – mit Ausnahme der Vorschlags- und Anhörungsrechte – durch die betriebsverfassungsrechtlichen Regelungen abgedeckt sind.[271] Diese Annahme ist jedoch – wie wir soeben gesehen haben – nur teilweise richtig, zumal die im BetrVG vorgesehenen Beteiligungsrechte nach derzeitiger Rechtslage arbeitnehmerähnlichen Personen gerade nicht zustehen sollen. Der Ausschluss arbeitnehmerähnlicher Personen aus der Betriebsverfassung und die Nichtgewährung der darin vorgesehenen Beteiligungsrechte ist insoweit verwunderlich, als der Gesetzgeber offenbar zutreffenderweise selbst davon ausgegangen ist, dass arbeitnehmerähnliche Personen vom Geltungsbereich der Arbeitsschutzrahmenrichtlinie erfasst sind. In der genannten Gesetzesbegründung heißt es hierzu ausdrücklich, dass die Definition in § 2 Abs. 2 ArbSchG von den Begriffsbestimmungen der Richtlinie 89/391/EWG ausgeht.[272] Im Rückschluss bedeutet dies zugleich, dass auch der Gesetzgeber von einer funktionalen Auslegung

---

271 BT-Drucks. 13/3540, S. 22.
272 BT-Drucks. 13/3540, S. 15.

des Begriffs der arbeitnehmerähnlichen Person ausgegangen ist. Dennoch hat der Gesetzgeber nicht berücksichtigt, dass dann auch die in der Betriebsverfassung im Bereich des Arbeits- und Gesundheitsschutzes existenten Beteiligungsrechte auf arbeitnehmerähnliche Personen angewendet werden müssen, die mit den vom Betrieb, der Betriebsorganisation oder den Betriebsmitteln ausgehenden Gefahren gerade in Berührung kommen und sich diesen Gefahren ebenso wie klassische Arbeitnehmer nicht ohne weiteres entziehen können. Insoweit stellt sich die Frage, ob die im Betriebsverfassungsrecht vorgesehenen Mitwirkungsrechte insgesamt oder zumindest teilweise auf arbeitnehmerähnliche Personen zu erstrecken sind.

Zweiter Abschnitt: Die betriebsverfassungsrechtliche Stellung arbeitnehmerähnlicher Personen

Der personelle Anwendungsbereich des BetrVG, der den Personenkreis beschreibt, der durch den Betriebsrat repräsentiert wird, ist in § 5 BetrVG festgelegt. Nur auf diesen darin beschriebenen Personenkreis ist das BetrVG in vollem Umfang anwendbar.[273] Danach sind Arbeitnehmer (Arbeitnehmerinnen und Arbeitnehmer) im Sinne des BetrVG Arbeiter und Angestellte einschließlich der zu ihrer Berufsausbildung Beschäftigten, unabhängig davon, ob sie im Betrieb, im Außendienst oder mit Telearbeit beschäftigt werden. Als Arbeitnehmer gelten zudem auch die in Heimarbeit Beschäftigten, die in der Hauptsache für den Betrieb arbeiten. Arbeitnehmerähnliche Personen sind demgegenüber nach § 5 BetrVG nicht vom Schutz des BetrVG erfasst, sodass auch die dort festgelegten Individual- und Kollektivrechte auf sie grundsätzlich keine Anwendung finden sollen.[274]

Dieser Ausschluss arbeitnehmerähnlicher Personen aus dem Schutzbereich des Betriebsverfassungsrechts muss aus verschiedenen Gründen überdacht und auf seine Rechtfertigung geprüft werden. Einer entsprechenden Überprüfung bedarf es insbesondere vor dem Hintergrund der Situation auf dem heutigen Arbeitsmarkt, aufgrund welcher die Zahl der sog. „neuen Selbstständigen" erheblich zugenommen hat.[275] Diese „neuen Selbstständigen" sind nicht zwingend weniger schutzbedürftig als klassische Arbeitnehmer, worauf das bereits erwähnte Grünbuch der Europäischen Kommission[276] auch auf europäischer Ebene aufmerksam gemacht hat. Auch der deutsche Gesetzgeber hat den arbeitnehmerähnlichen Personen zumindest teilweise den betriebsverfassungsrechtlichen Schutz eingeräumt, indem er

---

273 D/K/K/W-*Trümner*, § 5 BetrVG, Rn. 1 a; HaKo-BetrVG/*Kloppenburg*, § 5 BetrVG, Rn. 1; *Fitting*, § 5 BetrVG, Rn. 1; ErfK/*Koch*, § 5 BetrVG, Rn. 1; *Preis* in Wlotzke/Preis/Kreft, § 5 BetrVG, Rn. 1; Richardi-*Richardi*, § 5 BetrVG, Rn. 1;

274 *Fitting*, § 5 BetrVG, Rn. 92; *Plander*, DB 1999, 330 (330); *Raab* in GK-BetrVG, § 5 BetrVG, Rn. 52; H/S/W/G/N/R-*Rose*, § 5 BetrVG, Rn. 48; KR-*Rost*, ArbNähnl. Pers., Rn. 37; D/K/K/W-*Trümner*, § 5 BetrVG, Rn. 96.

275 Vgl. Einleitung, Fn. 4; *Waltermann*, Gutachten B zum 68. Deutschen Juristentag, B 17, B 101; *Plander*, DB 1999, 330 (330).

276 Kommission der Europäischen Gemeinschaften, Grünbuch, Ein modernes Arbeitsrecht für die Herausforderungen des 21. Jahrhunderts, KOM(2006) 708 endgültig vom 22.11.2006.

die in Heimarbeit Beschäftigten, die ebenfalls als arbeitnehmerähnliche Personen anzusehen sind[277], in § 5 BetrVG ausdrücklich in den personellen Anwendungsbereich des BetrVG einbezogen hat, sodass der Ausschluss sonstiger arbeitnehmerähnlicher Personen umso fraglicher ist. Gerade auch das Unionsrecht schreibt im Bereich des Arbeitsschutzes mit der Richtlinie 89/391/EWG zwingende Beteiligungsrechte auch wirtschaftlich abhängiger arbeitnehmerähnlicher Personen vor.[278] Art. 10 und 11 der Richtlinie 89/391/EWG fordern neben der Einräumung von Unterrichtungsrechten zusätzlich die aktive Einbeziehung der Arbeitnehmer bzw. ihrer Vertreter durch die Gewährung von Anhörungs- und Vorschlagsrechten sowie das Recht auf ausgewogene Beteiligung nach den nationalen Rechtsvorschriften bzw. Praktiken.[279] Diese Beteiligungsrechte der Arbeitnehmer im Arbeits- und Gesundheitsschutz werden im deutschen Recht aber überwiegend durch den Betriebsrat wahrgenommen oder sind zumindest im BetrVG normiert.[280] Bei der Schaffung des ArbSchG, das der Umsetzung der Arbeitsschutzrahmenrichtlinie dienen sollte, hat der deutsche Gesetzgeber die in der Richtlinie vorgeschriebenen Beteiligungsrechte nämlich ausdrücklich als durch das BetrVG umgesetzt angesehen.[281] Wenn aber das BetrVG für arbeitnehmerähnliche Personen nicht gilt, legt dies eine defizitäre Umsetzung der unionsrechtlichen Vorgaben nahe.

Es ist daher der Frage nachzugehen, inwieweit der Geltungsbereich des BetrVG als gewichtiges Arbeitnehmerschutzgesetz[282] – trotz seines eindeutig entgegenstehenden Wortlauts –, insgesamt oder zumindest teilweise auf arbeitnehmerähnliche Personen erstreckt werden kann bzw. muss.

---

277 *Brecht*, § 2 HAG, Rn. 20 ff.; *Müller*, ArbNähnl. Pers. im Arbeitsschutzrecht, S. 60; *Rosenfelder*, Status des freien Mitarbeiters, S. 275; KR-*Rost*, ArbNähnl. Pers., Rn. 77; *Otten*, Heimarbeitsrecht, vor § 1 HAG, Rn. 22; *Schubert*, Schutz der arbNähnl. Pers., S. 13; *Wank*, Arbeitnehmer und Selbständige, S. 237, 285.
278 Vgl. hierzu bereits die Ausführungen unter § 2, B., II., 2., sowie § 2, B., III.
279 Vgl. § 2, B., I., 4., sowie § 2, B., II., 2.
280 Lediglich in § 17 ArbSchG findet sich außerhalb der Betriebsverfassung ein Vorschlagsrecht der Beschäftigten, vgl. *Faber*, Die arbeitsschutzrechtlichen Grundpflichten, S. 461; § 14 ArbSchG, der zudem ein Unterrichtungs- und Anhörungsrecht einräumt, gilt nur für die Beschäftigten des öffentlichen Dienstes, auf die das BetrVG insgesamt nicht anwendbar ist. Hierauf wird an späterer Stelle unter § 4, A., I., 2., b), cc), (3), (b), (cc) und (dd) noch näher einzugehen sein.
281 BT-Drucks. 13/3540, S. 22.
282 So auch *Plander*, DB 1999, 330 (330).

§ 3 Anwendbarkeit des gesamten BetrVG auf arbeitnehmerähnliche Personen

Nachfolgend soll untersucht werden, ob der Anwendungsbereich des BetrVG insgesamt auf arbeitnehmerähnliche Personen erstreckt werden kann. Hierbei wird zunächst kurz auf die Vorgaben des Unionsrechts und anschließend auf nationales Recht einzugehen sein.

A. Erstreckung des Anwendungsbereich des BetrVG auf arbeitnehmerähnliche Personen aufgrund unionsrechtlicher Vorgaben

Die Frage, inwieweit das Betriebsverfassungsrecht auf arbeitnehmerähnliche Personen erstreckt werden muss, kann nicht ausschließlich unter Berücksichtigung der in Deutschland geltenden Rechtslage beantwortet werden. Vielmehr ist unbedingt der zunehmende unionsrechtliche Einfluss auf innerstaatliches Arbeitsrecht zu berücksichtigen.[283] Denn das Unionsrecht genießt gegenüber dem nationalen Recht grundsätzlich Vorrang, wie es das BVerfG in seiner bereits erwähnten Entscheidung vom 25.02.2010[284] nochmals betont hat. Anfänglich wurde dem kollektiven Arbeitsrecht und somit auch der Information und Konsultation der Arbeitnehmer im Rahmen gemeinschaftsrechtlicher Vorgaben zwar wenig Aufmerksamkeit geschenkt.[285] Allerdings hat der Gemeinschaftsgesetzgeber gerade im Bereich der Information und Konsultation in den letzten Jahrzehnten erhebliche Vorstöße gewagt[286], so insbesondere durch Erlass der Richtlinie zur Unterrichtung, Information und Konsultation der Arbeitnehmer[287], der Richtlinie zur Beteiligung

---

283 *Moll/Altenburg* in Moll, Arbeitsrecht, § 1, Rn. 6.
284 *BVerfG*, Beschluss vom 25.02.2010, Az.: 1 BvR 230/09, NZA 2010, 439; vgl. schon § 2.
285 Der Grund hierfür liegt augenscheinlich auf der Hand. Das kollektive Arbeitsrecht ist in den verschiedenen Mitgliedstaaten stark unterschiedlich ausgestaltet, was insbesondere auch auf die jeweiligen gesellschaftspolitischen Prägungen innerhalb der Mitgliedstaaten zurückzuführen ist; *Stoffels* in Gedächtnisschrift für Heinze, S. 885 (885 f.).
286 *Stoffels* in Gedächtnisschrift für Heinze, S. 885 (886 f.).
287 Richtlinie 2002/14/EG des Europäischen Parlaments und des Rates vom 11.03.2002 zur Festlegung eines allgemeinen Rahmens für die Unterrichtung Anhörung der Arbeitnehmer in der Europäischen Gemeinschaft, ABl. Nr. L 80/29.

der Arbeitnehmer in unionsweit operierenden Unternehmen und Unternehmensgruppen (Europäische Betriebsräte)[288], der Richtlinie zur Beteiligung der Arbeitnehmer in der Europäischen Genossenschaft (Societas Europaea, SE)[289] sowie der Richtlinie über die Verschmelzung von Kapitalgesellschaften aus verschiedenen Mitgliedstaaten[290]. Schon vor diesem Hintergrund kann auch das deutsche Betriebsverfassungsrecht nicht losgelöst von unionsrechtlichen Vorgaben verstanden werden. Zu denken ist hierbei an sämtliche arbeitsrechtliche Bestimmungen des primären und sekundären Unionsrechts, die ergänzend neben die nationalen Vorschriften treten.[291] Auch im Bereich der Arbeitnehmerbeteiligung ist jedoch zu berücksichtigen, dass das Unionsrecht den Begriff der arbeitnehmerähnlichen Person nicht kennt. Es wird dort lediglich eine Zweiteilung zwischen Arbeitnehmern auf der einen und Selbstständigen auf der anderen Seite vorgenommen, ohne Anerkennung jeglicher Zwischenkategorie.[292] Zugleich ist aber auch auf Unionsebene anerkannt, dass es Personen gibt, die nicht persönlich, aber wirtschaftlich abhängig sind und die aus diesem Grund den Arbeitnehmern vergleichbar schutzbedürftig sind.[293] Aufgrund der strikten Zweiteilung der Beschäftigungsverhältnisse sind solche arbeitnehmerähnliche Personen im Unionsrecht entweder den

288 Richtlinie 94/45/EG des Rates vom 22.09.1994 über die Einsetzung eines Europäischen Betriebsrats oder die Schaffung eines Verfahrens zur Unterrichtung und Anhörung der Arbeitnehmer in gemeinschaftsweit operierenden Unternehmen und Unternehmensgruppen, ABl. Nr. L 254/64, zuletzt geändert durch Art. 17 Abs. 1 ÄndRL 2009/38/EG vom 06.05.2009, ABl. Nr. L 122/28.

289 Richtlinie 2001/86/EG des Rates vom 08.10.2001 zur Ergänzung des Status der Europäischen Gesellschaft hinsichtlich der Beteiligung der Arbeitnehmer, ABl. Nr. L 294/22.

290 Richtlinie 2005/56/EG des Europäischen Parlaments und des Rates vom 26.10.2005 über die Verschmelzung von Kapitalgesellschaften aus verschiedenen Mitgliedstaaten, ABl. Nr. L 310/1, zuletzt geändert durch Art. 4 ÄndRL 2009/109/EG vom 16.09.2009, ABl. Nr. L 259/14.

291 *Thüsing*, Europäisches Arbeitsrecht, § 1, Rn. 4.

292 Kommission der Europäischen Gemeinschaften, Grünbuch, Ein modernes Arbeitsrecht für die Herausforderungen des 21. Jahrhunderts, KOM(2006) 708 endgültig vom 22.11.2006, S. 12; *Pottschmidt*, ArbNähnl. Pers. in Europa, S. 54.

293 Vgl. Einleitung; *Pottschmidt*, ArbNähnl. Pers. in Europa, S. 63; *Supiot*, Beyond Employment, S. 220; Daher kann der Begriff „arbeitnehmerähnliche Person" im Rahmen dieser Arbeit auch dann verwendet werden, wenn unionsrechtliche Fragen untersucht werden; Kommission der Europäischen Gemeinschaften, Grünbuch, Ein modernes Arbeitsrecht für die Herausforderungen des 21. Jahrhunderts, KOM(2006) 708 endgültig vom 22.11.2006, S. 12.

Arbeitnehmern oder den Selbstständigen zuzuordnen; sie können – anders als etwa im deutschen Recht – keine Zwischenstellung einnehmen.[294]

Eine abschließende Definition des Arbeitnehmerbegriffs im unionsrechtlichen Sinne ist – wie soeben unter § 2, B., III., 3. ausführlich dargestellt – allerdings nicht zu finden. Auch der EuGH hat eine entsprechende allgemeine Definition bislang nicht aufgestellt. Er betont vielmehr, dass der Arbeitnehmerbegriff in verschiedenen Anwendungsbereichen unterschiedlich verstanden werden kann und muss.[295] Es existieren auf Unionsebene insoweit verschiedene Arbeitnehmerbegriffe, die jeweils funktionsbezogen auszulegen sind.[296]

Die Frage, ob das BetrVG in seiner Gesamtheit im Wege einer unionsrechtskonformen Auslegung auf arbeitnehmerähnliche Personen Anwendung finden muss, kann vor diesem Hintergrund lediglich funktionsbezogen und unter Berücksichtigung der im Unionsrecht bestehenden Vorgaben betreffend die Beteiligung der Arbeitnehmer beantwortet werden.

Entscheidend ist, welchen Arbeitnehmerbegriff das Unionsrecht im Bereich der Information und Konsultation als funktionell maßgebend zugrunde legt, wobei auf die Richtlinie 2002/14/EG zur Festlegung eines allgemeinen Rahmens für die Unterrichtung und Anhörung der Arbeitnehmer in der Europäischen Gemeinschaft, die bislang umfassendste unionsrechtliche Regelung zur Beteiligung der Arbeitnehmer, zurückgegriffen werden kann. Ziel dieser Richtlinie ist nach deren Art. 1 Abs. 1 die Festlegung eines allgemeinen Rahmens mit Mindestvorschriften für das Recht auf Unterrichtung und Anhörung der Arbeitnehmer von in der Gemeinschaft ansässigen Unternehmen oder Betrieben.

Dabei folgt die Richtlinie 2002/14/EG dem Ansatz, dass der ihr zugrunde liegende Arbeitnehmerbegriff, anders als etwa derjenigen der Arbeitsschutzrahmenrichtlinie 89/391/EWG, nicht autonom ausgelegt werden soll. Art. 2 lit. d) der Richtlinie 2002/14/EG definiert den Arbeitnehmer vielmehr als „eine Person, die

---

294 *Wank*, EuZA 2008, 172 (177).
295 *Fuchs/Marhold*, Europäisches Arbeitsrecht, S. 43; *Müller*, Arbeitnehmerbegriff, S. 20.; *Müller*, ArbNähnl. Pers. im Arbeitsschutzrecht, S. 200; *Schiek*, Europäisches Arbeitsrecht, S. 215 f.; *Wank*, EuZA 2008, 172 (178).
296 Vgl. hierzu § 2, B., III., 3.; *Rebhahn*, EuZA 2012, 3 ff.; Dies wurde in dem schon mehrfach erwähnten Grünbuch der Kommission der Europäischen Gemeinschaft vom 22.11.2006 thematisiert. Eine Definition des Arbeitnehmerbegriffs zu finden, wird darin als eines der Ziele genannt. Vgl. hierzu Kommission der Europäischen Gemeinschaften, Grünbuch, Ein modernes Arbeitsrecht für die Herausforderungen des 21. Jahrhunderts, KOM(2006) 708 endgültig vom 22.11.2006, Fn. 1 unter 4 b; *Wank*, EuZA 2008, 172 (172).

in dem betreffenden Mitgliedstaat als Arbeitnehmer aufgrund des einzelstaatlichen Arbeitsrechts und entsprechend den einzelstaatlichen Gepflogenheiten geschützt ist".[297]

Für die Ausweitung des personellen Anwendungsbereichs des BetrVG auf arbeitnehmerähnliche Personen bedeutet dieses Begriffsverständnis aber zugleich, dass eine unionsrechtskonforme Auslegung, wonach das BetrVG in seiner Gesamtheit auf arbeitnehmerähnliche Personen angewendet werden muss, nicht möglich ist. Denn der im nationalen Recht geltende Arbeitnehmerbegriff erfasst arbeitnehmerähnliche Personen gerade nicht.[298]

---

297 Dass der Arbeitnehmerbegriff somit auch durch Rückgriff auf den einzelstaatlichen Arbeitnehmerbegriff definiert werden kann und nicht in jedem Bereich auf unionsrechtliche Arbeitnehmerbegriffe zurückzugreifen ist, zeigen all diejenigen unionsrechtlichen Regelungen mit entsprechendem Verweis auf nationales Recht. Vgl. hierzu beispielhaft die Richtlinie 2001/23/EG des Rates vom 12.03.2001 zur Angleichung der Rechtsvorschriften der Mitgliedstaaten über die Wahrung von Ansprüchen beim Übergang von Unternehmen, Betrieben oder Unternehmens- und Betriebsteilen, ABl. Nr. L 82/16; Richtlinie 91/533/EWG des Rates vom 14.10.1991 über die Pflicht des Arbeitgebers zur Unterrichtung des Arbeitnehmers über die für seinen Arbeitsvertrag oder sein Arbeitsverhältnis geltenden Bedingungen, ABl. Nr. L 288/32; Richtlinie 94/33/EG des Rates vom 22.06.1994 über den Jugendarbeitsschutz, ABl. Nr. L 216/12, zuletzt geändert durch Art. 2 Abs. 4, Art. 3 Nr. 15 ÄndRL 2007/30/EG vom 20.06.2007, ABl. Nr. L 165/21; Richtlinie 96/34/EG des Rates vom 03.06.1996 zu der von UNICE, CEEP und EGB geschlossenen Rahmenvereinbarung über Elternurlaub, ABl. Nr. L 145/4, zuletzt geändert durch Art. 4 Satz 1 Richtlinie 2010/18/EU des Rates vom 08.03.2010 zur Durchführung der von BUSINESSEUROPE, UEAPME, CEEP und EGB geschlossenen überarbeiteten Rahmenvereinbarung über den Elternurlaub und zur Aufhebung der Richtlinie 96/34/EG vom 08.03.2010, ABl. Nr. L 68/13; Richtlinie 97/81/EG des Rates vom 15.12.1997 zu der von UNICE, CEEP und EGB geschlossenen Rahmenvereinbarung über Teilzeitarbeiter, ABl. Nr. L 14/9, ber. ABl. 1998 Nr. L 128/71, zuletzt geändert durch Richtlinie 98/23/EG vom 07.04.1998, ABl. Nr. L 131/10; Richtlinie 1999/70/EG des Rates vom 28.06.1999 zu der EGB-UNICE-CEEP-Rahmenvereinbarung über befristete Arbeitsverträge, ABl. Nr. L 175/43, zuletzt geändert durch Art. 1 ÄndB 2007/882/EG vom 20.12.2007, ABl. Nr. L 346/19; Richtlinie 2002/14/EG des Europäischen Parlaments und des Rates vom 11.03.2002 zur Festlegung eines allgemeinen Rahmens für die Unterrichtung Anhörung der Arbeitnehmer in der Europäischen Gemeinschaft, ABl. Nr. L 80/29; *Gerdom*, Unterrichtungs- und Anhörungsrechte, S. 40 f.

298 Zu der Frage, ob hinsichtlich des personellen Anwendungsbereichs der Richtlinie 2002/14/EG auf den allgemein im deutschen Recht geltenden oder den in Bezug auf leitende Angestellte engeren Arbeitnehmerbegriff des § 5 BetrVG abzustellen ist, vgl. *Gerdom*, Unterrichtungs- und Anhörungsrechte, S. 41 ff.

Es besteht daher keine Möglichkeit, das BetrVG aufgrund unionsrechtlicher Vorgaben insgesamt auf arbeitnehmerähnliche Personen zu erstrecken. Der nationale Gesetzgeber darf dem Betriebsverfassungsrecht einen eigenen Arbeitnehmerbegriff zugrunde legen, ohne an diesbezügliche unionsrechtliche Vorgaben gebunden zu sein. Er muss lediglich sicherstellen, dass die im Unionsrecht verankerten Detailvorgaben zu den Richtlinieninhalten auch auf nationaler Ebene gewahrt werden.

B. Erstreckung des Anwendungsbereichs auf arbeitnehmerähnliche Personen auf der Grundlage nationalen Rechts

Nachdem der personelle Anwendungsbereich des BetrVG nicht bereits aufgrund unionsrechtlicher Vorgaben auf arbeitnehmerähnliche Personen erstreckt werden muss, ist zu untersuchen, ob eine entsprechende Ausweitung nach nationalem Recht möglich ist. In Betracht zu ziehen sind eine analoge Anwendung des § 5 Abs. 1 S. 2 BetrVG auf arbeitnehmerähnliche Personen, die Erstreckung des BetrVG auf arbeitnehmerähnliche Personen durch Neubestimmung des betriebsverfassungsrechtlichen Arbeitnehmerbegriffs sowie die Erstreckung des betriebsverfassungsrechtlichen Schutzes auf arbeitnehmerähnliche Personen durch Tarifverträge.

I. Analoge Anwendung des § 5 Abs. 1 S. 2 BetrVG auf sämtliche arbeitnehmerähnliche Personen

In einem ersten Schritt ist mithin zu untersuchen, ob der personelle Anwendungsbereich des Betriebsverfassungsrechts durch eine analoge Anwendung des § 5 Abs. 1 S. 2 BetrVG auf arbeitnehmerähnliche Personen erweitert werden kann.

Eine Auslegung des § 5 BetrVG ergibt, dass der Gesetzgeber der Geltungsbereichsdefinition des BetrVG den allgemeinen Arbeitnehmerbegriff zugrunde gelegt hat.[299] Maßgebliches Kriterium für die Arbeitnehmereigenschaft ist demnach

---

299 *BAG*, Beschluss vom 12.02.1992, Az.: 7 ABR 42/91, NZA 1993, 334; *Bremeier*, Reichweite der Betriebsverfassung, S. 185; *Fitting*, § 5 BetrVG, Rn. 15; ErfK/*Koch*, § 5 BetrVG, Rn. 2; HaKo-BetrVG/*Kloppenburg*, § 5 BetrVG, Rn. 1, 5 ff.; *Preis* in Wlotzke/Preis/Kreft, § 5 BetrVG, Rn. 4; *Raab* in GK-BetrVG, § 5 BetrVG, Rn. 13 ff., 52; Richardi-*Richardi*, § 5 BetrVG, Rn. 9 ff.; D/K/K/W-*Trümner*, § 5 BetrVG, Rn. 9 ff.

die persönliche Abhängigkeit des Beschäftigten.[300] Personen, die dem allgemeinen Arbeitnehmerbegriff nicht unterfallen, wurden, sofern es dem gesetzgeberischen Willen entsprach, durch ausdrückliche Einbeziehung dem Schutz des BetrVG zugeführt. Nach § 5 Abs. 1 S. 2 BetrVG wurden etwa auch die in Heimarbeit Beschäftigten in den personellen Anwendungsbereich des BetrVG einbezogen, sofern sie in der Hauptsache für den Betrieb tätig sind. Aber auch die in Heimarbeit Beschäftigten sind nach einhelliger Auffassung als arbeitnehmerähnliche Personen anzusehen. Es stellt sich daher die Frage, ob der personelle Anwendungsbereich des BetrVG im Wege einer analogen Anwendung des § 5 Abs. 1 S. 2 BetrVG insgesamt auf alle arbeitnehmerähnlichen Personen erstreckt werden kann, indem die Rechtsfolgen des § 5 Abs. 1 S. 2 BetrVG auf sämtliche arbeitnehmerähnliche Personen übertragen werden. Eine analoge Anwendung des § 5 Abs. 1 S. 2 BetrVG kommt dabei allenfalls insoweit in Betracht, als es sich um solche arbeitnehmerähnlichen Personen handelt, die in der Hauptsache für den Betrieb tätig sind, denn auch die in Heimarbeit Beschäftigten genießen nur unter dieser Voraussetzung den Schutz des BetrVG.[301] Auf den ersten Blick mag in diesem Zusammenhang zwar der Eindruck entstehen, dass arbeitnehmerähnliche Personen diese Voraussetzung schon aufgrund ihrer wirtschaftlichen Abhängigkeit in jedem Fall erfüllen. Dies ist jedoch nicht zutreffend, denn der Terminus „in der Hauptsache" bedeutet nicht, dass der in Heimarbeit Beschäftigte seinen überwiegenden Lebensunterhalt aus der Tätigkeit erzielen muss. Er ist vielmehr in zeitlicher Hinsicht zu verstehen.[302] Entscheidend ist also, ob der in Heimarbeit Beschäftigte hauptsächlich für einen bestimmten Auftraggeber tätig ist. In der Praxis werden arbeitnehmerähnliche Personen diese Voraussetzung gleichwohl in der Regel erfüllen, denn mit der Erzielung des wesentlichen Einkommens von einer Person wird meist einhergehen, dass die arbeitnehmerähnliche Person auch zeitlich überwiegend für diesen Auftraggeber tätig ist.

Die Rechtfolgen einer analogen Anwendung und der damit verbundenen Einbindung arbeitnehmerähnlicher Personen in den betriebsverfassungsrechtlichen Schutz wären erheblich. Der Betriebsrat würde neben den Arbeitnehmern nach § 5 BetrVG auch arbeitnehmerähnliche Personen repräsentieren und seine ihm nach dem BetrVG zustehenden Mitwirkungs- und Mitbestimmungsrechte für diese ausüben. Arbeitnehmerähnliche Personen wären zudem aktiv und passiv

---

300 So jetzt auch ausdrücklich der RegE, BT-Drucks. 14/5741, S. 35.
301 *Plander* in Festschrift für Däubler, S. 272 (274).
302 *BAG*, Beschluss vom 25.03.1992, Az.: 7 ABR 52/91, AP Nr. 48 zu § 5 BetrVG 1972; HaKo-BetrVG/*Kloppenburg*, § 5 BetrVG, Rn. 31;

wahlberechtigt und ihnen würden insbesondere die in den §§ 81 ff. BetrVG geregelten Individualrechte zustehen.[303] Damit wäre auch den in der Arbeitsschutzrahmenrichtlinie 89/391/EWG vorgesehenen Beteiligungsrechten der Arbeitnehmer bzw. deren Vertreter betreffend die Sicherheit und Gesundheit am Arbeitsplatz, denen auch im Rahmen der Richtlinie besondere Bedeutung zukommt, hinreichend Genüge getan.

Voraussetzung einer entsprechenden Analogiebildung, welche die vorstehenden Rechtsfolgen nach sich ziehen würde, ist die Vergleichbarkeit der Interessenlage der in Heimarbeit Beschäftigten und der sonstigen arbeitnehmerähnlichen Personen sowie das Vorliegen einer planwidrigen Regelungslücke.[304] Ob diese Voraussetzung erfüllt ist, soll nachfolgend untersucht werden.

1. Ähnlichkeit der Interessenlage

Unter einer Analogie ist die Rechtsfolgenübertragung eines bestimmten Tatbestandes auf einen anderen, im Gesetz nicht geregelten Sachverhalt zu verstehen. Die Übertragung gründet sich dabei auf die Ähnlichkeit der jeweiligen Interessenlagen, die dazu führt, dass es nicht gerechtfertigt ist, den konkreten Tatbestand nur auf einen der zu beurteilenden Sachverhalte anzuwenden.[305] Eine analoge Anwendung des § 5 Abs. 1 S. 2 BetrVG auf arbeitnehmerähnliche Personen erfordert mithin eine hinreichende Vergleichbarkeit der jeweils zu beurteilenden Sachverhalte.[306] Es stellt sich daher die Frage, ob die Interessenlage der in Heimarbeit Beschäftigten und der sonstigen arbeitnehmerähnlichen Personen vergleichbar bzw. ähnlich ist. Der Prüfungsmaßstab entspricht dabei dem des allgemeinen Gleichheitssatzes, sodass eine Ähnlichkeit von solchem Ausmaß bestehen muss, dass sie sich zu einem Gleichbehandlungsgebot verdichtet.[307] Im Rahmen der Beurteilung dieser Ähnlichkeit, ist von der im HAG vorgesehenen Definition der in Heimarbeit Beschäftigten auszugehen, da diese nach der Rechtsprechung des BAG auch dem Betriebsverfassungsrecht zugrunde zu legen ist.[308] Nach § 1 HAG ist hierbei zwischen den „Heimarbeitern" einerseits und den Hausgewerbetreibenden

---

303 *Plander*, DB 1999, 330 (331).

304 *Larenz/Canaris*, Methodenlehre, S. 202.

305 *Larenz/Canaris*, Methodenlehre, S. 202; *Rüthers/Fischer/Birk*, Rechtstheorie, § 23, Rn. 889.

306 *Bremeier*, Reichweite der Betriebsverfassung, S. 184; *Plander* in Festschrift für Däubler, S. 272 (280 f.).

307 *Bremeier*, Reichweite der Betriebsverfassung, S. 184; *Weiße*, Nichtarbeitnehmer im Betriebsverfassungsrecht, S. 28.

308 *BAG*, Beschluss vom 25.03.1992, Az.: 7 ABR 52/91, AP Nr. 48 zu § 5 BetrVG 1972.

andererseits zu differenzieren, wobei beide Gruppen dem § 5 Abs. 1 S. 2 BetrVG unterfallen sollen.[309] Nach § 2 Abs. 1 HAG sind Heimarbeiter Personen, die in selbstgewählter Arbeitsstätte allein oder mit ihren Familienangehörigen im Auftrag von Gewerbetreibenden oder Zwischenmeistern erwerbsmäßig arbeiten, jedoch die Verwertung der Arbeitsergebnisse dem unmittelbar oder mittelbar auftraggebenden Gewerbetreibenden überlassen. Hausgewerbetreibender ist demgegenüber nach § 2 Abs. 2 HAG, wer in eigener Arbeitsstätte allein oder mit seinen Familienangehörigen im Auftrag von Gewerbetreibenden oder Zwischenmeistern mit nicht mehr als zwei Hilfskräften oder Heimarbeitern im Auftrag von Gewerbetreibenden oder Zwischenmeistern Waren bestellt, bearbeitet oder verpackt, wobei er selbst wesentlich am Stück mitarbeitet, jedoch die Verwertung der Arbeitsergebnisse dem unmittelbar oder mittelbar auftraggebenden Gewerbetreibenden überlässt. Die Ähnlichkeit der Interessenlage soll anhand dieser im HAG vorgesehenen Kriterien beurteilt werden.

a) Persönliche Selbständigkeit

Die in Heimarbeit Beschäftigten sind ebenso wie sonstige arbeitnehmerähnliche Personen keine Arbeitnehmer, da sie nicht von ihrem Auftraggeber persönlich abhängig sind.[310] Sie unterliegen keinem einseitigen Direktionsrecht ihres Auftraggebers, insbesondere weil sie – entsprechend der gesetzlichen Definition des § 2 HAG – in selbstgewählter Arbeitsstätte tätig sind und insoweit Ort, Tag und Lage der Arbeitszeit und der Pausen selbst bestimmen können.[311] Sowohl Heimarbeiter als auch die sonstigen arbeitnehmerähnlichen Personen sind daher persönlich selbständig.[312] An die Stelle der persönlichen Abhängigkeit tritt nach der Rechtsprechung des BAG bei beiden Beschäftigungsgruppen deren wirtschaftliche Unselbständigkeit, weshalb sie den klassischen Selbstständigen nicht vollumfänglich gleichgestellt werden sollen.[313] Eine differenzierte Behandlung im Hinblick auf

---

309 *Raab* in GK-BetrVG, § 5 BetrVG, Rn. 58 f.; D/K/K/W-*Trümner*, § 5 BetrVG, Rn. 98 b.

310 *BAG*, Urteil vom 03.07.1980, Az. 3 AZR 1077/78, AP Nr. 23 zu § 613 a BGB; *BAG*, Urteil vom 19.06.1957, Az.: 2 AZR 84/55, AP Nr. 12 zu § 242 BGB – Gleichbehandlung; MünchArb-*Heenen*, § 315, Rn. 3; *Linck* in Ascheid/Preis/Schmidt, § 15 KSchG, Rn. 38; *Schmidt/Koberski/Tiemann/Wascher*, § 29 HAG, Rn. 18.

311 *Otten*, NZA 1995, 289 (290).

312 *Bremeier*, Reichweite der Betriebsverfassung, S. 245.

313 Zu den in Heimarbeit Beschäftigten: MünchArb-*Heenen*, § 315, Rn. 3; zu den sonstigen arbeitnehmerähnlichen Personen: *BAG*, Beschluss vom 17.06.1999, Az.: 5 AZB 23/98, NZA 1999, 1175; *BAG*, Beschluss vom 30.08.2000, Az.: 5 AZB 12/00; NZA

die persönliche Selbständigkeit kann mithin nicht überzeugen. Die Ähnlichkeit der Interessenlage kann unter diesem Aspekt also grundsätzlich bejaht werden.

b) Pflicht zur persönlichen Leistungserbringung

Sowohl die in Heimarbeit Beschäftigten als auch die sonstigen arbeitnehmerähnlichen Personen üben ihre Tätigkeit zur Bestreitung ihres Lebensunterhalts aus, wobei nur die in Heimarbeit Beschäftigten nicht zur Leistung in Person verpflichtet sind und Familienmitglieder als Hilfskräfte einsetzen dürfen.[314] Arbeitnehmerähnliche Personen erbringen ihre Leistung demgegenüber „persönlich und im wesentlichen ohne Mitarbeit von Arbeitnehmern". Indes dürfen sich auch die in Heimarbeit Beschäftigten nicht in unbegrenztem Maße Hilfskräften bedienen. Das HAG erlaubt ihnen lediglich den Einsatz von Familienangehörigen, auch wenn deren Einsatz nicht eingeschränkt ist.[315] Beiden Beschäftigungsgruppen ist mithin gemein, dass sie im Einsatz von Hilfskräften – anders als klassische Selbstständige – nicht völlig frei sind. Auch insoweit ist ihre Interessenlage also vergleichbar.

c) Tätigkeit überwiegend für einen Auftraggeber

Gemäß § 1 Abs. 2 S. 2 HAG bemisst sich die Schutzbedürftigkeit der in Heimarbeit Beschäftigten nach dem Maß ihrer wirtschaftlichen Abhängigkeit. Dabei ist nach § 1 Abs. 2 S. 3 HAG unter anderem zu berücksichtigen, ob die in Heimarbeit Beschäftigten von einem oder von mehreren Auftraggebern abhängig sind. Hieraus ist zugleich ersichtlich, dass die in Heimarbeit Beschäftigten sich nicht maßgeblich dadurch auszeichnen, dass sie überwiegend nur für einen Auftraggeber tätig sind. Sonstige arbeitnehmerähnliche Personen sind dagegen zumindest in der Regel lediglich für einen Auftraggeber tätig und erzielen von diesem ihr wesentliches Einkommen, obgleich auch sie selbstverständlich für mehrere Auftraggeber tätig sein können.[316]

2000, 1359; *BAG*, Urteil vom 17.01.2006, Az.: 9 AZR 61/05, NJOZ 2006, 3821; *BAG*, Urteil vom 15.11.2005, Az.: 9 AZR 626/04, AP Nr. 12 zu § 611 BGB – Arbeitnehmerähnlichkeit; *BAG*, Beschluss vom 11.06.2003, Az.: 5 AZB 43/02, NZA 2003, 1163; *BAG*, Beschluss vom 26.09.2002, Az.: 5 AZB 19/01, NZA 2002, 1412; *BAG*, Beschluss vom 19.12.2000, Az.: 5 AZB 16/00, NZA 2001, 285; *BAG*, Beschluss vom 21.02.2007, 5 AZB 52/06, NZA 2007, 699; *Schubert*, Schutz der arbNähnl. Pers., S. 5.

314 Vgl. § 2 HAG.

315 *Otten*, NZA 1995, 289 (290, 292).

316 Vgl. hierzu nur *LAG Berlin-Brandenburg*, Beschluss vom 31.08.2010, Az.: 6 Ta 1011/10, NZA-RR 2010, 657; *BAG*, Beschluss vom 11.04.1997, Az.: 5 AZB 33/96,

Die Anzahl der Auftraggeber kann im Rahmen der vorliegenden Arbeit allerdings aus verschiedenen Gründen keine Rolle spielen. Zum einen zeichnen sich beide Beschäftigungsgruppen unabhängig von der Anzahl ihrer Auftraggeber durch ihre wirtschaftliche Abhängigkeit aus.[317] Eben diese wirtschaftliche Abhängigkeit ist der Grund, weshalb sämtliche arbeitnehmerähnliche Personen, also auch die in Heimarbeit Beschäftigten, schutzbedürftiger sind als klassische selbstständige Unternehmer.[318] Zum anderen können – wie soeben ausgeführt – auch die sonstigen arbeitnehmerähnlichen Personen für mehrere Auftraggeber tätig sein, solange sie von einem Auftraggeber ihr wesentliches Einkommen erzielen. Ungeachtet dessen ist durch § 5 Abs. 1 S. 2 BetrVG gerade sichergestellt, dass die in Heimarbeit Beschäftigten dem Schutz des BetrVG nur dann unterfallen sollen, wenn sie in der Hauptsache für den Betrieb tätig sind. Auch wenn dieses Erfordernis zeitlich zu betrachten ist, wird mit der zeitlich überwiegenden Tätigkeit für einen konkreten Betrieb in der Regel zugleich einhergehen, dass auch der Lebensunterhalt zum Großteil von eben diesem einen Auftraggeber bestritten wird.[319] Sowohl die in Heimarbeit Beschäftigten als auch sonstige arbeitnehmerähnliche Personen sind in dem hiesigen Kontext mithin überwiegend für einen Auftraggeber tätig. Zudem werden die in Heimarbeit Beschäftigten wegen § 5 Abs. 1 S. 2 BetrVG betriebsverfassungsrechtlich lediglich einem Betrieb zugeordnet, sodass die Tätigkeit für mehrere Auftraggeber auch insoweit unbeachtlich ist.

Damit stimmt die Interessenlage der in Heimarbeit Beschäftigen auch in diesem Punkt im Wesentlichen mit der sonstiger arbeitnehmerähnlicher Personen überein.

AP Nr. 30 zu § 5 ArbGG 1979; *BAG*, Beschluss vom 30.08.2000, Az.: 5 AZB 12/00, NZA 2000, 1359; *BGH*, Beschluss vom 21.10.1998, Az.: VIII ZB 54-97, NJW 1999, 648; *BAG*, Beschluss vom 17.06.1999, Az.: 5 AZB 23/98, NZA 1999, 1175; *Bremeier*, Reichweite der Betriebsverfassung, S. 245; *Hromadka*, NZA 1997, 1249 (1251 ff.); *Otten*, NZA 1995, 289 (292).

317 Zu den in Heimarbeit Beschäftigten: MünchArb-*Heenen*, § 315, Rn. 3.

318 KR-*Rost*, ArbNähnl. Pers., Rn. 4; D/K/K/W- *Trümmer*, § 5 BetrVG, Rn. 94.

319 a.A. wohl *Bremeier*, Reichweite der Betriebsverfassung, S. 244 f. Dieser geht grundsätzlich davon aus, dass sich die in Heimarbeit Beschäftigten und die sonstigen arbeitnehmerähnlichen Personen in Bezug auf die Anzahl der Auftraggeber wesentlich unterscheiden, sieht dies aber insofern als unerheblich an, als hierdurch eine höhere Schutzbedürftigkeit der arbeitnehmerähnlichen Personen begründet werde, die anders als die in Heimarbeit Beschäftigten in der Regel lediglich für einen Auftraggeber tätig sind.

d) Erwerbsmäßige Tätigkeit

Die wirtschaftliche Abhängigkeit der in Heimarbeit Beschäftigten und sonstiger arbeitnehmerähnlicher Personen ist maßgeblich durch eine gewisse Dauer des Beschäftigungsverhältnisses geprägt.[320] Für die in Heimarbeit Beschäftigten ergibt sich dies aus § 2 Abs. 1 HAG. Danach sind Heimarbeiter lediglich solche Personen, die im Auftrag von Gewerbetreibenden oder Zwischenmeistern *erwerbsmäßig* arbeiten. Eine erwerbsmäßige Tätigkeit liegt aber eben nur vor, wenn die Tätigkeit auf Dauer angelegt ist und zum Lebensunterhalt beitragen soll.[321] Die Tätigkeit muss damit für die in Heimarbeit Beschäftigten und sonstige arbeitnehmerähnliche Personen gleichermaßen von gewisser Dauer sein und der Bestreitung des Lebensunterhalts dienen.[322]

Auch in diesem Zusammenhang kann mithin kein wesentlicher Unterschied zwischen den hier zu vergleichenden Beschäftigungsgruppen ausgemacht werden.

e) Gewerblicher Auftraggeber

Anknüpfungspunkt der Differenzierung zwischen den in Heimarbeit Beschäftigten und sonstigen arbeitnehmerähnlichen Personen könnte womöglich die Tatsache sein, dass nur die in Heimarbeit Beschäftigten zwingend für einen gewerblichen Auftraggeber tätig sein müssen, § 2 Abs. 1 HAG. Dieses Erfordernis ist vom Gesetzgeber mit der ausdrücklichen Intention eingeführt worden, die stärker schutzbedürftigen von den weniger schutzbedürftigen arbeitnehmerähnlichen Personen zu unterscheiden.[323] Der Gesetzgeber sah hierin offenbar einen Grund, die in Heimarbeit Beschäftigten als schutzwürdiger anzusehen, ohne dies jedoch näher zu begründen.

Diese gesetzgeberische Entscheidung ist jedoch nicht nachvollziehbar. Es ist kein Grund ersichtlich, weshalb die Tätigkeit für einen gewerblichen Auftraggeber Anknüpfungspunkt einer stärker ausgeprägten Schutzbedürftigkeit sein soll. Es fehlt bereits am inhaltlichen Bezug zwischen gewerblicher Einordnung des Auftraggebers und dem betriebsverfassungsrechtlichem Schutz.[324] Hintergrund der Einbeziehung in den betriebsverfassungsrechtlichen Schutz könnte allenfalls die Annahme sein, dass gewerbliche Auftraggeber tendenziell eher zu einer

---

320 Vgl. hierzu § 1, A., IV.
321 *Bremeier*, Reichweite der Betriebsverfassung, S. 244; MünchArb-*Heenen*, § 315, Rn. 6; *Hromadka*, NZA 2007, 838 (841).
322 *Bremeier*, Reichweite der Betriebsverfassung, S. 244.
323 BT-Drucks. 1/1357, S. 19 f.; *Bremeier*, Reichweite der Betriebsverfassung, S. 248.
324 Vgl. hierzu ausführlich *Bremeier*, Reichweite der Betriebsverfassung, S. 248 f.

Ausbeutung ihrer Beschäftigten neigen, sodass ein Korrektiv durch Arbeitnehmervertreter erforderlich sei.[325] Allerdings können auch sonstige arbeitnehmerähnliche Personen für gewerbliche Auftraggeber tätig sein und von diesen ihr wesentliches Einkommen erzielen. Die Tätigkeit für einen gewerblichen Auftraggeber ist nämlich eher zufällig.[326] Sie kann nicht herangezogen werden, um die Ähnlichkeit der Interessenlage zwischen den in Heimarbeit Beschäftigten und sonstigen arbeitnehmerähnlichen Personen abzulehnen.

f) Selbstgewählte Arbeitsstätte

Offensichtlichster Unterschied zwischen den in Heimarbeit Beschäftigten und den sonstigen arbeitnehmerähnlichen Personen ist das Merkmal der selbstgewählten Arbeitsstätte, das bezüglich der in Heimarbeit Beschäftigten in § 2 HAG normiert ist. Dieses erfordert, dass die Betriebsstätte, in der die in Heimarbeit Beschäftigten tätig sind, von der des Arbeitgebers getrennt ist und nicht dessen Aufsicht unterliegt.[327]

Teilweise wird angenommen, dies stelle das wesentliche Differenzierungskriterium zwischen den in Heimarbeit Beschäftigten und sonstigen arbeitnehmerähnlichen Personen dar.[328] Hintergrund dieser Überlegung ist, dass die selbstständige Wahl der Betriebsstätte es unmittelbar mit sich bringt, dass auch ein selbstständiges Gestaltungsrecht in Bezug auf den Arbeitsplatz gegeben ist. Die Wahl ist nicht nur örtlich, sondern auch gestalterisch zu verstehen. Nur die in Heimarbeit Beschäftigten gestalten die von ihnen selbst gewählte Arbeitsstätte nach ihrem Willen, während die sonstigen arbeitnehmerähnlichen Personen zumindest keinen rechtlichen Einfluss auf die Gestaltung ihres Arbeitsplatzes haben. Dies kann Auswirkungen auf den Schutz der in Heimarbeit Beschäftigten haben.[329] Heimarbeiter sind im Vergleich zu sonstigen arbeitnehmerähnlichen Personen nämlich insoweit benachteiligt, als deren Arbeitsbelastung und deren Arbeitsbedingungen vom Arbeitgeber nicht ausreichend überwacht werden können. Sie unterliegen – wie die Definition der selbstgewählten Betriebsstätte zeigt – keiner Aufsicht durch den sie beschäftigenden Auftraggeber. Aus diesem Grund nimmt der Arbeitgeber auch Verstöße gegen Arbeitsschutzvorschriften in Bezug auf die in Heimarbeit

---

325 *Bremeier*, Reichweite der Betriebsverfassung, S. 249.

326 *Bremeier*, Reichweite der Betriebsverfassung, S. 248 unter Verweis auf *Maus*, Anmerkung zu BAG, Urteil vom 10.07.1963, Az.: 4 AZR 273/62, AP Nr. 3 zu § 2 HAG.

327 Schmidt/Koberski/Tiemann/Wascher, § 2 HAG, Rn. 13.

328 So *Bremeier*, Reichweite der Betriebsverfassung, S. 246 f.

329 *Hromadka*, NZA 1997, 1249 (1255).

Beschäftigten nicht zur Kenntnis. Eine etwaige Selbstausbeutung des in Heimarbeit Beschäftigten bleibt wegen der Tätigkeit in selbstgewählter Arbeitsstätte unbeobachtet.[330]

Andererseits ist jedoch zu bedenken, dass sonstige arbeitnehmerähnliche Personen – anders als die in Heimarbeit Beschäftigten– in stärkerem Maße mit den im Betrieb vorhandenen bzw. den von ihm ausgehenden Sicherheits- und Gesundheitsgefahren in Berührung kommen. Bezüglich der sie treffenden Gefahren besteht im Ergebnis kein Unterschied zu den klassischen – vom Betriebsverfassungsrecht erfassten – Arbeitnehmern. Bezogen auf den Arbeitsschutz sind gerade diejenigen Beschäftigten in besonderem Maße schutzbedürftig, die den durch die Tätigkeit im Rahmen der Betriebsorganisation ausgelösten Gesundheitsgefahren ausgesetzt sind. Diesem Gedanken trägt im Prinzip auch der betriebsverfassungsrechtliche Arbeitnehmerbegriff Rechnung, der in besonderem Maße auf die Tätigkeit innerhalb der Betriebsorganisation abstellt.[331] Gerade weil die Quelle der Gesundheitsgefahren in der Regel darin besteht, dass die Beschäftigten in die Organisation der betrieblichen Abläufe eingebunden ist, die aber wiederum selbst vom Arbeitgeber beherrscht werden, ohne dass die Beschäftigten hierauf entscheidenden Einfluss ausüben könnten, ist auch die Richtlinie 89/391/EWG durch den maßgebenden Gedanken der Betriebsorientierung geprägt. Die Aufgabe der präventiven Sicherheits- und Gesundheitspolitik ist danach im Sinne der Effektivität innerbetrieblich zu lösen.[332] Die Nähe zum Betrieb und zur betrieblichen Organisation löst mithin folgerichtig eine gesteigerte Intensität der Schutzwürdigkeit des Beschäftigten aus. Je eher von einer Eingliederung in den Betrieb gesprochen werden kann, desto eher wird der Schutz des BetrVG auch für den betroffenen Beschäftigten relevant. Die Schutzbedürftigkeit steigt mithin proportional mit der Nähe zur betrieblichen Organisation.

Demzufolge sind die in Heimarbeit Beschäftigten, die außerhalb dieser von dem Auftraggeber festgelegten Betriebsorganisation tätig sind, tendenziell weniger schutzbedürftig als arbeitnehmerähnliche Personen, die sich der betrieblichen

---

330 *Bremeier*, Reichweite der Betriebsverfassung, S. 247.

331 HaKo-BetrVG/*Kloppenburg*, § 5 BetrVG, Rn. 7; *Preis* in Wlotzke/Preis/Kreft, § 5 BetrVG, Rn. 8; D/K/K/W-*Trümner*, § 5 BetrVG, Rn. 7, 12 ff.

332 *Balze* in Kollmer/Klindt, ArbSchG, Einl B, Rn. 92; *Bremer*, Arbeitsschutz im Baubereich, S. 27; *Bücker/Feldhoff/Kohte*, Arbeitsumwelt, Rn. 278; *Habich*, Sicherheits- und Gesundheitsschutz, S. 57 f.; *Kohte*, Arbeitsschutzrahmenrichtlinie, EAS B 6100, Rn. 12; MünchArb-*ders.*, § 289, Rn. 11; *ders.*, Jahrbuch des Arbeitsrechts, Bd. 37, S. 27; zum Leitgedanken der Richtlinie 92/85/EWG als 10. Einzelrichtlinie der Richtlinie 89/391/EWG: *Nebe*, Betrieblicher Mutterschutz, S. 127 ff.

Organisation, wenn auch nur faktisch, unterordnen (müssen). Anders ist dies wiederum dann, wenn die in Heimarbeit Beschäftigten sich bei ihrer Tätigkeit Betriebsmitteln ihrer Auftraggeber bedienen und von diesen entsprechende Gesundheitsgefahren ausgehen.

Im Ergebnis hängt es daher jeweils vom konkreten Einzelfall ab, wessen Schutzbedürftigkeit höher einzustufen ist. Entscheidend ist gerade im Bereich des Arbeitsschutzes, inwieweit die Beschäftigten mit den vom Betrieb oder den Betriebsmitteln ausgehenden Gefahren in Berührung kommen. Die Interessenlage ist jedenfalls hinreichend ähnlich, da sowohl den in Heimarbeit Beschäftigten als auch den sonstigen Arbeitnehmerähnlichen ein nicht unerhebliches Schutzbedürfnis innewohnt, das je nach Einzelfall bei der einen oder anderen Beschäftigungsgruppe mehr oder weniger stark ausgeprägt sein kann.

Allein aus der mit der selbstgewählten, sich außerhalb der Betriebsräume befindenden Arbeitsstätte einhergehenden „Anonymität" und „sozialen Isolation" und der damit verbundenen psychischen Belastungen, lässt sich dagegen keine höhere Schutzbedürftigkeit im betriebsverfassungsrechtlichen Sinne rechtfertigen.[333] Sie resultieren allenfalls mittelbar aus der Tätigkeit außerhalb des Betriebs.

g) Zusammenfassung zur Ähnlichkeit der Interessenlagen

Die Interessenlagen der in Heimarbeit Beschäftigten und der sonstigen arbeitnehmerähnlichen Personen sind nach alledem hinreichend miteinander vergleichbar, um einen Analogieschluss dem Grunde nach rechtfertigen zu können. Keine der vorgenannten Kriterien ist geeignet, eine derart erhöhte betriebsverfassungsrechtliche Schutzbedürftigkeit der in Heimarbeit Beschäftigten zu begründen, die die Ähnlichkeit der Interessenlage in Bezug auf die sonstigen arbeitnehmerähnlichen Personen entfallen ließe.

2. Regelungslücke

Eine analoge Anwendung des § 5 Abs. 1 S. 2 BetrVG setzt neben der Ähnlichkeit der Interessenlage ferner das Vorliegen einer Regelungslücke voraus, da es nur in diesem Fall der Übertragung der konkreten Rechtsfolge bedarf. Eine Regelungslücke in diesem Sinne liegt immer dann vor, wenn ein konkreter Sachverhalt im Gesetz entweder überhaupt nicht geregelt ist, wenn also eine entsprechende Rechtsnorm nicht existiert, oder eine im Gesetz vorgesehene Rechtsnorm

---

333 a.A. *Bremeier*, Reichweite der Betriebsverfassung, S. 247.

unvollständig ist. Unvollständig ist eine Rechtsnorm insbesondere dann, wenn sie zu eng oder zu weit gefasst ist.[334]

In Bezug auf arbeitnehmerähnliche Personen kommt eine vollständige Regelungslücke nicht in Betracht. Der persönliche Anwendungsbereich des BetrVG ist im Gesetz ausdrücklich geregelt, wie es sich aus § 5 BetrVG ergibt. Allerdings resultiert die für eine analoge Anwendung erforderliche Gesetzeslücke in Bezug auf arbeitnehmerähnliche Personen aus einer Unvollständigkeit des Gesetzes.[335] Das BetrVG sieht nämlich lediglich eine bestimmte Teilgruppe arbeitnehmerähnlicher Personen vom personellen Anwendungsbereich des BetrVG als erfasst an und zwar die in Heimarbeit Beschäftigten. Sonstige arbeitnehmerähnliche Personen sind in § 5 BetrVG nicht erwähnt. In Bezug auf diese ist dem Gesetz keine Regelung zu entnehmen.[336] Zwar könnte die Tatsache, dass eine Regelung allein in Bezug auf in Heimarbeit Beschäftigte getroffen wurde, auch dahingehend verstanden werden, dass die aktuelle Fassung des Gesetzes in der konkreten Ausgestaltung und der damit verbundene konkludente Ausschluss der sonstigen arbeitnehmerähnlichen Personen aus der Betriebsverfassung dem Willen des Gesetzgebers entspricht. Allerdings beseitigt dies nicht das Vorliegen der Regelungslücke; es ist vielmehr eine Frage der Planwidrigkeit, denn dann läge keine planwidrige, sondern eine planmäßige Regelungslücke vor.[337] Eine Regelungslücke ist daher grundsätzlich zu bejahen.

3. Planwidrigkeit der Regelungslücke

Nachdem soeben festgestellt wurde, dass das BetrVG im Hinblick auf seinen personellen Anwendungsbereich einer unvollständigen Regelung zugeführt wurde, muss in einem weiteren Schritt untersucht werden, ob diese Unvollständigkeit tatsächlich dem Willen des Gesetzgebers widerspricht, also planwidrig ist, wie es für

---

334 *Bremeier*, Reichweite der Betriebsverfassung, S. 182; *Larenz*, Methodenlehre, S. 373.

335 Ebenso *Schubert*, Schutz der arbNähnl. Pers., S. 93, die sich dort allgemein mit den Anforderungen einer Analogie in Bezug auf die Arbeitsschutzgesetze befasst.

336 Teilweise wird die Unvollständigkeit des Gesetzes in Bezug auf die sonstigen arbeitnehmerähnlichen Personen damit begründet, dass es der Gesetzgeber der Rechtsprechung habe überlassen wollen, ob die Regelung des § 5 Abs. 1 S. 2 BetrVG im Wege der Analogie oder sonstigen Rechtsfortbildung auf arbeitnehmerähnliche Personen angewandt werden solle. In diesem Fall sei eine Analogie mithin nicht aufgrund einer planwidrigen Regelungslücke zulässig, sondern weil das Gesetz „planmäßig lückenhaft" sei. Er verneint allerdings die Vergleichbarkeit der Interessenlage. Vgl. hierzu *Plander* in Festschrift für Däubler, S. 272 (279).

337 Vgl. hierzu *Plander* in Festschrift für Däubler, S: 272 (279).

eine analoge Anwendung des § 5 BetrVG erforderlich wäre.[338] Eine Planwidrigkeit kann generell insbesondere dann angenommen werden, wenn der Gesetzgeber
bei der Schaffung einer Norm einen bestimmten Sachverhalt nicht bedacht hat,
den er bei Kenntnis in die gesetzliche Regelung mit aufgenommen hätte. Dagegen
ist die Planwidrigkeit in der Regel dann zu verneinen, wenn der Gesetzgeber eine
bestimmte Norm bewusst offen gelassen hat, um deren inhaltliche Konkretisierung der Rechtsprechung zu überlassen oder wenn sich der Gesetzgeber bewusst
gegen eine bestimmte gesetzliche Regelung entschieden hat und die Vorschrift,
die analog angewendet werden soll, aus diesem Grund so gefasst hat, wie sie im
Gesetz zu finden ist.[339] Welche dieser Optionen hier zutreffend ist, soll nachfolgend untersucht werden.

a) Reform der Betriebsverfassung im Jahr 2001

Als gewichtiges Indiz für oder gegen den bewussten Ausschluss arbeitnehmerähnlicher Personen aus der Betriebsverfassung kann die bisherige Gesetzesentwick-
lung, insbesondere das Gesetz zur Reform des Betriebsverfassungsgesetzes aus
dem Jahr 2001, herangezogen werden.

Aus der entsprechenden Gesetzesbegründung[340] zur Betriebsverfassungsreform
ist ersichtlich, dass sich der Gesetzgeber im Zuge seiner Überlegungen umfassend
mit dem betriebsverfassungsrechtlichen Arbeitnehmerbegriff auseinandergesetzt
hat. Insbesondere unter Punkt 3 „Wesentlicher Inhalt" in Ziffer 3 hat sich der Gesetzgeber ausdrücklich der neuen Beschäftigungsformen angenommen. Um dem
Betriebsrat einen besseren Überblick über die neuen Formen der Beschäftigung
im Betrieb zu geben, soll danach die Unterrichtungspflicht des Arbeitgebers ausdrücklich auch auf die im Betrieb beschäftigten Personen er-streckt werden, „die
nicht in einem Arbeitsverhältnis mit dem Arbeitgeber stehen". Der Gesetzgeber
hat sich folglich mit den neuerlichen arbeitspolitischen Veränderungen auseinandergesetzt, dies aber gleichwohl nicht zum Anlass genommen, auch andere als
die im heutigen § 5 Abs. 1 BetrVG genannten Beschäftigten in den betriebsverfassungsrechtlichen Schutz einzubeziehen. Dies spricht sehr für den bewussten
Ausschluss arbeitnehmerähnlicher Personen.

Eine entsprechende normative Wertung wird zudem durch die Einführung des
§ 21b BetrVG verdeutlicht. Dieser regelt das sog. Restmandat, wonach der Betriebsrat nach der Stilllegung, Spaltung oder Zusammenlegung so lange im Amt

---

338 *Schubert*, Schutz der arbNähnl. Pers., S. 93.
339 *Plander* in Festschrift für Däubler, S. 272 (279).
340 BT-Drucks. 14/5741.

bleibt, wie dies zur Wahrnehmung der damit im Zusammenhang stehenden Mitwirkungs- und Mitbestimmungsrechte erforderlich ist. Dieses Rechtsinstitut des Restmandats war schon früher in der Rechtsprechung[341] anerkannt, sodass die gesetzliche Verankerung lediglich als Reaktion des Gesetzgebers auf die in der Rechtsprechung vertretenen Meinungen betrachtet werden kann. Dies veranschaulicht, dass sich der Gesetzgeber nicht allein mit den arbeitspolitischen Veränderungen auseinandergesetzt hat, sondern darüber hinaus auch mit dem aktuellen Meinungsstand in Literatur und Rechtsprechung, der sich zu bestimmten arbeitsrechtlichen, insbesondere betriebsverfassungsrechtlichen Themen herausgebildet hat. Er hat dies zum Anlass genommen, die Meinungen in Literatur und Rechtsprechung bei der Gesetzesreform zu berücksichtigen. Allerdings wurde die Frage der Einbeziehung arbeitnehmerähnlicher Personen in die Betriebsverfassung ebenfalls bereits vor der Betriebsverfassungsreform in der Literatur erkannt und teils diskutiert[342], ohne dass hierauf eine Reaktion des Gesetzgebers erfolgt ist. Sogar auf politischer Ebene wurde die Einbeziehung arbeitnehmerähnlicher Personen befürwortet. So plädierten im Jahr 2000 die Abgeordneten Dr. Ruth Fuchs, Dr. Klaus Grehn, Uwe Hiksch, Dr. Heidi Knake-Werner, Dr. Gregor Gysi und die Fraktion der PDS dafür, den Geltungsbereich des BetrVG und die Beteiligungsrechte des Betriebsrats auf arbeitnehmerähnliche Personen zu erstrecken.[343] In dem entsprechenden Antrag hieß es hierzu:

„Der Geltungsbereich des BetrVG soll auf arbeitnehmerähnliche Beschäftigte und auf von dem jeweiligen Arbeitgeber ökonomisch abhängige Beschäftigte ausgedehnt werden. Es handelt sich dabei in der Regel um Tätigkeiten, die vor ihrer formal-rechtlichen Umwandlung von Arbeitnehmerinnen und Arbeitnehmern im Sinne des Gesetzes ausgeübt wurden. Dieser Personenkreis soll in den Schutz des BetrVG zurückgeholt werden. Gleiches gilt für Heim- sowie Telearbeiterinnen und -arbeiter, die zwar schon weitgehend durch § 12a Tarifvertragsgesetz geschützt sind, in § 5 BetrVG aber noch einmal zur Klarstellung ihrer rechtlichen Stellung zur betrieblichen Interessenvertretung erwähnt werden sollen. [...] Gleichzeitig ist es sinnvoll,

---

341 So etwa: *BAG*, Urteil vom 16.06.1987, Az.: 1 AZR 528/85, NZA 1987, 858; *BAG*, Beschluss vom 12.01.2000, Az.: 7 ABR 61/98, NZA 2000, 669; *BAG*, Urteil vom 05.10.2000, Az.: 1 AZR 48/00, NZA 2001, 849.

342 *Beuthien/Wehler*, RdA 1978, 2 (10); *Galperin/Löwisch*, 6. Aufl., 1982, § 5 BetrVG, Rn. 14; *Hanau* in Festschrift für G. Müller, S. 169 (177); *Hromadka*, NZA 1997, 1249 (1255 f.); *Kappus*, NZA 1987, 408 (411 f.) zur Telearbeit; *Kempen/Zachert*, TVG, 3. Aufl., 1997, § 12a, Rn. 24; *Kraft* in GK-BetrVG, 6. Aufl., 1997, § 5 BetrVG, Rn. 7, 46; *Plander* in Festschrift für Däubler, S. 272 (272 ff.); *Plander*, DB 1999, 330 (330 ff.); *D/K/K-Trümner*, 7. Aufl., 2000, § 5, Rn. 94 ff.; *Wedde*, AuR 1987, 325 (329, 332).

343 Vgl. BT-Drucks. 14/4071.

das Mitbestimmungsrecht des Betriebsrates, wie für andere Teile des Gesetzes vorgeschlagen, auch auf arbeitnehmerähnliche Beschäftigungsverhältnisse auszudehnen, weil solche Rechtsformen von den Unternehmen häufig mit der Absicht gewählt werden, das Mitbestimmungsrecht des Betriebsrates zu umgehen."

Auch hierauf erfolgte jedoch keine entsprechende Reaktion des Gesetzgebers. Die arbeitnehmerähnlichen Personen wurden nicht in den personellen Anwendungsbereich des BetrVG aufgenommen. Die Einbeziehung arbeitnehmerähnlicher Personen in den betriebsverfassungsrechtlichen Schutz scheint dem eindeutigen gesetzgeberischen Willen entgegenzustehen. Eine Begründung hierfür ist den Gesetzesmaterialen, soweit ersichtlich, jedoch nicht zu entnehmen.[344]

b) Berücksichtigung der arbeitnehmerähnlichen Person in sonstigen Gesetzen

Neben dem Verlauf der Betriebsverfassungsrechtsreform verdeutlicht sich das bewusste Festhalten des Gesetzgebers an der Geltungsbereichsdefinition des § 5 Abs. 1 BetrVG auch durch die inhaltliche Ausformung sonstiger Gesetze, in denen der Begriff der arbeitnehmerähnlichen Person seinen Niederschlag findet.

Zum Zeitpunkt der Reform existierten bereits diverse Regelungen, durch die auch die arbeitnehmerähnlichen Personen in den Schutzbereich des jeweiligen Gesetzes einbezogen wurden. So etwa § 5 Abs. 1 S. 2 ArbGG von 1953, wonach unter den Anwendungsbereich des ArbGG auch „sonstige Personen, die wegen ihrer wirtschaftlichen Unselbständigkeit als arbeitnehmerähnliche Personen anzusehen sind" fallen sollten. Ähnlich wie im ArbGG hieß es auch in § 2 S. 2 BUrlG, dass als Arbeitnehmer im Sinne des BUrlG ferner solche Personen anzusehen sind, die „wegen ihrer wirtschaftlichen Unselbständigkeit als arbeitnehmerähnliche Personen anzusehen sind." Nach § 1 Abs. 2 Nr. 1 des damals geltenden BeSchSchG, der seinem Wortlaut nach an § 2 S. 2 BUrlG angelehnt ist, waren Beschäftigte im Sinne dieses Gesetzes auch „Personen, die wegen ihrer wirtschaftlichen Unselbständigkeit als arbeitnehmerähnliche Personen anzusehen sind." Die Formulierung in § 2 Abs. 2 Nr. 3 ArbSchG, wonach zu den Beschäftigten auch „arbeitnehmerähnliche Personen im Sinne des § 5 Abs. 1 des ArbGG, ausgenommen die in Heimarbeit Beschäftigten und die ihnen Gleichgestellten" gelten, verwendet eine ähnliche Definition. Schließlich bezog auch § 12a TVG bereits zum Zeitpunkt der Reform die arbeitnehmerähnlichen Personen in den Anwendungsbereich des TVG ein.

---

344 Vgl. hierzu insbesondere: BT-Drucks. 14/5213 und das Plenarprotokoll 14/164.

Der Gesetzgeber hat – wie sich aus der Erstreckung der vorgenannten arbeitsrechtlichen Gesetze ergibt – die Problematik der Arbeitnehmerähnlichkeit und die aus ihrer Atypik resultierende Schutzbedürftigkeit erkannt und sie zum Anlass eben dieser gesetzlichen Verankerungen genommen. Demgegenüber blieb der Geltungsbereich des BetrVG zumindest hinsichtlich derjenigen arbeitnehmerähnlichen Personen unangetastet, die nicht als in Heimarbeit beschäftigt anzusehen waren. Es ist daher davon auszugehen, dass der Gesetzgeber das Problem zwar gekannt hat, aber gleichwohl bewusst davon Abstand genommen hat, auch die sonstigen arbeitnehmerähnlichen Personen dem Schutz des BetrVG zu unterstellen.[345]

Spätestens mit Einführung des § 12a TVG hätte der Gesetzgeber – wenn es seinem Willen entsprochen hätte – die Einbeziehung arbeitnehmerähnlicher Personen in den betriebsverfassungsrechtlichen Schutz überdenken müssen. Denn Tarifverträge enthalten nach § 1 TVG Rechtsnormen, die den Inhalt, den Abschluss und die Beendigung von Arbeitsverhältnissen sowie betriebliche und betriebsverfassungsrechtliche Fragen ordnen können. Den arbeitnehmerähnlichen Personen wurde mithin ein kollektives Recht eingeräumt, das insbesondere auch betriebsverfassungsrechtliche Fragen betreffen kann. Die Überwachung der Einhaltung der in den Tarifverträgen enthaltenen Regelungen zugunsten der Arbeitnehmer obliegt nach § 80 Abs. 1 Nr. 1 BetrVG jedoch dem Betriebsrat. Sofern nun aber arbeitnehmerähnliche Personen nicht in das BetrVG einbezogen sind, kann der Betriebsrat dieser Überwachungspflicht nicht nachkommen, weil ihm eine entsprechende Befugnis nicht eingeräumt ist.[346]

c) Beteiligungsrechte der Arbeitnehmervertreter nach
   der Richtlinie 89/391/EWG

Wie bereits festgestellt wurde, räumt die Richtlinie 89/391/EWG den Arbeitnehmern bzw. deren Vertretern diverse Beteiligungsrechte bei allen Fragen betreffend die Sicherheit und den Gesundheitsschutz bei der Arbeit ein. Diese Beteiligungsrechte – auf die an späterer Stelle noch konkret einzugehen sein wird[347] – werden im deutschen Recht durch das BetrVG umgesetzt. Während arbeitnehmerähnliche Personen aber vom personellen Anwendungsbereich der Arbeitsschutzrahmenrichtlinie erfasst sind, gilt dies für das BetrVG nicht.

---

345 *Bremeier*, Reichweite der Betriebsverfassung, S. 188; *Plander* in Festschrift für Däubler, S. 272 (277 f.).
346 *Plander* in Festschrift für Däubler, S. 272 (278).
347 Vgl. § 4.

Auch hieraus könnte auf die plangemäße Unvollständigkeit des BetrVG ge-schlossen werden. Im Ergebnis ist dieser Rückschluss jedoch abzulehnen. Wäh-rend die Beteiligungsrechte der Richtlinie 89/391/EWG nämlich nur den Bereich des Arbeitsschutzes betreffen, würde eine Ausweitung des § 5 BetrVG eine Er-streckung der gesamten Betriebsverfassung auf sämtliche arbeitnehmerähnliche Personen bedeuten. Der Arbeitsschutzrahmenrichtlinie kann daher im Rahmen des § 5 BetrVG und bei der Frage einer Gesamterstreckung des BetrVG auf arbeitneh-merähnliche Personen noch keine maßgebende Bedeutung beigemessen werden.

4. Zusammenfassung zur analogen Anwendung des § 5 Abs. 1 S. 2 BetrVG
   auf sämtliche arbeitnehmerähnliche Personen

Die obigen Ausführungen haben gezeigt, dass zwar grundsätzlich eine Regelungs-lücke in Bezug auf sonstige arbeitnehmerähnliche Personen vorliegt. Diese Re-gelungslücke scheint jedoch nicht planwidrig zu sein, sondern dem Willen des Gesetzgebers zu entsprechen.

Für diese Auffassung spricht, dass dem Gesetzgeber die Problematik der ar-beitnehmerähnlichen Personen schon lange bekannt ist. Zum einen wurde bereits in der Literatur diskutiert, ob der Ausschluss arbeitnehmerähnlicher Personen aus der Betriebsverfassung gerechtfertigt ist und auch auf politischer Ebene wurde eine Einbeziehung arbeitnehmerähnlicher Personen befürwortet. Zum anderen existierten insbesondere zum Zeitpunkt der Betriebsverfassungsreform bereits verschiedene Vorschriften, die auch dem Schutz arbeitnehmerähnlicher Personen dienen sollten. Gleichwohl wurde bis heute keine Regelung erlassen, die das Be-trVG in Bezug auf sämtliche arbeitnehmerähnliche Personen für anwendbar er-klärte. Daraus lässt sich schließen, dass die Vorschrift des § 5 BetrVG bewusst so formuliert ist, dass nur die in Heimarbeit Beschäftigten von dessen Schutz umfasst sein sollen. Eine Rechtsfortbildung in Form einer analogen Anwendung des § 5 Abs. 1 S. 2 BetrVG auf arbeitnehmerähnliche Personen kommt mangels Vorliegen der entsprechenden Voraussetzungen mithin nicht in Betracht.

II. Erstreckung des Schutzes des BetrVG auf arbeitnehmerähnliche Personen durch Neubestimmung des betriebsverfassungsrechtlichen Arbeitnehmerbegriffs

Nachdem soeben festgestellt wurde, dass eine analoge Anwendung des § 5 BetrVG auf arbeitnehmerähnliche Personen dem Willen des Gesetzgebers entgegenstünde, könnte ferner in Betracht gezogen werden, den Schutz der arbeitnehmerähnlichen

Personen durch Neubestimmung des betriebsverfassungsrechtlichen Arbeitnehmerbegriffs sicherzustellen.[348]

Angesichts der Tatsache, dass der Begriff des Arbeitnehmers bisher keiner gesetzlichen Regelung zugeführt, er vielmehr durch die Rechtsprechung selbst bestimmt wurde, steht einer weiteren Änderung des Begriffs durch die Rechtsprechung grundsätzlich nichts entgegen.[349] Eine Ausweitung des allgemeinen Arbeitnehmerbegriffs setzt kein Handeln des Gesetzgebers voraus. Indes erforderte es aber eine Umschreibung des „neuen" Arbeitnehmerbegriffs durch die Rechtsprechung. Es müsste mithin eine entsprechende Tendenz der Rechtsprechung vorhanden sein, wobei diese wiederum in starkem Ausmaß vom Willen des Gesetzgebers geprägt sein wird. Wie aber bereits unter § 3, B., I., 3. ausgeführt wurde, scheint sich der Gesetzgeber bewusst gegen die Einbeziehung arbeitnehmerähnlicher Personen in den Schutzbereich des BetrVG entschieden zu haben. Arbeitnehmerähnliche Personen unterfallen nach dem Willen des Gesetzgebers weder dem allgemeinen noch dem betriebsverfassungsrechtlichen Arbeitnehmerbegriff. Anderenfalls wäre auch die ausdrückliche Einbeziehung arbeitnehmerähnlicher Personen in vereinzelte Gesetze hinfällig gewesen. Im Übrigen ist zu berücksichtigen, dass die Rechtsprechung den Begriff des Arbeitnehmers auch bisher nicht geändert und auf arbeitnehmerähnliche Personen erstreckt hat, obgleich der Typus der arbeitnehmerähnlichen Person selbstverständlich in der Rechtsprechung bekannt ist. Auch die Rechtsprechung hat sich demzufolge gegen eine betriebsverfassungsrechtliche Gleichstellung von Arbeitnehmern und arbeitnehmerähnlichen Personen entschieden. Dass sich die Rechtsprechung in Zukunft entgegen dem eindeutigen Willen des Gesetzgebers und dem eigenen bisherigen Verständnis des Arbeitnehmerbegriffs für eine Ausweitung des Arbeitnehmerbegriffs und eine Einbeziehung auch arbeitnehmerähnlicher Personen entscheiden wird, ist nicht zu erwarten. Die Einbeziehung arbeitnehmerähnlicher Personen durch Neubestimmung des betriebsverfassungsrechtlichen Arbeitnehmerbegriffs scheidet daher aus.[350]

---

348 *Bremeier*, Reichweite der Betriebsverfassung, S. 185 ff.; *Plander*, DB 1999, 330 (331).

349 *Plander*, DB 1999, 330 (331).

350 Die schrittweise Öffnung des Geltungsbereichs des BetrVG für atypisch Beschäftigte, wie sie sich gegenwärtig durch die Rechtsprechung des BAG zur betriebsverfassungsrechtlichen Stellung von Leiharbeitnehmern vollzieht, bestätigt diese Annahme, vgl. *BAG* Beschluss vom 13.03.2013, Az.: 7 ABR 69/11, NZA 2013, 789. Vgl. hierzu auch § 1, B., IV., 2.

III. Erstreckung des Schutzes des BetrVG auf arbeitnehmerähnliche Personen durch Tarifverträge

Wie es sich aus § 12a TVG ergibt, gilt das Tarifvertragsgesetz in personeller Hinsicht auch für arbeitnehmerähnliche Personen.[351] Diese Öffnung der Tarifautonomie könnte zugleich eine Möglichkeit darstellen, durch Abschluss eines Tarifvertrags den persönlichen Anwendungsbereich des BetrVG auch auf arbeitnehmerähnliche Personen auszudehnen. Für den Abschluss eines Tarifvertrags mit entsprechendem Inhalt wäre es jedoch erforderlich, dass die den Vertragspartnern zustehende Tarifautonomie zur Ausweitung des personellen Geltungsbereichs des BetrVG über den vom Gesetz vorgesehenen Umfang hinaus legitimiert.[352] Da der Arbeitnehmerbegriff des BetrVG jedoch nicht dispositiv ist, kann von einer solchen Legitimation nicht ausgegangen werden. Der betriebsverfassungsrechtliche Arbeitnehmerbegriff kann nicht durch Tarifvertrag (und im Übrigen auch nicht durch Betriebsvereinbarungen) erweitert werden.[353]

IV. Zusammenfassung zur Anwendbarkeit des gesamten BetrVG auf arbeitnehmerähnliche Personen

Nach alledem ist eine Einbeziehung arbeitnehmerähnlicher Personen in den gesamten Schutz des Betriebsverfassungsrechts nach geltendem Recht nicht möglich. Auch eine dahingehende Entscheidung des Gesetzgebers ist nicht zu erwarten, da sich dieser erst im Rahmen der jüngsten Reform des BetrVG noch einmal bewusst dagegen entschieden hat, sämtliche arbeitnehmerähnliche Personen in den personellen Anwendungsbereich des BetrVG einzubeziehen. Es kommt weder eine analoge Anwendung des § 5 Abs. 1 S. 2 BetrVG in Betracht, noch kann der betriebsverfassungsrechtliche Arbeitnehmerbegriff auf andere Weise auf arbeitnehmerähnliche Personen erstreckt werden.[354]

---

351 ErfK/*Franzen*, § 12a TVG, Rn. 2; BeckOK-*Giesen*, § 12a TVG, vor Rn. 1; *Löwisch/Rieble*, § 12a TVG, Rn. 1 ff.; *Reinecke* in Däubler, § 12a TVG, Rn. 1.

352 *Plander*, DB 1999, 330 (334).

353 *BAG*, Urteil vom 24.06.1992, Az.: 5 AZR 384/91, AP Nr. 61 zu § 611 BGB – Abhängigkeit; *Fitting*, § 5 BetrVG, Rn. 13; HaKo-BetrVG/*Kloppenburg*, § 5 BetrVG, Rn. 2; *Raab* in GK-BetrVG, § 5 BetrVG, Rn. 7; D/K/K/W-*Trümner*, § 5 BetrVG, Rn. 6;

354 Wenig zielführend wäre es im Übrigen auch, den Gerichten die Entscheidung zu überlassen, ob arbeitnehmerähnliche Personen bestimmten arbeitsschutzrechtlichen Vorschriften unterfallen sollen oder nicht. Würde diese Entscheidung der Rechtsprechung überlassen werden, würde damit zwingend eine nicht unerhebliche Rechtsunsicherheit einhergehen, denn die Gerichte genießen eine sachliche Unabhängigkeit, die

§ 4 Die Rechte und Pflichten arbeitnehmerähnlicher Personen und des Betriebsrats nach einzelnen Vorschriften des BetrVG

Wie die Ausführungen unter § 3 gezeigt haben, kann das BetrVG nach derzeitiger Rechtslage weder aufgrund unionsrechtlicher Vorgaben noch aufgrund einer analogen Anwendung des § 5 Abs. 1 S. 2 BetrVG, durch Neubestimmung des betriebsverfassungsrechtlichen Arbeitnehmerbegriffs oder durch den Abschluss von Tarifverträgen insgesamt auf arbeitnehmerähnliche Personen erstreckt werden. Das BetrVG ist nach dem eindeutig entgegenstehenden Willen des Gesetzgebers nicht auf arbeitnehmerähnliche Personen anwendbar. Da die Arbeitsschutzrahmenrichtlinie 89/391/EWG jedoch sowohl den Arbeitnehmern als auch den arbeitnehmerähnlichen Personen und den Repräsentationsorganen im Bereich des Arbeitsschutzes umfassende Beteiligungsrechte einräumt, ist zu untersuchen, ob die Individualrechte der Arbeitnehmer und die Rechte und Pflichten des Betriebsrats, die durch das BetrVG vorgeschrieben sind, zumindest im Bereich des Arbeitsschutzes aufgrund unionsrechtlicher oder auch völkerrechtlicher Vorgaben auf arbeitnehmerähnliche Personen Anwendung finden müssen. Vereinzelt wird im Rahmen dieses Kapitels ferner auf den Gleichstellungsschutz und die daraus möglicherweise für arbeitnehmerähnliche Personen resultierenden betriebsverfassungsrechtlichen Rechte einzugehen sein.

A. Individualrechte arbeitnehmerähnlicher Personen

Auch wenn sich das Betriebsverfassungsrecht vornehmlich mit den Rechten und Pflichten des Betriebsrats befasst, werden durch das BetrVG vereinzelt auch Individualrechte der Arbeitnehmer eingeräumt. Unter Berücksichtigung internationaler und unionsrechtlicher Vorgaben könnten diese möglicherweise auch arbeitnehmerähnlichen Personen zustehen, selbst wenn sie dem betriebsverfassungsrechtlichen Arbeitnehmerbegriff des § 5 BetrVG nicht unterfallen.

---

ihnen eine Bindung an andere vorhergehende gerichtliche Entscheidungen verbietet. Selbst eine höchstrichterliche Entscheidung könnte diese Rechtsunsicherheit vollständig nicht beseitigen, zumal Rechtskraft nur inter partes eintritt.

I. Informations- und Anhörungspflichten arbeitnehmerähnlicher Personen gemäß den §§ 81, 82 BetrVG

Fraglich ist, ob die §§ 81, 82 BetrVG aufgrund internationaler oder unionsrechtlicher Vorgaben auf arbeitnehmerähnliche Personen zu erstrecken sind. Diese Rechtsnormen sind gerade im Arbeitsschutz von maßgeblicher Bedeutung, da sie dem Arbeitgeber im Bereich der Sicherheit und des Gesundheitsschutzes einerseits eine Unterrichtungs- und Erörterungspflicht auferlegen und dem Arbeitnehmer andererseits ein Anhörungs- und Erörterungsrecht einräumen.

1. Regelungsinhalt der §§ 81, 82 BetrVG

Nach § 81 Abs. 1 BetrVG hat der Arbeitgeber die Arbeitnehmer über ihre Aufgaben und ihre Verantwortung sowie über die Art ihrer Tätigkeit und ihre Einordnung in den Arbeitsablauf des Betriebs zu unterrichten. Er hat die Arbeitnehmer vor Beginn der Beschäftigung über die Unfall- und Gesundheitsgefahren, denen diese bei der Beschäftigung ausgesetzt sind sowie über Maßnahmen und Einrichtungen zur Abwehr dieser Gefahren und die nach § 10 Abs. 2 des ArbSchG getroffenen Maßnahmen zu belehren. Der Arbeitgeber hat folglich über den Arbeitsplatz und dessen Beschaffenheit, über die zu verwendenden Arbeitsgeräte und Arbeitsstoffe, über die Art der Tätigkeit und über ihre Verantwortlichkeit, insbesondere auch im Umgang mit Vorgesetzten und unterstellten Mitarbeitern ausführlich Bericht zu erstatten.[355] Darüber hinaus muss er die Arbeitnehmer vor Aufnahme der Arbeitstätigkeit über die im Zusammenhang mit der Tätigkeit bestehenden Unfall- und Gesundheitsgefahren aufklären.[356] Die erforderlichen Schutzmaßnahmen, Schutzeinrichtungen und Schutzausrüstung sowie der Umgang mit ihnen müssen ebenfalls vor Arbeitsaufnahme mit den Arbeitnehmern besprochen werden.[357] Hierbei muss im Hinblick auf etwaige Konsequenzen mangelnder Aufklärung besonderer Wert auf Sorgfältigkeit und Verständlichkeit gelegt werden. Mitteilungspflichtig

---

355 D/K/K/W-*Buschmann*, § 81 BetrVG, Rn. 9; *Fitting*, § 81 BetrVG, Rn. 4; ErfK/*Kania*, § 81 BetrVG, Rn. 4; HaKo-BetrVG/*Lakies*, § 81 BetrVG, Rn. 4; *Preis* in Wlotzke/Preis/Kreft, § 81 BetrVG, Rn. 2.

356 *Preis* in Wlotzke/Preis/Kreft, § 81 BetrVG, Rn. 5 f.; ErfK/*Kania*, § 81 BetrVG, Rn. 2 ff., 7 ff.

357 Die Aufklärungsplichten des Arbeitgebers werden u. a. in § 7 a HAG, § 12 ArbSchG, § 29 JArbSchG, § 5 BaustellV und §§ 20, 21 GefStoffV konkretisiert, vgl. hierzu *Preis* in Wlotzke/Preis/Kreft, § 81, Rn. 7; zur Differenzierung zwischen § 12 ArbSchG und § 81 BetrVG vgl. *BAG*, Urteil vom 11.01.2011, Az.: 1 ABR 104/09, NZA 2011, 651 sowie *Kohte*, Anm. jurisPR-ArbR 48/2011, Anm. 4.

ist der Arbeitgeber zudem über die Personen, die für die Aufgaben der Ersten Hilfe, Brandbekämpfung und Evakuierung der Beschäftigten zuständig sind.[358] Sinn und Zweck dieser Regelung ist es, den Arbeitnehmern die Möglichkeit einzuräumen, sich auf ihre künftige Beschäftigung einzustellen, sich vorzubereiten und sich mit ihr vertraut zu machen. Darüber hinaus dient die Vorschrift dem Schutz der Arbeitnehmer vor den mit der Arbeit einhergehenden Gesundheitsgefahren. Dieser Schutzzweck gebietet es, die Arbeitnehmer bereits vor Arbeitsantritt entsprechend zu unterrichten.[359]

Nach § 81 Abs. 2 BetrVG hat der Arbeitgeber darüber hinaus über Veränderungen im Arbeitsbereich des Arbeitnehmers rechtzeitig zu unterrichten. Unter dem Begriff des Arbeitsbereichs ist dabei nicht nur der Arbeitsplatz, sondern auch seine Beziehung zur betrieblichen Umgebung in räumlicher, technischer und organisatorischer Hinsicht zu verstehen.[360] Sofern von dieser Veränderung die Art der Tätigkeit, ihre Einordnung in den Arbeitsablauf oder die Unfall- und Gefahrensituation betroffen sind, muss der Arbeitgeber die Arbeitnehmer auch nach Aufnahme der Arbeitstätigkeit in demselben Umfang wie schon vor Arbeitsantritt unterrichten. Dies ergibt sich aus § 81 Abs. 2 S. 2 BetrVG, wonach § 81 Abs. 1 BetrVG entsprechend gilt. Auch hier muss die Unterrichtung so rechtzeitig erfolgen, dass der Arbeitnehmer die Möglichkeit hat, sich auf die veränderten Umstände einzustellen.[361]

Nach § 81 Abs. 3 BetrVG hat der Arbeitgeber die Arbeitnehmer auch in Betrieben ohne Betriebsrat zu allen Maßnahmen zu hören, die Auswirkungen auf Sicherheit und Gesundheit der Arbeitnehmer haben können. Angehört werden muss nicht nur zu solchen Maßnahmen, die einzelne Arbeitnehmer betreffen. Vielmehr besteht die Anhörungspflicht auch bei Maßnahmen mit allgemeiner arbeitsschutzrechtlicher Bedeutung. Wesentliches Anliegen des § 81 Abs. 3 BetrVG ist es, auch in Betrieben ohne Betriebsrat die Partizipation der Beschäftigten und die Transparenz des betrieblichen Arbeitsschutzes zu stärken.[362]

---

358 *Preis* in Wlotzke/Preis/Kreft, § 81 BetrVG, Rn. 5 f.; ErfK/*Kania*, § 81 BetrVG, Rn. 2 ff., 7 ff.

359 *Fitting*, § 81 BetrVG, Rn. 7; *Preis* in Wlotzke/Preis/Kreft, § 81 BetrVG, Rn. 4; ErfK/*Kania*, § 81 BetrVG, Rn. 2; HaKo-BetrVG/*Lakies*, § 81 BetrVG, Rn. 4; *Wiese/Franzen* in GK-BetrVG, § 81 BetrVG, Rn. 7.

360 ErfK/*Kania*, § 81 BetrVG, Rn. 13; HaKo-BetrVG/*Lakies*, § 81 BetrVG, Rn. 8.

361 *Preis* in Wlotzke/Preis/Kreft, § 81 BetrVG, Rn. 11.

362 D/K/K/W-*Buschmann*, § 81 BetrVG, Rn. 14; *Fitting*, § 81 BetrVG, Rn. 20 ff.; ErfK/*Kania*, § 81 BetrVG, Rn. 14; HaKo-BetrVG/*Lakies*, § 81 BetrVG, Rn. 16 f.; *Preis*

§ 81 Abs. 4 S. 1 BetrVG sieht ferner eine Unterrichtungspflicht des Arbeitgebers gegenüber seinen Arbeitnehmern vor, wenn sich die aufgrund einer Planung von technischen Anlagen, von Arbeitsverfahren und Arbeitsabläufen oder der Arbeitsplätze vorgesehenen Maßnahmen auf ihren Arbeitsplatz, die Arbeitsumgebung sowie auf Inhalt und Art ihrer Tätigkeit auswirken. Nach § 81 Abs. 4 S. 2 BetrVG hat der Arbeitgeber mit den Arbeitnehmern zu erörtern, wie ihre beruflichen Kenntnisse und Fähigkeiten im Rahmen der betrieblichen Möglichkeiten den künftigen Anforderungen angepasst werden, sobald feststeht, dass sich die Tätigkeit der Arbeitnehmer ändern wird und ihre beruflichen Kenntnisse und Fähigkeiten zur Erfüllung ihrer Aufgaben nicht ausreichen.

In § 82 BetrVG ist schließlich das mit § 81 BetrVG korrespondierende Recht des Arbeitnehmers geregelt, in allen Fragen, die betriebliche Angelegenheiten oder seine Person betreffen, angehört zu werden. Dem Arbeitnehmer muss die Möglichkeit der Stellungnahme eingeräumt werden, wobei dabei auch Vorschläge gemacht werden dürfen, § 82 Abs. 1 BetrVG. Darüber hinaus ist mit den Arbeitnehmern jederzeit die Berechnung und Zusammensetzung seines Arbeitsentgelts zu erörtern, § 82 Abs. 2 BetrVG. Es handelt sich um Initiativrechte des Arbeitnehmers.[363]

2. Anwendbarkeit der §§ 81, 82 BetrVG auf arbeitnehmerähnliche Personen

Die vorgenannten Mitwirkungsrechte der Arbeitnehmer sind insbesondere im Bereich des Arbeitsschutzes von maßgebender Bedeutung. Auch die Arbeitsschutzrahmenrichtlinie 89/391/EWG betont in ihren Erwägungsgründen die elementare Bedeutung, die der Unterrichtung und dem Dialog im Bereich der Sicherheit und des Gesundheitsschutzes am Arbeitsplatz zukommt.[364] Im Hinblick auf die personelle Reichweite der Richtlinie 89/391/EWG sollen diese Rechte mithin auch arbeitnehmerähnlichen Personen zukommen. Im Folgenden soll daher untersucht werden, ob die Rechte nach §§ 81 f. BetrVG ausschließlich den Arbeitnehmern im Sinne des § 5 BetrVG zukommen oder ob deren Anwendungsbereich auf arbeitnehmerähnliche Personen ausgedehnt werden kann.

---

in Wlotzke/Preis/Kreft, § 81 BetrVG, Rn. 12 f.; *Wiese/Franzen* in GK-BetrVG, § 81 BetrVG, Rn. 18.

363 D/K/K/W-*Buschmann*, § 81 BetrVG, Rn. 1 ff.; ErfK/*Kania*, § 82 BetrVG, Rn. 2 ff.; HaKo-BetrVG/*Lakies*, § 82 BetrVG, Rn. 3 ff., 9 ff.; *Preis* in Wlotzke/Preis/Kreft, § 82 BetrVG, Rn. 2; *Wiese/Franzen* in GK-BetrVG, § 82 BetrVG, Rn. 1, 5 ff.

364 Vgl. § 2, B., I. sowie Nr. 12 der Erwägungsgründe der Richtlinie 89/391/EWG.

a) Anwendbarkeit der §§ 81, 82 BetrVG auf arbeitnehmerähnliche Personen
nach dem Wortlaut des BetrVG

Zumindest dem Wortlaut zufolge gelten die §§ 81 f. BetrVG ausschließlich für Arbeitnehmer, denn sowohl § 81 BetrVG als auch § 82 BetrVG stellen ausschließlich auf das Verhältnis zwischen „Arbeitgeber" und „Arbeitnehmer" ab. Eine Ausweitung des personellen Anwendungsbereichs der §§ 81 f. BetrVG, wie sie etwa in § 80 Abs. 2 S. 1 BetrVG zu finden ist, sieht weder § 81 BetrVG noch § 82 BetrVG vor. Es ist daher auch im Rahmen der §§ 81 f. BetrVG von dem in § 5 BetrVG festgelegten Arbeitnehmerbegriff auszugehen, der arbeitnehmerähnliche Personen nicht erfasst. Das Recht aus den §§ 81 f. BetrVG steht arbeitnehmerähnlichen Personen mithin grundsätzlich nicht zu.

b) Anwendbarkeit der §§ 81, 82 BetrVG auf arbeitnehmerähnliche Personen
unter Berücksichtigung völkerrechtlicher und unionsrechtlicher Vorgaben

Bei der Auslegung nationalen Rechts dürfen völkerrechtliche und unionsrechtliche Vorgaben jedoch nicht außer Acht gelassen werden.[365] Auch im Zusammenhang mit den Vorschriften der §§ 81, 82 BetrVG sind sie von besonderer Relevanz. Maßgebende Bedeutung haben hierbei insbesondere die auf internationaler Ebene vereinbarten ILO-Übereinkommen Nr. 155 über Arbeitsschutz und Arbeitsumwelt[366] und Nr. 187[367] zum Förderungsrahmen über den Arbeitsschutz sowie die in der Arbeitsschutzrahmenrichtlinie 89/391/EWG vorgesehenen Beteiligungsrechte der Arbeitnehmer bzw. ihrer Vertreter. Es ist fraglich, inwieweit diese den persönlichen Anwendungsbereich der §§ 81 f. BetrVG beeinflussen. Dabei ist zu berücksichtigen, dass sich weder aus den Übereinkommen noch aus der Richtlinie unmittelbar subjektive Rechte einzelner Beschäftigter ergeben. Sie sind vielmehr im Rahmen des innerstaatlichen

---

365 Vgl. ausführlich dazu § 2; *BVerfG*, Beschluss vom 25.02.2010, Az.: 1 BvR 230/09, NZA 2010, 439; *Schubert*, Schutz der arbNähnl. Pers., S. 177.

366 ILO-Übereinkommen Nr. 155 über Arbeitsschutz vom 22.06.1981, abrufbar im Internet unter http://www.ilo.org/ilolex/german/docs/gc155.htm., abgedr. in Übereinkommen und Empfehlungen der IAO, Bd. II, S. 1720 ff.

367 ILO-Übereinkommen Nr. 187 über den Förderungsrahmen für den Arbeitsschutz vom 20.02.2009, abrufbar im Internet unter http://www.ilo.org/ilolex/german/docs/gc187.htm, das anders als das ILO-Übereinkommen Nr. 155 von der Bundesrepublik Deutschland ratifiziert wurde.

Rechts bei der Auslegung und Rechtsfortbildung zu berücksichtigen.[368] Sofern sich aus dem Völker- oder Unionsrecht mithin konkrete Vorgaben im Hinblick auf die Unterrichtung und Anhörung ergeben, stellt sich die Frage der völkerrechtskonformen bzw. unionsrechtskonformen Auslegung/Rechtsfortbildung der §§ 81 f. BetrVG.

aa) Anwendbarkeit der §§ 81, 82 BetrVG auf arbeitnehmerähnliche Personen aufgrund der Vorgaben des ILO-Übereinkommens Nr. 155

Das ArbSchG sieht Anhörungsrechte lediglich in Bezug auf Beschäftigte des öffentlichen Dienstes (§ 14 ArbSchG) und Unterrichtungsrechte lediglich im Falle der Zusammenarbeit mehrerer Arbeitgeber (§ 8 Abs. 1 ArbSchG) und bezüglich „unmittelbare[r] erhebliche[r]" Gefahren" (Art. 9 Abs. 2 ArbSchG) vor. Die §§ 81 f. BetrVG sind auf arbeitnehmerähnliche Personen gleichwohl nicht anwendbar. Möglicherweise ergibt sich aber aus dem ILO-Übereinkommen Nr. 155 über Arbeitsschutz und Arbeitsumwelt die Pflicht der Gerichte, die in den §§ 81 f. BetrVG vorgesehenen Unterrichtungs-, Anhörungs- und Erörterungsrechte im Wege einer völkerrechtskonformen Auslegung bzw. Rechtsfortbildung auf arbeitnehmerähnliche Personen zu erstrecken, denn auch das ILO-Übereinkommen Nr. 155 ist durch seinen partizipativen Charakter geprägt, indem es vornehmlich in Art. 19 lit. c) und e) Unterrichtungs- und Anhörungsrechte der Arbeitnehmer oder ihrer Vertreter vorsieht.[369]

Da auch arbeitnehmerähnliche Personen mit Rücksicht auf den Zweck des Arbeitsschutzes vom personellen Anwendungsbereich des ILO-Übereinkommens Nr. 155 über Arbeitsschutz und Arbeitsumwelt erfasst sein dürften, es folglich auch in Bezug auf arbeitnehmerähnliche Personen ein Unterrichtungs- und Anhörungsrecht im Bereich des Arbeitsschutzes vorsieht, käme eine völkerrechtskonforme Rechtsfortbildung dem Grunde nach auch in Betracht.

Voraussetzung hierfür wäre allerdings, dass mit dem Übereinkommen Nr. 155 auch nationale Verpflichtungen der Bundesrepublik Deutschland einhergehen. Anders als Empfehlungen haben Übereinkommen zwar grundsätzlich bindende Wirkung. Diese innerstaatliche Wirksamkeit können die ILO-Übereinkommen als völkerrechtliche Verträge jedoch erst dann entfalten, wenn sie in das

---

368 BT-Drucks. 12/3495, S. 20; *Wank* in Hanau/Steinmeyer/Wank, § 34, Rn. 93; Münch-Arb-*Kohte*, § 288, Rn. 44.
369 Vgl. § 2, A.

innerstaatliche Recht integriert sind. Hierzu bedarf es der Ratifizierung durch die jeweiligen Mitgliedstaaten, was ein Zustimmungsgesetz nach Art. 59 Abs. 2 GG voraussetzt.[370] Eine entsprechende Ratifizierung des ILO-Übereinkommens Nr. 155 ist im deutschen Recht jedoch bis heute nicht erfolgt[371], weshalb die darin vorgesehenen Rechte der Arbeitnehmer bzw. ihrer Vertreter für den deutschen Gesetzgeber zumindest nicht unmittelbar bindend sind. Nicht gänzlich unberücksichtigt bleiben darf zwar, dass die EU als Völkerrechtssubjekt Träger völkerrechtlicher Rechte und Pflichten ist, d. h. eine Bindung an Völkerrecht besteht und sich auch der EuGH bei der Anwendung des Unionsrechts an Völkerrecht gebunden sieht.[372] Über die Bindung der nationalen Gerichte an das Unionsrecht ergibt sich insofern wiederum eine indirekte bzw. mittelbare Bindung auch an Völkerrecht.

Gleichwohl kann diese Bindung aber mangels Ratifizierung nicht zu einer richtlinienkonformen Rechtsfortbildung der §§ 81 f. BetrVG, mit welcher eine personelle Ausweitung des Anwendungsbereichs einhergehen soll, führen. Denn der Grundsatz der Völkerrechtsfreundlichkeit kann nicht dahingehend überstrapaziert werden, dass bewusste Verfassungsentscheidungen betreffend die Anwendbarkeit bzw. Ratifizierung von Völkervertragsnormen unterlaufen werden.[373] Insoweit kann auch die personelle Reichweite der §§ 81 f. BetrVG nicht unmittelbar durch das ILO-Übereinkommen Nr. 155 beeinflusst werden.[374]Ein mittelbarer Einfluss ist nur über Unionsrecht möglich.

---

370 *Leinemann/Schütz*, BB 1993, 2519 (2519 f.); *Lörcher*, AuR 1991, 97 (103 f.); Münch-Arb-*Kohte*, § 288, Rn. 44; *Wank* in Hanau/Steinmeyer/Wank, § 34, Rn. 80.

371 Vgl. § 2, A. sowie http://www.ilo.org/public/german/region/eurpro/bonn/arbeits normen/index.html., wo sämtliche von der Bundesrepublik Deutschland ratifizierte ILO-Übereinkommen aufgelistet sind und abgerufen werden können.

372 Vgl. § 2, A.; *Kokott* in Streinz, Art. 47 EUV, Rn. 11; *EuGH*, Urteil vom 16.10.2012, Rs. C-364/10 – Ungarn ./. Slowakische Republik, becklink 1022978; *EuGH*, Urteil vom 18.11.2003, Rs. C-216/01 – Budejovický Budvar, národní podnik ./. Rudolf Ammersin GmbH, Budejovický Budvar ./. Ammersin GmbH [American Bud], LMRR 2003, 36; *Dörr* in Grabitz/Hilf/Nettesheim, Art. 47 EUV, Rn. 100 m.w.N; *Ernst-Ulrich* in v.d.Groeben/Schwarze, Art. 307 EG, Rn. 24 ff.; *Philipp* in Schwarze/Becker/Hatje/Schoo, Art. 47 EUV, Rn. 18 ff.

373 *Böhmert*, Das Recht der ILO, S. 171 f.

374 Damit kann hier auch die Frage unerörtert bleiben, ob das ILO-Übereinkommen Nr. 155 überhaupt entsprechende Unterrichtungs- und Anhörungsrechte vorsieht, was aber im Ergebnis zu bejahen ist, vgl. ausführlich unter § 2, A., I.

bb) Anwendbarkeit der §§ 81, 82 BetrVG auf arbeitnehmerähnliche Personen aufgrund der Vorgaben des ILO-Übereinkommens Nr. 187

Neben dem ILO-Übereinkommen Nr. 155 kommt auch dem ILO-Übereinkommen Nr. 187 zum Förderungsrahmen für den Arbeitsschutz maßgebende Bedeutung zu. Auch dieses Übereinkommen enthält Vorgaben in Bezug auf den Arbeitsschutz, die zu einer Anwendung der §§ 81 f. BetrVG auf arbeitnehmerähnliche Personen führen könnten. Anders als das ILO-Übereinkommen Nr. 155, wurde das im Jahr 2006 beschlossene und im Jahr 2009 in Kraft getretene ILO-Übereinkommen Nr. 187 von der Bundesrepublik Deutschland im Jahr 2010 ratifiziert.[375] Es entfaltet somit verbindliche Wirkung.

(1) Wesentlicher Inhalt des ILO-Übereinkommens Nr. 187

Das ILO-Übereinkommen Nr. 187 ist in sechs Abschnitte gegliedert. Während Teil I lediglich Begriffsbestimmungen enthält, werden in Teil II die Ziele des Übereinkommens näher beschrieben. Entsprechend dem darin enthaltenen Art. 2 wird das Ziel des Übereinkommens ganz allgemein darin gesehen, dass jedes Mitglied, das – wie Deutschland – das Übereinkommen ratifiziert hat, zur Verhütung von Arbeitsunfällen, Erkrankungen und Todesfällen die ständige Verbesserung des Arbeitsschutzes zu fördern hat, durch die Entwicklung einer innerstaatlichen Politik, eines innerstaatlichen Systems und eines innerstaatlichen Programms. Dabei sind aktive Maßnahmen zu ergreifen. Es ist in regelmäßigen Abständen zu erwägen, welche Maßnahmen getroffen werden könnten, um die einschlägigen Arbeitsschutzübereinkommen der ILO zu ratifizieren. In Teil III Art. 3 sind schließlich die Anforderungen an die innerstaatliche Politik noch einmal kurz beschrieben. Teil IV befasst sich mit dem nach Art. 2 zu entwickelnden innerstaatlichen System. Danach ist ein innerstaatliches Arbeitsschutzsystem zu entwickeln, das in Art. 4 Ziff. 2 lit. a) – d) und Ziff. 3 lit. a) – h) näher konkretisiert ist und beschreibt, was konkret dieses Arbeitsschutzsystem zu umfassen hat. Das in Teil V vorgegebene innerstaatliche Programm sieht nach Art. 5 Ziff. 1 vor, dass jedes Mitglied in Beratung mit den maßgebenden Verbänden der Arbeitgeber und Arbeitnehmer ein innerstaatliches Arbeitsschutzprogramm auszuarbeiten, umzusetzen, zu überwachen und regelmäßig zu evaluieren hat. Die Anforderungen, die an dieses Programm zu stellen sind, sind schließlich in Ziff. 2 geregelt. Es geht dort im Wesentlichen um die Förderung einer innerstaatlichen, präventiven Arbeitsschutzkultur und die

---

375 BGBl. II, Nr. 13/2010, S. 378; vgl. § 2., A. sowie http://www.ilo.org/public/german/region/eurpro/bonn/arbeitsnormen/index.html.

Beseitigung arbeitsbedingter Gefahren zum Schutz der Arbeitnehmer unter Berücksichtigung des derzeitigen Stands der Arbeitsschutzsituation. Teil VI enthält lediglich Schlussbestimmungen, u. a. im Hinblick auf Inkrafttreten, Wirksamkeit und Kündigung.

(2) Der Arbeitnehmerbegriff des Übereinkommens Nr. 187 – Personelle Einbeziehung arbeitnehmerähnlicher Personen

Auch die Vorgaben des ILO-Übereinkommens Nr. 187 sind für arbeitnehmerähnliche Personen nur dann von Relevanz, wenn das Übereinkommen arbeitnehmerähnliche Personen in seinen persönlichen Schutzbereich einbezieht. Anders als das ILO-Übereinkommen Nr. 155 sieht das Übereinkommen Nr. 187 keine eigenständige Definition des Arbeitnehmerbegriffs vor. Für eine Einbeziehung arbeitnehmerähnlicher Personen spricht zunächst der Verweis auf das Übereinkommen Nr. 155 sowie die Empfehlung Nr. 164 betreffend Arbeitsschutz und Arbeitsumwelt, die jeweils eine eigenständige Definition des Arbeitnehmerbegriffs dahingehend enthalten, dass Arbeitnehmer alle Beschäftigten, einschließlich der öffentlich Bediensteten, sind. Letztlich ist jedoch der Sinn und Zweck des Arbeitsschutzes auch im Rahmen des ILO-Übereinkommens Nr. 187 das entscheidende Argument für die Einbeziehung arbeitnehmerähnlicher Personen. Auch hier gilt, dass arbeitnehmerähnliche Personen aufgrund ihrer faktischen Einbindung in die betriebliche Organisation, in gleicher Weise wie Arbeitnehmer mit den von dem Betrieb ausgehenden Gesundheitsgefahren in Berührung kommen und sie insoweit des gleichen Schutzes wie persönlich abhängige Beschäftigte bedürfen.[376]

(3) Auswirkungen des Übereinkommens Nr. 187 auf die Anwendbarkeit der §§ 81, 82 BetrVG auf arbeitnehmerähnliche Personen – Übereinkommenskonforme Auslegung

Den vorherigen Ausführungen entsprechend, erfasst das ILO-Übereinkommen Nr. 187 in personeller Hinsicht nicht lediglich persönlich abhängig Beschäftigte. Vielmehr sind auch die wirtschaftlich Abhängigen, die faktisch auf die Betriebsorganisation ihres Auftraggebers angewiesen sind und mit den vom Betrieb ausgehenden Gefahren in Berührung kommen, durch das Übereinkommen geschützt. Da das Übereinkommen in der Bundesrepublik ratifiziert wurde, kommt ihm auf

---

376 Vgl. bereits die Ausführungen unter § 2, B., III., 6.

nationaler Ebene der Rang eines einfachen Bundesgesetzes zu.[377] Insoweit könnte das Übereinkommen geeignet sein, Einfluss auf die personelle Reichweite der §§ 81 f. BetrVG zu üben. Hierbei ist zu berücksichtigen, dass die ILO-Übereinkommen als Normen des objektiven Rechts im Anschluss an ihre Ratifizierung lediglich die Träger hoheitlicher Gewalt binden; sie verleihen keine unmittelbaren Rechte der Beschäftigten.[378] Verwaltungsbehörden und Gerichte lassen den ILO-Übereinkommen insoweit lediglich mittelbar Wirkung zukommen.[379] Allerdings kommt den Übereinkommen auf horizontaler Ebene insoweit Wirkung zu, als die Gerichte verpflichtet sind, die Übereinkommen der ILO bei der Auslegung nationalen Rechts zu berücksichtigen und ihrem Sinn und Zweck entsprechend zu würdigen, sog. übereinkommenskonforme Auslegung.[380] Eine solche übereinkommenskonforme Auslegung scheitert auch nicht an einem eindeutig entgegenstehenden Willen, völkerrechtskonform zu handeln. Der Wille zu völkerrechtskonformem Handeln kann nämlich dann unterstellt werden, wenn der Gesetzgeber selbst davon ausgeht, den Anforderungen, die das Völkerrecht setzt, bereits gerecht zu werden. Der deutsche Gesetzgeber hat eine entsprechende Auffassung vertreten. In der Denkschrift zu dem entsprechenden Zustimmungsgesetz wird zu den jeweiligen Artikeln des Übereinkommens Stellung genommen und jeweils ausgeführt, dass eine Umsetzung in nationales Recht aufgrund der bereits bestehenden Rechtsvorschriften bereits gewährleistet sei.[381]

Eine übereinkommenskonforme Auslegung der §§ 81 f. BetrVG würde jedoch voraussetzen, dass das Übereinkommen Nr. 187 hinreichende Vorgaben zur Unterrichtung und Anhörung der Arbeitnehmer bzw. ihrer Vertreter vorsieht, denen die Bundesrepublik nur dadurch gerecht werden kann, dass die §§ 81 f. BetrVG auf arbeitnehmerähnliche Personen erstreckt werden. Denn nur dann, wenn eine einzelne Norm eines Übereinkommens nach Inhalt, Zweck und Fassung geeignet und bestimmt ist, subjektive Rechte und Pflichten Einzelner erkennen zu lassen,

---

377 *Böhmert*, Das Recht der ILO, S. 154; zur Stellung der ILO-Übereinkommen in der Normenhierarchie, insbesondere zu deren unmittelbarer Anwendbarkeit ausführlich: *dies.*, Das Recht der ILO, S. 154 ff.
378 BT-Drucks. 12/3495, S. 20; *Wank* in Hanau/Steinmeyer/Wank, § 34, Rn. 93; Münch-Arb-*Kohte*, § 288, Rn. 44.
379 Vgl. § 2, A.; *Lörcher*, AuR 1991, 97 (103 f.); *Böhmert*, Das Recht der ILO, S. 163 f.
380 *Leinemann/Schütz*, BB 1993, 2519 (2519 f.) *Lörcher*, AuR 1991, 97 (103 f.); Münch-Arb-*Kohte*, § 288, Rn. 44.
381 BT-Drucks. 17/428, S. 14 ff.

es also keiner weiteren Normsetzung mehr bedarf, kommt eine übereinkommenskonforme Auslegung durch die Gerichte in Betracht.[382]

Hieran fehlt es vorliegend. Das ILO-Übereinkommen Nr. 187 legt – anders
als die bisherigen Übereinkommen zum Arbeitsschutz, insbesondere anders als
das ILO-Übereinkommen Nr. 155 – keine detaillierten Vorgaben fest, sondern
beschränkt sich auf die Niederlegung allgemeiner Grundsätze für die Gestaltung
einer nationalen Arbeitsschutzpolitik.[383] Zwar verweist das Übereinkommen Nr.
187 auch auf das Übereinkommen Nr. 155, das den Arbeitnehmervertretern im
Bereich des Arbeitsschutzes in Art. 19 ein Unterrichtungs- und Anhörungsrecht
auf betrieblicher Ebene einräumt. Diese Verweisung ist allerdings nicht als Anerkennung und Ratifizierung des gesamten Inhalts des Übereinkommens Nr. 155
zu verstehen. Entsprechend heißt es im Übereinkommen Nr. 187, dass auf das
Übereinkommen Nr. 155 verwiesen wird, das „für den Förderrahmen für den Arbeitsschutz relevant" ist. Es wird nicht auf dessen konkreten Inhalt Bezug genommen. Bestätigt wird diese Auffassung auch durch die Denkschrift zu dem
Zustimmungsgesetz des ILO-Übereinkommens Nr. 187. Darin wird zu keiner der
Vorschriften aus dem Übereinkommen Nr. 155 Stellung genommen.[384] Wäre das
Übereinkommen Nr. 155 zugleich Inhalt des Übereinkommens Nr. 187, hätte es
entsprechender Ausführungen bedurft. Zudem ist das Übereinkommen Nr. 155
selbst nach wie vor nicht durch die Bundesrepublik Deutschland ratifiziert worden, sodass auch vor diesem Hintergrund nicht davon ausgegangen werden kann,
dass das Übereinkommen Nr. 155 durch Ratifizierung des Übereinkommens Nr.
187 vollumfänglich anerkannt worden sein soll.

Folglich sind dem Übereinkommen Nr. 187 keine Vorgaben hinsichtlich Unterrichtung und Anhörung der Arbeitnehmer im Bereich des Arbeitsschutzes zu entnehmen, die zu einer übereinkommenskonformen Auslegung der §§ 81 f. BetrVG
führen könnten.

(4) Zusammenfassung zur Anwendbarkeit der §§ 81, 82 BetrVG auf
arbeitnehmerähnliche Personen aufgrund der Vorgaben des ILO-
Übereinkommens Nr. 187

Das ILO-Übereinkommen Nr. 187 ist in personeller Hinsicht auf arbeitnehmerähnliche Personen anwendbar. Es wurde in der Bundesrepublik Deutschland zudem
ratifiziert und hat hierdurch innerstaatliche Geltung erlangt. Das Übereinkommen

---

382 *Wank* in Hanau/Steinmeyer/Wank, § 34, Rn. 95 f.
383 BT-Drucks. 17/428, S. 14.
384 BT-Drucks. 17/428.

sieht jedoch lediglich allgemeine Grundsätze für die Gestaltung einer nationalen Arbeitsschutzpolitik vor, enthält aber keine detaillierten Vorschriften, insbesondere nicht im Hinblick auf Unterrichtung und Anhörung der Arbeitnehmer im Bereich des Arbeitsschutzes. Das Übereinkommen ist mangels entsprechender Vorgaben nicht geeignet, Auswirkungen auf den personellen Anwendungsbereich der §§ 81 f. BetrVG zu entfalten.

cc) Anwendbarkeit der §§ 81, 82 BetrVG auf arbeitnehmerähnliche Personen aufgrund einer richtlinienkonformen Auslegung oder einer richtlinienkonformen Rechtsfortbildung

Von besonderer Relevanz ist im Zusammenhang mit den Vorschriften der §§ 81, 82 BetrVG die Arbeitsschutzrahmenrichtlinie 89/391/EWG. Diese schreibt für den Bereich des Arbeits- und Gesundheitsschutzes insbesondere in den Art. 10 f. die Partizipation der Beschäftigten vor und räumt ihnen umfassende Unterrichtungs-, Anhörungs- und Beteiligungsrechte ein.[385] Nach Art. 10 lit. a) hat der Arbeitgeber insbesondere dafür Sorge zu tragen, dass die Arbeitnehmer bzw. ihre Vertreter alle erforderlichen Informationen erhalten über „die Gefahren für Sicherheit und Gesundheit sowie die Schutzmaßnahmen zur Gefahrenverhütung im Unternehmen bzw. im Betrieb im allgemeinen und für die einzelnen Arten von Arbeitsplätzen bzw. Aufgabenbereichen".[386] Die Unterrichtung hat sich nach Art. 10 Abs. 1 lit. b) der Richtlinie 89/391/EWG ferner auf diejenigen Maßnahmen zu erstrecken, die nach Art. 8 Abs. 2 der Richtlinie zur Benennung der Arbeitnehmer ergriffen wurden, die für Erste Hilfe, Brandbekämpfung und Evakuierung der Arbeitnehmer zuständig sind. Art. 11 der Richtlinie 89/391/EWG gibt den Arbeitnehmern bzw. deren Vertretern hiermit korrespondierend ein Recht auf Anhörung und Beteiligung. Danach muss der Arbeitgeber die Arbeitnehmer hören und die Beteiligung der Arbeitnehmer bzw. deren Vertreter bei allen Fragen betreffend die Sicherheit und die Gesundheit am Arbeitsplatz ermöglichen. Dies beinhaltet dem Wortlaut der Richtlinie zufolge „die Anhörung der Arbeitnehmer", „das Recht der Arbeitnehmer bzw. ihrer Vertreter, Vorschläge zu unterbreiten" und „die ausgewogene Beteiligung nach nationalen Rechtsvorschriften."[387] Im Folgenden soll

---

385 Vgl. bereits die Ausführungen zur Partizipation der Beschäftigten § 2, B., I., 4. sowie § 2, B., II., 2.

386 Vgl. Art. 10 der Richtlinie 89/391/EWG.

387 Was genau unter dem Passus „ausgewogene Beteiligung nach den nationalen Rechtsvorschriften" in Sinne der Richtlinie 89/391/EWG zu verstehen ist, kann im Rahmen der Untersuchung des personellen Anwendungsbereichs der §§ 81 f. BetrVG noch

zunächst geklärt werden, was unter den Begriffen Unterrichtung und Anhörung zu verstehen ist. Anschließend wird zu untersuchen sein, welche Rechtsfolgen eine entsprechende Auslegung für die Anwendbarkeit der §§ 81 f. BetrVG auf arbeitnehmerähnliche Personen haben würde und ob die Ausdehnung auf arbeitnehmerähnliche Personen aufgrund einer richtlinienkonformen Auslegung oder Rechtsfortbildung angezeigt ist.

(1) Unterrichtung und Anhörung nach Art. 10 und 11
     der Richtlinie 89/391/EWG

Ausgehend von dem Ziel der Richtlinie 89/391/EWG, Maßnahmen zur Verbesserung der Sicherheit und des Gesundheitsschutzes am Arbeitsplatz durchzuführen, enthält die Richtlinie allgemeine Grundsätze für die Information, Anhörung und die ausgewogene Beteiligung nach den nationalen Rechtsvorschriften bzw. Praktiken. Diese sind – wie bereits ausgeführt – geregelt in Art. 10 und 11 der Richtlinie. Nach Art. 10 der Richtlinie 89/391/EWG hat der Arbeitgeber die Arbeitnehmer bzw. deren Vertreter zu unterrichten über die Gefahren für die Sicherheit und Gesundheit, die Schutzmaßnahmen und Maßnahmen zur Gefahrenverhütung sowie über die zur Ersten Hilfe, Brandbekämpfung und Evakuierung der Arbeitnehmer nach Art. 8 Abs. 2 der Richtlinie 89/391/EWG zu ergreifenden und ergriffenen Maßnahmen. Darüber hinaus hat der Arbeitgeber die Arbeitnehmer bzw. deren Vertreter betreffend die Sicherheit und die Gesundheit am Arbeitsplatz anzuhören und deren Beteiligung zu ermöglichen, Art. 11 der Richtlinie 89/391/EWG. Bei der Frage nach der Bedeutung der Begriffe Unterrichtung und Anhörung ist auch die Richtlinie 2002/14/EG zu berücksichtigen. Diese sieht ebenso wie die Arbeitsschutzrahmenrichtlinie Unterrichtungs- und Anhörungsrechte der Arbeitnehmer bzw. deren Vertreter vor. Ausgehend von einem allgemeinen Konzept betreffend die Unterrichtung und Anhörung sind die Anforderungen, die an die Unterrichtung und Anhörung zu stellen sind, den Richtlinien 89/391/EWG und 2002/14/EG zu entnehmen.

---

offen bleiben, da durch §§ 81 f. BetrVG lediglich das in Art. 10 und 11 der Richtlinie 89/391/EWG genannte Unterrichtungs- und Anhörungsrecht, mithin gerade nicht das weiter zu gewährende Beteiligungsrecht gewährleistet werden soll. Auf die Auswirkungen der Pflicht zur ausgewogenen Beteiligung wird an späterer Stelle unter § 4, B., II., 1., c), aa) noch einzugehen sein.

(a) Zeitpunkt der Unterrichtung und Anhörung

Die Richtlinie 89/391/EWG enthält keine ausdrückliche Regelung in Bezug auf den Zeitpunkt der Unterrichtung. Art. 10 der Richtlinie 89/391/EWG legt dem Arbeitgeber die Pflicht auf, „geeignete Maßnahmen" zu treffen, damit die Arbeitnehmer bzw. deren Vertreter alle „erforderlichen Informationen" erhalten. Hier könnte dahingehend argumentiert werden, dass diese Anforderungen nur dann erfüllt werden können, wenn die Information frühzeitig erfolgt. Nach Art. 11 der Richtlinie 89/391/EWG werden die Arbeitnehmer bzw. deren Vertreter in ausgewogener Weise beteiligt oder vorher vom Arbeitgeber gehört.[388]

Einen Anhaltspunkt für das genaue Verständnis bezüglich des Zeitpunkts der Unterrichtung bietet die Rahmenrichtlinie 2002/14/EG. Nach Art. 4 Abs. 3 dieser Richtlinie hat die Unterrichtung zu einem Zeitpunkt zu erfolgen, der dem Zweck angemessen ist und es den Arbeitnehmervertretern ermöglicht, die Informationen angemessen zu prüfen und gegebenenfalls die Anhörung vorzubereiten.[389] Der Zeitpunkt hat sich am Zweck der Unterrichtung zu orientieren.[390] Jedenfalls zeigen aber die Erwägungsgründe Nr. 6 bis 10 der Richtlinie 2002/14/EG, dass Entscheidungen, die Arbeitnehmer betreffen, nicht getroffen werden dürfen, ohne diese rechtzeitig zu unterrichten und anzuhören, da nur so die mit den Entscheidungen einhergehenden Folgen für die Arbeitnehmer verhindert bzw. minimiert werden können.[391] Der der Richtlinie zugrunde liegende Gedanke der Antizipation und Prävention verdeutlicht, dass die Arbeitnehmervertreter beteiligt werden müssen, *bevor* die Entscheidung fällt.[392] Bestätigt wird dies insbesondere durch Nr. 13 der Erwägungsgründe, der ein Handeln „im Nachhinein" gerade als nicht ausreichend deklariert. Antizipation und Prävention sind aber nicht nur Grundlage der Richtlinie 2002/14/EG. Vielmehr ist der Grundsatz der Antizipation und Prävention auch wesentlicher Gedanke der Richtlinie 89/391/EWG. Die Arbeitnehmer bzw. deren Vertreter müssen durch Information und Anhörung involviert werden, wobei dies zu einem Zeitpunkt zu erfolgen hat, in welchem eine Entscheidung noch nicht

---

388 *Nebe/Ritschel*, Concept of information and consultation, S. 167.
389 *Gerdom*, Unterrichtungs- und Anhörungspflichten, S. 87.
390 *Fuchs/Marhold*, Europäisches Arbeitsrecht, S. 297.
391 *Nebe/Ritschel*, Concept of information and consultation, S. 165; vgl. auch *EuGH*, Urteil vom 27.01.2005, Rs. C-188/03 – Junk, bezüglich des Zeitpunkts der Unterrichtung betreffend die Richtlinie 98/59/EG des Rates vom 20.07.1998 zur Angleichung der Rechtsvorschriften der Mitgliedstaaten über Massenentlassungen, ABl. Nr. L 225/16; HaKo-BetrVG/*Kohte*, Richtlinie 2002/14/EG, Rn. 11;; *Reichold*, NZA 2003, 289 (295); *Weiss*, NZA 2003, 177 (183).
392 *Gerdom*, Unterrichtungs- und Anhörungspflichten, S. 88.

getroffen wurde. Das Ziel der Richtlinie, die Gesundheit und Sicherheit der Arbeitnehmer am Arbeitsplatz sicherzustellen, kann nämlich nur dann erreicht werden, wenn auch Prävention und Antizipation garantiert werden.[393]

(b) Inhalt von Unterrichtung und Anhörung

Nicht nur der Zeitpunkt der Unterrichtung ist entscheidend für die Sicherung des Gesundheitsschutzes der Arbeitnehmer. Gleichermaßen von Relevanz ist der Inhalt der Unterrichtung. Konkretisiert wird der Inhalt der Unterrichtung und Anhörung in Art. 10 und 11 der Richtlinie 89/391/EWG. Der dieser Konkretisierung zugrunde liegende Gedanke findet sich auch in der Richtlinie 2002/14/EG. Nach Art. 4 Abs. 3 dieser Richtlinie müssen die Arbeitnehmervertreter in die Lage versetzt werden, die Informationen angemessen zu prüfen und gegebenenfalls die Anhörung vorzubereiten. Das Maß der Informationen ist daher jeweils am konkreten Sachverhalt zu messen. Die Informationspflicht kann – abhängig von der Komplexität des Sachverhalts – daher so weit gehen, dass schriftliche Unterlagen übermittelt werden müssen.[394] Im Hinblick auf das Ziel der Richtlinie 89/391/EWG muss dies so auch für die von ihr festgelegten Unterrichtungs- und Anhörungspflichten gelten. Denn um den Gesundheitsschutz der Arbeitnehmer sicherstellen zu können, müssen sie auf eine Art und Weise informiert und angehört werden, dass sie sich mit den Risiken, die eine geplante Maßnahme des Arbeitgebers mit sich bringt, auseinandersetzen und vertraut machen können. Sie müssen den Sachverhalt kennen und ihn untersuchen können, um sich auf das der Information folgende Anhörungsverfahren vorbereiten zu können.[395]

(c) Zusammenfassung zur Unterrichtung und Anhörung nach Art. 10 und 11 der Richtlinie 89/391/EWG und deren Umsetzung im deutschen Recht

Zusammenfassend lässt sich feststellen, dass sowohl der Richtlinie 89/391/EWG als auch der Richtlinie 2002/14/EG ein einheitlicher Gedanke zugrunde liegt. Die Informations- und Anhörungspflichten sind im Bereich des Gesundheitsschutzes gleichermaßen konstruiert wie im Bereich der Restrukturierung. Es kann von

---

393 Vgl. bereits § 2, B., I., 3. und 4.; *Nebe/Ritschel*, Concept of information and consultation, S. 167.

394 *Gerdom*, Unterrichtungs- und Anhörungspflichten, S. 89; *EuGH*, Urteil vom 29.03.2001, Rs. C-62/99 – Betriebsrat der bofrost* Josef H. Boquoi Deutschland West GmbH & Co. KG ./. Bofrost* Josef H. Boquoi Deutschland West GmbH & Co. KG, Slg. 2001, I-2579.

395 MünchArb-*Kohte*, § 290, Rn. 56.

einem einheitlichen Rahmen gesprochen werden, der eine Unterrichtung und Anhörung der Arbeitnehmer bzw. deren Vertreter zu einem angemessenen Zeitraum und mit angemessenem Inhalt vorsieht.

Die zuvor beschriebenen Rechte auf Unterrichtung und Anhörung, die die Richtlinie 89/391/EWG vorschreibt, werden im deutschen Recht durch §§ 81 f. BetrVG umgesetzt.[396] § 81 Abs. 1. S. 2 BetrVG gewährt den Arbeitnehmern, entsprechend den Richtlinienvorgaben, ein Recht, über sämtliche Arbeitsschutzmaßnahmen im Betrieb unterrichtet zu werden. § 81 Abs. 2 BetrVG verpflichtet den Arbeitgeber ferner, die Arbeitnehmer auch bei Veränderungen ihres Arbeitsbereichs über diese Veränderung zu informieren. § 81 Abs. 3 BetrVG sieht schließlich die Pflicht vor, die Arbeitnehmer auch dann zu allen Maßnahmen zu hören, die Auswirkungen auf die Sicherheit und die Gesundheit der Arbeitnehmer haben können, wenn ein Betriebsrat nicht existiert. § 82 Abs. 1 BetrVG sieht darüber hinaus ein Anhörungsrecht vor, das – sofern der Bereich des Arbeitsschutzes betroffen ist – dem Anhörungsrecht aus Art. 11 der Richtlinie entspricht.

Die in Art. 10 und 11 der Richtlinie 89/391/EWG geregelten Unterrichtungs- und Anhörungsrechte, die aufgrund der personellen Reichweite der Richtlinie auch arbeitnehmerähnlichen Personen zukommen, finden im nationalen Recht in Bezug auf arbeitnehmerähnliche Personen jedoch keine hinreichende Entsprechung. Die §§ 81 f. BetrVG sind auf arbeitnehmerähnliche Personen gerade nicht unmittelbar anwendbar, da sie keine Arbeitnehmer im Sinne des § 5 BetrVG sind. Auch im ArbSchG findet sich keine entsprechende Regelung über die Unterrichtung und Anhörung zugunsten der Beschäftigten. Das ArbSchG gewährt Unterrichtungs- und Anhörungsrechte lediglich den Beschäftigten im öffentlichen Dienst (vgl. § 14 ArbSchG).[397] Weitergehende Regelungen hielt der Gesetzgeber nicht für notwendig, da die Unterrichtungs- und Anhörungsrechte ihren Niederschlag bereits im BetrVG gefunden haben.[398] Die Richtlinie wurde damit in personeller Hinsicht nicht hinreichend in deutsches Recht umgesetzt. Im Sinne der Richtlinienkonformität bedarf es daher einer Erstreckung der §§ 81 f. BetrVG auf arbeitnehmerähnliche Personen, wobei ein Anhörungsrecht nach § 82 BetrVG nur den Bereich des Arbeitsschutzes betreffend greifen kann. Hierbei ist zum einen eine richtlinienkonforme Auslegung zum anderen eine richtlinienkonforme Rechtsfortbildung in Betracht zu ziehen.

---

396 BT-Drucks. 13/3540, S. 22; *Pottschmidt*, ArbNähnl. Pers. in Europa, S. 240.
397 Vgl. § 4, A., I., 2., b), aa).
398 BT-Drucks. 13/3540, S. 22.

(2) Richtlinienkonforme Auslegung der §§ 81, 82 BetrVG

Eine richtlinienkonforme Auslegung verlangt, „dass die nationalen Gerichte unter Berücksichtigung des gesamten nationalen Rechts und unter Anwendung ihrer Auslegungsmethoden alles tun, was in ihrer Zuständigkeit liegt, um die volle Wirksamkeit der fraglichen Richtlinie zu gewährleisten und zu einem Ergebnis zu gelangen, das mit dem von der Richtlinie verfolgten Ziel übereinstimmt."[399] Sinn und Zweck einer richtlinienkonformen Auslegung ist damit die Sicherstellung unionstreuen Verhaltens eines jeden Mitgliedstaates.[400] Sie ist nach der Rechtsprechung des EuGH und der herrschenden Meinung in Literatur und Rechtsprechung nach Ablauf der Umsetzungsfrist auch in Rechtskonflikten zwischen Privaten geboten.[401] Eine entsprechende Auslegung setzt in einem ersten Schritt aber zwingend voraus, dass die auszulegende Norm überhaupt einen auslegungsfähigen Rahmen bereit stellt, denn anderenfalls wäre für eine Auslegung kein Raum.[402] Es ist ein Beurteilungsspielraum der nationalen Gerichte erforderlich. Das Vorliegen eines solchen Beurteilungsspielraums ist hier jedoch fraglich. Auch wenn der Begriff des Arbeitnehmers, der vorliegend allein als auszulegender Begriff heranzuziehen ist, grundsätzlich auslegungsfähig ist, muss berücksichtigt werden, dass im deutschen Recht nur diejenigen Beschäftigten als Arbeitnehmer angesehen werden, die ihre Tätigkeit in persönlicher Abhängigkeit gegenüber ihrem Auftraggeber ausüben und auch das BetrVG selbst einen Arbeitnehmerbegriff zugrunde legt, der arbeitnehmerähnliche Personen gerade nicht erfassen soll. Es fehlt daher schon an dem erforderlichen auslegungsfähigen Rahmen. Auf die Frage, ob eine richtlinienkonforme Auslegung zu einer Interpretation contra legem oder zu einem Verstoß gegen allgemeine Rechtsgrundsätze wie z. B. den Grundsatz der Rechtssicherheit und das Rückwirkungsgebot führen würde, was eine Auslegung grundsätzlich verbietet[403], kommt es somit nicht an. Eine richtlinienkonforme Auslegung der §§ 81 f. BetrVG ist bereits mangels Auslegungsfähigkeit nicht möglich.

---

399   *EuGH*, Urteil vom 04.07.2006, Rs. C-212/04 – Adeneler u. a. ./. Ellinikos Organismos Galaktos, Slg. 2006, I-6057, Rn. 111.

400   *Pottschmidt*, ArbNähnl. Pers. in Europa, S. 234.

401   *EuGH*, Urteil vom 25.10.2005, Rs. C-350/03 – Schulte ./. Deutsche Bausparkasse Badenia AG, Slg. 2005, S. I-9215 ff., Rn. 71; *Gänswein*, Grundsatz unionsrechtskonformer Auslegung, S. 42 f.; *Nebe*, Betrieblicher Mutterschutz, S. 164; *Pottschmidt*, ArbNähnl. Pers. in Europa, S. 234.

402   *Pottschmidt*, ArbNähnl. Pers. in Europa, S. 235.

403   *Gänswein*, Grundsatz unionsrechtskonformer Auslegung, S. 58 ff.; *Jarass/Beljin*, JZ 2003, 768 (776); *Nebe*, Betrieblicher Mutterschutz, S. 165; *Pottschmidt*, ArbNähnl. Pers. in Europa, S. 244.

(3) Richtlinienkonforme Rechtsfortbildung der §§ 81, 82 BetrVG

Nachdem eine richtlinienkonforme Auslegung der §§ 81 f. BetrVG mangels Auslegungsfähigkeit ausscheidet, ist die Möglichkeit der richtlinienkonformen Rechtsfortbildung in Betracht zu ziehen. Das Gebot der richtlinienkonformen Interpretation beschränkt sich nicht auf eine bloße Auslegung, sondern ermöglicht auch die Fortbildung des nationalen Rechts.[404] Auch wenn dies teilweise[405] als problematisch angesehen wird, ist mit dem EuGH[406] von einer Verpflichtung der nationalen Gerichte auszugehen, nationales Recht im Sinne der Richtlinienkonformität fortzubilden. Im Folgenden soll – diesen Gedanken aufgreifend – näher dargestellt werden, inwieweit die Anwendbarkeit der §§ 81 f. BetrVG durch eine richtlinienkonforme Rechtsfortbildung erreicht werden kann. Dabei sollen zunächst die Voraussetzungen der richtlinienkonformen Rechtsfortbildung allgemein dargestellt werden, um die §§ 81 f. anschließend einer richtlinienkonformen Rechtsfortbildung zuzuführen.

(a) Voraussetzungen der richtlinienkonformen Rechtsfortbildung

Eine richtlinienkonforme Rechtsfortbildung kommt grundsätzlich erst dann in Betracht, wenn die in der Richtlinie vorgesehene Umsetzungsfrist abgelaufen ist, es sei denn, die Richtlinie ist bereits vorher in nationales Recht umgesetzt worden. Nur dann kann ein Verstoß gegen unionsrechtliche Vorgaben angenommen werden. Im Übrigen richtet sich die Rechtsfortbildung nach dem jeweiligen nationalen Recht.[407] Im deutschen Recht erfordert eine Rechtsfortbildung das Vorliegen einer planwidrigen Regelungslücke, wobei die Planwidrigkeit im Sinne einer planwidrigen Unvollständigkeit der gesetzlichen Regelung zu verstehen ist.[408] Entsprechendes gilt mithin auch für die richtlinienkonforme Rechtsfortbildung. Eine Unvollständigkeit des Gesetzes wird immer dann gegeben sein, wenn eine erlassene Richtlinie nicht hinreichend in innerstaatliches Recht umgesetzt wurde. In diesem Fall genügt der Umsetzungsakt nicht dem Richtlinienziel, weshalb entsprechend der Pflicht zu unionstreuem Verhalten eine Pflicht

---

404 *Klöckner*, Grenzüberschreitende Bindung, S. 84.

405 Vgl. hierzu *Pottschmidt*, ArbNähnl. Pers. in Europa, S. 242 m.w.N.

406 *EuGH*, Urteil vom 13.11.1990, Rs. C-106/89 – Marleasing ./. Comercial Internacional de Alimentación, Slg. 1990, S. I-4135, Rn. 8.

407 *Jarass/Beljin*, JZ 2001, 768 (774 f.); *Pottschmidt*, ArbNähnl. Pers. in Europa, S. 243 f.

408 *Kroll-Ludwigs/Ludwigs*, ZJS 2009, S. 125; *Larenz/Canaris*, Methodenlehre, S. 191 ff.; *Pottschmidt*, ArbNähnl. Pers. in Europa, S. 244.

des Umsetzungsstaates zur richtlinienkonformen Rechtsfortbildung besteht.[409] Die Verpflichtung zu unionsrechtskonformer Rechtsfindung ist jedoch durch den Grundsatz der Rechtssicherheit beschränkt. Sie darf nicht „contra legem" erfolgen. Eine richtlinienkonforme Rechtsfortbildung durch die Gerichte scheitert daher spätestens dort, wo sie eine eindeutige Entscheidung des Gesetzgebers ändert und gegen die Bindung an Recht und Gesetz sowie das Gewaltenteilungsprinzip verstieße.[410] Die Unvollständigkeit des nationalen Rechts muss demnach dem Willen des Gesetzgebers widersprechen, mithin planwidrig sein. Nur wenn der nationale Gesetzgeber sich nicht bewusst gegen die hinreichende Umsetzung der Richtlinie entschieden hat, ist eine Rechtsfortbildung im Sinne des Unionsrechts möglich. Es ist dabei nicht von einem generellen Umsetzungswillen auszugehen. Dies hätte nämlich zur Folge, dass eine richtlinienkonforme Rechtsfortbildung im Falle einer nicht hinreichenden Umsetzung einer Richtlinie immer möglich wäre, da die Voraussetzungen schließlich immer vorlägen. Es kommt demzufolge allein und ausschließlich auf die konkrete Regelungsabsicht des nationalen Gesetzgebers an, also darauf, ob sich der Gesetzgeber bewusst für die nicht hinreichende Umsetzung der Richtlinie entschieden hat. So soll es demzufolge nach dem BGH auf den Widerspruch zwischen der konkreten Regelungsabsicht und der „konkret geäußerten, von der Annahme der Richtlinienkonformität getragenen Umsetzungsabsicht des Gesetzgebers" ankommen.[411]

(b) Möglichkeit der richtlinienkonformen Rechtsfortbildung
der §§ 81, 82 BetrVG

Eine richtlinienkonforme Rechtsfortbildung der §§ 81 f. BetrVG dahingehend, dass die dort vorgesehenen Unterrichtungs- und Anhörungsrechte auch arbeitnehmerähnlichen Personen zukommen, ist entsprechend den vorstehenden Ausführungen davon abhängig, ob sich der deutsche Gesetzgeber bewusst für eine lückenhafte Umsetzung der in der Richtlinie 89/391/EWG enthaltenen

---

409 Die Frage, ob einzelne Bestimmungen der Richtlinie 89/391/EWG unmittelbare Wirkung entfalten und dem Einzelnen insoweit Rechte gewährt werden, spielt im Rahmen der vorliegenden Arbeit keine Rolle. Denn selbst wenn dies der Fall wäre, würde die unmittelbare Wirkung nicht dazu führen, dass dem Einzelnen auch im Rahmen eines Rechtsstreit zwischen Privaten entsprechende Rechte zustünden, vgl. hierzu *BGH*, Urteil vom 26.11.2008, Az.: VIII ZR 200/05, NJW 2009, 427 (430).
410 *BAG*, Urteil vom 17.11.2009, Az.: 9 AZR 844/08, NZA 2010, 1020 (1022 f.), Rn. 23, 26 ff.
411 *BGH*, Urteil vom 26.11.2008, Az.: VIII ZR 200/05, NJW 2009, 427 (428).

Unterrichtungs- und Anhörungsrechte entschieden hat. Dies wiederum hängt maßgeblich davon ab, ob sich der Gesetzgeber bei der Umsetzung der Richtlinie der personellen Reichweite der Richtlinie bewusst war und – sofern das bejaht wird – ob er die Beteiligungsrechte der §§ 81 f. BetrVG gleichwohl willentlich auf Arbeitnehmer im Sinne des § 5 BetrVG beschränkt hat. Nur wenn der Gesetzgeber die arbeitnehmerähnlichen Personen (mit Ausnahme der in Heimarbeit Beschäftigten) nicht bewusst aus dem Anwendungsbereich der §§ 81 f. BetrVG ausgeklammert hat, besteht die Möglichkeit, die §§ 81 f. BetrVG richtlinienkonform fortzubilden, arbeitnehmerähnlichen Personen mithin die dort vorgesehenen Beteiligungsrechte einzuräumen. Es ist somit nach Anhaltspunkten zu suchen, die Aufschluss darüber geben können, ob sich der Gesetzgeber willentlich für eine richtlinienwidrige Umsetzung entschieden hat.

(aa) Die Umsetzung der EG-Rahmenrichtlinie in nationales Recht

Einen ersten Anknüpfungspunkt für den gesetzgeberischen Willen bieten der Entwurf eines Gesetzes zur Umsetzung der EG-Rahmenrichtlinie Arbeitsschutz und weiterer Arbeitsschutzrichtlinien sowie die dazugehörige Begründung.[412] Zu Beginn des Gesetzesentwurfs heißt es zunächst unter dem Gliederungspunkt „Zielsetzung", dass Ziel dieses Gesetzes die *vollständige* Umsetzung von EG-Richtlinien zum betrieblichen Arbeitsschutz sei, wozu insbesondere die Richtlinie 89/391/EWG gehöre.[413] Wiederholt wird dieser gesetzgeberische Wille nochmals im Rahmen der Begründung. Auch dort wird zur Zielsetzung ausgeführt, dass der Gesetzesentwurf Regelungen zur Anpassung des bestehenden Rechts an die Richtlinie 89/391/EWG über die Durchführung von Maßnahmen zur Verbesserung der Sicherheit und Gesundheit der Arbeitnehmer enthalte.[414] Im Sinne einer vollständigen Umsetzung der Arbeitsschutzrichtlinien bezog sich dieser Umsetzungswille nicht lediglich auf den sachlichen, sondern auch auf den personellen Anwendungsbereich der Richtlinie 89/391/EWG. Zum Begriff des Beschäftigten, wie er im ArbSchG seinen Niederschlag gefunden hat, stellte der Gesetzgeber in der Begründung klar, dass mit der Definition des Begriffs ‚Beschäftigte' all diejenigen Personen bestimmt werden sollten, die aufgrund einer rechtlichen Beziehung zum Arbeitgeber Arbeitsleistungen erbringen und durch die Arbeitsschutzmaßnahmen vor Gesundheitsgefahren geschützt werden sollen. Wegen der Vielfalt der rechtlichen Gestaltungsmöglichkeiten, in denen abhängige Arbeit geleistet werde,

---

412 BT-Drucks. 13/3540.
413 BT-Drucks. 13/3540, S. 1.
414 BT-Drucks. 13/3540, S. 11.

erscheine der Begriff „Beschäftigte" als geeigneter weiter Oberbegriff. Insbesondere seien neben den Arbeitnehmerinnen und Arbeitnehmern des öffentlichen Dienstes auch Beamtinnen und Beamte erfasst. Der Begriff „Beschäftigte" für alle diejenigen Personen, die durch die Arbeitsschutzvorschriften geschützt werden sollen, finde sich bereits in verschiedenen Gesetzen zur technischen Sicherheit.[415] Weiter heißt es in der Gesetzesbegründung, dass die Begriffsbestimmungen in § 2 Abs. 2 inhaltlich von Art. 3 lit. a) der Rahmenrichtlinie ausgehen und sich an die Arbeitnehmerdefinition in § 5 Abs. 1 Arbeitsgerichtsgesetz anlehnen.[416] In konsequenter Umsetzung dieser Überlegungen erfasst der heutige § 2 Abs. 2 Nr. 3 ArbSchG auch arbeitnehmerähnliche Personen im Sinne des § 5 ArbGG.

Diesen Formulierungen aus der Gesetzesbegründung ist zu entnehmen, dass der Gesetzgeber eine vollständige Umsetzung der Richtlinie 89/391/EWG angestrebt zu haben scheint und zwar sowohl in sachlicher als auch in personeller Hinsicht; der Gesetzgeber wollte sich insbesondere im Hinblick auf den persönlichen Anwendungsbereich an den Vorgaben des Art. 3 lit. a) der Richtlinie 89/391/EWG orientieren. Zwar sind entsprechend der Gesetzesbegründung bereits frühere arbeitsschutzrechtliche Vorschriften von einem weiten Anwendungsbereich ausgegangen. Dieser Tatsache kann jedoch nicht entnommen werden, dass dem Gesetzgeber die personelle Reichweite der Richtlinie 89/391/EWG nicht bewusst war. Einer solchen Annahme widerspricht schon die Gesetzesbegründung selbst, nach welcher sich der Arbeitnehmerbegriff des § 2 ArbSchG ausdrücklich an Art. 3 lit. a) der Arbeitsschutzrahmenrichtlinie 89/391/EWG anlehnen sollte. Dieser Richtlinienbestimmung entsprechend hat der Gesetzgeber mithin eine Erweiterung des im Rahmen des Arbeitsschutzes geltenden Arbeitnehmerbegriffs vorgenommen und insoweit auf § 5 ArbGG Bezug genommen. Unter den national geltenden allgemeinen Arbeitnehmerbegriff fallen die in § 2 Abs. 2 Nr. 2 – 7 ArbSchG genannten Personengruppen zwar nicht. Etwas anderes gilt hingegen für den Arbeitnehmerbegriff des § 5 ArbGG, der von einem umfassenderen Anwendungsbereich ausgeht und insbesondere auch arbeitnehmerähnliche Personen erfasst. Diese Erweiterung war durch die Richtlinie 89/391/EWG vorgegeben.[417]

Gegen den Willen des Gesetzgebers, die Richtlinie 89/391/EWG auch in personeller Hinsicht umzusetzen, spricht auch nicht die Verwendung der Begriffe

---

415 BT-Drucks. 13/3540, S. 15.
416 BT-Drucks. 13/3540, S. 15.
417 Vgl. hierzu *Pottschmidt*, ArbNähnl. Pers. in Europa, S. 249.

„Beschäftigung"[418] und „abhängige Arbeit"[419]. Der Begriff der Beschäftigung verdeutlicht, dass sich der Arbeitsschutz gerade nicht auf Arbeitnehmer im Sinne des deutschen Arbeitsrechts beschränkt. Der Beschäftigtenbegriff geht im deutschen Recht nämlich über den des Arbeitnehmers hinaus und umfasst nicht nur solche Personen, die in persönlicher Hinsicht in einem Abhängigkeitsverhältnis stehen.[420] Ungeachtet dessen ist zu bedenken, dass in dem von der Bundesregierung vorgelegten Gesetzesentwurf nur von „abhängige[r] Arbeit" die Rede ist. Durch den Passus „abhängige Arbeit" wird indes deutlich gemacht, dass sich der Anwendungsbereich des Arbeitsschutzgesetzes nach dem Gesetzesentwurf eben nicht nur auf Personen beziehen soll, die *persönlich* von ihrem Auftraggeber abhängig sind. Wäre dies gewollt gewesen, so hätte der Gesetzgeber von „persönlich abhängiger Arbeit" gesprochen und nicht pauschal von „abhängiger Arbeit". Der Formulierung ist zu entnehmen, dass die Richtlinie 89/391/EWG auch nach dem Verständnis des Gesetzgebers sowohl die persönlich als auch die wirtschaftlich abhängig Beschäftigten erfasst.

Dennoch genügt die Umsetzung nicht in allen Punkten den unionsrechtlichen Vorgaben. Arbeitnehmerähnliche Personen sind vom BetrVG und den darin enthaltenen Unterrichtungs- und Anhörungspflichten des Arbeitgebers im Zusammenhang mit den durch die Tätigkeit im Betrieb veranlassten Gesundheitsgefahren nicht erfasst, obgleich die Richtlinie 89/391/EWG auch auf arbeitnehmerähnliche Personen Anwendung findet und Art. 10 und 11 der Richtlinie die Schaffung entsprechender Rechte vorsehen.[421] Daraus, dass die Beteiligungsrechte der §§ 81 f. BetrVG trotz der Kenntnis des Gesetzgebers von der personellen Reichweite der Richtlinie nicht auf arbeitnehmerähnliche Personen er-streckt wurden, kann gleichwohl nicht geschlossen werden, dass sich der Gesetzgeber hinsichtlich der Beteiligungsrechte bewusst für eine lückenhafte Umsetzung entschieden hat. Der Gesetzesbegründung ist vielmehr zu entnehmen, dass sich der gesetzgeberische Wille zur Umsetzung der Richtlinie 89/391/EWG insbesondere auch auf die in der Richtlinie enthaltenen Beteiligungsrechte bezog. Bezüglich der Umsetzung des Art. 10 der Richtlinie 89/391/EWG wurde im Rahmen der Begründung ausgeführt, dass die vollständige Umsetzung der Unterrichtungspflicht der Arbeitgeber nach Art. 10 Abs. 1 der Rahmenrichtlinie 89/391/EWG im Anwendungsbereich des BetrVG durch § 81 Abs. 1 BetrVG grundsätzlich gewährleistet werde. Über

---

418 BT-Drucks. 13/3540, S. 15.
419 BT-Drucks. 13/3540, S. 15.
420 *Müller*, Arbeitnehmerbegriff, S. 151; *Pottschmidt*, ArbNähnl. Pers. in Europa, S. 213.
421 *Pottschmidt*, ArbNähnl. Pers. in Europa, S. 240.

die zu Art. 10 Abs. 1 der Rahmenrichtlinie 89/391/EWG getroffene Auslegung hinaus erfordere die Formulierung „die Arbeitnehmer bzw. deren Vertreter" auch, dass für Betriebe, in denen kein Betriebs- oder Personalrat besteht, eine angemessene Beteiligung der Beschäftigten zu allen Fragen der Sicherheit und des Gesundheitsschutzes bei der Arbeit stattfindet.[422] Zur Umsetzung des Art. 11 der Richtlinie 89/391/EWG, der unter anderem das Recht der Arbeitnehmer auf Anhörung betreffend alle Fragen des Gesundheitsschutzes am Arbeitsplatz regelt, heißt es in der Begründung ferner, dass Art. 11 Abs. 1 als Beteiligungsformen die Anhörung, das Vorschlagsrecht und das Recht auf ausgewogene Beteiligung nach den nationalen Rechtsvorschriften und Praktiken vorsehe. Da das deutsche Beteiligungssystem nach dem Betriebsverfassungsgesetz für die Beschäftigten selbst keine Mitwirkungs- oder Mitbestimmungsrechte enthalte und insofern auch kein Änderungsbedarf gesehen werde, beschränke sich der Entwurf auf die Übernahme der Beteiligungsformen Vorschlagsrecht (Artikel 1 § 17 Abs. 1 ArbSchG) und Anhörung. Demgemäß werde zur Umsetzung des Art. 11 Abs. 1 und 2 der Rahmenrichtlinie ein neuer Absatzes 3 in § 81 des Betriebsverfassungsgesetzes eingeführt, der eine Pflicht des Arbeitgebers festlege, die Beschäftigten zu allen Maßnahmen anzuhören, die Auswirkungen auf die Sicherheit und Gesundheit haben können.[423]

Wie sich aus den vorstehenden Ausführungen deutlich ergibt, war der Gesetzgeber durchaus willens, die Richtlinie 89/391/EWG ordnungsgemäß umzusetzen. Er ging jedoch davon aus, dass die in der Richtlinie 89/391/EWG vorgesehenen Beteiligungsrechte bereits hinreichend durch das BetrVG umgesetzt seien. Lediglich das im BetrVG nicht vorgesehene Vorschlagsrecht wurde daher im Sinne einer richtlinienkonformen Umsetzung in das ArbSchG integriert.[424]

(bb) Ausschluss der Heimarbeiter aus dem Anwendungsbereich des ArbSchG

Gegen den gesetzgeberischen Willen, die Richtlinie 89/391/EWG vollständig umzusetzen, könnte jedoch die Tatsache sprechen, dass die in Heimarbeit Beschäftigten ausdrücklich aus dem Anwendungsbereich des ArbSchG ausgeklammert sind. Sofern die in Heimarbeit Beschäftigten nämlich mit den betrieblichen Gefahren in Berührung kommen, wie es etwa bei der Bereitstellung von Betriebsmitteln durch den Auftraggeber möglich ist, sind auch sie von der Richtlinie 89/391/EWG erfasst. Allerdings ist der Gesetzgeber auch in diesem Zusammenhang davon

---

422 BT-Drucks. 13/3540, S. 22.
423 BT-Drucks. 13/3540, S. 22; vgl. auch *Faber*, Die arbeitsschutzrechtlichen Grundpflichten, S. 461 f.
424 Vgl. § 17 ArbSchG.

ausgegangen, den entsprechenden Vorgaben der Richtlinie bereits zu genügen. In der Begründung des Gesetzesentwurfs hat er hierzu ausgeführt, dass die in § 2 Abs. 2 Nr. 3 ArbSchG auch als arbeitnehmerähnliche Personen aufgeführten in Heimarbeit Beschäftigten und ihnen Gleichgestellten zwar ausgenommen seien, der Arbeitsschutz dieses Personenkreises wegen der anders gelagerten Verantwortlichkeit jedoch weiterhin im Heimarbeitsgesetz geregelt bleibe.[425] Ungeachtet dessen hat die Ausklammerung der in Heimarbeit Beschäftigten auch keine Auswirkungen auf den personellen Anwendungsbereich der §§ 81 f. BetrVG, denen die in Heimarbeit Beschäftigten – anders als die sonstigen arbeitnehmerähnlichen Personen – gerade unterfallen. § 2 Abs. 2 Nr. 3 ArbSchG a.E. ist daher kein Argument für ein bewusst richtlinienwidriges Verhalten des Gesetzgebers.

(cc) Hintergrund des § 14 ArbSchG

Für den Willen des Gesetzgebers, die Art. 10 f. der Richtlinie 89/391/EWG ordnungsgemäß in nationales Recht umzusetzen, spricht ferner die Regelung des § 14 ArbSchG. Nach § 14 Abs. 1 ArbSchG sind Beschäftigte des öffentlichen Dienstes vor Beginn der Beschäftigung und bei Veränderung in ihren Arbeitsbereichen über Gefahren für Sicherheit und Gesundheit, denen sie bei der Arbeit ausgesetzt sein können, sowie über die Maßnahmen und Einrichtung zur Verhütung dieser Gefahren und die nach § 10 Abs. 2 ArbSchG getroffenen Maßnahmen zu unterrichten. Gemäß § 14 Abs. 2 ArbSchG hat der Arbeitgeber die Beschäftigten des öffentlichen Dienstes ferner zu allen Maßnahmen zu hören, die Auswirkungen auf Sicherheit und Gesundheit der Beschäftigten haben können, sofern eine Vertretung der Beschäftigten nicht besteht. Das Unterrichtungsrecht des § 14 Abs. 1 ArbSchG entspricht dem Wortlaut und dem dahinterstehenden Rechtsgedanken des § 81 Abs. 1 S. 2 BetrVG. Das Anhörungsrecht des § 14 Abs. 2 ArbSchG stimmt im Wesentlichen mit dem der §§ 81 Abs. 3, 82 Abs. 1 BetrVG überein.

Die Einführung dieser in § 14 ArbSchG vorgesehenen Unterrichtungs- und Anhörungsrechte der Beschäftigten im öffentlichen Dienst wurde in dem entsprechenden Gesetzesentwurf damit begründet, dass die Unterrichtungs- und Beteiligungspflichten gegenüber den Personalräten im Bereich des öffentlichen Dienstes zwar durch die personalvertretungsrechtlichen Regelungen abgedeckt seien. Es fehle jedoch im Bundespersonalvertretungsgesetz eine dem § 81 des Betriebsverfassungsgesetzes entsprechende Vorschrift über die Unterrichtung der einzelnen Beschäftigten. Die Vorschrift des § 14 ArbSchG treffe daher für den öffentlichen

---

425 BT-Drucks. 13/3540, S. 15.

Dienst eine eigenständige Regelung in Anlehnung an die Bestimmungen des Betriebsverfassungsgesetzes. Sie diene der vollständigen Umsetzung von Artikel 10 Abs. 1 und Art. 11 Abs. 1 und 2 der Rahmenrichtlinie.[426] Ferner verweist die Begründung im Zusammenhang mit der Einführung des § 14 ArbSchG auf die gesetzgeberischen Ausführungen zu § 81 Abs. 3 BetrVG, woraus sich zugleich der Hintergrund der Einführung des in § 14 Abs. 2 ArbSchG vorgesehenen Anhörungsrechts erklärt.

Dieser Gesetzesbegründung ist zu entnehmen, dass der Gesetzgeber die in der Richtlinie vorgesehenen Beteiligungsrechte zwar hinreichend umzusetzen gewillt war, er hierbei jedoch die personelle Reichweite der Richtlinie partiell unberücksichtigt ließ. Der Gesetzgeber hat offenbar verkannt, dass arbeitnehmerähnlichen Personen, wie auch den Beschäftigten im öffentlichen Dienst, eine dem § 81 BetrVG entsprechende Vorschrift nicht zuteil wird, weshalb es weder zu einer Anpassung des § 81 BetrVG noch zur Schaffung einer entsprechenden Vorschrift gekommen ist.

(dd) Novellierung des BetrVG im Jahr 2001

Den vorstehenden Ausführungen zufolge, scheint es dem Willen des Gesetzgebers entsprochen zu haben, die in der Richtlinie 89/391/EWG vorgesehenen Unterrichtungs- und Anhörungsrechte in Bezug auf sämtliche von der Richtlinie erfasste Beschäftigte richtlinienkonform umzusetzen. Gegen einen entsprechenden Willen könnte gleichwohl sprechen, dass sich der Gesetzgeber bei der Novellierung des BetrVG im Jahre 2001 noch einmal eindeutig gegen die betriebsverfassungsrechtliche Einbeziehung arbeitnehmerähnlicher Personen entschieden hat, obwohl sämtliche in der Richtlinie 89/391/EWG vorgesehenen Beteiligungsrechte nach dem Willen des Gesetzgebers durch das BetrVG umgesetzt werden sollten und nur hinsichtlich der Beschäftigten im öffentlichen Dienst eine Sonderregelung in § 14 ArbSchG für erforderlich gehalten wurde.[427] Die fehlende Einbeziehung arbeitnehmerähnlicher Personen in den Anwendungsbereich des BetrVG wurde zudem bereits im Vorfeld der Betriebsverfassungsreform in der Literatur und der Politik erkannt bzw. diskutiert[428] und der Gesetzgeber hat sich mit dem personellen

426 BT-Drucks. 13/3540, S. 19 f.
427 *Pottschmidt*, ArbNähnl. Pers. in Europa, S. 248.
428 Vgl. § 3, B., I., 3., a); *Beuthien/Wehler*, RdA 1978, 2 (10); *Galperin/Löwisch*, 6. Aufl., 1982, § 5 BetrVG, Rn. 14; *Hanau* in Festschrift für G. Müller, S. 169 (177); *Hromadka*, NZA 1997, 1249 (1255 f.); zur Telearbeit: *Kappus*, NZA 1987, 408 (411 f.); *Kempen/Zachert*, TVG, 3. Aufl., 1997, § 12a, Rn. 24; *Kraft* in GK-BetrVG, 6. Aufl.,

Anwendungsbereich des BetrVG auch tatsächlich auseinander gesetzt.[429] Gleichwohl hat er dem teilweise geäußerten Wunsch, auch arbeitnehmerähnliche Personen betriebsverfassungsrechtlich zu schützen, nicht entsprochen.

Hieraus kann jedoch weder geschlossen werden, dass der Gesetzgeber sich bewusst richtlinienwidrig verhalten wollte noch, dass er dies in dem Bewusstsein um die Anwendbarkeit der Richtlinie 89/391/EWG getan hat. Es ist vielmehr davon auszugehen, dass die Anforderungen der Richtlinie 89/391/EWG bei der Novellierung des BetrVG mangels Aktualität der Richtlinie überhaupt nicht in die Entscheidung des Gesetzgebers eingeflossen sind. Die Richtlinie 89/391/EWG blieb im Rahmen der BetrVG-Reform völlig unberücksichtigt. Auch den Gesetzesmaterialien ist nicht zu entnehmen, dass sich der Gesetzgeber im Rahmen der Reform mit der Arbeitsschutzrichtlinie auseinandergesetzt hätte. Im Übrigen zielten die unterbreiten Vorschläge zur Einbeziehung arbeitnehmerähnlicher Personen in das BetrVG sämtlich darauf ab, den Anwendungsbereich des gesamten BetrVG auf arbeitnehmerähnliche Personen zu erstrecken. Die Anwendbarkeit bzw. Ausweitung vereinzelter betriebsverfassungsrechtlicher Vorschriften, insbesondere im Bereich des Arbeitsschutzes, standen weniger bzw. überhaupt nicht im Fokus der Diskussion. Der Gesetzgeber hat sich im Rahmen der Betriebsverfassungsreform im Jahr 2001 mithin allein mit der „Gesamterstreckung" auf arbeitnehmerähnliche Personen befasst und nicht mit dem persönlichen Anwendungsbereich einzelner Vorschriften.

Die im Rahmen der BetrVG-Reform nicht erfolgte Einbeziehung arbeitnehmerähnlicher Personen kann nach alledem keine Rückschlüsse auf einen Willen zur richtlinienwidrigen Umsetzung der Art. 10 f. der Richtlinie 89/391/EWG zulassen.

(ee) Zusammenfassung zur Möglichkeit der richtlinienkonformen
     Rechtsfortbildung der §§ 81, 82 BetrVG

Entsprechend den vorstehenden Ausführungen ist davon auszugehen, dass dem Gesetzgeber die personelle Reichweite der Richtlinie 89/391/EWG und deren Einbeziehung arbeitnehmerähnlicher Personen zwar bewusst war, er jedoch die Notwendigkeit verkannt hat, die im BetrVG vorgesehenen Unterrichtungs- und Anhörungspflichten über den Arbeitnehmerbegriff des § 5 BetrVG hinaus auf arbeitnehmerähnliche Personen zu erstrecken. Der gesetzgeberische Wille zu

---

1997, § 5 BetrVG, Rn. 7, 46; D/K/K-*Trümner*, 7. Aufl. 2000, § 5, Rn. 94 ff.; *Wedde*, AuR 1987, 325 (329, 332); BT-Drucks.14/4071.
429 Vgl. § 3, B., I., 3., a).

richtlinienkonformem Handeln ergibt sich nicht nur aus dem persönlichen Anwendungsbereich des ArbSchG, sondern auch aus der Anpassung des § 81 BetrVG und der Einführung des § 14 ArbSchG. Dieser Ansicht steht auch das Verhalten des Gesetzgebers im Rahmen des Novellierungsprozesses des BetrVG nicht entgegen. Zum einen hat sich der Gesetzgeber im Rahmen dieser Reform nicht mit der Arbeitsschutzrahmenrichtlinie 89/391/EWG befasst, zum anderen waren die Vorschläge zur Einbeziehung arbeitnehmerähnlicher Personen allesamt nicht auf die Einbeziehung in vereinzelte Schutzvorschriften bezogen, sondern zielten auf eine Gesamterstreckung ab. Es ist nicht davon auszugehen, dass sich der Gesetzgeber im Zuge der Überlegungen einer „Gesamterstreckung" auch Gedanken über die Ausweitung des persönlichen Anwendungsbereichs einzelner Vorschriften gemacht hat.

Der Gesetzgeber wollte mithin richtlinienkonform handeln.

(c) Zur richtlinienkonformen Rechtsfortbildung

Nachdem – wie vorstehend dargestellt – davon ausgegangen werden muss, dass dem deutschen Gesetzgeber das Erfordernis der Anpassung der §§ 81 f. BetrVG in Bezug auf arbeitnehmerähnliche Personen unter Berücksichtigung der Richtlinie 89/391/EWG nicht bewusst war und es aus diesem Grund nicht zu einer entsprechenden Einbeziehung arbeitnehmerähnlicher Personen in die §§ 81 f. BetrVG gekommen ist, liegen die Voraussetzungen einer Rechtsfortbildung vor. Denn der Gesetzgeber wollte die Richtlinie 89/391/EWG umfassend umsetzen und hat erkannt, dass die Regelungen der §§ 81 f. BetrVG insoweit eine notwendige Ergänzung des ArbSchG darstellen.[430] Die in personeller Hinsicht unvollständige Umsetzung der Art. 10 f. der Richtlinie 89/391/EWG und die damit einhergehende Regelungslücke in den §§ 81 f. BetrVG widersprechen dem Willen des Gesetzgebers und sind insgesamt als planwidrig zu beurteilen. Die §§ 81 f. BetrVG sind mithin insoweit richtlinienkonform fortzubilden, als diejenigen arbeitnehmerähnlichen Personen von ihnen erfasst sind, die mit den vom Betrieb oder den zur Verfügung gestellten Betriebsmitteln in Berührung kommen. Von der richtlinienkonformen Rechtsfortbildung nicht erfasst sind jedoch das in § 82 Abs. 1 BetrVG vorgesehene Vorschlagsrecht, da dieses bereits durch § 17 Abs. 1 S. 1 ArbSchG gewährt wird, und die in § 82 Abs. 2 BetrVG enthaltenen Rechte bezüglich Arbeitsentgelt und Leistungsbeurteilung, da diese Rechte nicht mit der Arbeitsschutzrahmenrichtlinie in Zusammenhang stehen.

---

430 BT-Drucks. 13/3540, S. 22; *Pottschmidt*, ArbNähnl. Pers. in Europa, S. 250.

c) Zusammenfassung zur Anwendbarkeit der §§ 81 f. BetrVG auf arbeitnehmerähnliche Personen

Die §§ 81, 82 Abs. 1 BetrVG sind im Wege einer richtlinienkonformen Rechtsfortbildung auf diejenigen arbeitnehmerähnlichen Personen anwendbar, die aufgrund ihrer wirtschaftlichen Abhängigkeit auf die Betriebsorganisation ihres Auftraggebers angewiesen sind und insoweit mit den vom Betrieb oder den von ihrem Auftraggeber zur Verfügung gestellten Betriebsmitteln in Berührung kommen.[431] Die in der Richtlinie 89/391/EWG vorgesehenen Unterrichtungs- und Anhörungsrechte sind nämlich nur dann hinreichend in deutsches Recht umgesetzt, wenn sie allen Beschäftigten im Sinne des § 2 Abs. 2 ArbSchG gleichermaßen zugute kommen.

Eine entsprechende Ausweitung aufgrund der ILO-Übereinkommen Nr. 155 und Nr. 187 oder aufgrund einer richtlinienkonformen Auslegung ist dagegen nicht möglich.

II. Beschwerderecht arbeitnehmerähnlicher Personen nach § 84 BetrVG

Möglicherweise könnte arbeitnehmerähnlichen Personen unter Berücksichtigung völkerrechtlicher und unionsrechtlicher Vorgaben ferner das in § 84 BetrVG vorgesehene Beschwerderecht zustehen.

1. Regelungsinhalt des § 84 BetrVG und dessen Anwendbarkeit auf arbeitnehmerähnliche Personen

Nach § 84 BetrVG haben die Arbeitnehmer das Recht, sich bei den zuständigen Stellen des Betriebs zu beschweren, wenn sie sich vom Arbeitgeber oder von Arbeitnehmern des Betriebs benachteiligt, ungerecht behandelt oder in sonstiger Weise beeinträchtigt fühlen, wobei sie berechtigt sind, zur Unterstützung bzw. Vermittlung ein Mitglied des Betriebsrats hinzuzuziehen. Der Arbeitgeber hat die Arbeitnehmer dabei nach § 84 Abs. 2 BetrVG über die Behandlung der Beschwerde zu bescheiden und, soweit er die Beschwerde für berechtigt erachtet, ihr abzuhelfen. Benachteiligungen dürfen die Arbeitnehmer aufgrund der Beschwerde nicht erleiden, § 84 Abs. 3 BetrVG. Beschwerdegegenstand ist die individuelle Benachteiligung, ungerechte Behandlung oder sonstige Beeinträchtigung des einzelnen Arbeitnehmers durch den Arbeitgeber oder andere Arbeitnehmer des

---

431 Dies gilt jedoch nicht für das in § 82 Abs. 1 BetrVG enthaltenen Vorschlagsrecht, das bereits in § 17 Abs. 1 S. 1 BetrVG seine Entsprechung findet.

Betriebs.[432] Beeinträchtigungen durch Dritte sind von dem Beschwerderecht des § 84 BetrVG indes nicht erfasst.[433] Das Beschwerderecht steht dabei jedem Arbeitnehmer zu, der nach seinem subjektiven Empfinden einen Beschwerdegegenstand verwirklicht sieht, was bedeutet, dass eine Beeinträchtigung weder objektiv gegeben, noch schlüssig vorgetragen sein muss.[434]

Fraglich ist die Anwendbarkeit des Beschwerderechts auf arbeitnehmerähnliche Personen. Vom Wortlaut betrachtet, der von „Arbeitnehmern" spricht, und im Hinblick auf § 5 BetrVG steht arbeitnehmerähnlichen Personen das Beschwerderecht nicht zu.[435] Diese Überlegung lässt jedoch völkerrechtliche und unionsrechtliche Vorgaben unberücksichtigt, weshalb deren Einfluss auf die personelle Reichweite des § 84 BetrVG nachfolgend untersucht werden soll.

a) Anwendbarkeit des § 84 BetrVG auf arbeitnehmerähnliche Personen aufgrund der ILO-Empfehlung Nr. 130

Bei der Beurteilung der personellen Reichweite des § 84 BetrVG sind zunächst die internationalen Vorgaben der ILO zu berücksichtigen. Die ILO hat in ihrer Empfehlung Nr. 130[436] Beschwerderechte der Beschäftigten vorgeschlagen.[437]

Eine Pflicht der jeweiligen Länder, entsprechende Beschwerderechte in nationales Recht umzusetzen, ist der Empfehlung Nr. 130 jedoch nicht zu entnehmen. Den Empfehlungen der ILO fehlt es – anders als den ratifizierten Übereinkommen – bereits an einem rechtsverbindlichen Charakter. Sie sollen lediglich eine Orientierungshilfe geben und keine Verpflichtung für die Mitgliedstaaten der ILO begründen.[438] Die Entscheidung über ihre Umsetzung obliegt im Ergebnis den Mitgliedstaaten.[439] Insofern kann die Empfehlung der ILO betreffend die Behandlung

---

432 *Fitting*, § 84 BetrVG, Rn. 4; HaKo-BetrVG/*Lakies*, § 84 BetrVG, Rn. 6 f.; *Preis* in Wlotzke/Preis/Kreft, § 84 BetrVG, Rn. 6; Richardi-*Thüsing*, § 84 BetrVG, Rn. 4;

433 *Oetker*, NZA 2008, 264 (266).

434 BeckOK-*Werner*, § 84 BetrVG, Rn. 4.

435 *Preis* in Wlotzke/Preis/Kreft, vor §§ 81-86a BetrVG, Rn. 3, § 84 BetrVG, Rn. 5.

436 Empfehlung Nr. 130 der ILO betreffend die Behandlung von Beschwerden im Betrieb mit dem Ziel ihrer Beilegung vom 29.06.1967, abrufbar im Internet unter: http://www.ilo.org/ilolex/german/docs/rec130.htm., abgedr. in Übereinkommen und Empfehlungen der IAO, Bd. II, S. 1397 ff.

437 *Kocher* in Schiek, § 13 AGG, Rn. 1.

438 *Zimmer*, Soziale Mindeststandards, S. 62.

439 *Maier-Rigaud*, Studie zur technischen Zusammenarbeit der ILO zur Stärkung der Menschenrechte, S. 24, abrufbar im Internet über: http://www.humanrights-business.org/files/tz_der_ilo_zur_staerkung_von_menschenrechten.pdf.

von Beschwerden im Betrieb auch keine Auswirkungen auf das Beschwerderecht arbeitnehmerähnlicher Personen und die personelle Reichweite des § 84 BetrVG haben.

b) Anwendbarkeit des § 84 BetrVG auf arbeitnehmerähnliche Personen aufgrund der Richtlinie 89/391/EWG

Auch die Vorgaben der Richtlinie 89/391/EWG dürfen bei der Untersuchung der personellen Reichweite des § 84 BetrVG nicht unberücksichtigt bleiben, denn wie bereits festgestellt wurde, sind auch arbeitnehmerähnliche Personen von dem personellen Anwendungsbereich der Arbeitsschutzrichtlinie erfasst, weshalb sämtliche in der Richtlinie 89/391/EWG vorgesehenen Rechte auch arbeitnehmerähnlichen Personen zustehen. Gerade wegen dieser personeller Einbeziehung ist es notwendig, die §§ 81 f. BetrVG auf arbeitnehmerähnliche Personen zu erstrecken. Wird jedoch berücksichtigt, dass das Recht aus § 84 BetrVG die Rechte der Arbeitnehmer auf Information, Anhörung und Erörterung, wie sie in den §§ 81 ff. BetrVG festgeschrieben sind, ergänzen soll[440], liegt es nahe, eben dieses Beschwerderecht zumindest im Hinblick auf sicherheits- und gesundheitsrechtliche Aspekte auch arbeitnehmerähnlichen Personen zukommen zu lassen.

Ein Zusammenspiel von Beteiligungs- und Beschwerderechten ist auch in der Richtlinie 89/391/EWG selbst zu finden. Nach Art. 11 Abs. 6 der Richtlinie haben die Arbeitnehmer bzw. ihre Vertreter das Recht, sich gemäß nationalen Rechtsvorschriften bzw. Praktiken an die für die Sicherheit und den Gesundheitsschutz am Arbeitsplatz zuständige Behörde zu wenden, wenn sie der Auffassung sind, dass die vom Arbeitgeber getroffenen Maßnahmen und bereitgestellten Mittel nicht ausreichen, um die Sicherheit und den Gesundheitsschutz am Arbeitsplatz sicherzustellen. Die Richtlinie selbst schreibt den Mit-gliedstaaten mithin vor, Beschwerderechte einzuräumen, weshalb auch arbeitnehmerähnlichen Personen entsprechende Rechte zustehen müssen.

Ein auf unionsrechtlicher Basis gegründetes Bedürfnis, arbeitnehmerähnlichen Personen das Recht aus § 84 BetrVG einzuräumen, besteht gleichwohl nur dann, wenn ein Beschwerderecht, wie es Art. 11 Abs. 6 der Richtlinie 89/391/EWG vorschreibt[441], nicht in anderen nationalen Vorschriften vorgesehen ist, die den Vorgaben der Richtlinie 89/391/EWG entsprechen. Dann nämlich fehlte es schon an der für eine richtlinienkonforme Rechtsfortbildung erforderlichen Regelungslücke.

---

440 BeckOK-*Werner*, Vorbemerkung zu § 84 BetrVG.
441 MünchArb-*Kohte*, § 292, Rn. 69 f.

Zudem muss sich aus der Richtlinie 89/391/EWG überhaupt die Pflicht ergeben, den Arbeitnehmern ein Beschwerderecht im Sinne des § 84 BetrVG einzuräumen. Ein die Richtlinienvorgaben umsetzendes entsprechendes Beschwerderecht arbeitnehmerähnlicher Personen ergibt sich hinsichtlich sicherheits- und gesundheitsrechtlicher Angelegenheiten jedoch bereits aus dem ArbSchG. Nach § 17 Abs. 2 ArbSchG können sich Beschäftigte, die aufgrund konkreter Anhaltspunkte der Auffassung sind, dass die vom Arbeitgeber getroffenen Maßnahmen und bereitgestellten Mittel nicht ausreichen, um die Sicherheit und den Gesundheitsschutz bei der Arbeit zu gewährleisten, an die zuständige Behörde wenden, sofern der Arbeitgeber einer darauf gerichteten Beschwerde zuvor nicht abhilft. Dieses Beschwerderecht dient entsprechend den Ausführungen in der Gesetzesbegründung zum ArbSchG gerade der Umsetzung des Art. 11 Abs. 6 der Richtlinie 89/391/EWG.[442] So heißt es dort zu § 17 ArbSchG ausdrücklich, dass Absatz 2 in den Sätzen 1 und 2 in Umsetzung von Art. 11 Abs. 6 UA 1 der Rahmenrichtlinie 89/391/EWG eine Regelung über das Recht der Beschäftigten enthalte, sich an die zuständige Aufsichtsbehörde zu wenden, wenn nach ihrer Auffassung der Arbeitsschutz für sie unzureichend sei.[443]

Ungeachtet dessen ist zu berücksichtigen, dass es sind bei § 84 BetrVG um ein innerbetriebliches Beschwerderecht handelt.[444] Das entsprechendes innerbetriebliches Beschwerderecht gründet jedoch nicht auf der Richtlinie 89/391/EWG, denn Art. 11 Abs. 6 der Richtlinie 89/391/EWG sieht ein innerbetriebliches Beschwerderecht nicht vor. Gemäß Art. 11 Abs. 6 der Richtlinie 89/391/EWG haben die Arbeitnehmer bzw. deren Vertreter das Recht, sich entsprechend den nationalen

---

442 BT-Drucks.13/3540.

443 BT-Drucks. 13/3540, S. 20, zu der Frage, ob das in Art. 11 Abs. 6 der Richtlinie 89/391/EWG enthaltene Beschwerderecht mit Rücksicht darauf ordnungsgemäß in nationales Recht transferiert worden ist, dass den Beschäftigten nach § 17 Abs. 2 S. 1 ArbSchG abverlangt wird, zunächst die innerbetrieblichen Möglichkeiten gegenüber ihrem Arbeitgeber auszuschöpfen, bevor sie sich an überbetriebliche, staatliche Stellen wenden, d. h. der außerbetrieblichen Beschwerde nach deutschem Recht eine innerbetriebliche Beschwerde vorauszugehen hat, vgl. *MünchArb-Kohte*, § 292, Rn. 69 ff.; *Bücker/Feldhoff/Kohte*, Arbeitsumwelt, Rn. 615 ff. zu § 18 Abs. 2 ArbSchRGE; *Heilmann/Aufhauser*, § 17 ArbSchG, Rn. 2, die die Regelung nicht aufgrund unionsrechtlicher Vorgaben kritisieren, sondern insoweit auf Fälle hinweisen, in denen es für die Beschäftigten schlicht unzumutbar sei, sich zunächst beim Arbeitgeber zu beschweren; *Butz* in Kollmer/Klindt, § 17 ArbSchG, Rn. 21; *Pieper*, ArbSchR, § 17 ArbSchG, Rn. 7; *Buchner*, ZfA 1982, 49 (71); *Denck*, DB 1980, 2132 (2132 f.); *Wank* in Festschrift für Wlotzke, 617 (620 f.); *Wlotzke*, NZA 1996, 1017 (1022).

444 *Wank* in Festschrift für Wlotzke, 617 (618 ff.).

Rechtsvorschriften und Praktiken an die für die Sicherheit und den Gesundheits-schutz am Arbeitsplatz zuständige Behörde zu wenden. Bei Art. 11 Abs. 6 der Richtlinie 89/391/EWG handelt es sich damit ausschließlich um ein außerbetrieb-liches Beschwerderecht. Auch aus diesem Grund kommt eine richtlinienkonfor-me Rechtsfortbildung des § 84 BetrVG nicht in Betracht. Als Anknüpfungspunkt einer richtlinienkonformen Rechtsfortbildung könnte allenfalls noch die Tatsache herangezogen werden, dass § 17 Abs. 2 ArbSchG anders als § 84 BetrVG nicht die Möglichkeit vorsieht, zur Unterstützung oder Vermittlung ein Mitglied des Betriebsrats heranzuziehen. Ein entsprechendes Recht kann der Richtlinie 89/391/ EWG selbst jedoch ebenfalls nicht entnommen werden, weshalb die insoweit vorhandene faktische Schlechterstellung der Beschäftigten gegenüber den klassi-schen Arbeitnehmern hinzunehmen ist.

c) Anwendbarkeit des § 84 BetrVG auf arbeitnehmerähnliche Personen aufgrund der Richtlinie 2006/54/EG

Fraglich ist, ob sich § 84 BetrVG hinsichtlich anderer als sicherheits- und gesund-heitsrechtlicher Angelegenheiten auf arbeitnehmerähnliche Personen erstreckt. Aufgrund der unionsrechtlichen Vorgaben im Hinblick auf den Schutz vor sexu-eller Belästigung, insbesondere durch die Antidiskriminierungsrichtlinie 2006/54/ EG[445], könnte auch das Beschwerderecht des § 84 BetrVG von Relevanz sein, wenn sich ein Beschäftigter, der kein Arbeitnehmer ist, subjektiv benachteiligt fühlt. Voraussetzung hierfür ist, dass sich die Richtlinie 2006/54/EG in personeller Hinsicht auf arbeitnehmerähnliche Personen erstreckt, sie zugleich ein dem § 84 BetrVG entsprechendes Beschwerderecht des von der Richtlinie 2006/54/EG ge-schützten Personenkreises vorschreibt und auf nationaler Ebene kein äquivalentes Beschwerderecht arbeitnehmerähnlicher Personen existiert.

aa) Wesentlicher Inhalt der Richtlinie 2006/54/EG

Ziel der Richtlinie 2006/54/EG ist es nach Art. 1 S. 1, die Verwirklichung des Grundsatzes der Chancengleichheit und Gleichbehandlung von Männern und Frauen in Arbeits- und Beschäftigungsfragen sicherzustellen. Zu diesem Zweck enthält die Richtlinie nach Art. 1 S. 2 Bestimmungen zur Verwirklichung des Grundsatzes der Gleichbehandlung in Bezug auf den Zugang zur Beschäftigung

---

445 Richtlinie 2006/54/EG des Europäischen Parlaments und des Rates zur Verwirkli-chung des Grundsatzes der Chancengleichheit und Gleichbehandlung von Männern und Frauen in Arbeits- und Beschäftigungsfragen vom 05.07.2006, ABl. Nr. L 204/23.

einschließlich des beruflichen Aufstiegs und zur Berufsbildung (a), in Bezug auf Arbeitsbedingungen einschließlich des Entgelts (b) und in Bezug auf betriebliche Systeme der sozialen Sicherheit (c). Weiter enthält sie nach Art. 1 S. 3 Bestimmungen, mit denen sichergestellt werden soll, dass die Verwirklichung des Gleichbehandlungsgrundsatzes durch die Schaffung angemessener Verfahren wirksamer gestaltet wird.[446] Die Richtlinie sieht in Nr. 6 der Erwägungsgründe die Belästigung einer Person oder die sexuelle Belästigung als einen Verstoß gegen den Grundsatz der Gleichbehandlung von Männern und Frauen an. Weitere Diskriminierungsverbote sind ferner in Art. 4 in Bezug auf das Entgelt, in Art. 5 hinsichtlich der betrieblichen Systeme der sozialen Sicherheit und in Art. 14, der die Gleichbehandlung hinsichtlich des Zugangs zur Beschäftigung, zur Berufsbildung und zum betrieblichen Aufstieg sowie in Bezug auf die Arbeitsbedingungen vorsieht, enthalten. Nach Art. 26 der Richtlinie haben die Mitgliedstaaten zudem wirksame Maßnahmen zu ergreifen, um allen Formen der Diskriminierung aufgrund des Geschlechts und insbesondere Belästigung und sexueller Belästigung am Arbeitsplatz sowie beim Zugang zur Beschäftigung, zur Berufsbildung und zum beruflichen Aufstieg vorzubeugen.

Die Richtlinie 2006/54/EG schützt mithin insgesamt vor jeglichen Verstößen gegen den Grundsatz der Gleichbehandlung und damit verbundenen Benachteiligungen. Für den Fall, dass sich Personen durch die Nichtanwendung des Gleichbehandlungsgrundsatzes in ihren Rechten für verletzt halten, ist ihnen nach Art. 17 der Richtlinie 2006/54/EG durch die Mitgliedstaaten das Recht einzuräumen, ihre Rechte gegebenenfalls nach Inanspruchnahme anderer zuständiger Behörden, auf dem Gerichtsweg durchzusetzen.[447] Die Beschäftigten dürfen aufgrund einer Beschwerde oder aufgrund der Einleitung eines gerichtlichen Verfahrens im Sinne einer effektiven Gestaltung des Gleichbehandlungsgrundsatzes nicht benachteiligt werden.

bb) Persönlicher Geltungsbereich der Richtlinie 2006/54/EG

Eine ausdrückliche Regelung hinsichtlich des gesamten personellen Anwendungsbereichs enthält die Richtlinie 2006/54/EG nicht. Unter Berücksichtigung

---

446 *EuGH*, Urteil vom 20.01.2000, Rs C-285/98 – Kreil ./. Bundesrepublik Deutschland, AP Nr. 19 zur Vorgängerrichtlinie 76/207/EWG; *EuGH*, Urteil vom 07.12.2000, Rs. C-79/99 – Schnorbus ./. Land Hessen, NZA 2001, 141; *EuGH*, Urteil vom 18.11.2010, Rs. C-J035/09 – Pensionsversicherungsanstalt ./. Kleist, BeckEuRS 2010, 531483.
447 *EuGH*, Urteil vom 15.05.1986, Rs. 222/84 – Johnston, Slg. 1986, 1651, Rn. 20; *Riesenhuber*, Europäisches Arbeitsrecht, S. 65.

des Ziels der Richtlinie 2006/54/EG, den Grundsatz der Gleichbehandlung von Männern und Frauen in Arbeits- und Beschäftigungsfragen sicherzustellen, liegt eine Differenzierung nach Beschäftigungsgruppen allerdings fern. Ziel der gesamten Richtlinie ist die Chancengleichheit und Gleichbehandlung von Männern und Frauen und nicht von männlichen und weiblichen Arbeitnehmern, wie es sich aus Art. 1 der Richtlinie 2006/54/EG ergibt.[448] Gleichwohl verwendet die Richtlinie keine einheitliche Terminologie. Schon in den Erwägungsgründen ist teils von „Männern und Frauen"[449] und teils von männlichen und weiblichen „Arbeitnehmern"[450], teilweise von „Arbeit"[451] und teilweise von „Beschäftigung"[452] die Rede. Erstmals im Rahmen des Richtlinientextes werden schließlich auch die Selbstständigen ausdrücklich erwähnt.[453] Nach Art. 6 der Richtlinie 2006/54/EG findet das Kapitel 2 (Titel II) entsprechend den einzelstaatlichen Rechtsvorschriften und/oder Gepflogenheiten Anwendung auf die Erwerbsbevölkerung einschließlich der Selbstständigen. Die Tatsache, dass dem Wortlaut der Richtlinie zufolge lediglich das vorgenannte Kapitel ausdrücklich auf Selbstständige anwendbar sein soll, lässt auf einen bewussten Ausschluss der Selbstständigen aus den übrigen Kapiteln der Richtlinie 2006/54/EG schließen, was durch Art. 2 der Richtlinie grundsätzlich bestätigt wird, der die Selbstständigen in Art. 2 lit. f) lediglich in Zusammenhang mit den Systemen der sozialen Sicherheit erwähnt. Gleichwohl wäre eine solche Auslegung inkonsequent, denn nach Art. 14 der Richtlinie 2006/54/EG aus Kapitel 3 (Titel II), mithin einem Kapitel, auf das sich Art. 6 der Richtlinie gerade nicht bezieht, gilt das dort geregelte Diskriminierungsverbot in Fortsetzung der Richtlinie 76/207/EWG[454] in Bezug auf Bedingungen „für den Zugang zur Beschäftigung oder zu abhängiger oder *selbstständiger Arbeit*" und „den Zugang zu *allen Formen und Ebenen* der Berufsberatung" und „die *Beschäftigungs*- und

---

448 *Pottschmidt*, ArbNähnl. Pers. in Europa, S. 280.

449 Vgl. Nr. 1, 3, 5, 6, 8, 20 und Nr. 38 der Erwägungsgründe.

450 Vgl. Nr. 9, 14, 15, 16, 17, 18, 24, 26 und Nr. 32 der Erwägungsgründe.

451 Vgl. Nr. 1, 4 bis 11, 14 bis 19, 22, 24 bis 27, 32, 33, 37 und Nr. 38 der Erwägungsgründe.

452 Vgl. Nr. 1, 4 bis 7, 14, 17, 19, 25, 26, 37 und Nr. 38 der Erwägungsgründe.

453 Vgl. Artt. 2, 6, 8, 10, 11 und Art. 14.

454 Richtlinie 76/207/EWG zur Verwirklichung des Grundsatzes der Gleichbehandlung von Männern und Frauen hinsichtlich des Zugangs zur Beschäftigung, zur Berufsausbildung und zum beruflichen Aufstieg sowie in Bezug auf die Arbeitsbedingungen vom 09.02.1976, ABl. Nr. L 39/40, zuletzt geändert durch Art. 34 Abs. 1 ÄndRL 2006/54/EG vom 05.07.2006, ABl. Nr. L 204/23.

Arbeitsbedingungen".[455] Die Vorgaben der Richtlinie sind mithin nicht gänzlich auf Arbeitnehmer beschränkt und die Selbstständigen sind auch nicht ausschließlich durch Kapitel 2 (Titel II) geschützt. Gleichwohl scheinen Selbstständige nicht generell von der Richtlinie erfasst zu sein. Für die zu untersuchende Fragestellung, inwieweit § 84 BetrVG aufgrund der Vorgaben der Richtlinie 2006/54/EG auf arbeitnehmerähnliche Personen zu erstrecken ist, muss daher in einem ersten Schritt die maßgebliche Vorschrift für sich betrachtet und ermittelt werden, ob diese auf Arbeitnehmer beschränkt ist oder auch arbeitnehmerähnliche Personen erfasst. Die entscheidende Vorschrift, die Auswirkungen auf den personellen Anwendungsbereich des § 84 BetrVG haben kann, ist vorliegend Art. 17 der Richtlinie 2006/54/EG. Um den Diskriminierungsschutz sicherzustellen, haben die Mitgliedstaaten danach dafür Sorge zu tragen, dass allen Personen, die sich in ihren Rechten für verletzt halten, eine Rechtsschutzmöglichkeit zukommt. Dabei spricht Art. 17 der Richtlinie 2006/54/EG nicht nur von Arbeitnehmern. Vielmehr soll *„allen Personen*, die sich durch die Nichtanwendung des Gleichbehandlungsgrundsatzes in ihren Rechten verletzt halten", die Möglichkeit gegeben werden, „ihre Ansprüche aus dieser Richtlinie gegebenenfalls nach Inanspruchnahme anderer zuständiger Behörden oder, wenn die Mitgliedstaaten es für angezeigt halten, nach einem Schlichtungsverfahren auf dem Gerichtsweg geltend machen [zu] können".[456] Art. 17 der Richtlinie 2006/54/EG ist mithin bewusst weit formuliert, um allen Personen, die den Diskriminierungsschutz der Richtlinie genießen, den notwendigen Rechtsschutz zu sichern. Wenn aber der Diskriminierungsschutz insbesondere nach Kapitel 2 (Titel 2) und Art. 14 der Richtlinie auch Selbstständigen zugute kommt, muss auch ihnen die Möglichkeit des Rechtsschutzes zugestanden werden. Entsprechend dem Wortlaut des Art. 17 ist auch diese Regelung auf Selbstständige zu erstrecken.[457] Wie weitreichend das hieraus abzuleitende Recht Selbstständiger ist, ist wiederum erst in einem zweiten Schritt von Bedeutung und davon abhängig, welche Vorschriften der Richtlinie 2006/54/EG auf sie anwendbar sind. Dies kann jedoch dann offen bleiben, wenn die Richtlinienvorgaben keine Auswirkungen auf den personellen Anwendungsbereich des § 84 BetrVG haben, was nachfolgend zu untersuchen ist.

---

455 Hiervon ist auch die Literatur in Bezug auf die Vorgängerrichtlinie 76/207/EWG ausgegangen: Vgl. nur *Pottschmidt*, ArbNähnl. Pers. in Europa, S. 268 ff., m.w.N.

456 Vgl. Art. 17 Abs. 1 der Richtlinie 2006/54/EG.

457 Auf die übrigen Bestimmungen, die hinsichtlich der Auswirkungen des Beschwerderechts des Art. 17 der Richtlinie 2006/54/EG auf nationales Recht keinen Aufschluss bieten, soll im Rahmen der vorliegenden Arbeit nicht eingegangen werden.

cc) Auswirkungen der Richtlinie 2006/54/EG auf das Beschwerderecht des Art. 84 BetrVG

Wie soeben festgestellt, findet die Richtlinie 2006/54/EG nicht nur auf Arbeitnehmer Anwendung, sondern erstreckt sich in Bezug auf das Diskriminierungsverbot auch auf Selbstständige und damit auch auf arbeitnehmerähnliche Personen. Fraglich ist jedoch, inwieweit dies Auswirkungen auf die personelle Reichweite des Beschwerderechts nach § 84 BetrVG hat.

Nach Art. 17 Abs. 1 der Richtlinie 2006/54/EG stellen die Mitgliedstaaten zunächst sicher, „dass alle Personen, die sich durch die Nichtanwendung des Gleichbehandlungsgrundsatzes in ihren Rechten für verletzt halten, ihre Ansprüche aus dieser Richtlinie gegebenenfalls nach Inanspruchnahme anderer zuständiger Behörden oder, wenn die Mitgliedstaaten es für angezeigt halten, nach einem Schlichtungsverfahren auf dem Gerichtsweg geltend machen können [...]." Nach Art. 17 Abs. 2 der Richtlinie 2006/54/EG haben die Mitgliedstaaten ferner sicherzustellen, „dass Verbände, Organisationen oder andere juristische Personen, die gemäß den in ihrem einzelstaatlichen Recht festgelegten Kriterien ein rechtmäßiges Interesse daran haben, für die Einhaltung der Bestimmungen dieser Richtlinie zu sorgen, sich entweder im Namen der *beschwerten Person* oder zu deren Unterstützung mit deren Einwilligung an den in dieser Richtlinie zur Durchsetzung der Ansprüche vorgesehenen Gerichts- und/oder Verwaltungsverfahren beteiligen können". Nach Art. 20 Abs. 2 lit. a) der Richtlinie sorgen die Mitgliedstaaten zudem dafür, dass es zu den Befugnissen der Stellen zur Förderung der Gleichbehandlung gehört, „unbeschadet der Rechte der Opfer und der Verbände, Organisationen oder anderer juristischer Personen nach Art. 17 Abs. 2 die Opfer von Diskriminierungen auf unabhängige Weise dabei zu unterstützen, *ihre Beschwerde wegen Diskriminierung* zu verfolgen." Ferner haben die Mitgliedstaaten nach Art. 24 alle Maßnahmen zu treffen, um vor Benachteiligungen durch den Arbeitgeber zu schützen, die *als Reaktion auf eine Beschwerde* erfolgen. Die Richtlinie 2006/54/EG selbst scheint mithin von der Existenz eines Beschwerderechts auszugehen.

Allerdings ist hier – wie bereits bei dem in der Richtlinie 89/391/EWG vorgesehenen Beschwerderecht[458] – zu beachten, dass die Richtlinie 2006/54/EG nur ein außerbetriebliches, nicht aber ein innerbetriebliches Beschwerderecht enthält.[459]

---

458   Vgl. § 4, A., II., 1., b).

459   So die überwiegende Auffassung, vgl. *Fuchs* in Bamberger/Roth, § 13 AGG, Rn. 1; *Kocher* in Schiek, § 13 AGG, Rn. 1; *Meinel/Heyn/Herms*, § 13 AGG, Rn. 2; *Oetker*, NZA 2008, 264 (264); MünchArb-*ders.*, § 15, Rn. 29. Diese Auffassung ist zu befürworten. Die Richtlinie 2006/54/EG sieht zwar in Art. 17 Abs. 1 die Pflicht vor, dass

Ein solches außerbetriebliches Beschwerderecht war früher in § 3 BeschSchG zu finden und ist heute in § 13 Abs. 1 S. 1 AGG geregelt. Danach haben Beschäftigte das Recht, „sich bei den zuständigen Stellen des Betriebs, des Unternehmens oder der Dienststelle zu beschweren, wenn sie sich im Zusammenhang mit ihrem Beschäftigungsverhältnis vom Arbeitgeber, von Vorgesetzten, anderen Beschäftigten oder Dritten wegen eines in § 1 [AGG] genannten Grundes benachteiligt fühlen", wobei gemäß §§ 13 AGG i.V.m. § 6 Abs. 1 Nr. 3 AGG auch arbeitnehmerähnliche Personen von dieser Beschwerdemöglichkeit Gebrauch machen können.[460] Da die Richtlinie mithin kein innerbetriebliches Beschwerderecht vorsieht und der Schutz ausreichend über § 13 AGG gesichert ist, kommt eine richtlinienkonforme Rechtsfortbildung des § 84 BetrVG aufgrund der Richtlinie 2006/54/EG nicht in Betracht.

dd) Zusammenfassung zur Anwendbarkeit des § 84 BetrVG auf arbeitnehmerähnliche Personen aufgrund der Richtlinie 2006/54/EG

Auch die Vorgaben der Richtlinie 2006/54/EG haben eine Ausweitung des Anwendungsbereichs des § 84 BetrVG auf arbeitnehmerähnliche Personen nicht zur Folge. Die Richtlinie 2006/54/EG sieht schon keine Pflicht der Mitgliedstaaten vor, den Beschäftigten ein innerbetriebliches Beschwerderecht aufgrund von Benachteiligungen einzuräumen. Das in der Richtlinie vorgesehene außerbetriebliche Beschwerderecht ist dagegen bereits durch § 13 AGG sichergestellt.

---

allen Personen, die sich aufgrund der Nichteinhaltung des Gleichbehandlungsgrundsatzes in ihren Rechten verletzt fühlen, der Weg zu den Gerichten offen zu stehen hat. Ein innerbetriebliches Beschwerderecht ist demgegenüber lediglich optional; nur „gegebenenfalls", so der Wortlaut der Richtlinie, soll der Gerichtsweg erst nach Inanspruchnahme anderer zuständiger Behörden oder „wenn es die Mitgliedstaaten für angezeigt halten", nach einem Schlichtungsverfahren beschritten werden. Auch der Gesetzesbegründung ist nicht zu entnehmen, dass § 13 AGG auf unionsrechtlichen Vorgaben beruhen sollte, vgl. BT-Drucks. 16/1780, insbesondere auf S. 37. Vielmehr soll der in Art. 17 der Richtlinie 2006/54/EG vorgesehenen Rechtsschutzmöglichkeit durch § 13 AGG genügt worden sein, der den Beschäftigten im Falle eines Verstoßes gegen das Benachteiligungsverbot einen Entschädigungs- bzw. Schadensersatzanspruch einräumt, vgl. BT-Drucks. 16/1780, insbesondere auf S. 38, wo es jedoch um Art. 6 und 8 lit. d) der Vorgängerrichtlinie 76/207/EWG geht; a.A. Däubler/Bertzbach-*Buschmann*, § 13 AGG, Rn. 3, der das Beschwerderecht aber ebenfalls nicht der Richtlinie 2006/54/EG entnimmt, sondern auf die Richtlinien 2000/43/EG, 2000/78/EG, 2002/73/EG und 89/391/EWG abstellt.

460 *Oetker*, NZA 2008, 264 (264 f.).

d) Anwendbarkeit des § 84 BetrVG auf arbeitnehmerähnliche Personen
aufgrund der Richtlinie 2000/43/EG

Auch die Richtlinie 2000/43/EG[461] könnte sich grundsätzlich auf den personellen Anwendungsbereich des § 84 BetrVG dahingehend auswirken, dass das darin vorgesehene Beschwerderecht auf arbeitnehmerähnliche Personen Anwendung finden muss. Allerdings sieht auch die Richtlinie 2000/43/EG keine eigene Verpflichtung zur Schaffung einer innerbetrieblichen Beschwerdemöglichkeit vor. Zwar wird auch im Rahmen dieser Richtlinie teilweise von „beschwerter Person" bzw. „Beschwerde" gesprochen. Allerdings ist hiermit kein zwingendes innerbetriebliches „Beschwerdeverfahren" gemeint. Dies zeigt auch Art. 7 Abs. 1 der Richtlinie 2006/54/EG, wonach ein Schlichtungsverfahren nur ermöglicht werden soll, wenn es die Mitgliedstaaten für angezeigt halten. Eine richtlinienkonforme Rechtsfortbildung scheidet damit aus.

e) Anwendbarkeit des § 84 BetrVG auf arbeitnehmerähnliche Personen aufgrund der Richtlinie 2000/78/EG

Auch aus der Richtlinie 2000/78/EG zur Festlegung eines allgemeinen Rahmens für die Verwirklichung der Gleichbehandlung in Beschäftigung und Beruf[462] kann nicht die Pflicht der Mitgliedstaaten hergeleitet werden, § 84 BetrVG im Wege einer unionsrechtskonformen Rechtsfortbildung auf arbeitnehmerähnliche Personen zu erstrecken. Wie schon die Richtlinien 2006/54/EG und 2000/43/EG sieht auch die Richtlinie 2000/78/EG nicht die Pflicht zur Schaffung einer innerbetrieblichen Beschwerdemöglichkeit vor. Sofern eine gegenteilige Auffassung vertreten würde, dann wäre dieses Recht jedoch auch hier durch § 13 AGG gewährleistet. Insofern kann auf die Ausführungen unter § 4, A., II., 1., c) und d) verwiesen werden.

2. Zusammenfassung zum Beschwerderecht arbeitnehmerähnlicher Personen nach § 84 BetrVG

Das in § 84 BetrVG vorgesehene Recht der Arbeitnehmer, sich bei den zuständigen Stellen des Betriebs zu beschweren, wenn sie sich vom Arbeitgeber oder von Arbeitnehmern des Betriebs benachteiligt fühlen, ist nicht auf arbeitnehmerähnliche

---

461 Richtlinie 2000/43/EG des Rates vom 29.06.2000 zur Anwendung des Gleichbehandlungsgrundsatzes ohne Unterschied der Rasse oder der ethnischen Herkunft, ABl. Nr. L 180/22.
462 Richtlinie 2000/78/EG des Rates vom 27.11.2000 zur Festlegung eines allgemeinen Rahmens für die Verwirklichung der Gleichbehandlung in Beschäftigung und Beruf, ABl. Nr. L 303/16.

Personen anwendbar. Bezüglich des in der ILO-Empfehlung vorgesehenen Beschwerderechts fehlt es an einer entsprechenden Umsetzungspflicht der Mitgliedstaaten und die unionsrechtlichen Vorgaben, soweit solche bestehen, sind durch die außerhalb des BetrVG vorgesehenen Beschwerderechte in nationales Recht umgesetzt. Es besteht daher kein Bedürfnis, das innerbetriebliche Beschwerderecht des § 84 BetrVG aufgrund unionsrechtlicher Vorgaben in personeller Hinsicht auszuweiten und auf arbeitnehmerähnliche Personen zu erstrecken.

III. Zusammenfassung zu den Individualrechten arbeitnehmerähnlicher Personen

Die in der Richtlinie 89/391/EWG vorgesehenen Unterrichtungs- und Anhörungsrechte der Art. 10 f. sind nur dann hinreichend in deutsches Recht umgesetzt, wenn sie allen Beschäftigten im Sinne des Art. 3 lit. a) der Richtlinie 89/391/ EWG gleichermaßen zugute kommen. Aus diesem Grund sind die §§ 81, 82 Abs. 1 BetrVG im Wege einer richtlinienkonformen Rechtsfortbildung auf sämtliche arbeitnehmerähnliche Personen anwendbar, die aufgrund ihrer wirtschaftlichen Abhängigkeit auf die Betriebsorganisation ihres Auftraggebers angewiesen sind und insoweit mit den vom Betrieb oder den von ihrem Auftraggeber zur Verfügung gestellten Betriebsmitteln unweigerlich in Berührung kommen. Dies gilt jedoch nicht hinsichtlich des in § 82 Abs. 1 BetrVG vorgesehenen Vorschlagsrechts, das bereits in § 17 Abs. 1 S. 1 ArbSchG hinreichend in nationales Recht umgesetzt wurde.

§ 84 BetrVG kann demgegenüber in personeller Hinsicht nicht auf arbeitnehmerähnliche Personen erstreckt werden. Während das in der ILO-Empfehlung Nr. 130 vorgesehene Beschwerderecht schon deshalb nicht zu einer Ausweitung des persönlichen Anwendungsbereichs des § 84 BetrVG führen kann, weil keine entsprechende Pflicht der Mitgliedstaaten besteht, die Empfehlung in nationales Recht umzusetzen, ist das in der Richtlinie 89/391/EWG zwingend vorgeschriebene außerbetriebliche Beschwerderecht durch § 17 Abs. 2 ArbSchG in nationales Recht umgesetzt. Sofern den Richtlinien 2006/54/EG, 2000/43/EG und 2000/78/ EG ebenfalls ein Beschwerderecht entnommen wird, wäre dieses bereits durch § 13 AGG gewährleistet.

B. Rechte des Betriebsrats im Bereich des Arbeitsschutzes

Nachdem vorstehend die betriebsverfassungsrechtlichen Individualrechte der Beschäftigten beleuchtet wurden, ist nunmehr näher auf die dem Betriebsrat zustehenden Beteiligungsrechte einzugehen. Der Zweck der dem Betriebsrat eingeräumten Beteiligungsrechte gründet grundsätzlich auf dem Gedanken, dass die Belegschaft in bestimmten Bereichen vor einseitigen Entscheidungen ihres Auftraggebers geschützt werden muss. Sie soll an der Gestaltung der wichtigsten Arbeitsbedingungen über ihre Interessenvertreter, den Betriebsrat, beteiligt werden.[463] Zugleich soll im Bereich des Arbeitsschutzes ein bestmöglicher Schutz der Beschäftigten erreicht werden, indem dem Betriebsrat das Recht eingeräumt bzw. die Pflicht auferlegt wird, partizipativ an der Konkretisierung der Generalklauseln mitzuwirken.[464] Je nach Intensität dieser Beteiligungsrechte wird zwischen Mitwirkungs- oder Mitbestimmungsrechten unterschieden. Unter Berücksichtigung internationaler und unionsrechtlicher Vorgaben stellt sich die Frage, inwieweit der Betriebsrat eben diese Repräsentationsfunktion gerade im Bereich des Arbeitsschutzes auch in Bezug auf arbeitnehmerähnliche Personen auszuüben hat.

I. Mitwirkungsrechte des Betriebsrats im Bereich des Arbeitsschutzes

In einem ersten Schritt ist zu untersuchen, welche Mitwirkungsrechte dem Betriebsrat im Bereich des Arbeitsschutzes zukommen und inwieweit diese im Hinblick auf unionsrechtliche Vorgaben auch in Bezug auf arbeitnehmerähnliche Personen Anwendung finden müssen.

1. Allgemeine Aufgaben nach §§ 80 Abs. 1 Nr. 1, Nr. 9, Abs. 2, 89 betreffend den Bereich Arbeits- und Umweltschutz

Im Rahmen der Untersuchung ist zunächst auf die allgemeinen Aufgaben nach § 80 Abs. 1 Nr. 1, Nr. 9 und Abs. 2 BetrVG sowie die Aufgaben nach § 89 BetrVG betreffend den Arbeits- und den betrieblichen Umweltschutz einzugehen.

a) Regelungsinhalt und Anwendungsbereich der §§ 80 Abs. 1 Nr. 1, Nr. 9, Abs. 2, 89 BetrVG

Die Rechte des Betriebsrats bei der Durchführung des Arbeitsschutzes und der Unfallverhütung sind vor allem in den §§ 80 Abs. 1 Nr. 1, Nr. 9, Abs. 2 und 89 BetrVG geregelt. Dabei gehört die Förderung des Arbeitsschutzes sowie des betrieblichen Umweltschutzes nach § 80 Abs. 1 Nr. 9 BetrVG zu den elementarsten Aufgaben des Betriebsrats. Der Betriebsrat hat den Arbeits- und Umweltschutz nicht lediglich zu fördern. Vielmehr hat er gemäß § 80 Abs. 1 Nr. 1 BetrVG

---

463 *Fitting*, § 87 BetrVG, Rn. 3.
464 *Loritz*, ZfA 1991, 1 (11 ff.); *ders.*, NZA 1993, 2 (6).

darüber zu wachen, dass die zugunsten der Arbeitnehmer geltenden Arbeits-schutz- und Unfallverhütungsvorschriften eingehalten werden.[465] Er hat in diesem Zusammenhang das Recht und die Pflicht, die ungenügende Beachtung des Arbeitsschutzes beim Arbeitgeber und den nach § 13 ArbSchG verantwortlichen Personen zu beanstanden und auf Abhilfe zu drängen.[466] Um diese Aufgaben erfüllen zu können, statuiert § 80 Abs. 2 S. 1 BetrVG eine allgemeine Informationspflicht des Arbeitgebers gegenüber dem Betriebsrat, sofern dieser die entsprechenden Informationen zur Durchführung der ihm durch das BetrVG auferlegten Aufgaben benötigt. Es handelt sich dabei um eine Generalklausel, die hinter den besonderen Informationsrechten des Betriebsrates zurücktritt.[467] Die Information muss rechtzeitig und umfassend erfolgen[468], wobei der Betriebsrat auf die Information des Arbeitgebers angewiesen ist. Er darf sich nicht selbst Informationen beschaffen, es sei denn, er greift hierdurch nicht in die Rechtssphäre des Arbeitgebers ein.[469] Aufgaben des Betriebsrats im Bereich des Arbeits- und des betrieblichen Umweltschutzes sind ferner in § 89 BetrVG vorgesehen. Nach § 89 Abs. 1 BetrVG hat sich der Betriebsrat – über seine allgemeine Überwachungspflicht hinausgehend – von sich aus dafür einzusetzen, dass die Vorschriften über den Arbeitsschutz und die Unfallverhütung sowie den betrieblichen Umweltschutz durchgeführt werden. Er muss sich über den Stand des Arbeitsschutzes im Betrieb informieren und hierzu auch von seinem umfassenden Zutrittsrecht zu den Arbeitsplätzen Gebrauch machen. Nach § 89 Abs. 2 BetrVG ist der Betriebsrat zu Unfalluntersuchungen hinzuzuziehen. Behördliche Auflagen und Anordnungen der Aufsichtsstellen sind dem Betriebsrat vom Arbeitgeber unverzüglich mitzuteilen. Dem Betriebsrat steht darüber hinaus gemäß § 89 Abs. 4 BetrVG das Recht zu, an den Besprechungen des Arbeitgebers mit den Sicherheitsbeauftragten teilzunehmen; ihm sind Niederschriften über alle Besichtigungen und Besprechungen, an denen er berechtigt ist teilzuhaben, zu übersenden.[470]

---

465 MünchArb-*Kohte*, § 290 Rn. 56.

466 *Fitting*, § 80 BetrVG, Rn. 15; *Julius*, Arbeitsschutz und Fremdfirmenbeschäftigung, S. 134.

467 ErfK/*Kania*, § 80 BetrVG, Rn. 17.

468 BeckOK-*Werner*, § 80 BetrVG, Rn. 45 f.; vgl. hierzu ferner die Ausführungen zu Zeitpunkt und Inhalt der Beteiligung gemäß der Richtlinie 89/391/EWG und der Richtlinie 2002/14/EG unter § 4, A., I., 2., b), cc), (1).

469 *BAG*, Beschluss vom 08.02.1977, Az.: 1 ABR 82/74, AP Nr. 10 zu § 80 BetrVG 1972; BeckOK-*Werner*, § 80 BetrVG, Rn. 47; Richardi-*Thüsing*, § 80 BetrVG, Rn. 60.

470 MünchArb-*Kohte*, § 290 Rn. 57 f.

b) Anwendbarkeit der §§ 80 Abs. 1 Nr. 1, Nr. 9, 89 BetrVG in Bezug auf arbeitnehmerähnliche Personen aufgrund der Richtlinie 89/391/EWG – Richtlinienkonforme Rechtsfortbildung der §§ 80 Abs. 1 Nr. 1, 9, 89 BetrVG

Der personelle Schutzbereich der Arbeitsschutzrahmenrichtlinie 89/391/EWG umfasst, wie schon ausgeführt, nicht nur Arbeitnehmer, wie sie im deutschen Recht zu verstehen sind.[471] Vielmehr sollen sämtliche Beschäftigte den Schutz genießen, die von der betrieblichen Organisation des Auftraggebers abhängig sind und mit den von dem Betrieb bzw. den für die betriebliche Arbeit notwendigen Arbeitsmitteln ausgehenden Gefahren in Berührung kommen. Es stellt sich daher die Frage, inwieweit die §§ 80 Abs. 1 Nr. 1, Nr. 9, Abs. 2 und 89 BetrVG im Hinblick auf die Richtlinie 89/391/EWG auch zum Schutz arbeitnehmerähnlicher Personen Anwendung finden müssen.

aa) Präventives Sicherheitsmanagement als Gegenstand des Leitbilds der Richtlinie 89/391/EWG

Leitbild der Richtlinie 89/391/EWG ist unter anderem das präventive Sicherheitsmanagement.[472] Aufgrund der nach wie vor zahlreichen Arbeitsunfälle und berufsbedingten Krankheiten sollen vorbeugende Maßnahmen ergriffen werden, um die Gefahren schon an der Quelle zu bekämpfen.[473] Um einen besseren Schutz gewährleisten zu können, ist es gemäß Nr. 11 der Erwägungsgründe der Richtlinie 89/391/EWG erforderlich, dass „die Arbeitnehmer bzw. ihre Vertreter über die Gefahren für ihre Sicherheit und Gesundheit und die erforderlichen Maßnahmen zur Verringerung oder Ausschaltung dieser Gefahren informiert werden". Die Mitwirkung der Arbeitnehmer bzw. ihrer Vertreter ist danach für den Arbeits- und Gesundheitsschutz „unerlässlich". Es ist ferner unerlässlich, „daß sie in die Lage versetzt werden, durch eine angemessene Mitwirkung entsprechend den nationalen Rechtsvorschriften bzw. Praktiken zu überprüfen und zu gewährleisten, daß die erforderlichen Schutzmaßnahmen getroffen werden". Die Mitwirkung der Arbeitnehmer bzw. ihrer Vertreter soll mithin über ein bloßes Informations- und Anhörungsrecht, wie es in den §§ 81 f. BetrVG vorgesehen ist, hinausgehen und eine Förderung des Gesundheitsschutzes bewirken.[474] Dies ergibt sich bereits aus Nr. 1 der Erwägungsgründe, wonach es dem Ziel der Richtlinie entspricht, die

---

471 Vgl. hierzu bereits § 2., B., III.
472 Vgl. § 2, B., I., 3.
473 Vgl. Nr. 10 der Erwägungsgründe der Richtlinie 89/391/EWG; MünchArb-*Kohte*, § 289, Rn. 11; vgl. hierzu auch: § 2, B., I., 3.
474 Vgl. hierzu bereits ausführlich § 2, B., I., 4.

Verbesserung insbesondere der Arbeitsumwelt zu fördern. Eine Förderung wird aber durch eine bloße Gewährung von Rechten der Arbeitnehmer bzw. ihrer Vertreter nicht effektiv erreicht werden können. Vielmehr obliegt es den Arbeitnehmern bzw. ihren Vertretern im Sinne der effektiven Umsetzung der Richtlinie 89/391/EWG, sich für die Förderung des Arbeitsschutzes von sich aus einzusetzen. Dies zeigt sich nicht nur anhand der Erwägungsgründe und des Ziels der Richtlinie, den Arbeits- und Gesundheitsschutz zu fördern, sondern auch anhand von Art. 13 der Richtlinie 89/391/EWG, der den Arbeitnehmern umfassende Pflichten auferlegt, die sich insbesondere auch auf die Zusammenarbeit mit dem Arbeitgeber und den Arbeitnehmervertretern beziehen. So haben die Arbeitnehmer dem Arbeitgeber bzw. den Arbeitnehmervertretern jede von ihnen festgestellte ernste oder unmittelbare Gefahr für die Sicherheit und die Gesundheit sowie jeden an den Schutzsystemen festgestellten Defekt unverzüglich zu melden. Ferner haben sie gemeinsam mit den Arbeitnehmervertretern gemäß den nationalen Praktiken so lange wie nötig darauf hinzuwirken, dass die Ausführung aller Aufgaben und die Einhaltung aller vorgeschriebener Anlagen ermöglicht werden, dass das Arbeitsumfeld und die Arbeitsbedingungen sicher sind und dass keine Gefahren für die Sicherheit und die Gesundheit innerhalb des Tätigkeitsbereichs der Arbeitnehmer bestehen (Art. 13 Abs. 2 lit. d) bis f) der Richtlinie 89/391/EWG). Auch die Möglichkeit der Überwachung stellt im Sinne der Förderung des Arbeitsschutzes mithin eine bedeutende Arbeitsschutzmaßnahme dar. Die Richtlinie 89/391/EWG selbst sieht in ihren Erwägungsgründen eine entsprechende Überprüfungsmöglichkeit vor, deren nationaler Umsetzung es bedarf und welche unter anderem in § 80 Abs. 1 Nr. 1 und § 80 Abs. 1 Nr. 9 BetrVG zu sehen ist. Um diese Aufgabe erfüllen zu können, muss den Arbeitnehmervertretern aber auch ein entsprechendes Informationsrecht eingeräumt werden, das im nationalen Recht in § 80 Abs. 2 BetrVG zu finden ist. Nur so kann die Förderung des Arbeitsschutzes durch die Arbeitnehmervertreter effektiv realisiert werden.[475] Sofern also die Überwachung von Arbeitsschutzvorschriften und die Förderung des Arbeitsschutzes im Raum stehen, können diese nicht vom Bestehen eines Arbeitsverhältnisses abhängig gemacht werden. Dies würde eindeutig den unionsrechtlichen Vorgaben widersprechen. Das Arbeitsschutzrecht knüpft schließlich nicht an das Bestehen eines arbeitsvertraglichen Grundverhältnisses an. Entscheidender Bezugspunkt ist vielmehr die – nicht nur auf kurze Dauer beschränkte – Arbeitsdurchführung im Betrieb[476], der sich die betroffene Person aufgrund persönlicher oder wirtschaftlicher Abhängigkeit nicht

---

475 MünchArb-*Kohte*, § 290, Rn. 56.
476 BT-Drucks. 14/5741, S. 46.

ohne Weiteres entziehen kann, und die damit einhergehende Möglichkeit, durch vom Betrieb ausgehende Gefahren beeinträchtigt zu werden. Dies zeigt sich schon im Hinblick auf den personellen Anwendungsbereich der Arbeitsschutzrahmenrichtlinie 89/391/EWG und spiegelt sich ebenso im deutschen ArbSchG wider. Gemäß § 1 ArbSchG dient das Arbeitsschutzgesetz dazu, Sicherheit und Gesundheitsschutz der Beschäftigten bei der Arbeit durch Maßnahmen des Arbeitsschutzes zu sichern und zu verbessern. Zur Umsetzung dieses Ziels ist der Arbeitgeber gemäß § 3 Abs. 1 ArbSchG verpflichtet, die erforderlichen Maßnahmen des Arbeitsschutzes zu treffen, die Sicherheit und Gesundheit der Beschäftigten bei der Arbeit beeinflussen. Er hat die Maßnahmen auf ihre Wirksamkeit zu überprüfen und erforderlichenfalls sich ändernden Gegebenheiten anzupassen. Beschäftigte in diesem Sinne sind aber nicht nur Arbeitnehmer im Sinne des § 5 BetrVG. Vielmehr sind auch arbeitnehmerähnliche Personen arbeitsschutzrechtlich geschützt, da auch sie mit den vom Betrieb ausgehenden Gefahren in Berührung kommen können, § 2 Abs. 2 Nr. 3 ArbSchG. Sämtliche arbeitsschutzrechtliche Regelungen gelten mithin für arbeitnehmerähnliche Personen. Insofern hat der Betriebsrat auch in Bezug auf diese über die Wahrung arbeitsschutzrechtlicher Pflichten zu wachen und arbeitsschutzrechtliche Maßnahmen zu fördern. Dies verdeutlicht auch eine Parallele zum Arbeitnehmerüberlassungsrecht. Gemäß § 14 AÜG bleibt der Leiharbeitnehmer auch während seiner Überlassung Arbeitnehmer des Verleiherbetrieb. Da aber auch der Leiharbeiter durch Abschluss des Arbeitnehmerüberlassungsvertrags und Entsendung mit den vom Entleiherbetrieb ausgehenden Gefahren in Berührung kommt, ist der Betriebsrat im arbeitsschutzrechtlichen Bereich für ihn zuständig. Insofern muss der Betriebsrat auch bezüglich der Leiharbeitnehmer seine Schutz- und Förderungspflichten ausüben.[477] Bestätigt wird dies ferner durch die Einführung des § 80 Abs. 2 S. 1 HS. 2 BetrVG, wonach sich das Unterrichtungsrecht auch auf solche Personen erstreckt, die nicht in einem Arbeitsverhältnis zum Arbeitgeber stehen, denn dieser Zusatz zeigt, dass der Arbeitgeber berechtigt ist, auch Aufgaben für solche Beschäftigte wahrzunehmen, die nicht in einem weisungsabhängigen Arbeitsverhältnis zu ihm stehen.[478] Gleiches muss dann auch für die Aufgaben des § 80 Abs. 1 Nr. 1 BetrVG gelten. § 80 Abs. 1 Nr. 1 BetrVG berechtigt und verpflichtet den Betriebsrat zugleich, die Einhaltung aller im Betrieb geltenden Normen zu überwachen. Ein entsprechendes Verständnis ergibt sich ferner aus § 8 ArbSchG, wonach die Arbeitgeber verpflichtet

---

477 *BAG*, Beschluss vom 13.03.2013, Az.: 7 ABR 69/11, NZA 2013, 789 (792); *Julius*, Arbeitsschutz und Fremdfirmenbeschäftigung, S. 133 ff.
478 BT-Drucks. 14/5741, S. 46.

sind, bei der Durchführung der Sicherheits- und Gesundheitsschutzbestimmungen zusammenzuarbeiten, wenn Beschäftigte mehrerer Arbeitgeber an einem Arbeitsplatz tätig werden. Auch diese Regelung zeigt, dass die arbeitsschutzrechtlichen Pflichten unabhängig von Weisungs- und Direktionsrechten des Auftraggebers zu sehen sind.[479] Aus dem Sinn und Zweck des unionsrechtlichen und des darauf basierenden nationalen Arbeitsschutzes selbst ergibt sich daher die Zuständigkeit des Betriebsrats zur Überwachung der arbeitsschutzrechtlichen Bestimmungen und zur Förderung des Arbeitsschutzes auch in Bezug auf arbeitnehmerähnliche Personen und nicht begrenzt auf Arbeitnehmer des Betriebs.

Die elementare Verpflichtung des Betriebsrats zur Förderung des betrieblichen Arbeits- und Gesundheitsschutzes ergibt sich ferner aus § 89 Abs. 1 S. 1 BetrVG. Danach hat sich der Betriebsrat dafür einzusetzen, dass die Vorschriften über den Arbeitsschutz und die Unfallverhütung im Betrieb sowie im betrieblichen Umweltschutz durchgeführt werden. Eine Erweiterung der Aufgaben des Betriebsrats ergibt sich insoweit hinsichtlich des betrieblichen Umweltschutzes. Diese Regelung wurde eingeführt, da in einer Vielzahl von Fällen eine enge Verbindung zwischen Arbeits- und Umweltschutz besteht.[480] Gleichwohl geht die Definition des betrieblichen Umweltschutzes in § 89 Abs. 3 BetrVG noch einen Schritt weiter und begründet eine Zuständigkeit des Betriebsrats auch in einigen Fällen, in denen kein konkreter Bezug zu arbeitsschutzrechtlichen Vorschriften in Betracht kommt.[481] Sofern der Arbeitsschutz betroffen ist, ergibt sich die Zuständigkeit des Betriebsrats in Bezug auf den Umweltschutz ebenfalls aus der Arbeitsschutzrahmenrichtlinie 89/391/EWG. Nach Art. 6 Abs. 1 UA 1 der Richtlinie 89/391/EWG muss der Arbeitgeber darauf achten, dass die Maßnahmen des Arbeits- und Gesundheitsschutzes entsprechend den sich ändernden Gegebenheiten angepasst werden. Hierbei gilt der Grundsatz, dass er auch den Einfluss der Umwelt auf den Arbeitsplatz zu berücksichtigen hat, Art. 6 Abs. 2 lit. g) der Richtlinie. Nach Art. 6 Abs. 3 der Richtlinie hat der Arbeitgeber ferner die Pflicht, die Arbeitnehmer bzw. deren Vertreter vor der Planung und Einführung neuer Technologien zu den Auswirkungen zu hören, welche die Einwirkung der Umwelt auf den Arbeitsplatz für die Sicherheit und Gesundheit haben können.

Nach § 89 Abs. 1 S. 2 BetrVG ist der Betriebsrat außerdem verpflichtet, die Arbeitsschutzbehörde und den Aufsichtsdienst des Unfallversicherungsträgers durch Anregung und Auskunft zu unterstützen. Das entsprechende Recht ergibt

---

479 *Julius*, Arbeitsschutz und Fremdfirmenbeschäftigung, S. 174.
480 BT-Drucks. 14/5741, S. 48.
481 HaKo-BetrVG/*Kohte*, § 89 BetrVG, Rn. 23.

sich auch hier aus der Richtlinie 89/391/EWG. Diese sieht in Art. 11 Abs. 6 die Möglichkeit vor, dass sich die Arbeitnehmer bzw. ihre Vertreter an die für die Sicherheit und den Gesundheitsschutz am Arbeitsplatz zuständige Behörde wenden, wenn sie der Auffassung sind, dass die vom Arbeitgeber getroffenen Maßnahmen und bereitgestellten Mittel nicht ausreichen, um die Sicherheit und den Gesundheitsschutz am Arbeitsplatz sicherzustellen.[482] Das Ziel der Richtlinie erschöpft sich mithin nicht in der Verbesserung des Arbeitsschutzes, sondern bezweckt ferner die Förderung des Umweltschutzes, sodass sich die Förderungspflicht sowohl der Arbeitnehmervertreter als auch der Arbeitnehmer selbst auf den Arbeits- wie auch den Umweltschutz bezieht. Gleiches gilt für das entsprechende Informationsrecht, das die Arbeitnehmer bzw. ihre Vertreter erst in die Lage versetzt, ihre Rechte und Pflichten auszuüben.

Berücksichtigt man das Ziel der Richtlinie 89/391/EWG, die Sicherheit und Gesundheit am Arbeitsplatz insbesondere durch Mitwirkung der Arbeitnehmervertreter zu fördern und wird ferner bedacht, dass die Richtlinie 89/391/EWG nicht nur Arbeitnehmer, sondern auch arbeitnehmerähnliche Personen schützen will, kann es nach alledem nicht darauf ankommen, inwieweit der Auftraggeber die Personalhoheit im Sinne eines Weisungsrechts innehat. Die Zuständigkeit des Betriebsrats hat sich daher an der den Auftraggeber verpflichtenden Arbeitsschutznorm zu orientieren. Diese Arbeitsschutznormen knüpfen in Bezug auf sämtliche Beschäftigen im Sinne der Richtlinie 89/391/EWG, mithin auch hinsichtlich arbeitnehmerähnlicher Personen, an die vom Betrieb oder von den verwendeten Betriebsmitteln ausgehenden Gefahren an.[483] § 80 Abs. 1 Nr. 1, Nr. 9, Abs. 2, 89 BetrVG gelten daher auch in Bezug auf arbeitnehmerähnliche Personen. Der Betriebsrat hat sich im Bereich des Arbeitsschutzes daher nicht nur für klassische Arbeitnehmer, sondern auch für arbeitnehmerähnliche Personen einzusetzen. Dies steht auch nicht dem Willen des deutschen Gesetzgebers entgegen. Der Gesetzgeber selbst geht offenbar davon aus, dass das BetrVG ein wichtiges Gesetz zur Sicherung und Förderung des Arbeits- und Umweltschutzes ist.[484] Hierzu räumt das Betriebsverfassungsrecht dem Betriebsrat wichtige Informations-, Unterrichtungs-, Beratungs- und Mitbestimmungsrechte ein.[485] Zudem dient die

---

482 Vgl. *BAG*, Beschluss vom 03.06.2003, Az.: 1 ABR 19/02, AP Nr. 1 zu § 89 BetrVG 1972; *Riesenhuber*, Europäisches Arbeitsrecht, S. 274.
483 *Julius*, Arbeitsschutz und Fremdfirmenbeschäftigung, S. 174 f.
484 BT-Drucks. 13/3540, S. 22.
485 *Julius*, Arbeitsschutz und Fremdfirmenbeschäftigung, S. 131 f.; *Pieper*, ArbSchR, Betriebsverfassungsrecht, Rn. 1.

Überwachung durch den Betriebsrat der Umsetzung der Richtlinie 89/391/EWG, weshalb ein entsprechendes Verständnis des § 80 Abs. 1 Nr. 1, Nr. 9, Abs. 2, 89 BetrVG auch unionsrechtlich geboten ist. Dem Leitbild der Arbeitsschutzrichtlinie 89/391/EWG entsprechend hat der Betriebsrat die ihm obliegenden arbeitsschutzrechtlichen Förderpflichten mithin im Wege einer richtlinienkonformen Rechtsfortbildung auch in Bezug auf arbeitnehmerähnliche Personen auszuüben.

bb) Beteiligungsrecht der „Arbeitnehmer bzw. Arbeitnehmervertreter" – kumulativ oder alternativ?

Die vorstehend dargestellten Beteiligungsrechte des Betriebsrats in Bezug auf arbeitnehmerähnliche Personen scheiden auch nicht deshalb aus, weil ihnen im Wege der richtlinienkonformen Rechtsfortbildung bereits die Anhörungs- und Unterrichtungsrechte der §§ 81 f. BetrVG zustehen.

Nach Art. 10 und 11 der Richtlinie 89/391/EWG sind Träger der in der Richtlinie vorgesehenen Unterrichtungs- und Anhörungsrechte die Arbeitnehmer bzw. deren Vertreter.[486] Der Richtlinie 89/391/EWG ist jedoch nicht zu entnehmen, ob diese Rechte den Arbeitnehmern bzw. deren Vertretern alternativ oder kumulativ zugewiesen werden sollen. Anders als noch die Rahmenrichtlinie 80/1107/EWG, die die Beteiligungsrechte in ihren jeweiligen Artikeln den Arbeitnehmern „und/ oder" deren Vertretern zuwies, verwendet die Richtlinie 89/391/EWG den Begriff „beziehungsweise". Dies könnte auf ein alternatives Beteiligungsrecht hindeuten. Andererseits impliziert das Wort „beziehungsweise" eine gewisse Umsetzungsoffenheit. Es sollte offenbar im Ermessen der Mitgliedstaaten stehen, das Beteiligungsrecht den Arbeitnehmern bzw. ihren Vertretern alternativ oder kumulativ einzuräumen. Nur für den Fall des Nichtbestehens von Arbeitnehmervertretern muss zum Zwecke der richtlinienkonformen Umsetzung ein Beteiligungsrecht der Arbeitnehmer selbst bestehen.[487]

Der deutsche Gesetzgeber hat sich für eine alternative Umsetzung entschieden, sodass die Beteiligungsrechte grundsätzlich entweder den Arbeitnehmern oder den bestehenden Arbeitnehmervertretern zustehen.[488]

---

486 *Kohte*, Partizipation, S. 9.
487 *Kohte*, Partizipation, S. 10.
488 Der deutsche Gesetzgeber hat damit an seiner bisherigen Auffassung festgehalten. Schon bei der Umsetzung der Richtlinie 80/1107/EWG ging es um die alternative oder kumulative Einräumung von Beteiligungsrechten. Der Vorschlag der Kommission beim ersten Entwurf der zweiten Einzelrichtlinie sah zunächst in Artikel 6 vor, dass „Arbeitnehmer und Arbeitnehmervertreter" zu hören seien. Daraufhin hat der

Dennoch stehen die Anhörungs- und Unterrichtungsrechte vorliegend auch dem Betriebsrat zu, obgleich bereits den Arbeitnehmern nach §§ 81 f. BetrVG entsprechende Rechte zustehen.

Das Anhörungsrecht dürfte sich unabhängig von einer alternativen oder kumulativen Gewährung der Beteiligungsrechte bereits aus Art. 11 Abs. 1 UA 1 der Richtlinie 89/391/EWG ergeben. Dort ist die Anhörung der Arbeitnehmer ausdrücklich vorgesehen, ohne dass dieses Recht – wie etwa nach Art. 11 Abs. 1 UA 2 der Richtlinie in Bezug auf das Vorschlagsrecht – den Arbeitnehmern *bzw. ihren Vertretern* zustehen soll. Die Beteiligung dürfte danach zwingend „die Anhörung der Arbeitnehmer" beinhalten, vgl. Art. 11 Abs. 1 UA 1 der Richtlinie 89/391/EWG. Dieses Anhörungsrecht findet sich im deutschen Recht in § 81 Abs. 3 BetrVG für betriebsratslose Betriebe sowie in § 82 Abs. 1 BetrVG. Letzteres bezieht sich jedoch nicht nur auf Arbeitsschutzmaßnahmen, sondern umfasst vielmehr sämtliche betriebliche Angelegenheiten.[489]

Das Unterrichtungsrecht, das sowohl dem Betriebsrat als auch den einzelnen Arbeitnehmern zusteht, lässt sich ebenfalls der Richtlinie 89/391/EWG entnehmen. Gemäß Art. 10 Abs. 1 der Richtlinie trifft der Arbeitgeber die geeigneten Maßnahmen, damit die Arbeitnehmer bzw. deren Vertreter gemäß den nationalen Rechtsvorschriften bzw. Praktiken über die gesundheitsschutzrelevanten Informationen verfügen. Dieser Verweis auf die nationalen Rechtsvorschriften und Praktiken legt nahe, dass den Arbeitnehmern im Sinne der Richtlinie der gleiche Schutz zukommen muss, der den Arbeitnehmern der Mitgliedstaaten grundsätzlich gewährt wird. Es soll eine Vereinheitlichung im jeweiligen nationalen Recht stattfinden.[490] Sieht das Recht der Mitgliedstaaten, wie hier, neben den Anhörungs- und Unterrichtungsrechten der Arbeitnehmervertreter in Bezug auf Arbeitnehmer ebenfalls entsprechende Beteiligungsrechte vor, müssen diese unabhängig davon auch für arbeitnehmerähnliche Personen gelten, ob die Beteiligungsrechte der Richtlinie 89/391/EWG kumulativ oder alternativ in deutsches Recht umgesetzt werden sollten. Mit anderen Worten: Stehen nach nationalem Recht sowohl den Arbeitnehmervertretern als auch den Arbeitnehmern bestimmte Beteiligungsrechte im Bereich des Arbeits- und Gesundheitsschutzes zu, müssen diese

---

Bundesrat beschlossen, dass in „Artikel 6 klargestellt werden [sollte], daß die betroffenen Arbeitnehmer nicht gehört zu werden brauchen, wenn die Arbeitnehmervertretung eingeschaltet wird", BR-Drucks. 140/88; *Kohte*, Partizipation, S. 10; vgl. hierzu auch § 5, C., I.

489 *Pottschmidt*, ArbNähn. Pers. in Europa, S. 240.
490 Vgl. ausführlich § 4, B., II., 1., c), aa), (4).

Beteiligungsrechte auch den arbeitnehmerähnlichen Personen zukommen. Nur so kann die Gleichstellung der Arbeitnehmer und arbeitnehmerähnlichen Personen, wie sie von der Richtlinie 89/391/EWG beabsichtigt wird, gesichert werden.

cc) Gefahrengemeinschaft

Ungeachtet dessen ergibt sich die Anwendbarkeit der §§ 80, 89 BetrVG auf arbeitnehmerähnliche Personen bereits aus dem Gesichtspunkt der innerbetrieblichen Gefahrengemeinschaft, sofern arbeitnehmerähnliche Personen und Arbeitnehmer im Betrieb zusammenarbeiten.

Das Erfordernis der Einbeziehung arbeitnehmerähnlicher Personen in den Arbeits- und Gesundheitsschutz und hierfür maßgeblicher Vorschriften kann sich nämlich bereits daraus ergeben, dass dies zu einem effektiven Schutz der in dem Betrieb tätigen Arbeitnehmer erforderlich ist. Denn den Risiken aus einer innerbetrieblichen Tätigkeit sind Arbeitnehmer unabhängig davon ausgesetzt, ob diese von Arbeitnehmern, arbeitnehmerähnlichen Personen oder Selbstständigen verursacht werden.[491] Aus diesem Grund bezieht auch § 6 BaustellV nicht nur arbeitnehmerähnliche Personen, sondern auch klassische Selbstständige in den Anwendungsbereich dieser Verordnung ein.[492] Auch die Richtlinie 89/391/EWG selbst schreibt in dem bereits erwähnten[493] Art. 13 vor, dass jeder Arbeitnehmer verpflichtet ist, für die Sicherheit und die Gesundheit derjenigen Sorge zu tragen, die von seinen Handlungen oder Unterlassungen bei der Arbeit betroffen sind. Nur auf diese Weise kann sichergestellt werden, dass Gefahren effektiv vermieden werden. Selbstständige, mithin auch arbeitnehmerähnliche Personen, die mit Arbeitnehmern in einem Betrieb zusammenarbeiten, müssen daher die gleichen Sorgfaltspflichten beachten und auch entsprechend informiert und unterwiesen werden. Es müssen alle Vorschriften auf sie angewendet werden, die das Ziel verfolgen, Gefahren zu verhindern, die von einzelnen Arbeitskräften für andere Arbeitskräfte ausgehen. Mittelbar hat dies gleichermaßen den Schutz auch der Selbstständigen zur Folge, die damit bereits aufgrund der Gefahrengemeinschaft

---

491 *Pottschmidt*, ArbNähn. Pers. in Europa, S. 229, die insbesondere auf die Richtlinie 92/57/EWG (Schutz auf Baustellen) hinweist. Im Rahmen dieser Richtlinie hat der Gemeinschaftsgesetzgeber dem Umstand Rechnung getragen, dass eine Gefährdung der Arbeitnehmer auch von Selbstständigen ausgehen kann, wenn die Arbeitnehmer und die Selbstständigen im räumlicher Hinsicht zusammenarbeiten.
492 *Bremer*, Arbeitsschutz im Baubereich, S. 117 f.
493 Vgl. § 4, B., I., b), aa).

ebenfalls mittelbar vom Arbeitsschutzrecht der Union profitieren.[494] Hinsichtlich der Unterstützungspflicht nach § 89 Abs. 1 BetrVG ist zudem zu berücksichtigen, dass arbeitnehmerähnliche Personen gemäß § 2 Abs. 2 SGB VII in der Regel versicherte Personen sind, sodass die Aufsichtsbehörden schon aus diesem Grund für sie zuständig sind.

c) Zusammenfassung zu den allgemeinen Aufgaben nach §§ 80 Abs. 1 Nr. 1, Nr. 9, Abs. 2, 89 BetrVG

Dem Betriebsrat obliegen im Bereich des Arbeits- und Umweltschutzes umfassende Überwachungs- und Förderungspflichten, die ihren Niederschlag in den §§ 80 Abs. 1 Nr. 1, Nr. 9, Abs. 2, 89 BetrVG gefunden haben. Insbesondere im Hinblick auf die unionsrechtlichen Vorgaben der Richtlinie 89/391/EWG und dem dieser Richtlinie zugrunde liegenden Leitbild der effektiven Förderung des Arbeitsschutzes in Bezug auf sämtliche Beschäftigte im Sinne der Richtlinie, hat er die Aufgabe, Maßnahmen des Arbeits- und Umweltschutzes auch in Bezug auf arbeitnehmerähnliche Personen zu fördern und darüber zu wachen, dass die zu ihren Gunsten geltenden Vorschriften im Bereich des Arbeitsschutzes gewahrt werden. Der Betriebsrat hat die §§ 80 Abs. 1 Nr. 1, Nr. 9, Abs. 2, 89 BetrVG mithin im Wege einer richtlinienkonformen Rechtsfortbildung sowie aufgrund der innerbetrieblichen Gefahrengemeinschaft auch zugunsten arbeitnehmerähnlicher Personen anzuwenden.

2. *Unterrichtungs- und Beratungsrecht des Betriebsrats in Bezug auf arbeitnehmerähnliche Personen gemäß § 90 BetrVG*

Die Richtlinie 89/391/EWG und das nationale öffentlich-rechtliche Arbeitsschutzrecht verfolgen einen weiten Arbeitsschutzansatz, indem sie neben den Maßnahmen zur Verhütung von Arbeitsunfällen und berufsbedingten Unfallgefahren auch die menschengerechte Gestaltung der Arbeit sichergestellt wissen wollen.[495] Die damit korrespondierenden Mitwirkungsrechte der Arbeitnehmervertreter sind im deutschen Recht insbesondere in § 90 BetrVG geregelt. Mit Rücksicht auf die personelle Reichweite der Richtlinie 89/391/EWG[496] und die durch sie erfolgte Einbeziehung arbeitnehmerähnlicher Personen stellt sich die Frage, ob auch die Unterrichtungs- und Beratungsrechte des Betriebsrats nach § 90 BetrVG im Wege einer richtlinienkonformen Rechtsfortbildung auf arbeitnehmerähnliche Personen

---

494 *Pottschmidt*, ArbNähn. Pers. in Europa, S. 230.
495 *Birk* in Festschrift für Wlotzke, S. 645 (657); *Wlotzke*, NZA 1996, 1017 (1019).
496 Vgl. § 2, B., III.

zu erstrecken sind. Im Folgenden soll zunächst der Regelungsinhalt des § 90 BetrVG näher dargestellt werden, um anschließend den unionsrechtlichen Einfluss
der Richtlinie 89/391/EWG auf die entsprechenden Mitwirkungsrechte des Betriebsrats in Bezug auf arbeitnehmerähnliche Personen zu untersuchen.

a) Regelungsinhalt des § 90 BetrVG

Die Regelung des § 90 BetrVG ermöglicht dem Betriebsrat eine frühzeitige Beteiligung an Maßnahmen, die sich auf die Tätigkeit der Arbeitnehmer, insbesondere
auf die Art ihrer Tätigkeit und die sich daraus ergebenden Anforderungen, auswirken können. Er kann danach bereits im Planungsstadium tätig werden, wobei
er darauf hinzuwirken hat, dass die berechtigten Interessen der Arbeitnehmer in
der Planung und Durchführung von Maßnahmen ausreichend Berücksichtigung
finden.[497] § 90 BetrVG verfolgt mithin – wie auch die Richtlinie 89/391/EWG[498] –
einen präventiven Schutz[499], wenn es um die Planung von Maßnahmen geht, die
sich auf die Arbeitsplatzqualität auswirken können.[500] Dabei hat der Arbeitgeber
dem Betriebsrat Gegenstand, Ziel und Durchführung der geplanten Maßnahme
sowie deren Auswirkungen auf die Arbeitnehmer, insbesondere auf die Art ihrer
Arbeit sowie die sich daraus ergebenden Anforderungen an die Arbeitnehmer,
umfassend zu erläutern und diese sodann so rechtzeitig mit dem Betriebsrat zu
beraten, dass Vorschläge und Bedenken berücksichtigt werden können, § 90 Abs. 2
S. 1 BetrVG.[501] Hierbei sind insbesondere die gesicherten arbeitswissenschaftli-
chen Erkenntnisse über die menschengerechte Gestaltung der Arbeit zu berücksichtigen, § 90 Abs. 2 S. 2 BetrVG.[502]

b) Anwendbarkeit des § 90 BetrVG in Bezug auf arbeitnehmerähnliche
Personen aufgrund der Richtlinie 89/391/EWG – Richtlinienkonforme
Rechtsfortbildung des § 90 BetrVG

Die Mitwirkungsrechte des Betriebsrats nach § 90 BetrVG gelten unter Berücksichtigung des persönlichen Anwendungsbereichs des § 5 BetrVG nicht
in Bezug auf arbeitnehmerähnliche Personen. Die personelle Reichweite der

---

497 *Bender* in Wlotzke/Preis/Kreft, § 90 BetrVG, Rn. 1; *Egger*, BB 1992, 629 (635);
    BeckOK-*Werner*, Vorbemerkung zu § 90 BetrVG.
498 Vgl. § 2, B., I., 3.
499 *Bender* in Wlotzke/Preis/Kreft, § 90 BetrVG, Rn. 1.
500 HaKo-BetrVG/*Kohte*, § 90 BetrVG, Rn. 3, 5.
501 *Bender* in Wlotzke/Preis/Kreft, § 90 BetrVG, Rn. 16, 18.
502 *Bender* in Wlotzke/Preis/Kreft, § 90 BetrVG, Rn. 22.

Arbeitsschutzrahmenrichtlinie 89/391/EWG, die auch den Schutz arbeitnehmerähnlicher Personen bezweckt und auch ihnen gegenüber in Art. 10 und 11 ein Beteiligungsrecht der Arbeitnehmervertreter vorschreibt, lässt die Zulässigkeit der personellen Beschränkung des § 90 BetrVG jedoch fraglich erscheinen und an eine richtlinienkonforme Rechtsfortbildung denken. Eine Erstreckung der vorgenannten Beteiligungsrechte auf arbeitnehmerähnliche Personen im Wege einer richtlinienkonformen Rechtsfortbildung setzt voraus, dass die Richtlinie 89/391/ EWG auch in Bezug auf die menschengerechte Gestaltung der Arbeitsplätze ein Beteiligungsrecht der Arbeitnehmervertreter vorsieht und dieses Beteiligungsrecht nach seiner Reichweite denen des § 90 BetrVG entspricht.

aa) Beteiligungsrechte der Arbeitnehmervertreter in Bezug auf die menschengerechte Gestaltung der Arbeitsplätze nach der Richtlinie 89/391/EWG

Wie bereits ausgeführt, verfolgt die Richtlinie 89/391/EWG einen weiten Arbeitsschutzansatz.[503] So sieht sie auch in Bezug auf die menschengerechte Gestaltung der Arbeitsplätze ein Beteiligungsrecht der Arbeitnehmer bzw. deren Vertreter vor. Dies ergibt sich bereits aus den Erwägungsgründen der Richtlinie 89/391/ EWG. Danach sind die Arbeitgeber verpflichtet, „sich unter Berücksichtigung der in ihrem Unternehmen bestehenden Risiken über den neuesten Stand der Technik und der wissenschaftlichen Erkenntnisse auf dem Gebiet der Gestaltung von Arbeitsplätzen zu informieren und diese Kenntnisse an die Arbeitnehmervertreter, die im Rahmen dieser Richtlinie Mitbestimmungsrechte ausüben, weiterzugeben […]".[504] Diese Pflicht zur Weitergabe von Informationen auf dem Gebiet der Arbeitsplatzgestaltung würde wenig Sinn ergeben, wenn den Arbeitnehmervertretern durch die Richtlinie 89/391/EWG in diesem Bereich nicht auch ein konkretes Beteiligungsrecht eingeräumt werden sollte. Diese Pflicht des Arbeitgebers ist daher als Unterrichtungsrecht der Arbeitnehmervertreter zu qualifizieren.

Auch der Richtlinientext selbst lässt die Gestaltung der Arbeitsplätze nicht unberücksichtigt und normiert deren Berücksichtigung als Grundpflicht des

---

503 Demzufolge sind Maßnahmen im Sinne des ArbSchG alle Maßnahmen zur Verhütung von Unfällen bei der Arbeit und arbeitsbedingten Gesundheitsgefahren einschließlich Maßnahmen der menschengerechten Gestaltung der Arbeit, § 2 Abs. 1 ArbSchG; vgl. auch § 4, B., I., 2.

504 Vgl. Nr. 14 der Erwägungsgründe der Richtline 89/391/EWG; *Egger*, BB 1992, 629 (636).

Arbeitgebers.[505] Art. 6 Abs. 2 lit. d) der Richtlinie 89/391/EWG stellt ausdrücklich klar, dass die für die Sicherheit und den Gesundheitsschutz der Arbeitnehmer erforderlichen Maßnahmen auch den Faktor „Mensch" bei der Arbeit zu berücksichtigen haben und zwar insbesondere bei der Gestaltung von Arbeitsplätzen.[506] Für ein Beteiligungsrecht der Arbeitnehmervertreter im Sinne der Richtlinie spricht zudem der Art. 6 Abs. 3 lit. c) der Richtlinie 89/391/ EWG.[507] Danach hat der Arbeitgeber die Verpflichtung, „bei der Planung und Einführung neuer Technologien die Arbeitnehmer bzw. ihre Vertreter zu den Auswirkungen *zu hören*[508], die die Auswahl der Arbeitsmittel, die Gestaltung der Arbeitsbedingungen und die Einwirkung der Umwelt auf den Arbeitsplatz für die Sicherheit und Gesundheit der Arbeitnehmer haben".[509] Ferner kann auch Art. 11 der Richtlinie 89/391/EWG für ein generelles Beteiligungsrecht der Arbeitnehmervertreter auch in Bezug auf die Arbeitsplatzgestaltung ins Feld geführt werden, denn die dort vorgesehenen Beteiligungsrechte beziehen sich auf *alle Fragen betreffend die Sicherheit und die Gesundheit am Arbeitsplatz* und auch die menschengerechte Gestaltung des Arbeitsplatzes ist im weitesten Sinne dem Gesundheitsschutz zuzuordnen. Der Begriff des Arbeitsschutzes umfasst mithin auch Aspekte der menschengerechten Gestaltung des Arbeitsplatzes.[510]

Damit sind den Arbeitnehmervertretern auch im Bereich der Arbeitsplatzgestaltung Beteiligungsrechte einzuräumen, deren Intensität im Rahmen der vorstehenden Ausführungen jedoch ungeklärt blieb. Es stellt sich daher die Frage, ob die Richtlinie 89/391/EWG im Rahmen der Arbeitsplatzgestaltung lediglich Unterrichtungs- oder auch Beratungsrechte, wie sie in § 90 BetrVG vorgesehen sind, vorschreibt oder sich die Beteiligungsrechte auf eine bloße Unterrichtung beschränken sollen. Für letztere Auffassung sprechen einerseits die Erwägungsgründe der Richtlinie, wonach der Arbeitgeber lediglich verpflichtet sein soll, seine Kenntnisse auf dem Gebiet der Gestaltung von Arbeitsplätzen an die Arbeitnehmervertreter weiterzugeben. Andererseits sind die Arbeitnehmer bzw. ihre Vertreter jedoch entsprechend den vorherigen Ausführungen bei der Planung

---

505 *Bücker/Feldhoff/Kohte*, Arbeitsumwelt, Rn. 252; HaKo-BetrVG/*Kohte*, § 90 BetrVG, Rn. 22.
506 *Egger*, BB 1992, 629 (636); *Riesenhuber*, Europäisches Arbeitsrecht, S. 269; *Wank/ Börgmann*, Deutsches und Europäisches Arbeitsschutzrecht, S. 90.
507 Vgl. *Egger*, BB 1992, 629 (636).
508 Hervorhebung erfolgte durch die Verfasserin.
509 Vgl. Art. 6 Abs. 3 lit. c) der Richtlinie 89/391/EWG.
510 *Wlotzke*, NZA 1996, 1017 (1019).

und Einführung neuer Technologien und bei sämtlichen Fragen betreffend die Sicherheit und den Gesundheitsschutz zu hören, Art. 6 Abs. 3 lit. c) und Art. 11 der Richtlinie 89/391/EWG. Letzteres erschöpft sich nicht – wie es der Wortlaut vermuten lässt – in einem bloßen Anhörungsrecht. Vielmehr ist der Begriff „Anhörung" im Sinne eines Beratungsrechts zu verstehen. Bestätigt wird dies durch einen Vergleich mit der englischen und der französischen Sprachfassung der Richtlinie 89/391/EWG. In beiden Sprachfassungen wird der Begriff der Anhörung mit „consultation/la consultation" übersetzt, wobei diesen Worten nicht lediglich die Bedeutung eines passiven Anhörungsrechts zukommt, sondern ihnen vielmehr ein beratendes Element innewohnt.[511] Entsprechendes wird bestätigt durch Art. 4 Abs. 4 lit. c) und d) der Richtlinie 2002/14/EG, die bei der Frage nach der Bedeutung der Begriffe Unterrichtung und Anhörung ebenfalls zu berücksichtigen ist.[512] Die Richtlinie 89/391/EWG gewährt den Arbeitnehmern bzw. ihren Vertretern daher auch im Bereich der Arbeitsplatzgestaltung Unterrichtungs- und Beratungsrechte, wie sie in § 90 BetrVG niedergelegt sind.

bb) Richtlinienkonforme Rechtsfortbildung des § 90 BetrVG

Nachdem die Richtlinie auch im Bereich der Arbeitsplatzgestaltung umfassende Unterrichtungs- und Beratungsrechte einräumt und diese im nationalen Recht durch § 90 BetrVG gewährt werden, stellt sich die Frage, inwieweit diese Rechte im Wege einer richtlinienkonformen Rechtsfortbildung in Bezug auf arbeitnehmerähnliche Personen ausgeweitet werden können. Die Möglichkeit der richtlinienkonformen Rechtsfortbildung hängt auch hier maßgeblich davon ab, ob der deutsche Gesetzgeber sich bewusst für eine unzulängliche Umsetzung der Richtlinie 89/391/EWG entschieden hat, als er arbeitnehmerähnliche Personen aus dem Anwendungsbereich des § 90 BetrVG ausgeschlossen hat.

Wie schon zuvor festgestellt, kann die Nichteinbeziehung arbeitnehmerähnlicher Personen im Wege der Gesetzesreform im Jahr 2001 nicht als Argument für ein bewusst richtlinienwidriges Verhalten hinsichtlich der Umsetzung der Richtlinie 89/391/EWG ins Feld geführt werden. Vielmehr sprechen der weite personelle Anwendungsbereich des ArbSchG sowie die Begründung des Gesetzesentwurfs dafür, dass der Gesetzgeber das Erfordernis der Anpassung der im BetrVG vorgesehenen Beteiligungsrechte schlicht verkannt und somit unbewusst

---

511 *Kohte*, Arbeitsschutzrahmenrichtlinie, EAS 6100 Rn. 106.
512 Vgl. hierzu bereits § 4, A., I., 2., b), cc), (1).

richtlinienwidrig gehandelt hat.[513] Dies gilt auch, soweit es um die Beteiligungsrechte in Bezug auf die Arbeitsplatzgestaltung geht. Besonders deutlich wird dies durch die Begründung des Gesetzesentwurfs, in der darauf hingewiesen wurde, dass die „entsprechenden Unterrichtungs- und Beteiligungspflichten gegenüber den Betriebsräten durch die betriebsverfassungsrechtlichen Regelungen abgedeckt [seien] (insbesondere § 80 Abs. 1 Nr. 2 und 3, § 87 Abs. 1 Nr. 7, § 89 Abs. 2 bis 5, § 90 Abs. 2 BetrVG […])", obgleich diese gerade nicht auf arbeitnehmerähnliche Personen anwendbar sind. Es lässt sich daher auch bezüglich der Beteiligungsrechte hinsichtlich der Arbeitsplatzgestaltung kein Wille des deutschen Gesetzgebers erkennen, § 90 BetrVG richtlinienwidrig auf Arbeitnehmer im Sinne des nationalen Rechts zu beschränken. Demnach ist § 90 BetrVG im Wege einer richtlinienkonformen Auslegung entsprechend zugunsten arbeitnehmerähnlicher Personen anwendbar.

Hinzu kommt aber auch hier der Gedanke der innerbetrieblichen Gefahrengemeinschaft, der dazu führt, dass sämtliche Vorschriften, die den Zweck haben, Gefahren zu verhindern, die von einzelnen Arbeitskräften für andere Arbeitskräfte ausgehen, auch auf Selbstständige angewendet werden müssen.[514] Auch hieraus ergibt sich die Anwendbarkeit des § 90 BetrVG.

c) Zusammenfassung zu den Unterrichtungs- und Beratungsrechten des Betriebsrats in Bezug auf arbeitnehmerähnliche Personen gemäß § 90 BetrVG

Die Richtlinie 89/391/EWG verfolgt einen umfassenden Arbeitsschutzansatz, der neben den klassischen Maßnahmen zur Verhütung von Arbeitsunfällen und arbeitsbedingten Unfallgefahren auch die menschengerechte Gestaltung der Arbeitsplätze berücksichtigt. Insofern beziehen sich die in der Richtlinie 89/391/EWG in Art. 10 und 11 vorgesehenen Unterrichtungs- und Anhörungs- bzw. Beratungsrechte auf sämtliche Maßnahmen betreffend die Arbeitsplatzgestaltung. Die im nationalen Recht bisher nur in Bezug auf Arbeitnehmer geltenden Unterrichtungs- und Beratungsrechte bei der Gestaltung der Arbeitsplätze (§ 90 BetrVG) sind daher im Hinblick auf die personelle Reichweite der Richtlinie 89/391/EWG im Wege einer richtlinienkonformen Rechtsfortbildung auch zugunsten arbeitnehmerähnlicher Personen anwendbar.

---

513 Vgl. zur Frage des bewusst richtlinienwidrigen Ausschlusses arbeitnehmerähnlicher Personen aus dem persönlichen Anwendungsbereich des BetrVG bereits die Ausführungen unter § 3, B.

514 Vgl. hierzu ausführlicher § 4, B., I., 1., b), cc) sowie *Pottschmidt*, ArbNähn. Pers. in Europa, S. 229 f.

3. Zusammenfassung zu den Mitwirkungsrechten des Betriebsrats im Bereich des Arbeitsschutzes

Die in der Richtlinie 89/391/EWG vorgesehenen Mitwirkungsrechte betreffend den Bereich der Sicherheit und des Gesundheitsschutzes einschließlich der menschengerechten Gestaltung der Arbeitsplätze müssen unter Berücksichtigung ihres personellen Anwendungsbereichs allesamt auch arbeitnehmerähnlichen Personen zugute kommen. Der Betriebsrat hat seine Rechte und seine Pflichten aus den §§ 80 Abs. 1 Nr. 1, Nr. 9, Abs. 2, 89 und 90 BetrVG daher nicht ausschließlich zugunsten der Arbeitnehmer im Sinne des § 5 BetrVG, sondern auch zugunsten arbeitnehmerähnlicher Personen auszuüben, sofern diese auf die betriebliche Organisation angewiesen sind und mit dem vom Betrieb oder den Betriebsmitteln ausgehenden Gefahren in Berührung kommen. Dies gebietet eine richtlinienkonforme Rechtsfortbildung der entsprechenden Vorschriften.

II. Mitbestimmungsrechte des Betriebsrats im Bereich des Arbeitsschutzes

Neben den vorstehend erörterten arbeitsschutzbezogenen Mitwirkungsrechten des Betriebsrats räumt das Betriebsverfassungsrecht ferner erzwingbare Mitbestimmungsrechte mit einem Letztentscheidungsrecht der Einigungsstelle ein. Von maßgebender Bedeutung ist hierbei § 87 BetrVG, der den Kernbereich der Mitbestimmung regelt und das einseitige Anordnungsrecht des Arbeitgebers in sozialen Angelegenheiten einschränkt. Im Hinblick auf das Thema der vorliegenden Arbeit, das sich in besonderem Maße mit dem Arbeitsschutzrecht auseinandersetzt, soll nachfolgend lediglich auf diejenigen Mitbestimmungstatbestände eingegangen werden, die maßgeblich durch das europäische Arbeitsschutzrecht geprägt sind. Dies sind die Mitbestimmungstatbestände des § 87 Abs. 1 Nr. 7, Nr. 2 und Nr. 3 BetrVG. Fraglich ist, inwieweit sich diese Mitbestimmungsrechte unter Berücksichtigung der Vorgaben der Richtlinie 89/391/EWG auf arbeitnehmerähnliche Personen erstrecken.

1. Mitbestimmung bei Regelungen zum Arbeitsschutz nach § 87 Abs. 1 Nr. 7 BetrVG

§ 87 Abs. 1 Nr. 7 BetrVG räumt dem Betriebsrat ein Mitbestimmungsrecht hinsichtlich sämtlicher Regelungen über die Verhütung von Arbeitsunfällen und Berufskrankheiten sowie über den Gesundheitsschutz im Rahmen der gesetzlichen

Vorschriften oder der Unfallverhütungsvorschriften ein.[515] Sinn dieser Vorschrift ist es, durch eine Beteiligung der Arbeitnehmer an den sie betreffenden Maßnahmen zum Schutze ihrer Gesundheit eine möglichst hohe Effizienz im Bereich des betrieblichen Arbeits- und Gesundheitsschutzes sicherzustellen.[516] Die Bedeutsamkeit dieses Mitbestimmungsrechts ist nicht zuletzt aufgrund unionsrechtlicher Vorgaben erheblich gestiegen. Insbesondere durch den Erlass der Rahmenrichtlinie 89/391/EWG und weiterer Richtlinien zum Arbeitsschutz sowie das Inkrafttreten des zu deren Umsetzung erlassenen ArbSchG, wurde die Regelungsintensität ausgeweitet.[517] Im Folgenden sollen zunächst Zweck, Gegenstand und Umfang des Mitbestimmungsrechts dargestellt werden, um anschließend auf die Frage der personellen Reichweite des § 87 Abs. 1 Nr. 7 BetrVG in Bezug auf arbeitnehmerähnliche Personen einzugehen.

a) Zweck und Gegenstand des Mitbestimmungsrechts
   nach § 87 Abs. 1 Nr. 7 BetrVG

§ 87 Abs. 1 Nr. 7 BetrVG differenziert zwischen drei verschiedenen Regelungsbereichen, nämlich zwischen Regelungen über die Verhütung von Arbeitsunfällen, solchen über die Verhütung von Berufskrankheiten sowie Regelungen über den Gesundheitsschutz. Der Begriff des Arbeitsunfalls lehnt sich dabei an die Legaldefinition in § 8 Abs. 1 SGB VII an. Danach sind Arbeitsunfälle Unfälle von Versicherten infolge einer den Versicherungsschutz nach §§ 2, 3 SGB VII oder § 6 SGB VII begründenden Tätigkeit (versicherte Tätigkeit). Unfälle sind dabei zeitlich begrenzte, von außen auf den Körper einwirkende Ereignisse, die zu einem Gesundheitsschaden oder zum Tod führen. Auch der Begriff der Berufskrankheit orientiert sich an einer gesetzlichen Vorschrift, namentlich an § 9 Abs. 1 S. 1 SGB VII, wonach Berufskrankheiten Krankheiten sind, die die Bundesregierung durch Rechtsverordnung mit Zustimmung des Bundesrats als Berufskrankheiten bezeichnet und die Versicherten infolge einer den Versicherungsschutz nach §§ 2, 3 SGB VII oder § 6 SGB VII begründenden Tätigkeit erleiden.[518] Der Unterschied zwischen Arbeitsunfall und Berufskrankheit liegt in der zeitlichen Begrenzung, zumal ein Arbeitsunfall einen Zeitmoment darstellt, während sich eine Berufskrankheit regelmäßig über einen bestimmten Zeitraum erstreckt. Trotz dieser Unterscheidung kommt es auf eine genaue Abgrenzung aufgrund der Einbeziehung

---

515 *Bender* in Wlotzke/Preis/Kreft, § 87 BetrVG, Rn. 134.
516 *Fitting*, § 87 BetrVG, Rn. 257; *Wiese* in GK-BetrVG, § 87 BetrVG, Rn. 585.
517 *Bender* in Wlotzke/Preis/Kreft, § 87 BetrVG, Rn. 134.
518 Vgl. BerufskrankheitenVO [BKV] vom 31.10.1997, BGBl. I/2623.

des Gesundheitsschutzes letztlich nicht an. Im Rahmen des § 87 Abs. 1 Nr. 7 BetrVG geht es nämlich, wie auch im Rahmen der Richtlinie 89/391/EWG, um Prävention, sodass der gesetzlich nicht definierte Begriff des Gesundheitsschutzes besonders weit zu verstehen ist.[519] Der dem Mitbestimmungsrecht unterfallende Begriff des Gesundheitsschutzes ist daher als Summe von Maßnahmen zu verstehen, die auf den Erhalt der physischen und psychischen Integrität des Arbeitnehmers gegenüber arbeitsbedingten Beein-trächtigungen abzielen, welche zu medizinisch feststellbaren Verletzungen oder Erkrankungen führen oder führen können.[520]

b) Umfang des Mitbestimmungsrechts nach § 87 Abs. 1 Nr. 7 BetrVG

Das Mitbestimmungsrecht des Betriebsrats besteht nach § 87 Abs. 1 Nr. 7 BetrVG jedoch nur „im Rahmen der gesetzlichen Vorschriften oder der Unfallverhütungsvorschriften". Durch diesen Wortlaut wird der Umfang des Mitbestimmungsrechts in zweierlei Hinsicht begrenzt. Zum einen zeigt die Formulierung „im Rahmen", dass § 87 Abs. 1 Nr. 7 BetrVG nur dann ein Mitbestimmungsrecht gewährt, soweit Rahmenvorschriften des öffentlich-rechtlichen Arbeitsschutzes bestehen, die dem Arbeitgeber einen Ermessens- bzw. Beurteilungsspielraum einräumen, innerhalb dessen der geeignete Weg zum Erreichen des Ziels der jeweiligen Rahmenvorschrift nach Zweckmäßigkeitsgesichtspunkten ausgewählt werden kann.[521] Nur dann, wenn dem Arbeitgeber nicht die konkrete Art und Weise, wie er die ihm obliegende Handlungspflicht zu erfüllen hat, vorgeschrieben wird, ist ein Handlungsspielraum in diesem Sinne anzunehmen.[522] Zum anderen zeigt sich aus der Formulierung „im Rahmen", dass sich die Mitbestimmung nach § 87 Abs. 1 Nr. 7 BetrVG lediglich auf die Konkretisierung des Schutzniveaus der Rahmenvorschriften erstreckt, nicht aber auf dessen Anhebung.[523] Das Mitbestimmungsrecht bewegt sich damit eben nur im Rahmen des nach der jeweiligen Norm bestehenden Mindeststandards. Überdies sind nach § 87 Abs. 1

---

519 *Bender* in Wlotzke/Preis/Kreft, § 87 BetrVG, Rn. 138; D/K/K/W-*Klebe*, § 87, Rn. 172; zum Begriff des Gesundheitsschutzes vgl. auch *BAG*, Beschluss vom 08.06.2004, Az.: 1 ABR 13/03, NZA 2004, 1175; *BAG*, Beschluss vom 08.06.2004, Az.: 1 ABR 4/03, NZA 2005, 227.
520 *Bender* in Wlotzke/Preis/Kreft, § 87 BetrVG, Rn. 138.
521 ErfK/*Kania*, § 87 BetrVG, Rn. 63; *Kohte* in Düwell/Göhle-Sander/Kohte, Praxiskommentar, § 87 BetrVG, Rn. 77.
522 *Fitting*, § 87 BetrVG, Rn. 270; *Wiese* in GK-BetrVG, § 87 BetrVG, Rn. 596.
523 ErfK/*Kania*, § 87 BetrVG, Rn. 63.

Nr. 7 BetrVG nur Regelungen mitbestimmungspflichtig, sodass Einzelmaßnahmen i.d.R. nicht erfasst sind. Es muss vielmehr ein kollektiver Tatbestand vorliegen.[524] Regelungen sind insoweit abzugrenzen von einzelnen Maßnahmen, die sich aus dem bloßen Gesetzesvollzug ergeben. Es ist vielmehr ein Entscheidungsspielraum erforderlich, der über die schlichte Subsumtion gesetzlicher Anordnungen hinausgeht. Während im klassischen Arbeitsschutzrecht der bloße Vorschriftenvollzug eine maßgebende Rolle spielte, sind mittlerweile breite Handlungsspielräume auf betrieblicher Ebene geschaffen worden, deren Konkretisierung zugleich der gleichberechtigten Partizipation der Beschäftigten bedarf. Mit Rücksicht auf die Formulierung des § 87 Abs. 1 Nr. 7 BetrVG war gleichwohl lange Zeit umstritten, ob auch Generalklauseln zu den darin genannten Vorschriften zählen sollten.[525] In der Rechtsprechung der Instanzgerichte wurden an den Rahmen im Sinne des § 87 Abs. 1 Nr. 7 BetrVG zeitweilig strenge Anforderungen gestellt. § 87 Abs. 1 Nr. 7 BetrVG sollte erfordern, dass die öffentlich-rechtlichen Vorschriften einen konkreten Rahmen für den Arbeitgeber setzen sollten, wofür allgemeine Generalklauseln nicht ausreichen würden. Deren Konkretisierung solle der Gewerbeaufsicht und den Berufsgenossenschaften vorbehalten sei. Solange diese die Generalklausel nicht ausfüllen, fehle es an dem von § 87 Abs. 1 Nr. 7 BetrVG geforderten Rahmen.[526]

Diese Auffassung ist in der Literatur schnell auf Kritik gestoßen, da sie das System des Arbeitsschutzes verkenne. Auch Generalklauseln stellen geltendes Recht dar, welches eine Pflicht des Arbeitgebers begründe, eigenständige Schutzmaßnahmen zu treffen.[527]

---

524 *Kohte* in Düwell/Göhle-Sander/Kohte, Praxiskommentar, § 87 BetrVG, Rn. 77.

525 *Bücker/Feldhoff/Kohte*, Arbeitsumwelt, Rn. 72.

526 Vgl. *LAG Berlin*, Beschluss vom 31.03.1981, Az.: 8 TaBV 5/80, DB 1981, 1519; *LAG Düsseldorf*, Beschluss vom 27.05.1980, Az.: 5 TaBV 2/80, DB 1981, 1780; *LAG Baden-Württemberg*, Beschluss vom 18.02.1981, Az.: 2 TaBV 5/80, DB 1981, 1781; *LAG Niedersachsen*, Beschluss vom 25.03.1982, Az.: 11 TaBV 7/81, DB 1982, 2039; *LAG München*, Beschluss vom 16.04.1987, Az.: 8 (9) TaBV 56/86; vgl. auch die Darstellung dieses Rechtsstreits in *Ehmann*, Arbeitsschutz und Mitbestimmung, S. 89 f.; *Bücker/Feldhoff/Kohte*, Arbeitsumwelt, Rn. 72; *Wiese* in GK-BetrVG, § 87, Rn. 600; *Kohte*, Jahrbuch des Arbeitsrechts, Bd. 37, S. 37 f.

527 Vgl. nur *Denck*, RdA 1982, 279 (285); *Engel*, AuR 1982, 79 (80 ff.); *Klebe/Roth*, AiB 1984, 70 (75); *Klinkhammer*, AuR 1983, 321 (324); *Kohte*, BB 1981, 1277 (1282); *ders.*, AiB 1983, 48 (51); *ders.*, AuR 1984, 263 (264 ff.); *Wlotzke*, DB 1985, 754 (761).

Das BAG hatte diese Frage zunächst offen gelassen[528], dann aber die Mitbestimmung auch zur Konkretisierung unbestimmter Rechtsbegriffe und Generalklauseln angewendet.[529] Die Generalklausel des § 120a GewO a.F. solle danach als gesetzlicher Rahmen für mitbestimmungspflichtige und mitbestimmungsfähige Regelungen bei der Entscheidung organisatorischer Alternativen betreffend die Gestaltung von Pausen- und Mischorganisationen qualifiziert werden.[530]

Im Nachgang zu dieser Entscheidung wurde schließlich in der Instanzrechtsprechung darüber gestritten, ob das Mitbestimmungsrecht des § 87 Abs. 1 Nr. 7 BetrVG auch bei Regelungen zur Gefährdungsbeurteilung nach § 5 ArbSchG greife.[531]

In zwei zentralen Entscheidungen aus dem Jahr 2004 hat das BAG aber nunmehr endgültig klargestellt, dass das Mitbestimmungsrecht des Betriebsrats vor allem auch Regelungen zur betrieblichen Konkretisierung von Generalklauseln des staatlichen Arbeitsschutzrechts sowie des Rechts der Unfallverhütungsvorschriften und damit auch die Gefährdungsbeurteilung nach § 5 ArbSchG erfasst.[532] Hierdurch soll im Interesse der betroffenen Arbeitnehmer eine möglichst effiziente Umsetzung des gesetzlichen Arbeitsschutzes erreicht werden. Das Mitbestimmungsrecht setze daher ein, sobald eine gesetzliche Handlungspflicht objektiv besteht und mangels zwingender Vorgaben eine betriebliche Regelung erforderlich ist, um das mit dem Arbeitsschutz vorgegebene Ziel zu erreichen. Unerheblich ist nach dieser jüngeren Rechtsprechung auch, ob die Rahmenvorschrift mittelbar oder unmittelbar dem Gesundheitsschutz dient, welchen Weg oder welche Mittel sie vorsieht und ob eine subjektive Regelungsbereitschaft des Arbeitgebers vorliegt. Auch soll eine konkrete Gesundheitsgefahr nicht erforderlich sein.[533]

---

528 *BAG*, Beschluss vom 06.12.1983, Az.: 1 ABR 43/81, NJW 1984, 1476.

529 *BAG*, Beschluss vom 02.04.1996, Az.: 1 ABR 47/95, NZA 1996, 998.

530 *BAG*, Beschluss vom 02.04.1996, Az.: 1 ABR 47/95, NZA 1996, 998; *Kohte,* Jahrbuch des Arbeitsrechts, Bd. 37, S. 38.

531 Vgl. hierzu ausführlich *Schubert*, Mitbestimmung, S. 173 ff.

532 *BAG*, Beschluss vom 08.06.2004, Az.: 1 ABR 13/03, NZA 2004, 1175; *BAG*, Beschluss vom 08.06.2004, Az.: 1 ABR 4/03, NZA 2005, 227; *Pieper*, ArbSchR, BetrVG, Rn. 18.

533 *BAG*, Beschluss vom 08.06.2004, Az.: 1 ABR 13/03, NZA 2004, 1175, das mit Rücksicht auf seine neue Rechtsprechung auch bei der Gefährdungsbeurteilung nach § 5 ArbSchG ein Mitbestimmungsrecht des Betriebsrats bejaht. Im Jahr 1996 hatte das BAG betreffend den ehemaligen § 120a GewO noch die Auffassung vertreten, dass die Mitbestimmung des Betriebsrats zwingend eine unmittelbare und objektive Gesundheitsgefahr für die Arbeitnehmer voraussetze, vgl. *BAG*, Beschluss vom 02.04.1996, Az.: 1 ABR 47/95, NZA 1996, 998. Dies solle aber, wie das BAG nunmehr

Diese Auffassung überzeugt. Der Gesetzgeber verwendet Generalklauseln im Bereich des Arbeitsschutzes gerade deshalb, um betriebsnahe Lösungen zu ermöglichen. Dies entspricht auch dem Leitbild der Arbeitsschutzrahmenrichtlinie 89/391/EWG, welche die Betriebsorientierung als eine der wesentlichen Aspekte der Effektivierung des Arbeitsschutzes ansieht.[534] Eine anderweitige Auslegung widerspräche zudem der umfassenden Beteiligungsnorm des Art. 11 der Richtlinie 89/391/EWG. Der eingeräumte Handlungsspielraum ermöglicht insoweit eine Konkretisierung durch betriebliche Regelungen, welche mit Rücksicht auf das Unionsrecht betriebsnah auszugestalten sind. Die Mitbestimmung des Betriebsrats trägt zugleich zur effektiven Umsetzung des Arbeitsschutzes unter Partizipation der Beschäftigten bei. Diesem Ziel entspricht es, den Betriebsrat auch dann zu beteiligen, wenn eine konkrete Gesundheitsgefahr nicht feststellbar ist und die vom Arbeitgeber zu treffenden Maßnahmen nur mittelbar dem Gesundheitsschutz zu dienen bestimmt sind.[535] Es wird insoweit eine kollektive Rechtsverwirklichung angestrebt.

c) Beteiligungsrechte der Arbeitnehmer bzw. deren Vertreter nach der Richtlinie 89/391/EWG und deren Auswirkung auf die personelle Reichweite des § 87 Abs. 1 Nr. 7 BetrVG

Das Mitbestimmungsrecht des § 87 Abs. 1 Nr. 7 BetrVG greift dem Wortlaut nach aufgrund des engen personellen Anwendungsbereichs des BetrVG nur für solche Sachverhalte ein, die Arbeitnehmer im Sinne des § 5 BetrVG betreffen. Dies würde zwangsläufig den Ausschluss arbeitnehmerähnlicher Personen aus dem Schutzbereich des § 87 BetrVG bedeuten, zumal diese eben von dem in Deutschland geltenden allgemeinen und betriebsverfassungsrechtlichen Arbeitnehmerbegriff nicht erfasst sind. Es stellt sich die Frage, ob dies unter Berücksichtigung unionsrechtlicher Vorgaben so tatsächlich gelten kann.

---

differenziert, nur für Fälle gelten, in denen Regelungen auf sehr weite Generalklauseln gestützt werden. Bei lediglich ausfüllungsbedürftigen, aber gleichwohl konkret dem Gesundheitsschutz dienenden Rahmenvorschriften, durch die dem Arbeitgeber eine bestimmte Handlungspflicht auferlegt werde, soll es auf eine unmittelbare Gesundheitsgefahr dagegen nicht ankommen; *Pieper*, AiB 2005, 252 (255).

534 Vgl. § 2, B., I., 3.
535 *BAG*, Beschluss vom 08.06.2004, Az.: 1 ABR 13/03, NZA 2004, 1175; *Habich*, Sicherheit- und Gesundheitsschutz, S. 318; *Kohte,* Jahrbuch des Arbeitsrechts, Bd. 37, S. 38.

Besonderer Bedeutung kommt bei dieser Überlegung – wie schon bei der Frage der Anwendbarkeit der §§ 81 f. BetrVG auf arbeitnehmerähnliche Personen – der Rahmenrichtlinie 89/391/EWG zu, die in Art. 10 und Art. 11 die Unterrichtung, Anhörung und Beteiligung der Arbeitnehmer bzw. der Arbeitnehmervertreter vorschreibt. Die Richtlinie 89/391/EWG ist – wie bereits oben festgestellt – auf arbeitnehmerähnliche Personen anwendbar, sodass der durch die Richtlinie vorgesehene Schutz zwingend auch arbeitnehmerähnlichen Personen zugute kommen muss.[536]

Art. 10 der Richtlinie 89/391/EWG legt dem Arbeitgeber eine umfassende Informationspflicht hinsichtlich des Gesundheitsschutzes und der hierfür getroffenen Maßnahmen gegenüber seinen Arbeitnehmern auf. Art. 11 der Richtlinie gibt den Arbeitnehmern hiermit korrespondierend ein Recht auf Anhörung und Beteiligung. Danach muss der Arbeitgeber die Arbeitnehmer bzw. deren Vertreter anhören und deren Beteiligung bei allen Fragen betreffend die Sicherheit und die Gesundheit am Arbeitsplatz ermöglichen.[537] Im Rahmen des § 87 Abs. 1 Nr. 7 BetrVG von maßgebender Bedeutung ist das in der Richtlinie 89/391/EWG vorgesehene Recht auf „Beteiligung". Daher soll im Folgenden zunächst geklärt werden, was unter „Beteiligung" konkret zu verstehen ist. Hierbei soll besonderes Augenmerk auf die Frage gerichtet werden, ob der Begriff „Beteiligung" im Rahmen der Richtlinie 89/391/EWG gleichbedeutend mit dem Begriff der Mitbestimmung aus § 87 BetrVG ist. Anschließend wird zu untersuchen sein, welche Rechtsfolgen eine entsprechende Auslegung für die Anwendbarkeit des § 87 Abs. 1 Nr. 7 BetrVG auf arbeitnehmerähnliche Personen haben würde und ob die Ausdehnung auf arbeitnehmerähnliche Personen aufgrund einer richtlinienkonformen Rechtsfortbildung angezeigt ist.

aa) „Ausgewogene Beteiligung" im Sinne des Art. 11 der Richtlinie 89/391/ EWG – Beteiligung gleich Mitbestimmung?

Die Richtlinie 89/391/EWG räumt den Arbeitnehmern bzw. deren Vertretern neben den bereits ausführlich dargestellten Unterrichtungs- und Anhörungsrechte in Art. 11 ein darüber hinausgehendes Recht auf „ausgewogene Beteiligung" ein. Was genau hierunter zu verstehen ist, wird jedoch im Rahmen der Richtlinie

---

536 Vgl. § 2, B., III.
537 Vgl. § 2, B., I., 4. sowie 2, B., II. und § 4, A., I., 2., b), cc).

89/391/EWG nicht näher konkretisiert und ist anhand allgemeiner Auslegungsmethoden zu untersuchen.[538]

(1) Wortlaut des Art. 11 der Richtlinie 89/391/EWG

Art. 11 der Richtlinie 89/391/EWG spricht neben der „Anhörung" auch von „ausgewogener Beteiligung". Was darunter aber zu verstehen ist, kann der Rahmenrichtlinie nicht eindeutig entnommen werden. Unter Rückgriff auf Art. 2 h) der Richtlinie 2001/86/EG[539] könnte „Beteiligung" als Oberbegriff verstanden werden für sämtliche Formen der Mitwirkung, sprich Unterrichtung, Anhörung und Mitbestimmung. So wird der Begriff allgemein auch im deutschen Recht interpretiert.[540] Das Wort „ausgewogen" spricht jedoch eher für eine Ausgeglichenheit der Entscheidungsgewalt von Arbeitgeber und Arbeitnehmer.[541] Es ist davon auszugehen, dass ausgewogene Beteiligung mehr als bloße Beratung bedeutet.[542] Dies wird bestätigt, wenn man sich die englische und die französische Sprachfassung der Richtlinie 89/391/EWG vor Augen führt, die schon bezüglich des ersten Spielgelstrichs in Art. 11 jeweils von Konsultation („the consultation" /"la consultation") anstatt von „Anhörung" sprechen. In beiden Sprachfassungen wird also schon der Begriff „Anhörung" mit „consultation/la consultation" übersetzt, wobei die Konsultation über eine Anhörung hinaus geht und eher als Beratung verstanden werden muss.[543] Die weitere Aufzählung im dritten Spiegelstrich („balanced participation" bzw. „participation equilibrée") kann daher nur bedeuten, dass „ausgewogene Beteiligung" im Sinne einer Ausgeglichenheit hinsichtlich der Durchsetzungsfähigkeit von Entscheidungen zu verstehen ist.[544] Nahe legt dies auch die Tatsache, dass der Begriff „Anhörung" bzw. „consultation/la

---

538 Vgl. hierzu auch *Hinrichs*, Mitbestimmung des Betriebsrats, S. 32 ff.; *Merten*, Gesundheitsschutz und Mitbestimmung, S. 22 ff; *Schubert*, Mitbestimmung, S. 52 ff.

539 Richtlinie 2001/86/EG des Rates vom 08.10.2001 zur Ergänzung des Status der Europäischen Gesellschaft hinsichtlich der Beteiligung der Arbeitnehmer, ABl. Nr. L 294/22.

540 *von Hoyningen-Huene*, Betriebsverfassungsrecht, § 11, Rn. 1; *Merten*, Gesundheitsschutz und Mitbestimmung, S. 22.

541 *Hinrichs*, Mitbestimmung des Betriebsrats, S. 34.

542 *Kohte*, Arbeitsschutzrahmenrichtlinie, EAS B 6100, Rn. 106.

543 Vgl. § 4, B., I., 2., b), aa).

544 *Hinrichs*, Mitbestimmung des Betriebsrats, S. 34; *Bücker/Feldhoff/Kohte*, Arbeitsumwelt, Rn. 268; *ders.*, Partizipation, S. 12; *ders.* Mitbestimmung und Regelung, S. 64; *ders.*, Arbeitsschutzrahmenrichtlinie, EAS B 6100, Rn. 106; *Schubert*, Mitbestimmung, S. 52.

consultation" in Art. 11 der Richtlinie 89/391/EWG neben dem Begriff der Beteiligung ausdrücklich genannt ist. Es wäre systemwidrig innerhalb eines Artikels einmal den konkreten Begriff (hier „Anhörung" bzw. „consultation/la consultation") und einmal den Oberbegriff „Beteiligung" bzw. „participation" zu verwenden, wie es in Art. 11 Abs. 1 der Fall ist. Bestätigt wird diese Überlegung auch durch die Verwendung eines separaten Spiegelstrichs in der Aufzählung in Art. 11 Abs. 1 sowie die Nennung beider Begriffe in der Überschrift und im Eingangssatz des Art. 11 Abs. 1 der Richtlinie 89/391/EWG.[545]

Andererseits muss die ausgewogene Beteiligung nach Art. 11 der Richtlinie lediglich „nach den nationalen Rechtsvorschriften bzw. Praktiken" erfolgen, womit den Mitgliedstaaten die Intensität des Beteiligungsrechts, das den Arbeitnehmern bzw. deren Vertretern eingeräumt werden soll, überlassen bleibt.[546] Die Richtlinie scheint ihrem Wortlaut zufolge zumindest nicht zwingend ein Mitbestimmungsrecht vorzuschreiben.

(2) Die Erwägungsgründe der Richtlinie 89/391/EWG

Vorgenannte Überlegung, dass Art. 11 der Richtlinie mehr als nur ein Anhörungsrecht einräumt, wird auch durch einen Blick in die Erwägungsgründe der Richtlinie bestätigt. Danach ist es erforderlich, „die Unterrichtung, den Dialog [, mit anderen Worten die Anhörung] und die ausgewogene Zusammenarbeit im Bereich der Sicherheit und des Gesundheitsschutzes [...] auszuweiten".[547] Die Richtlinie 89/391/EWG führt in den Erwägungsgründen weiter aus, dass es für die Sicherheit und den Gesundheitsschutz der Arbeitnehmer unerlässlich ist, „daß sie *(die Arbeitnehmer)*[548] in die Lage versetzt werden, durch eine angemessene Mitwirkung entsprechend den nationalen Rechtsvorschriften bzw. Praktiken zu überprüfen und zu gewährleisten, dass die erforderlichen Schutzmaßnahmen getroffen werden". Der Beteiligung der Arbeitnehmer ist folglich eine zentrale und elementare Funktion eingeräumt.[549] Der Passus „zu gewährleisten" legt zudem auch hier den Schluss eines gleichwertigen Mitbestimmungsrechts nahe. Sofern nämlich ein solches nicht gewährt würde, hätten Arbeitnehmer keinen Einfluss auf die Gewährleistung des durch die Richtlinie 89/391/EWG

---

545 *Schubert*, Mitbestimmung, S. 52.
546 *Geyer*, Mitbestimmung beim Arbeits- und Gesundheitsschutz, S. 80.
547 Vgl. § 2, B., I., 4.; *Bücker/Feldhoff/Kohte*, Arbeitsumwelt, Rn. 268; *Schubert*, Mitbestimmung, S. 51.
548 Klammerzusatz erfolgte durch die Verfasserin.
549 Vgl. § 2, B., I., 4.; *Bücker/Feldhoff/Kohte*, Arbeitsumwelt, Rn. 267.

vorgeschriebenen Mindeststandards im Bereich des Gesundheitsschutzes. Sie könnten diesen zwar grundsätzlich fordern und sich zu ihm äußern, ihn aber nicht zwingend herbeiführen. Im Übrigen spricht auch die Richtlinie 89/391/ EWG selbst in ihren Erwägungsgründen von Mitbestimmungsrechten. Sie legt den Arbeitgebern eine Verpflichtung auf, „sich [...] über den neusten Stand der Technik und der wissenschaftlichen Erkenntnisse auf dem Gebiet der Gestaltung von Arbeitsplätzen zu informieren und diese Kenntnisse an die Arbeitnehmervertreter, *die im Rahmen dieser Richtlinie Mitbestimmungsrechte ausüben,* weiterzugeben [...].“ Die Erwägungsgründe sprechen nach alledem dafür, dass den Arbeitnehmern bzw. deren Vertretern ein Mitbestimmungsrecht eingeräumt werden soll. Die Richtlinie 89/391/EWG spricht – wie soeben festgestellt – sogar selbst von einem Mitbestimmungsrecht, das die Arbeitnehmervertreter im Rahmen der Richtlinie ausüben.

Auf der anderen Seite wäre aber bei solch einer Interpretation der Passus „nach den nationalen Rechtsvorschriften bzw. Praktiken“ hinfällig. Möglicherweise ist die Verwendung des Begriffs „Mitbestimmung“ lediglich auf die zahlreichen Ergänzungen und Änderungen der Formulierung während des Verabschiedungsverfahrens zurückzuführen.[550]

(3) Entstehungsgeschichte

Die Entstehungsgeschichte der Richtlinie spricht eindeutig gegen den Willen des Unionsgesetzgebers, ein zwingendes Mitbestimmungsrecht der Arbeitnehmer bzw. deren Vertreter festzulegen.

Der erste Vorschlag der Kommission in Bezug auf den Wortlaut der Rahmenrichtlinie 89/391/EWG enthielt lediglich ein Anhörungsrecht zugunsten der Arbeitnehmer bzw. deren Vertreter[551], was aber als nicht weitreichend genug kritisiert wurde. Es wurde daraufhin über die Reichweite der Arbeitnehmerrechte diskutiert, wobei insbesondere das Parlament, der Wirtschafts- und Sozialausschuss und der Ausschuss für Umweltfragen, Volksgesundheit und Verbraucherschutz weitergehende Rechte forderten. Der Wirtschafts- und Sozialausschuss hat den Vorschlag unterbreitet, statt der „Anhörung“ die Begriffe „Mitwirkung“ und „enge Zusammenarbeit“ zu verwenden. Der Ausschuss für Umweltfragen, Volksgesundheit und Verbraucherschutz ging noch einen Schritt weiter und schlug ein dreistufiges Mitwirkungssystem vor, das auf der letzten Stufe ein „gleichberechtigtes Mitbestimmungsrecht“ vorsah. Trotz

---

550 So *Hinrichs*, Mitbestimmung des Betriebsrats, S. 38.
551 *Schubert*, Mitbestimmung, S. 53.

dieses Vorschlags, der den Arbeitnehmern ein zwingendes Mitbestimmungsrecht einräumte, wurde letztlich die Formulierung „ausgewogene Beteiligung" gewählt.[552]

Demzufolge haben der Rat und die Kommission bei der Beratung über den genauen Wortlaut der Richtlinie am 12.12.1988 zu Protokoll gegeben, dass „der Begriff der ausgewogenen Beteiligung […] ein Spektrum verschiedener Formen der Beteiligung der Arbeitnehmer [umfasst], die in den einzelnen Ländern erheblich voneinander abweichen". Die Richtlinie würde „keinerlei Verpflichtung für die Mitgliedsstaaten [enthalten], eine bestimmte Form der ausgewogenen Beteiligung vorzusehen".[553]

Der Begriff der Mitwirkung geht zwar prinzipiell über den der Anhörung hinaus und räumt den Arbeitnehmern insofern mehr Rechte ein. Ein zwingendes Mitbestimmungsrecht kann der Formulierung „ausgewogene Beteiligung" jedoch nicht entnommen werden und scheint unter Berücksichtigung der Entstehungsgeschichte der Richtlinie auch nicht gewollt zu sein.

(4) Bedeutung des Passus „nach den nationalen
     Rechtsvorschriften bzw. Praktiken"

Wie die vorherigen Überlegungen gezeigt haben, lässt sich anhand der bisherigen Argumente kein eindeutiges Ergebnis hinsichtlich der Bedeutung der „ausgewogenen Beteiligung" finden. Es kann zumindest kein zwingendes Mitbestimmungsrecht daraus hergeleitet werden. Dies zeigt insbesondere der Verweis auf die nationalen Rechtsvorschriften und Praktiken. Dieser Verweis zeigt, dass Arbeitnehmern im Sinne der Richtlinie nur der gleiche Schutz zukommen muss, der den Arbeitnehmern in den Mitgliedstaaten grundsätzlich gewährt wird. Der Passus „Beteiligung nach den nationalen Rechtsvorschriften und Praktiken" ist mithin so zu verstehen, dass eine Vereinheitlichung im jeweiligen nationalen Recht stattfinden soll. Arbeitnehmern soll insgesamt ein über ein bloßes Anhörungsrecht hinausgehendes Recht gewährt werden, wobei dies einheitlich für Arbeitnehmer im Sinne des nationalen Rechts als auch für Arbeitnehmer im Sinne der Richtlinie 89/391/EWG gelten soll.[554] Werden Arbeitnehmern nach den Regeln eines Mitgliedstaats im Bereich des Arbeitsschutzes nur

---

552 *Hinrichs*, Mitbestimmung des Betriebsrats, S. 35; *Kohte*, Arbeitsschutzrahmenrichtlinie, EAS B 6100, Rn. 107; *Schubert*, Mitbestimmung, S. 53.
553 *Hinrichs*, Mitbestimmung des Betriebsrats, S. 35 f.; *Kohte*, Mitbestimmung und Regelung, S. 64; *ders.*, Arbeitsschutzrahmenrichtlinie, EAS B 6100, Rn. 107.
554 Vgl. § 4, B., I., 1., b), bb).

Anhörungsrechte eingeräumt, muss aufgrund der Reichweite der Bestimmung des Art. 11 der Richtlinie 89/391/EWG mindestens eine Beteiligung in der Weise vorgesehen werden, wie es die Richtlinie 89/391/EWG als Mindestmaßstab vorsieht. Es muss mithin als Mindestschutz ein Konsultationsrecht eingeräumt werden. Sieht das Recht der Mitgliedstaaten im Bereich des Gesundheitsschutzes in Bezug auf Arbeitnehmer im Sinne des nationalen Rechts dagegen ein Mitbestimmungsrecht vor, muss dieses Recht sodann auch Arbeitnehmern im Sinne der Richtlinie eingeräumt werden. Im deutschen Recht ist im Bereich des Gesundheitsschutzes ein entsprechendes Mitbestimmungsrecht nach § 87 Abs. 1 Nr. 7 BetrVG normiert. Aufgrund des Verweises auf die nationalen Rechtsvorschriften und Praktiken in Art. 11 der Richtlinie 89/391/EWG ist mithin davon auszugehen, dass auch Arbeitnehmern im Sinne der Richtlinie, also auch arbeitnehmerähnlichen Personen, ein Beteiligungsrecht in entsprechendem Umfang einzuräumen ist. Dann muss dem Betriebsrat das ihm durch § 87 Abs. 1 Nr. 7 BetrVG gewährte Mitbestimmungsrecht auch in Bezug auf arbeitnehmerähnliche Personen zustehen.[555]

(5) Zusammenfassung zur „ausgewogenen Beteiligung" im Sinne des Art. 11 der Richtlinie 89/391/EWG

Nach alledem hat sich die Auslegung des Passus „ausgewogene Beteiligung" an den nationalen Gegebenheiten zu orientieren. Die Richtlinie 89/391/EWG schreibt nicht zwingend ein Mitbestimmungsrecht der Arbeitnehmer bzw. ihrer Vertreter vor.[556] Aufgrund des Verweises auf die nationalen Rechtsvorschriften bzw. Praktiken muss die „ausgewogene Beteiligung" im deutschen Recht vielmehr in dem Umfang erfolgen, wie sie auch Arbeitnehmern im Sinne des nationalen Rechts eingeräumt wird. „Ausgewogene Beteiligung" muss daher im deutschen Recht im Sinne eines Mitbestimmungsrechts verstanden werden, welches den Arbeitnehmern, die durch die Richtlinie geschützt werden sollen, durch § 87 Abs. 1 Nr. 7 BetrVG eingeräumt wird.

---

555 Für solche Beschäftigte, die bereits dem nationalen Arbeitnehmerbegriff unterfallen, muss dies bereits im Hinblick auf das Verschlechterungsverbot, das in den Erwägungsgründen der Richtlinie vorgeschrieben ist, gelten. Danach dürfen durch die Richtlinie keine möglichen Einschränkungen des bereits erzielten Schutzes gerechtfertigt werden, vgl. hierzu ausführlich *Hinrichs*, Mitbestimmung des Betriebsrats, S. 39 ff.

556 *Kohte*, Mitbestimmung und Regelung, S. 64.

bb) Anwendbarkeit des § 87 Abs. 1 Nr. 7 BetrVG auf arbeitnehmerähnliche
   Personen aufgrund richtlinienkonformer Rechtsfortbildung

Wie bereits ausgeführt, gilt die Richtlinie 89/391/EWG nicht allein für solche Arbeitnehmer, die nach nationalem Recht als solche zu betrachten sind. Vielmehr fallen auch die arbeitnehmerähnlichen Personen, wie sie das deutsche Recht versteht,
unter den unionsrechtlichen Arbeitnehmerbegriff der Richtlinie 89/391/EWG.[557]
Es stellt sich insoweit die Frage, welche Auswirkungen diese personelle Erfassung
auf § 87 Abs. 1 Nr. 7 BetrVG hat.

(1) Hinreichende Umsetzung des in der Richtlinie 89/391/EWG
   vorgesehenen Beteiligungsrechts?

Die Richtlinie 89/391/EWG sieht kein zwingendes Mitbestimmungsrecht der Arbeitnehmer vor. Das Beteiligungsrecht soll sich vielmehr danach richten, wie die
Beteiligungsrechte nach den nationalen Rechtsvorschriften bzw. Praktiken, ausse-
hen. Für Arbeitnehmer im Sinne des deutschen Rechts bedeutet dies im Hinblick
auf das in der Richtlinie 89/391/EWG vorgesehene Verschlechterungsverbot, dass
das Beteiligungsrecht nach § 87 Abs. 1 Nr. 7 BetrVG zu gewähren ist.[558] Hiervon
scheint auch der deutsche Gesetzgeber ausgegangen zu sein, da er selbst in seiner
Gesetzesbegründung ausgeführt hat, dass die Beteiligungspflichten gegenüber den
Betriebsräten durch die betriebsverfassungsrechtlichen Regelungen, insbesondere
§ 87 Abs. 1 Nr. 7 BetrVG abgedeckt seien.[559] Was den Umfang der Mitbestimmung angeht, wurde die Richtlinie 89/391/EWG in Bezug auf Arbeitnehmer im
Sinne des deutschen Rechts folglich hinreichend umgesetzt.

Anderes gilt jedoch im Hinblick auf arbeitnehmerähnliche Personen. Auch sie
werden vom personellen Anwendungsbereich der Richtlinie 89/391/EWG erfasst.
Gleichwohl fehlt es im deutschen Recht an einer entsprechenden Vorschrift, die
arbeitnehmerähnlichen Personen eben dieses Beteiligungsrecht im Bereich des
Gesundheitsschutzes einräumt. In Bezug auf arbeitnehmerähnliche Personen wurde die Richtlinie damit nicht hinreichend umgesetzt.

(2) Richtlinienkonforme Rechtsfortbildung des § 87 Abs. 1 Nr. 7 BetrVG

Wie schon die Ausführungen unter § 4, A., I., 2., b), cc) gezeigt haben, hängt
die Beantwortung der Frage, inwieweit § 87 Abs. 1 Nr. 7 BetrVG analog bzw.

---

557 § 2, B., III.
558 *Hinrichs,* Mitbestimmungsrecht des Betriebsrats, S. 39 ff.
559 BT-Drucks. 13/3540, S. 22.

entsprechend im Wege einer richtlinienkonformen Rechtsfortbildung auf arbeitnehmerähnliche Personen angewendet werden kann, maßgeblich davon ab, ob sich der nationale Gesetzgeber bewusst für eine lückenhafte Umsetzung der Richtlinie 89/391/EWG entschieden hat. Dies ist aber, wie bereits im Zusammenhang mit der richtlinienkonformen Rechtsfortbildung der §§ 81 f. BetrVG ausführlich dargestellt wurde, nicht der Fall. Der Gesetzgeber hat das Erfordernis, die betriebsverfassungsrechtlichen Vorschriften im Hinblick auf die in der Richtlinie 89/391/EWG vorgesehenen Beteiligungsrechte, schlicht nicht erkannt. Dies zeigt sich besonders deutlich anhand der Begründung zum Gesetzesentwurf eines Arbeitsschutzgesetzes.[560] Dort heißt es hinsichtlich der Umsetzung des Art. 11 der Richtlinie 89/391/EWG unter anderem, dass „die entsprechenden Unterrichtungs- und Beteiligungspflichten gegenüber den Betriebsräten durch die betriebsverfassungsrechtlichen Regelungen abgedeckt (insbesondere § 80 Abs. 1 Nr. 2 und 3, § 87 Abs. 1 Nr. 7, § 89 Abs. 2 bis 5, § 90 Abs. 2 BetrVG [...])" seien.[561] Aufgrund der sich hierdurch auszeichnenden planwidrig unvollständigen Umsetzung in Bezug auf arbeitnehmerähnliche Personen ist eine richtlinienkonforme Rechtsfortbildung des § 87 Abs. 1 Nr. 7 BetrVG dahingehend erforderlich, dass der Betriebsrat seine ihm darin eingeräumten Mitbe-stimmungsrechte auch in Bezug auf arbeitnehmerähnliche Personen ausüben kann und muss.[562]

d) Zusammenfassung zur Mitbestimmung bei Regelungen zum Arbeitsschutz nach § 87 Abs. 1 Nr. 7 BetrVG

Das in der Richtlinie 89/391/EWG vorgesehene Recht auf „ausgewogene Beteiligung" betreffend die Sicherheit und den Gesundheitsschutz ist nicht einheitlich im Sinne eines zwingenden Mitbestimmungsrechts zu verstehen. Unter Berücksichtigung des Wortlauts des Art. 11 der Richtlinie 89/391/EWG soll sich die Intensität des Beteiligungsrechts vielmehr nach den nationalen Rechtsvorschriften und Praktiken richten, wobei als Mindestmaß der Beteiligung ein Konsultations- und Vorschlagsrecht vorgesehen ist. Im Hinblick auf die personelle Reichweite der Richtlinie 89/391/EWG ist arbeitnehmerähnlichen Personen im Bereich des Arbeitsschutzes daher ein Beteiligungsrecht entsprechend den nationalen

---

560 BT-Drucks. 13/3540.
561 BT-Drucks. 13/3540, S. 22.
562 Vgl. hierzu auch *Karthaus/Klebe*, NZA 2012, 417 (423 ff.), die das Mitbestimmungsrecht des Betriebsrats eines Drittunternehmens nach § 87 Abs. 1 Nr. 7 BetrVG auch in Bezug auf solche Beschäftigten als einschlägig erachten, die im Rahmen eines Werkvertrages bei dem Drittunternehmen tätig sind.

Rechtsvorschriften einzuräumen. Aus diesem Grund hat der Betriebsrat seine ihm in § 87 Abs. 1 Nr. 7 BetrVG eingeräumten Mitbestimmungsrechte auch in Bezug auf arbeitnehmerähnliche Personen auszuüben. § 87 Abs. 1 Nr. 7 BetrVG ist dahingehend richtlinienkonform fortzubilden, dass sich die Zuständigkeit des Betriebsrats im Rahmen des § 87 Abs. 1 Nr. 7 BetrVG auf arbeitnehmerähnliche Personen erstreckt.

2. Mitbestimmung bei den Regelungen über Beginn und Ende der täglichen Arbeitszeit einschließlich Pausen nach § 87 Abs. 1 Nr. 2 BetrVG

§ 87 Abs. 1 Nr. 2 BetrVG räumt dem Betriebsrat bei Fragen der Arbeitszeit Mitbestimmungsrechte ein. Zweck dieser Mitbestimmungsrechte ist es, die Interessen der Arbeitnehmer vor allem an der Lage der Arbeitszeit und damit zugleich der Freizeit für die Gestaltung ihres Privatlebens zu schützen und darauf zu achten, dass die Einteilung und Lage des geschuldeten Arbeitszeitvolumens eine sinnvolle Gestaltung der Freizeit erlaubt.[563] Der konkrete Regelungsinhalt des § 87 Abs. 1 Nr. 2 BetrVG soll nachfolgend näher dargestellt werden, um anschließend zu untersuchen, inwieweit im Bereich des Arbeitszeitschutzes unionsrechtliche Vorgaben bestehen, die eine Erstreckung der Mitbestimmungsrechte des § 87 Abs. 1 Nr. 2 BetrVG auf arbeitnehmerähnliche Personen erforderlich machen.

a) Regelungsinhalt des § 87 Abs. 1 Nr. 2 BetrVG

Nach § 87 Abs. 1 Nr. 2 BetrVG hat der Betriebsrat mitzubestimmen über den Beginn und das Ende der täglichen Arbeitszeit einschließlich der Pausen sowie die Verteilung der Arbeitszeit auf einzelne Wochentage. Da auch bei der Verteilung der Wochenarbeitszeit auf einzelne Wochentage Beginn und Ende der täglichen Arbeitszeit festgelegt werden, ist die Dauer der täglichen Arbeitszeit grundsätzlich mitbestimmungspflichtig. Anders ist dies indes bezüglich der Dauer der wöchentlichen Arbeitszeit. Ein Mitbestimmungsrecht hinsichtlich der wöchentlichen Arbeitszeit ist in § 87 Abs. 1 Nr. 2 BetrVG weder erwähnt noch ergibt sich ein entsprechendes Recht aus dem Sinn und Zweck des Arbeitszeitschutzes. Lediglich in § 87 Abs. 1 Nr. 3 BetrVG wird die vorübergehende Verlängerung oder Verkürzung der betriebsüblichen Arbeitszeit dem Mitbestimmungsrecht des Betriebsrats unterstellt, sodass nach dem Willen des Gesetzgebers nur in diesem Sonderfall ein Mitbestimmungsrecht gegeben sein soll. Die Aufgabe,

---

563 *BAG*, Beschluss vom 15.12.1992, Az.: 1 ABR 38/92, NZA 1993, 513; *Fitting*, § 87 BetrVG, Rn. 96, 101; ErfK/*Kania,* § 87 BetrVG, Rn. 25; HaKo-BetrVG/*Kohte*, § 87 BetrVG, Rn. 49.

die Arbeitnehmer vor überlangen wöchentlichen Arbeitszeiten zu schützen, übernimmt bereits das Arbeitszeitgesetz. Die Festlegung der regelmäßigen Arbeitszeitdauer und die Festlegung ihrer Höchstdauer ist damit grundsätzlich nicht Gegenstand des Mitbestimmungsrechts.[564]

Der Betriebsrat hat gemäß § 87 Abs. 1 Nr. 2 BetrVG daher ein Mitbestimmungsrecht hinsichtlich der Lage und der Verteilung der durch den Arbeitsvertrag festgelegten wöchentlichen Arbeitszeit und der Dauer der täglichen Arbeitszeit.[565] Ferner steht dem Betriebsrat nach § 87 Abs. 1 Nr. 2 BetrVG ein Mitbestimmungsrecht in Bezug auf den Beginn und das Ende der nach dem ArbZG vorgeschriebenen Ruhepausen zu. Insoweit sind sowohl Dauer als auch Lage der Pausen mitbestimmungspflichtig.[566]

b) Anwendbarkeit des § 87 Abs. 1 Nr. 2 BetrVG auf arbeitnehmerähnliche Personen aufgrund der Richtlinie 2003/88/EG

Nach dem Wortlaut des BetrVG bezieht sich das Mitbestimmungsrecht des Betriebsrats nach § 87 Abs. 1 Nr. 2 BetrVG lediglich auf Arbeitnehmer im Sinne des § 5 BetrVG. Insoweit stellt sich auch hier die Frage, ob sich aufgrund unionsrechtlicher Vorgaben das Mitbestimmungsrecht auf arbeitnehmerähnliche Personen erstrecken muss und gegebenenfalls eine richtlinienkonforme Rechtsfortbildung in Betracht kommt. Von besonderer Relevanz ist in diesem Zusammenhang die Arbeitszeitrichtlinie 2003/88/EG. Deren Inhalt soll im Folgenden kurz dargestellt werden, um sodann deren Auswirkungen auf den personellen Anwendungsbereich des § 87 Abs. 1 Nr. 2 BetrVG zu untersuchen.

---

564 *BAG*, Beschluss vom 13.10.1987, Az.: 1 ABR 10/86, NZA 1988, 251; *BAG*, Urteil vom 03.06.2003, Az.: 1 AZR 349/02, NZA 2003, 1155; *BAG*, Beschluss vom 22.07.2003, Az.: 1 ABR 28/02, NZA 2004, 507; *BAG*, Beschluss vom 26.10.2004, Az.: 1 ABR 31/03, NZA 2005, 538; *Bender* in Wlotzke/Preis/Kreft, § 87 BetrVG, Rn. 54; *Fitting*, § 87 BetrVG, Rn. 104 f.; *BAG*, Beschluss vom 15.05.2007, Az.: 1 ABR 32/06, NZA 2007, 1240; ErfK/*Kania*, § 87 BetrVG, Rn. 25; Richardi-*Richardi*, § 87 BetrVG, Rn. 270.

565 *BAG*, Beschluss vom 13.10.1987, Az.: 1 ABR 10/86, NZA 1988, 251; *BAG*, Beschluss vom 28.09.1988, Az.: 1 ABR 41/87, NZA 1989, 184; *BAG*, Urteil vom 16.12.2008, Az.: 9 AZR 893/07, NJW 2009, 1527; *BAG*, Beschluss vom 28.05.2002, Az.: 1 ABR 40/01, NZA 2003, 1352; ErfK/*Kania*, § 87 BetrVG, Rn. 27 f.; MünchArb-*Matthes*, § 244, Rn. 19; Richardi-*Richardi*, § 87 BetrVG, Rn. 274.

566 *Bender* in Wlotzke/Preis/Kreft, § 87 BetrVG, Rn. 65.

aa) Wesentlicher Inhalt der Richtlinie 2003/88/EG

Die Richtlinie 2003/88/EG ist ihrem Inhalt entsprechend an die Richtlinie 89/391/EWG angelehnt. Wie sie bezweckt auch die Richtlinie 2003/88/EG den Schutz der Arbeitnehmer vor Gefahren für ihre Gesundheit. Zur Verwirklichung dieses Zwecks sieht sie in Bezug auf die Arbeitszeitgestaltung Mindestvorschriften vor. Die Mindestvorschriften beziehen sich auf die wöchentliche Ruhezeit, den Jahresurlaub, Ruhepausen, bestimmte Aspekte der Nacht- und Schichtarbeit und des Arbeitsrhythmus, die tägliche Ruhezeit, die gemäß Art. 3 der Richtlinie pro 24-Stunden-Zeitraum mindestens elf zusammenhängende Stunden betragen muss sowie die wöchentliche Arbeitszeit. Hinsichtlich der wöchentlichen Arbeitszeit sieht die Richtlinie 2003/88/EG in Art. 6 eine Höchstgrenze von achtundvierzig Stunden vor. Die durchschnittliche Arbeitszeit pro Siebentagezeitraum darf diese Grenze einschließlich Überstunden nicht überschreiten.

bb) Richtlinienkonforme Rechtsfortbildung des § 87 Abs. 1 Nr. 2 BetrVG im Hinblick auf die tägliche Höchstarbeitszeit aufgrund der Richtlinie 2003/88/EG

Das BetrVG sieht in § 87 Abs. 1 Nr. 2 ein Mitbestimmungsrecht jedoch lediglich in Bezug auf die *tägliche* Höchstarbeitszeit vor. Dagegen haben die Mitgliedstaaten nach Art. 6 der Richtlinie 2003/88/EG die erforderlichen Maßnahmen zu treffen, damit nach Maßgabe der Erfordernisse der Sicherheit und des Gesundheitsschutzes der Arbeitnehmer die durchschnittliche Arbeitszeit *pro Siebentagezeitraum* 48 Stunden einschließlich Überstunden nicht überschreitet. Die Richtlinie 2003/88/EG enthält mithin keine ausdrückliche Höchstgrenze für die tägliche Arbeitszeit. Gleichwohl ist ihr im Hinblick auf Art. 3 mittelbar eine entsprechende Höchstgrenze zu entnehmen. Nach Art. 3 der Richtlinie 2003/88/EG treffen die Mitgliedstaaten die erforderlichen Maßnahmen, damit jedem Arbeitnehmer pro 24-Stunden-Zeitraum eine Mindestruhezeit von elf Stunden gewährt wird. Die Richtlinie 2003/88/EG enthält aufgrund dieser einzuhaltenden Ruhezeiten eine mittelbare Begrenzung der täglichen Höchstarbeitszeit auf dreizehn Stunden, wobei hiervon die nach Art. 4 einzuhaltenden Ruhepausen abzuziehen sind. Diese Begrenzung könnte sich nunmehr auf das Mitbestimmungsrecht des § 87 Abs. 1 Nr. 2 BetrVG auswirken, denn auch § 87 Abs. 1 Nr. 2 BetrVG sieht ein Mitbestimmungsrecht bei der Festlegung der täglichen Arbeitszeit vor.

Voraussetzung für ein Ausstrahlen der in der Richtlinie 2003/88/EG mittelbar vorgesehenen Höchstarbeitszeit auf nationale Mitbestimmungstatbestände ist allerdings die Auferlegung einer Beteiligungs- bzw. Mitwirkungspflicht durch die

Richtlinie selbst. Auf den ersten Blick kann der Richtlinie 2003/88/EG keine entsprechende Pflicht zur Beteiligung der Arbeitnehmer bzw. der Arbeitnehmervertreter entnommen werden. Anders als in der Richtlinie 89/391/EWG ist der Begriff der Beteiligung der Arbeitnehmer bzw. der Arbeitnehmervertreter in der Richtlinie 2003/88/EG nicht einmal erwähnt. Lediglich die Anhörung der Sozialpartner und die Unterrichtung der zuständigen Behörden bei regelmäßiger Inanspruchnahme von Nachtarbeitern sind in der Richtlinie 2003/88/EG berücksichtigt.[567] Zu bedenken ist jedoch, dass die Richtlinie 2003/88/EG in Art. 1 Abs. 4 eine umfassende Verweisung auf die Richtlinie 89/391/EWG enthält, um ein einheitliches Konzept von Sicherheit und Gesundheitsschutz der Beschäftigten zu gewährleisten. Dort ist festgelegt, dass die Richtlinie 89/391/EWG unbeschadet strengerer und/oder spezifischer Vorschriften in der Richtlinie 2003/88/EG volle Anwendung findet. Auch in Nr. 3 der Erwägungsgründe nimmt die Richtlinie 2003/88/EG ausdrücklich Bezug auf die Bestimmungen der Arbeitsschutzrahmenrichtlinie. So heißt es dort, dass die Bestimmungen der Richtlinie 89/391/EWG des Rates vom 12. Juni 1989 über die Durchführung von Maßnahmen zur Verbesserung der Sicherheit und des Gesundheitsschutzes der Arbeitnehmer bei der Arbeit auf die durch die vorliegende Richtlinie geregelte Materie – unbeschadet der darin enthaltenen strengeren und/oder spezifischen Vorschriften – in vollem Umfang anwendbar bleiben. Die Sicherheit und der Gesundheitsschutz der Arbeitnehmer werden in der Richtlinie 89/391/EWG jedoch nicht durch bloße Schutzmaßnahmen gewährleistet. Zu den tragenden Elementen der Richtlinie 89/391/EWG gehört vielmehr die Partizipation der Beschäftigten, weshalb die Richtlinie in Art. 11 umfassende Beteiligungsrechte betreffend alle Fragen der Sicherheit und des Gesundheitsschutzes enthält.[568] Der in der Richtlinie 2003/88/EG enthaltene Verweis auf die Richtlinie 89/391/EWG beinhaltet damit konsequenterweise zugleich einen Verweis auf den in der Richtlinie 89/391/EWG enthaltenen Art. 11 und die dort festgeschriebenen Mitwirkungsrechte der Arbeitnehmer bzw. der Arbeitnehmervertreter. Gegen eine solche Auffassung könnte zwar sprechen, dass die Kommission zur Arbeitszeitrichtlinie[569] und das Parlament[570] die ausdrückliche Aufnahme

---

567 Vgl. Art. 2, 11, 16 der Richtlinie 2003/88/EG.

568 *Kohte*, Partizipation, S. 7.

569 ABl. EG Nr. C 124 vom 14.05.1991 lautete: „Die Arbeitnehmer und/oder ihre Vertreter werden bei den Fragen, die in den Anwendungsbereich der Richtlinie 89/391/ EWG fallen, gem. Art. 11 dieser Richtlinie angehört und beteiligt"; *Habich*, Sicherheit- und Gesundheitsschutz, S. 69.

570 ABl. EG Nr. C 315 vom 22.11.1993 lautete: „Anhörung von und Beratung mit den Arbeitnehmern und/oder ihren Vertretern erfolgt in Übereinstimmung mit Art. 11 der

eines Mitbestimmungsrechts vorschlugen und diesem Vorschlag nicht gefolgt wurde. Allerdings wird durch den bereits erwähnten Verweis des Art. 1 Abs. 4 der Richtlinie 2003/88/EG auf die Richtlinie 89/391/EWG ein Beteiligungsrecht korrespondierend mit Art. 11 der Richtlinie 89/391/EWG konstruiert, sodass es einer ausdrücklichen Regelung eines Beteiligungsrechts der Arbeitnehmer bei Fragen der Arbeitszeitgestaltung nicht bedurfte. Soweit also der Regelungsbereich der Rahmenrichtlinie 89/391/EWG betroffen ist, beziehen sich die in Art. 11 der Richtlinie 89/391/EWG vorgesehenen Beteiligungsrechte auf alle in der Richtlinie 2003/88/EG vorgesehenen Aspekte der betrieblichen Arbeitszeitgestaltung. Die in der Richtlinie 89/391/EWG geregelte umfassende Beteiligung der Arbeitnehmer findet in Art. 1 Abs. 4 der Richtlinie 2003/88/EG ihren Niederschlag und setzt sich darin fort.[571]

Das bedeutet zugleich, dass den Arbeitnehmern im Sinne der Richtlinie 2003/88/EG derselbe Schutz zuteil werden muss wie Arbeitnehmern im Sinne des nationalen Rechts aufgrund nationaler Vorschriften.[572] Sofern also arbeitnehmerähnliche Personen in den persönlichen Geltungsbereich der Richtlinie 2003/88/EG fallen, muss auch ihnen in Bezug auf die in der Richtlinie mittelbar vorgesehene tägliche Höchstarbeitszeit ein Mitbestimmungsrecht durch den Betriebsrat gewährt werden.

cc) Persönlicher Geltungsbereich der Richtlinie 2003/88/EG

Ein Mitbestimmungsrecht des Betriebsrats im Hinblick auf arbeitnehmerähnliche Personen aufgrund unionsrechtlicher Vorgaben setzt zwingend voraus, dass die maßgebliche Richtlinie 2003/88/EG überhaupt auf arbeitnehmerähnliche Personen Anwendung findet. Nur in diesem Fall kann im Wege einer richtlinienkonformen Rechtsfortbildung das Mitbestimmungsrecht des Betriebsrats bezüglich der täglichen Arbeitszeit auf arbeitnehmerähnliche Personen erstreckt werden.

(1) Wortlaut der Richtlinie 2003/88/EG

Grundsätzlich ist bei der Frage nach dem persönlichen Anwendungsbereich festzustellen, dass die Richtlinie 2003/88/EG ihren Anwendungsbereich nicht

---

Richtlinie 89/391/EWG, sofern es sich um Themen handelt, auf die diese Richtlinie Anwendung findet"; *Habich*, Sicherheit- und Gesundheitsschutz, S. 70.

571 *Habich*, Sicherheits- und Gesundheitsschutz, S. 45 ff, 69 f.
572 Vgl. hierzu bereits die Ausführungen unter § 4, B., II., 1., c), aa) zum Mitbestimmungsrecht nach § 87 Abs. 1 Nr. 7 BetrVG in Bezug auf arbeitnehmerähnliche Personen.

ausdrücklich bestimmt. Der Arbeitnehmerbegriff ist in der Richtlinie 2003/88/EG nicht definiert. Es findet sich auch keine Verweisung auf den Arbeitnehmerbegriff der nationalen Rechtsordnungen. Gleichwohl verwendet die Richtlinie 2003/88/EG sowohl in den Erwägungsgründen als auch in ihren jeweiligen Artikeln den Begriff des Arbeitnehmers. Allein die Verwendung des Arbeitnehmerbegriffs ist jedoch – wie bereits festgestellt – wenig aussagekräftig, da der Arbeitnehmerbegriff keiner allgemeinen eigenständigen unionsrechtlichen Definition zugeführt werden kann, sondern – insbesondere bei sekundärrechtlichen Maßnahmen – jeweils abhängig von dem durch die unionsrechtliche Maßnahme verfolgten Zweck zu bestimmen ist.[573]

(2) Verweis auf den Arbeitnehmerbegriff der Richtlinie 89/391/EWG durch Art. 1 Abs. 4 der Richtlinie 2003/88/EG

Die Richtlinie 2003/88/EG enthält nach Art. 1 Abs. 1 Mindestvorschriften für Sicherheit und Gesundheitsschutz der Arbeitnehmer bei der Arbeitszeitgestaltung. Wie auch die Rahmenrichtlinie 89/391/EWG ist die Richtlinie 2003/88/EG dem Bereich des Arbeitsschutzes zuzuordnen. Gemäß Art. 1 Abs. 4 der Richtlinie 2003/88/EG finden die Bestimmungen der Richtlinie 89/391/EWG unbeschadet strengerer und/oder spezifischer Vorschriften in der vorliegenden Richtlinie auf die Bereiche des Arbeitszeitschutzes volle Anwendung.[574] Berücksichtigt man das Schutzziel der Richtlinie 2003/88/EG, ist der in ihr zu findende Verweis auf die Rahmenrichtlinie 89/391/EWG zum Arbeitsschutz eine konsequente Fortführung des durch die Richtlinien zum Arbeitsschutz erstrebten Zwecks. Insofern scheint es inkonsequent, der Arbeitszeitrichtlinie einen von der Arbeitsschutzrahmenrichtlinie abweichenden Arbeitnehmerbegriff zugrunde zu legen. Der Verweis auf die Richtlinie 89/391/EWG erweckt daher den Anschein, nicht nur deren sachlichen, sondern auch deren in Art. 3 lit. a) der Arbeitsschutzrahmenrichtlinie geregelten persönlichen Anwendungsbereich zu erfassen. Der persönliche Anwendungsbereich der Richtlinie 89/391/EWG bezieht sich – wie bereits unter § 2, B., III. festgestellt – auch auf arbeitnehmerähnliche Personen, sodass auch bezüglich der Richtlinie 2003/88/EG von einer Anwendbarkeit auf arbeitnehmerähnliche Personen ausgegangen werden könnte.

---

573 Vgl. § 2, B., III. 3.
574 Vgl. § 4, B., II., 2., b), bb).

(3) Rechtsprechung des EuGH zum Arbeitnehmerbegriff
der Richtlinie 2003/88/EG

Soweit ersichtlich, existiert bisher lediglich ein Urteil des EuGH, das sich konkret mit der personellen Reichweite der Richtlinie 2003/88/EG auseinandersetzt. Der EuGH hatte in seinem Urteil vom 14.04.2010[575] darüber zu entscheiden, ob die Tätigkeit von gelegentlich und saisonal in Ferien- und Freizeitzentren Beschäftigten dem Anwendungsbereich der Richtlinie 2003/88/EG unterfällt.[576] Im Rahmen dieses Urteils hat sich der EuGH auch mit dem in der Richtlinie 2003/88/EG enthaltenen Verweis auf die Richtlinie 89/391/EWG befasst und sein Verständnis von dieser Verweisung im Hinblick auf den persönlichen Anwendungsbereich erläutert. Er hat darauf hingewiesen, „dass der Begriff ‚Arbeitnehmer' zwar in Art. 3 Buchst. a der Richtlinie 89/391/EWG definiert wird als jede Person, die von einem Arbeitgeber beschäftigt wird [...]; die Richtlinie 2003/88/EG [enthalte] aber weder eine Verweisung auf diese Bestimmung der Richtlinie 89/391/EWG noch eine Verweisung auf den Arbeitnehmerbegriff, wie er sich aus einzelstaatlichen Rechtsvorschriften und/oder Gepflogenheiten [ergebe]. Aus der letztgenannten Feststellung [ergebe] sich, dass der Arbeitnehmerbegriff für die Zwecke der Anwendung der Richtlinie 2003/88/EG nicht nach Maßgabe der nationalen Rechtsordnungen unterschiedlich ausgelegt werden [könne], sondern eine eigenständige unionsrechtliche Bedeutung [habe]. Er [sei] anhand objektiver Kriterien zu definieren, die das Arbeitsverhältnis unter Berücksichtigung der Rechte und Pflichten der betroffenen Personen kennzeichnen".[577] Daran anschließend nahm der EuGH sodann Bezug auf den zu ex-Art. 39 EGV entwickelten Arbeitnehmerbegriff und erklärte diesen als auf die Richtlinie 2003/88/EG anwendbar.[578] In einem weiteren

---

575 *EuGH*, Urteil vom 14.10.2010, Rs. C-428/09 – Union syndicale Solidaires Isère ./. Premier ministre, Ministère du Travail, des Relations sociales, de la Famille, de la Solidarité et de la Ville, Ministère de la Santé et des Sports, BeckRS 2010, 91197.

576 Vgl. zu dem Urteil des EuGH vom 14.10.2010 bereits die Ausführungen unter § 2, B., III., 4. zur personellen Reichweite der Richtlinie 89/391/EWG.

577 *EuGH*, Urteil vom 14.10.2010, Rs. C-428/09 – Union syndicale Solidaires Isère ./. Premier ministre, Ministère du Travail, des Relations sociales, de la Famille, de la Solidarité et de la Ville, Ministère de la Santé et des Sports, BeckRS 2010, 91197, Rn. 27 f.

578 *EuGH*, Urteil vom 14.10.2010, Rs. C-428/09 – Union syndicale Solidaires Isère ./. Premier ministre, Ministère du Travail, des Relations sociales, de la Famille, de la Solidarité et de la Ville, Ministère de la Santé et des Sports, BeckRS 2010, 91197, Rn. 32 f.; *Rebhahn*, EuZA 2012, 3 (25 f., 31), der ebenfalls davon ausgeht, dass der Arbeitnehmerbegriff der Richtlinie 2003/88/EG eine fehlende Selbstbestimmung

Urteil vom 03.05.2012[579], in welchem lediglich kurz klargestellt wird, dass ein Beamter dem Arbeitnehmerbegriff der Richtlinie 2993/88/EG unterfällt, hat der EuGH ebenfalls auf den Arbeitnehmerbegriff des Art. 45 AEUV verwiesen.[580]

Nach der Rechtsprechung des EuGH scheint der Verweis auf die Richtlinie 89/391/EWG mithin nicht hinsichtlich des personellen Anwendungsbereichs zu greifen, weshalb arbeitnehmerähnliche Personen nach der Rechtsprechung des EuGH nicht dem Schutz der Richtlinie 2003/88/EG zu unterfallen scheinen.

(4) Sinn und Zweck der Richtlinie 2003/88/EG

Wie bereits festgestellt[581], legt es der generelle Verweis auf die Vorschriften der Richtlinie 89/391/EWG nahe, dass den beiden Richtlinien ein identischer Arbeitnehmerbegriff zugrunde zu legen ist, auch wenn der EuGH dieses Verständnis nicht teilt. Allerdings darf diese Auffassung nicht zu einer pauschalen Betrachtungsweise ohne Berücksichtigung des Sinns und Zwecks der Richtlinie führen. Es ist daher in besonderem Maße zu berücksichtigen, welchen Zweck die Arbeitszeitrichtlinie als Arbeitsschutzrichtlinie verfolgt.

Allgemein dient der Arbeitszeitschutz der Sicherheit und Gesundheit der Arbeitnehmer. Er soll vor Überforderung und vor der Abnutzung der körperlichen und geistigen Kräfte durch überlange Arbeitszeiten geschützt werden.[582] Die bestehende Arbeitsbelastung muss durch entsprechende Erholungsmöglichkeiten ausgeglichen werden. Entsprechend den vorgenannten Zwecken schreibt die Richtlinie 2003/88/EG in Nr. 4 der Erwägungsgründe auch vor, dass „die Verbesserung von Sicherheit, Arbeitshygiene und Gesundheitsschutz der Arbeitnehmer bei der Arbeit [...] Zielsetzungen dar[stellen], die keinen rein wirschaftlichen Überlegungen untergeordnet werden dürfen."

Die Problematik des Arbeitszeitschutzes ist gleichwohl nur dann von Relevanz, wenn dem Arbeitgeber hinsichtlich der Arbeitszeit bzw. der Zeit innerhalb welcher bestimmte von ihm übertragene Aufgaben auszuführen sind, ein entsprechendes

---

hinsichtlich Zeit, Ort und Inhalt der Arbeit voraussetzt; *Baeck/Deutsch*, § 2 ArbZG, Rn. 86, die in Anlehnung an die Rechtsprechung des EuGH davon auszugehen scheinen, dass der Arbeitnehmerbegriff der Richtlinie 2003/88/EG die Weisungsunterworfenheit voraussetzt; so im Ergebnis auch *Ziegler*, Arbeitnehmerbegriffe, S. 303.

579 *EuGH*, Urteil vom 03.05.2012, Rs. C-337/10 – Georg Neidel ./. Stadt Frankfurt am Main, NVwZ 2012, 688.

580 *EuGH*, Urteil vom 03.05.2012, Rs. C-337/10 – Georg Neidel ./. Stadt Frankfurt am Main, NVwZ 2012, 688, Rn. 23.

581 Vgl. § 4, B., II., 2., b), cc), (2).

582 *Habich*, Sicherheits- und Gesundheitsschutz, S. 64.

Direktionsrecht gegenüber dem Arbeitnehmer zusteht. Nur wenn der Arbeitgeber das ihm zustehende Weisungsrecht arbeitsvertraglich dahingehend ausüben kann, dass die Vorgaben bezüglich Höchstarbeitszeiten und Ruhepausen überschritten und der Arbeitnehmer hierdurch Gesundheitsgefahren ausgesetzt wäre, kommt dem Arbeitszeitschutz daher tatsächlich Bedeutung zu.[583] Vor diesem Hintergrund erscheint es fragwürdig, arbeitnehmerähnliche Personen in den personellen Anwendungsbereich der Richtlinie 2003/88/EG einzubeziehen. Arbeitnehmerähnliche Personen, wie sie im deutschen Recht verstanden werden, sind schließlich gerade nicht persönlich von ihrem Auftraggeber abhängig, sie sind nicht dessen Weisungen unterworfen und können ihre Arbeitszeit insoweit frei einteilen.[584] Zwar hängt die Höhe ihres Einkommens in der Regel von dem geleisteten Arbeitsaufwand ab, sodass quasi mittelbar ein Zwang bezüglich der Arbeitszeit entsteht. Dies ist aber gerade Wesen einer selbstständigen Tätigkeit, in welche die Tätigkeit als arbeitnehmerähnliche Person einzuordnen ist. Arbeitnehmerähnliche Personen können selbst entscheiden, wann sie tätig sein wollen und kommen damit nicht in die Situation, in der sich ein weisungsabhängiger Arbeitnehmer befindet, der sich bezüglich der Höhe der Arbeitszeit und deren Lage dem Willen des Arbeitgebers zu unterwerfen hat. Die Gefahr der Überforderung aufgrund der arbeitgeberseitigen Weisung besteht nicht zwingend. Aus diesem Grund ist davon auszugehen, dass arbeitnehmerähnliche Personen von der personellen Reichweite der Arbeitszeitrichtlinie nicht erfasst sind. Sie

---

583 *Pottschmidt*, ArbNähnl. Pers. in Europa, S. 256. *Schliemann* in Anders/Ascheid/Dörner, Bürgerliches Gesetzbuch, § 611, Rn. 1395; *Ziegler*, Arbeitnehmerbegriffe, S. 307, die darauf hinweist, dass sich aus der Richtlinie 2003/88/EG selbst ergibt, dass der Arbeitnehmer hinsichtlich seiner konkreten Arbeitszeit gegenüber dem Arbeitgeber weisungsgebunden sein muss; vgl. auch *Schubert*, S. 258 ff., die im Zusammenhang mit der Anwendbarkeit des Arbeitszeitrechts auf arbeitnehmerähnliche Personen anmerkt, dass diese aufgrund ihrer Selbstständigkeit nicht weisungsgebunden sind, aber nicht darauf eingeht, ob die Richtlinie 2003/88/EG arbeitnehmerähnliche Personen erfasst. Sie hält eine Analogie oder Rechtsfortbildung arbeitszeitrechtlicher Bestimmungen bereits deshalb für unzulässig, weil ein ausreichender Schutz über die §§ 241 Abs. 2, 618 Abs. 1 BGB gewährt werde; so im Ergebnis auch *Hromadka*, Arbeitsrecht der arbeitnehmerähnlichen Selbständigen, S. 461 (477); *Baeck/Deutsch*, Einführung, Rn. 58, weisen ebenfalls auf das Weisungsrecht des Arbeitgebers und damit auf dessen Bedeutsamkeit für das Arbeitszeitrecht hin.

584 *Pottschmidt*, ArbNähnl. Pers. in Europa, S. 256; aus diesem Grund hat die Bundesregierung den Vorschlag des Bundesrats, der den personellen Anwendungsbereich des ArbZG mit Bezug auf die Rahmenrichtlinie 89/391/EWG auf arbeitnehmerähnliche Personen erstrecken wollte, abgelehnt, vgl. BT-Drucks. 12/5888, Anlage 3, S. 50; vgl. hierzu auch *Neumann/Biebl*, § 2 ArbZG, Rn. 1.

sind in den Arbeits- und Gesundheitsschutz lediglich insoweit einzubeziehen, wie es ihre Schutzwürdigkeit erfordert. Hinsichtlich des Arbeitszeitschutzes fehlt es aber gerade an diesem Bedürfnis.[585] Anders als der Schutzzweck der Rahmenrichtlinie 89/391/EWG zielt der Schutzzweck der Arbeitszeitrichtlinie nämlich nicht darauf ab, den Beschäftigten vor den vom Betrieb ausgehenden Gefahren zu schützen. Vielmehr soll die Arbeitszeitrichtlinie die Beschäftigten davor bewahren, dass sie aufgrund ihrer Weisungsgebundenheit an die Vorgaben des Auftraggebers im Hinblick auf die Arbeitszeit Gesundheitsgefährdungen ausgesetzt sind. Dieser Gefahr sehen sich arbeitnehmerähnliche Personen mangels Weisungsgebundenheit jedoch gerade nicht konfrontiert. Der Sinn und Zweck der Richtlinie 2003/88/EG spricht daher gegen eine personelle Erfassung arbeitnehmerähnlicher Personen. Aus diesem Grund kommt auch eine richtlinienkonforme Rechtsfortbildung des § 87 Abs. 1 Nr. 2 BetrVG nicht in Betracht.

(5) Zusammenfassung zum persönlichen Geltungsbereich
     der Richtlinie 2003/88/EG

Der Verweis in Art. 1 Abs. 4 der Richtlinie 2003/88/EG auf die Richtlinie 89/391/ EWG, wonach die Bestimmungen dieser Richtlinie volle Anwendung finden, spricht grundsätzlich für eine personelle Einbeziehung arbeitnehmerähnlicher Personen. Allerdings ist zu berücksichtigten, dass der Arbeitszeitschutz nur dann von Relevanz ist, wenn der Arbeitgeber das ihm zustehende Weisungsrecht arbeitsvertraglich dahingehend ausüben kann, dass die Vorgaben bezüglich Höchstarbeitszeiten und Ruhepausen überschritten und der Arbeitnehmer hierdurch Gesundheitsgefahren ausgesetzt ist. Da aber arbeitnehmerähnliche Personen einer entsprechenden Weisungsgebundenheit gerade nicht unterliegen, sind sie vom Schutzzweck der Arbeitszeitrichtlinie 2003/88/EG nicht erfasst. Mangels Weisungsgebundenheit ist die Arbeitszeitrichtlinie nicht auf sie zugeschnitten, da sie den Gefahren, vor denen die Richtlinie schützen will, nicht gleichermaßen ausgesetzt sind, wie persönlich abhängig Beschäftigte. Eine richtlinienkonforme Rechtsfortbildung kommt daher nicht in Betracht.

dd) Zusammenfassung zur Anwendbarkeit des § 87 Abs. 1 Nr. 2 BetrVG auf
     arbeitnehmerähnliche Personen aufgrund der Richtlinie 2003/88/EG

Die Richtlinie 2003/88/EG hat keine Auswirkungen auf den Anwendungsbereich des § 87 Abs. 1 Nr. 2 BetrVG. Zwar könnte aufgrund der in der Richtlinie 89/391/

---

585 *Pottschmidt*, ArbNähnl. Pers. in Europa, S. 256 f.

EWG vorgesehenen mittelbaren Begrenzung der täglichen Höchstarbeitszeit und des Verweises auf die Beteiligungsrechte der Richtlinie 89/391/EWG grundsätzlich an eine richtlinienkonforme Rechtsfortbildung gedacht werden. Allerdings ist die Richtlinie 2003/88/EG aufgrund ihres Schutzzwecks schon in personeller Hinsicht nicht auf arbeitnehmerähnliche Personen anwendbar, sodass die darin enthaltenen unionsrechtlichen Vorgaben im Hinblick auf arbeitnehmerähnliche Personen nicht zu berücksichtigen sind. Eine richtlinienkonforme Rechtsfortbildung scheidet daher aus.

3. Mitbestimmung bei den Regelungen über vorübergehende Verkürzung oder Verlängerung der betriebsüblichen Arbeitszeit, § 87 Abs. 1 Nr. 3 BetrVG

Die Arbeitszeitrichtlinie 2003/88/EG wirft die Frage auf, ob das Mitbestimmungsrecht des Betriebsrats nach § 87 Abs. 1 Nr. 3 BetrVG bezüglich der vorübergehenden Verkürzung oder Verlängerung der betriebsüblichen Arbeitszeit auf arbeitnehmerähnliche Personen im Wege einer richtlinienkonformen Rechtsfortbildung zu erstrecken ist. Dabei kann ein Mitbestimmungsrecht unter unionsrechtlichen Gesichtspunkten besonders dann von Relevanz sein, wenn es um die Verlängerung der Arbeitszeit über die in der Richtlinie 2003/88/EG mittelbar vorgesehene 13-Stunden-Grenze hinaus geht.

Im Ergebnis ist dies aber – wie auch bezüglich § 87 Abs. 1 Nr. 2 BetrVG – abzulehnen, da die Richtlinie 2003/88/EG ihrem Sinn und Zweck entsprechend nicht auf arbeitnehmerähnliche Personen anwendbar ist. Der persönliche Anwendungsbereich der Richtlinie 2003/88/EG beschränkt sich auf solche Beschäftigte, die bezüglich der Arbeitszeit den Weisungen ihres Auftraggebers unterliegen, was auf arbeitnehmerähnliche Personen nicht zutrifft.

III. Durchsetzung der Mitbestimmungsrechte in Bezug auf arbeitnehmerähnliche Personen im Wege des Einigungsstellenspruchs

Nachdem unter § 4, B., II., 1. festgestellt wurde, dass das in § 87 Abs. 1 Nr. 7 BetrVG vorgesehene Mitbestimmungsrecht des Betriebsrats aufgrund der in der Richtlinie 89/391/EWG im Bereich des Arbeitsschutzes vorgesehenen Beteiligungsrechte im Wege einer richtlinienkonformen Rechtsfortbildung auf arbeitnehmerähnliche Personen zu erstrecken ist, stellt sich die Frage, inwieweit diese Rechtsfortbildung zugleich dazu führt, dass die Entscheidung hinsichtlich einer konkreten mitbestimmungspflichtigen Regelung in Bezug auf arbeitnehmerähnliche Personen durch einen Spruch der Einigungsstelle

ersetzt werden kann. Grundsätzlich kann eine mitbestimmungspflichtige Maßnahme nämlich auch im Bereich des Arbeitsschutzes nur mit Zustimmung des
Betriebsrats durchgeführt werden. Gelingt eine Verständigung über den Inhalt
der zu treffenden Regelung nicht, können der Arbeitgeber und der Betriebsrat jedoch jeweils die Einigungsstelle anrufen, die dann eine verbindliche
Entscheidung treffen kann.[586] Die Einigungsstelle übt insoweit eine Schlich-
tungsfunktion aus. Sie soll bestehende Meinungsverschiedenheiten in Bezug
auf eine konkret beabsichtigte Regelung zwischen dem Arbeitgeber und dem
Betriebsrat beilegen, indem sie einen Regelungsvorschlag unterbreitet oder
eine eigene Regelung trifft.[587] Ihre Entscheidung hat die Einigungsstelle unter
Berücksichtigung der Belange des Betriebs und der betroffenen Arbeitnehmer
nach billigem Ermessen zu treffen, wobei nur solche Interessen zu berücksichtigen sind, die einen sachlichen Bezug zu der konkreten Meinungsver-
schiedenheit aufweisen.[588] Im Bereich des Arbeitsschutzes sind dies sämtliche
Interessen im Zusammenhang mit der Effektivierung und Intensivierung des
Arbeitsschutzes. Wirtschaftliche Überlegungen dürfen keinesfalls Berücksichtigung finden.[589] Damit kommt dem Einigungsstellenverfahren gerade im
Bereich arbeitsschutzrechtlicher Mitbestimmungsrechte auch in der Praxis erhebliche Bedeutung zu.[590]

Ob eine Einigung im Hinblick auf die richtlinienkonforme Rechtsfortbildung des § 87 Abs. 1 Nr. 7 BetrVG nun auch in Bezug auf arbeitnehmerähnliche Personen durch die Einigungsstelle herbeigeführt und § 87 Abs. 2 BetrVG
insofern ebenfalls richtlinienkonform fortgebildet werden kann, ist fraglich.
Der Richtlinie 89/391/EWG ist eine entsprechende Verpflichtung jedenfalls
nicht zu entnehmen. Die Richtlinie 89/391/EWG sieht im Bereich des Arbeitsschutzes schon keine zwingenden Mitbestimmungsrechte vor, weshalb es nur
konsequent ist, dass sie keine Regelungen darüber enthält, wie bei fehlender

---

586 *Fitting*, § 87 BetrVG, Rn. 590 ff., 595; *Habich*, Sicherheits- und Gesundheitsschutz,
     S. 328; Richardi-*Richardi*, § 87 BetrVG, Rn. 964.
587 *Habich*, Sicherheits- und Gesundheitsschutz, S. 329.
588 *Habich*, Sicherheits- und Gesundheitsschutz, S. 330.
589 *Habich*, Sicherheits- und Gesundheitsschutz, S. 330 f.; *Merten*, Gesundheitsschutz
     und Mitbestimmung, S. 175.
590 *BAG*, Beschluss vom 08.06.2004, Az.: 1 ABR 13/03, NZA 2004, 1175; *BAG*, Be-
     schluss vom 08.06.2004, Az.: 1 ABR 4/03, NZA 2005, 227; *BAG*, Beschluss vom
     11.01.2011, Az.: 1 ABR 104/09, NZA 2011, 651; *BAG*, Beschluss vom 08.11.2011,
     Az.: 1 ABR 42/10, NJOZ 2012, 1519; *LAG Mecklenburg-Vorpommern*, Beschluss
     vom 11.11.2008, Az.: 5 TaBV 16/08, openJur 2012, 54712.

Einigung und Zustimmungspflicht der Arbeitnehmer bzw. ihrer Vertreter zu verfahren ist. Allerdings gilt es auch hier zu berücksichtigen, dass sich die Beteiligung nach der Richtlinie 89/391/EWG zwingend nach den „nationalen Rechtsvorschriften bzw. Praktiken" richten muss. Dem Verweis auf die jeweils geltenden nationalen Regelungen ist nämlich zugleich zu entnehmen, dass Arbeitnehmern im Sinne der Richtlinie die gleichen oder zumindest gleichwertigen Rechte eingeräumt werden müssen, die den Arbeitnehmern in den Mitgliedstaaten grundsätzlich im Bereich des Arbeitsschutzes zustehen. Die Rechte der arbeitnehmerähnlichen Personen dürfen im Bereich des Arbeitsschutzes insoweit weder über die der Arbeitnehmer hinausgehen, noch hinter ihnen zurückbleiben. Würde aber die Möglichkeit, die Einigungsstelle anzurufen, nur insofern bestehen, als Arbeitnehmer im Sinne des § 5 BetrVG betroffen sind, hätte dies einerseits zur Konsequenz, dass der Arbeitgeber Arbeitsschutzregelungen gegen den Willen des Betriebsrats auch nur in Bezug auf klassische Arbeitnehmer im Wege des Einigungsstellenverfahrens durchsetzen könnte und andererseits, dass dem Betriebsrat die Möglichkeit genommen wäre, selbst die Einigungsstelle anzurufen, sofern arbeitnehmerähnliche Personen von einer konkreten Regelung betroffen wären. Würde § 87 Abs. 2 BetrVG also nicht für arbeitnehmerähnliche Personen gelten, wären sie einerseits erheblich besser gestellt, weil die sie betreffenden Maßnahmen ohne eine Zustimmung des Betriebsrats nicht durchgesetzt werden könnten, andererseits aber gleichzeitig insofern benachteiligt, als der Betriebsrat auch zu ihren Gunsten nicht im Stande wäre, selbst die Einigungsstelle anzurufen. Dies würde einen eindeutigen Widerspruch zu Art. 11 Abs. 1 der Richtlinie 89/391/ EWG darstellen, wonach sich das Beteiligungsverfahren im Bereich des Arbeitsschutzes nach den nationalen Rechtsvorschriften und Praktiken zu richten hat und wonach allen Arbeitnehmern im Sinne der Richtlinie ein gleichwertiger Schutz zustehen muss. Das Recht des Arbeitgebers und des Betriebsrats, die Einigungsstelle anzurufen, wenn eine Einigung nicht zustande kommt, muss daher im Wege einer richtlinienkonformen Rechtsfortbildung des § 87 Abs. 2 BetrVG auch in Bezug auf arbeitnehmerähnliche Personen bestehen.[591]

---

591 Eine richtlinienkonforme Rechtsfortbildung steht auch nicht dem Willen des Gesetzgebers entgegen. Insoweit kann auf die Ausführungen unter § 4, A., I., 2., b), cc), (3), (b) und unter § 4, B., II., 1., bb) verwiesen werden.

C. Zusammenfassung zu den Rechten und Pflichten arbeitnehmerähnlicher Personen und des Betriebsrats nach einzelnen Vorschriften des BetrVG

Die Richtlinie 89/391/EWG sieht umfassende Beteiligungsrechte der Arbeitnehmer bzw. ihrer Vertreter vor, die wegen des beschränkten personellen Anwendungsbereichs des BetrVG auf arbeitnehmerähnliche Personen grundsätzlich keine Anwendung finden. Im Sinne einer effektiven Gewährleistung des Unionsrechts innerhalb der Mitgliedstaaten sind die Gerichte jedoch verpflichtet, nationales Recht unionsrechtskonform auszulegen oder fortzubilden.

Aus diesem Grund sind die in §§ 81 f. BetrVG vorgesehenen Individualrechte im Wege einer richtlinienkonformen Rechtsfortbildung auf arbeitnehmerähnliche Personen zu erstrecken. Eine richtlinienkonforme Rechtsfortbildung des § 84 BetrVG kommt hingegen nicht in Betracht, zumal äquivalente Beschwerderechte bereits in anderen nationalen Vorschriften vorgesehen sind.

Neben den vorstehend genannten Individualrechten hat auch der Betriebsrat seine ihm zustehenden Rechte und die ihm obliegenden Pflichten zumindest teilweise in Bezug auf arbeitnehmerähnliche Personen anzuwenden. Unter Berücksichtigung des in Art. 11 der Richtlinie 89/391/EWG vorgesehenen Anspruchs der Arbeitnehmer bzw. ihrer Vertreter auf „ausgewogene Beteiligung" betreffend alle Fragen der Sicherheit und des Gesundheitsschutzes sind die Vorschriften der §§ 80 Abs. 1 Nr. 1, Nr. 9, Abs. 2, 89, 90, 87 Abs. 1 Nr. 7, Abs. 2 BetrVG im Wege einer richtlinienkonformen Rechtsfortbildung im zuvor beschriebenen Umfang auf arbeitnehmerähnliche Personen zu erstrecken. Die Regelungen betreffend den Bereich des Arbeitszeitschutzes sind indessen nicht auf arbeitnehmerähnliche Personen anwendbar.

Dritter Abschnitt: Repräsentation arbeitnehmerähnlicher Personen im Betrieb

Im Hinblick auf die unionsrechtlichen Vorgaben der Richtlinie 89/391/EWG sind die betriebsverfassungsrechtlichen Vorschriften der §§ 80 Abs. 1 Nr. 1, 80 Abs. 1 Nr. 9, 81, 82 Abs. 1, 87 Abs. 1 Nr. 7, 89 und 90 BetrVG im Wege einer richtlinienkonformen Rechtsfortbildung auf arbeitnehmerähnliche Personen zu erstrecken.

Mit Ausnahme der §§ 81 f. BetrVG werden die in den vorgenannten Vorschriften geregelten Beteiligungsrechte nicht individuell durch die Arbeitnehmer ausgeübt. Vielmehr werden die Arbeitnehmer durch den Betriebsrat als Arbeitnehmervertretung repräsentiert. Die richtlinienkonforme Rechtsfortbildung dieser Vorschriften führt dazu, dass der Betriebsrat seine entsprechenden Beteiligungsrechte auch in Bezug auf arbeitnehmerähnliche Personen ausübt, er diese mithin repräsentiert. Wenn aber arbeitnehmerähnliche Personen aufgrund unionsrechtlicher Vorgaben im Bereich des Arbeits- und Gesundheitsschutzes durch den Betriebsrat repräsentiert werden, indem der Betriebsrat seine Mitwirkungsrechte nach §§ 80 Abs. 1 Nr. 1, 80 Abs. 1 Nr. 9, 87 Abs. 1 Nr. 7, 89 und 90 BetrVG für diese ausübt, stellt sich die Frage, ob arbeitnehmerähnliche Personen dann nicht auch ein berechtigtes Interesse daran haben, selbst Einfluss auf die Zusammensetzung des Betriebsrats zu erhalten.

§ 5 Aktives Wahlrecht arbeitnehmerähnlicher Personen nach § 7 BetrVG

Eine erste Möglichkeit der Einflussnahme auf die Zusammensetzung des Betriebsrats könnte darin bestehen, auch arbeitnehmerähnlichen Personen das Recht einzuräumen, aktiv an den Betriebsratswahlen nach § 7 BetrVG teilzunehmen.

A. Voraussetzungen der Wahlberechtigung gemäß § 7 BetrVG

Der Betriebsrat ist der Träger der Beteiligungsrechte im BetrVG. Diese Beteiligungsrechte nimmt er im Interesse der Belegschaft wahr. Er ist Repräsentationsorgan der Belegschaft des Betriebs.[592] Den Arbeitnehmern dagegen ist es weitestgehend verwehrt, Beteiligungsrechte gegenüber dem Betriebsrat auszuüben. Aus diesem Grund muss den Arbeitnehmern die Möglichkeit eingeräumt werden, den Betriebsrat im Wege einer demokratischen Wahl zu legitimieren.[593] Durch die in § 7 BetrVG geregelte aktive Wahl erteilt die Belegschaft dem Betriebsrat ein betriebspolitisches Mandat.[594] Wahlberechtigt sind danach alle Arbeitnehmer des Betriebs, die das 18. Lebensjahr vollendet haben, § 7 S. 1 BetrVG. Wer Arbeitnehmer in diesem Sinne ist, wird wiederum durch § 5 BetrVG bestimmt.[595] Werden Arbeitnehmer eines anderen Arbeitgebers zur Arbeitsleistung überlassen, so sind diese ebenfalls wahlberechtigt, wenn sie länger als drei Monate im Betrieb eingesetzt werden, § 7 S. 2 BetrVG. Aus dem Passus „Arbeitnehmer des Betriebs" in § 7 S. 1 BetrVG ergibt sich, dass nur wahlberechtigt ist, wer dem Betrieb angehört. Die Zugehörigkeit zum Betrieb ist nicht schon dann gegeben, wenn der Beschäftigte in einem Arbeitsverhältnis zum Arbeitgeber steht. Vielmehr verlangt die Betriebszugehörigkeit einen Bezug zur Betriebsorganisation. Die Wahlberechtigung nach § 7 BetrVG ist mithin stets dann gegeben, wenn der Beschäftigte mit dem Auftraggeber in einem Arbeitsverhältnis steht und er in die Organisation des Betriebs integriert ist. Leiharbeitnehmer sind trotz des fehlenden arbeitsvertraglichen Grundverhältnisses zum Entleiher ferner nur dann wahlberechtigt, wenn sie mindestens drei Monate betriebszugehörig sind. Weitere Voraussetzungen für das Recht zur Teilnahme an den Betriebsratswahlen bestehen nicht.[596]

B. Anwendbarkeit des § 7 BetrVG auf arbeitnehmerähnliche Personen aufgrund einer analogen Anwendung des § 7 BetrVG

Da sich das aktive Wahlrecht nach § 7 S. 1 BetrVG grundsätzlich nach der Arbeitnehmereigenschaft des § 5 BetrVG richtet und eine Eingliederung in die betriebliche Organisation gefordert wird, kommt ein Wahlrecht arbeitnehmerähnlicher Personen in direkter Anwendung des § 7 S. 1 BetrVG nach herrschender

---

592 *v. Hoyningen-Huene*, Betriebsverfassungsrecht, § 4, Rn. 3, § 7, Rn. 1.
593 *von Hoyningen-Huene*, Betriebsverfassungsrecht, § 7, Rn. 1.
594 *von Hoyningen-Huene*, Betriebsverfassungsrecht, § 4, Rn. 3.
595 ErfK/*Koch*, § 7 BetrVG, Rn. 1; Richardi-*Thüsing*, § 7 BetrVG, Rn. 2; *Weiße*, Nichtarbeitnehmer im Betriebsverfassungsrecht, S. 121.
596 Richardi-*Thüsing*, § 7 BetrVG, Rn. 8, 13, 52.

Auffassung nicht in Betracht.[597] Arbeitnehmerähnliche Personen sind ferner keine Leiharbeiter, sodass auch § 7 S. 2 BetrVG auf diese nach überwiegend vertretener Auffassung nicht anwendbar ist. Es könnte jedoch eine analoge Anwendung des § 7 S. 1 BetrVG oder des § 7 S. 2 BetrVG in Betracht kommen. Voraussetzung hierfür wäre das Vorliegen einer planwidrigen Regelungslücke. Jedenfalls die Planwidrigkeit ist jedoch – wie schon im Rahmen der analogen Anwendung des § 5 S. 2 BetrVG ausgeführt – zu verneinen. Der Gesetzgeber hat schon im Jahre 2001 seine Auffassung bekräftigt, dass arbeitnehmerähnliche Personen dem Betriebsverfassungsrecht nicht zuzuordnen sind.[598] Es ist kein Grund ersichtlich, weshalb der Gesetzgeber arbeitnehmerähnlichen Personen gleichwohl ein Wahlrecht hätte einräumen wollen. Ungeachtet dessen sollte durch § 7 S. 2 BetrVG das Wahlrecht lediglich auf solche Personen ausgedehnt werden, denen es zwar an einer arbeitsvertraglichen Beziehung zum Inhaber des Drittbetriebs fehlt, die aber gleichwohl dergestalt in dessen betriebliche Organisation eingegliedert sind, dass die Organisationsgewalt vor allem in Bezug auf Zeit, Ort und Art und Weise der Arbeitsleistung (auch) auf ihn übergeht.[599] Nur wenn der Grad der Eingliederung zugleich dazu führt, dass die Arbeitnehmer „dem Weisungsrecht des Betriebsinhabers unterliegen", sollte ein Wahlrecht bestehen.[600] Eine solche Eingliederung ist bezüglich arbeitnehmerähnlicher Personen jedoch abzulehnen, weil es ihnen an der Weisungsgebundenheit fehlt. Eine analoge Anwendung des § 7 BetrVG auf arbeitnehmerähnliche Personen kommt daher nicht in Betracht.

C. Anwendbarkeit des § 7 BetrVG auf arbeitnehmerähnliche Personen aufgrund unionsrechtlicher Vorgaben der Richtlinie 89/391/EWG

Nachdem ein Wahlrecht arbeitnehmerähnlicher Personen im Wege einer Analogie des § 7 BetrVG ausscheidet, ist der unionsrechtliche Einfluss auf ein etwaiges Wahlrecht arbeitnehmerähnlicher Personen zu untersuchen. Aus der Richtlinie 89/391/EWG könnte sich ergeben, dass die Arbeitnehmer im Sinne der Richtlinie

---

597 BeckOK-*Besgen*, § 7 BetrVG, Rn. 4; vgl. allgemein für Beschäftigte, denen die Arbeitnehmereigenschaft fehlt: *Weiße*, Nichtarbeitnehmer im Betriebsverfassungsrecht, S. 121.
598 Vgl. § 4, A., I., 2., b), cc), (3) (a), (dd).
599 D/K/K/W-*Trümner*, § 5 BetrVG, Rn. 74; *Fitting*, § 5 BetrVG, Rn. 263.
600 BT-Drucks. 14/5741, S. 36.

berechtigt sind, ihre Vertreter unmittelbar oder mittelbar selbst zu wählen. Dies würde voraussetzen, dass der Begriff des Arbeitnehmervertreters entweder unionsrechtlich entsprechend zu verstehen ist oder dass die vom EuGH aufgestellten Grundsätze ein solches Recht vorsehen und entsprechend im nationalen Recht umzusetzen sind. Bevor aber die vorgenannten Fragen geklärt werden, ist zu untersuchen, ob aufgrund unionsrechtlicher Vorgaben gegebenenfalls auch die Möglichkeit besteht, den arbeitnehmerähnlichen Personen selbst entsprechende Beteiligungsrechte ohne Einbindung des Betriebsrats einzuräumen. Dies ist davon abhängig, ob die Beteiligungsrechte der Arbeitnehmer bzw. ihrer Vertreter ihnen alternativ oder kumulativ zustehen sollen.

I. Beteiligungsrechte der arbeitnehmerähnlichen Personen nach Art. 10 und 11 der Richtlinie 89/391/EWG ohne Einbindung des Betriebsrats?

Wie aber bereits ausgeführt[601] ist der Richtlinie 89/391/EWG nicht zu entnehmen, ob die Beteiligungsrechte den Arbeitnehmern bzw. deren Vertretern alternativ oder kumulativ zugewiesen werden sollen. Die in der Formulierung der Richtlinie liegende Umsetzungsoffenheit führt zu einer Ermessensentscheidung der Mitgliedstaaten, denen es selbst überlassen wird, die Beteiligungsrechte kumulativ oder alternativ einzuräumen.

Der deutsche Gesetzgeber hat sich für eine alternative Umsetzung der in der Richtlinie vorgesehenen Beteiligungsrechte entschieden, sodass die Beteiligungsrechte im engeren Sinne allein den bestehenden Arbeitnehmervertretern zustehen.[602] Mangels unionsrechtlicher Verpflichtung, auch den Arbeitnehmern selbst ein Beteiligungsrecht im engeren Sinne einzuräumen, ist ein Individualrecht der einzelnen arbeitnehmerähnlichen Personen auf entsprechende Beteiligung im Wege der richtlinienkonformen Rechtsfortbildung nicht zu erreichen. Nur in Betrieben, in denen ein Betriebsrat nicht existiert, haben arbeitnehmerähnliche Personen wie auch Arbeitnehmer ein unmittelbares und vor allem umfassendes Beteiligungsrecht gegenüber dem Arbeitgeber, § 81 Abs. 3 BetrVG.

Das Recht arbeitnehmerähnlicher Personen auf Beteiligung muss mithin über den Betriebsrat sichergestellt werden. Es fragt sich daher, ob es einen unionsrechtlichen Arbeitnehmervertreterbegriff gibt oder ob sich aus sonstigen

---

601 Vgl. ausführlich § 4, B., I., 1., b), bb).
602 Vgl. wiederum § 4, B., I., 1., b), bb).

unionsrechtlichen Vorgaben die Pflicht ergibt, arbeitnehmerähnliche Personen an der Wahl ihrer Vertreter zu beteiligen.

II. Unionsrechtlicher Begriff der Arbeitnehmervertreter?

Im deutschen Recht werden die Arbeitnehmer durch den Betriebsrat repräsentiert. Der Betriebsrat übt seine Beteiligungsrechte für die Arbeitnehmer aus. Dasselbe muss auch für arbeitnehmerähnliche Personen gelten. Ein Individualrecht des einzelnen Arbeitnehmers auf Beteiligung besteht mit Ausnahme der § 81 f. BetrVG nicht. Was aber unter „Arbeitnehmervertreter" zu verstehen ist und wie die Arbeitnehmervertretung zustande kommt, ist der Richtlinie 89/391/EWG nicht zu entnehmen. Der Begriff des Arbeitnehmervertreters ist in der Richtlinie 89/391/ EWG selbst nicht definiert. Die Richtlinie sieht in Art. 3 lit. c) lediglich eine Regelung für die Arbeitnehmervertreter mit besonderer Funktion bei der Sicherheit und beim Gesundheitsschutz vor. Daraus ergibt sich, dass der Begriff des Arbeitnehmervertreters nicht autonom unionsrechtlich zu bestimmen ist, sondern sich nach den in den jeweiligen Mitgliedstaaten bestehenden Repräsentationsformen richtet.[603] Bestätigt wird dies auch durch Art. 11 Abs. 2 der Richtlinie 89/391/EWG. Dieser sieht neben den allgemeinen Arbeitnehmervertretern des Art. 11 Abs. 1 auch die bereits erwähnten Vertreter mit besonderer Funktion bei der Sicherheit und beim Gesundheitsschutz der Arbeitnehmer vor. Diese Regelung entspricht den Verhältnissen der Mitgliedstaaten, die bezüglich ihrer Repräsentationsformen erheblich differieren. Anders als im deutschen Recht gibt es in anderen Mitgliedstaaten nämlich nicht nur die allgemeinen Arbeitnehmervertreter, sondern auch spezielle Arbeitsschutzbeauftragte. Es ist davon auszugehen, dass diese verschiedenen Repräsentationsformen der einzelnen Mitgliedstaaten durch die Richtlinie 89/391/EWG nicht generell geändert werden sollten.[604] Eine Vereinheitlichung der Systeme war nicht gewollt. Vielmehr nimmt die Richtlinie 89/391/EWG die differierenden Systeme hin und trifft jeweils auf die unterschiedlichen Modelle abgestimmte spezifische Regelungen.[605]

Ein unionsrechtlich zu bestimmender Begriff des Arbeitnehmervertreters ist daher nicht existent. Vielmehr bleibt es bei den in den einzelnen Mitgliedstaaten bestehenden Repräsentationsmodellen.

---

603 *Kohte*, Partizipation, S. 9.
604 *Kohte*, Partizipation, S. 11.
605 *Kohte*, Arbeitsschutzrahmenrichtlinie, EAS B 6100, Rn. 104.

III. Unionsrechtliche Vorgaben für die nationalen Arbeitnehmervertretungen

Die Erwägungsgründe der Richtlinie 89/391/EWG zeigen, dass der Beteiligung der Arbeitnehmer bzw. ihrer Vertreter ein hoher Stellenwert eingeräumt ist.[606] Nach den Erwägungsgründen erfordert die Gewährleistung eines besseren Schutzes der Arbeitnehmer, dass diese bzw. ihre Vertreter über die Gefahren für ihre Sicherheit und Gesundheit und die Maßnahmen zur Verringerung oder Ausschaltung dieser Gefahren informiert werden.[607] Ferner ist es erforderlich, die Unterrichtung, den Dialog und die ausgewogene Zusammenarbeit im Bereich der Sicherheit und des Gesundheitsschutzes am Arbeitsplatz entsprechend den nationalen Rechtsvorschriften bzw. Praktiken auszuweiten.[608] Die Partizipation der Beschäftigten nimmt mithin eine hohe Rangfunktion im Rahmen der Richtlinie ein.[609] Obgleich die Repräsentation der Arbeitnehmer sich entsprechend der Richtlinie 89/391/EWG nach den nationalen Systemen richten, da ein unionsrechtlicher Begriff des Arbeitnehmervertreters nicht besteht, müssen die Vorgaben der Richtlinie durch die Mitgliedstaaten aber sichergestellt und gewahrt werden. Aus diesem Grund müssen die Repräsentationssysteme der Mitgliedstaaten bestimmte, nachfolgend dargestellte Voraussetzungen erfüllen.

1. Pflicht zur Schaffung von Arbeitnehmervertretungen aufgrund der Richtlinie 2002/14/EG

Die Richtlinie 2002/14/EG enthält allgemeine Grundsätze für die Unterrichtung und Anhörung der Arbeitnehmer. Diese allgemeinen Grundsätze sind auch im Bereich des Arbeitsschutzes zu beachten.[610] Sie müssen in den einzelnen Mitgliedstaaten durch die Möglichkeit der Bestellung von Arbeitnehmervertretern gesichert werden. Zwar ergibt sich aus dem Richtlinientext selbst ebenso wenig wie aus dem der Richtlinie 89/391/EWG eine ausdrückliche Pflicht der Mitgliedstaaten zur Schaffung entsprechender Arbeitnehmervertretungen. Es findet sich dort lediglich ein Verweis auf die nationalen Rechtsvorschriften, nach welchen

---

606 *Kohte*, Arbeitsschutzrahmenrichtlinie, EAS B 6100, Rn. 101.

607 Vgl. Erwägungsgrund Nr. 11 der Richtlinie 89/391/EWG.

608 Vgl. Erwägungsgrund Nr. 12 der Richtlinie 89/391/EWG.

609 Vgl. § 2, B., I., 4.; *Kohte*, Arbeitsschutzrahmenrichtlinie, EAS B 6100, Rn. 101; *Kohte/Faber*, Anmerkung zu EuGH, Urteil vom 06.04.2006, Rs. C-428/04, ZESAR 2007, 39 ff. (40).

610 Vgl. § 4, A., I., 2., b), cc).

sich die Art und Weise der Repräsentation der Arbeitnehmer richten sollen.[611] Allerdings ergibt sich die Pflicht des Arbeitgebers, der Arbeitnehmerseite die Möglichkeit zur Schaffung von Arbeitnehmervertretungen einzuräumen, mittelbar aus den Urteilen des EuGH vom 08.06.1994 in den Rechtssachen C-382/92[612] und C-383/92[613], auf die in der „Gemeinsame[n] Erklärung des Europäischen Parlaments, des Rates und der Kommission zur Vertretung der Arbeitnehmer"[614], die im Nachgang an den Erlass der Richtlinie 2002/14/EG im Amtsblatt veröffentlicht wurde, verwiesen wurde.[615] Dort ging es jeweils um ein gegen das Vereinigte Königreich wegen mangelhafter Umsetzung der Richtlinie 77/187/EWG (nunmehr Richtlinie 2001/23/EG) bzw. der Richtlinie 75/129/EWG (nunmehr Richtlinie 98/59/EG) eingeleitetes Vertragsverletzungsverfahren. Die Richtlinie 77/187/ EWG sah ein Unterrichtungs- und Konsultationsrecht der Arbeitnehmervertreter bei Betriebsübergängen vor.[616] Die Richtlinie 75/129/EWG gewährte den Arbeitnehmervertretern ein entsprechendes Recht im Fall von geplanten Massenentlassungen.[617] Hinsichtlich des Begriffs der Arbeitnehmervertreter wurde jeweils auf das nationale Recht verwiesen.[618] Die Kommission hatte in beiden Verfahren geltend gemacht, das Vereinigte Königreich habe gegen seine Verpflichtung aus den jeweiligen Richtlinien verstoßen, da es keine Verfahren zur Bestellung von Arbeitnehmervertretern vorgesehen habe, wenn der Arbeitgeber solche Vertreter nicht anerkenne. Die Richtlinien würden ihre Wirksamkeit nur dann entfalten, wenn die Mitgliedstaaten die entsprechenden Bestimmungen erließen, damit in einem Unternehmen Arbeitnehmervertreter bestellt würden; anderenfalls könnten die Informations- und Konsultationspflichten nicht hinreichend erfüllt werden.[619] In seinen Urteilen vom 08.06.1994 stellte der EuGH sodann klar, dass der

---

611 Vgl. Art. 2 lit. e) der Richtlinie 2002/14/EG.
612 *EuGH*, Urteil vom 08.06.1994, Rs. C-382/92 – Kommission ./. Vereinigtes Königreich, Slg. 1994, S. I-2435.
613 *EuGH*, Urteil vom 08.06.1994, Rs. C-383/92 – Kommission ./. Vereinigtes Königreich, Slg. 1994, S. I-2479.
614 ABl. EG 2002, L 80/34.
615 *Bonin*, AuR 2004, 321 (323); *Gerdom*, Unterrichtungs- und Anhörungspflichten, S. 53.
616 Vgl. Art. 6 der Richtlinie 77/187/EWG.
617 Vgl. Art. 2 der Richtlinie 75/129/EWG.
618 Vgl. Art. 2 lit. c) der Richtlinie 77/187/EWG und Art. 1 Abs. 1 lit. b) der Richtlinie 75/129/EWG.
619 *EuGH*, Urteil vom 08.06.1994, Rs. C-382/92 – Kommission ./. Vereinigtes Königreich, Slg. 1994, S. I-2435, Rn. 12; *EuGH*, Urteil vom 08.06.1994, Rs. C-383/92 – Kommission ./. Vereinigtes Königreich, Slg. 1994, S. I-2479, Rn. 13.

Gemeinschaftsgesetzgeber den Mitgliedstaaten nicht erlauben wolle, zuzulassen, dass keine Arbeitnehmervertreter bestellt werden, da diese Bestellung notwendig sei, um die Vorgaben der Richtlinien zu erfüllen.[620] Die in den vorgenannten Urteilen aufgestellten Richtsätze gelten auch für die Richtlinie 2002/14/EG, die ja gerade allgemeine Grundsätze für die Unterrichtung und Anhörung der Arbeitnehmer aufstellt und daher alle diesbezüglichen Vorgaben vereint. Zudem belegt auch die „Gemeinsame Erklärung des Europäischen Parlaments, des Rates und der Kommission zur Vertretung der Arbeitnehmer"[621], in der ausdrücklich auf diese Urteile verwiesen wurde, dass deren Grundsätze auch für die Richtlinie 2002/14/ EG gelten sollten. Mithin kann der Richtlinie 2002/14/EG eine Pflicht des Arbeitgebers entnommen werden, den Arbeitnehmern die Möglichkeit zur Schaffung von Arbeitnehmervertretungen einzuräumen.[622] Wenn die Arbeitnehmer diese Möglichkeit nicht nutzen, besteht jedoch keine Pflicht des Arbeitgebers, Arbeitnehmervertreter aus Eigeninitiative zu schaffen.[623]

Zwar besteht bei der Richtlinie 2002/14/EG und der Betriebsübergangs- bzw. Massenentlassungsrichtlinie gegenüber der Richtlinie 89/391/EWG die Besonderheit, dass diese eine Beteiligung der Arbeitnehmer selbst schon nicht vorsehen und stattdessen lediglich den Arbeitnehmervertretern entsprechende Rechte einräumen, sodass die Übertragung der vorgenannten Grundsätze in Frage gestellt werden könnte. Allerdings müssen die vorigen Ausführungen jedenfalls dann gelten, wenn sich ein nationaler Gesetzgeber – wie der der Bundesrepublik Deutschland – für eine alternative Umsetzung der Beteiligungsrechte der Richtlinie 89/391/ EWG zugunsten von Arbeitnehmervertretern entschieden hat. Daher besteht entsprechend der Richtlinie 2002/14/EG auch in Bezug auf die Arbeitsschutzrahmenrichtlinie eine Verpflichtung des Arbeitgebers, die Möglichkeit zur Schaffung von Arbeitnehmervertretungen zu gewährleisten.

---

620 *EuGH*, Urteil vom 08.06.1994, Rs. C-382/92 – Kommission ./. Vereinigtes Königreich, Slg. 1994, S. I-2435, Rn. 8 ff., insbesondere Rn. 24; *EuGH*, Urteil vom 08.06.1994, Rs. C-383/92 – Kommission ./. Vereinigtes Königreich, Slg. 1994, S. I-2479, Rn. 9 ff, insbesondere Rn. 23.

621 ABl. Nr. L 80/34 vom 23.03.2002.

622 „Ad-hoc-Vertretungen" können hierzu nicht ausreichen, vgl. hierzu ausführlich *Gerdom*, Unterrichtungs- und Anhörungspflichten, S. 55 ff.; zudem *Ritter*, Der Wirtschaftsausschuss, S. 256 f.

623 *Bonin*, AuR 2004, 321 (323); *Franzen* in Festschrift für Birk, S. 97 (100 f.); *Gerdom*, Unterrichtungs- und Anhörungspflichten, S. 59 ff.; *Hanau* in Hanau/Steinmeyer/ Wank, § 19, Rn. 130; *Ritter*, Der Wirtschaftsausschuss, S. 253; *Stoffels*, in Gedächtnisschrift für Heinze, S. 885 (897 ff.).

2. Keine Bestimmung der Arbeitnehmervertreter durch den Arbeitgeber

Der Pflicht des Arbeitgebers, den Arbeitnehmern die Möglichkeit zur Schaffung von Arbeitnehmervertretungen einzuräumen, wird jedoch dann nicht Genüge getan, wenn der Arbeitgeber selbst für die Bestellung der Arbeitnehmervertretung zuständig sein soll. Einer Bestellung durch den Arbeitgeber steht schon das Gebot der Unabhängigkeit der Arbeitnehmervertreter entgegen.[624] Dem Wort „Arbeitnehmervertreter" kann entnommen werden, dass diese *für* die Arbeitnehmer tätig werden müssen. Dabei vertreten sie die Arbeitnehmer insbesondere auch gegenüber dem Arbeitgeber.[625] Es erscheint fraglich, ob die Interessen der Arbeitnehmer hinreichend vertreten werden, wenn die Arbeitnehmervertreter „aus dem Lager" des Arbeitgebers stammen. Zudem folgt schon aus den Urteilen des EuGH vom 08.06.1994[626], dass vom Arbeitgeber ausgewählte Personen nicht als Arbeitnehmervertreter fungieren können. Dort wurde entschieden, dass es nicht vom Willen des Arbeitgebers abhängen darf, überhaupt Arbeitnehmervertretungen bilden zu können. Ebenso wenig kann es jedoch dem Willen des Arbeitgebers unterworfen werden, welche Personen den Arbeitnehmervertretern zugehören sollen. Es gibt keinen nachvollziehbaren Grund, die Schaffung von Arbeitnehmervertretern dem Willen des Arbeitgebers zu entziehen, ihm dann aber die Entscheidungsgewalt über deren Zusammensetzung zu gewähren.[627]

3. Legitimation der Arbeitnehmervertreter durch die Arbeitnehmerseite

Nachdem den Arbeitnehmern grundsätzlich die Möglichkeit eingeräumt werden muss, Arbeitnehmervertreter zu bestellen und die Zusammensetzung dieser Vertretungen nicht vom Willen des Arbeitgebers abhängen darf, stellt sich die Frage, ob es unionsrechtliche Vorgaben zum Ablauf der Bestellung gibt, die es rechtfertigen können, auch arbeitnehmerähnlichen Personen das aktive Wahlrecht nach § 7 BetrVG einzuräumen.

In seinen Urteilen vom 08.06.1994[628] verlangte der EuGH, dass die Arbeitnehmervertretung von den Beschäftigten autonom zu bilden sei und deren Bildung

---

624 *Gerdom*, Unterrichtungs- und Anhörungspflichten, S. 67.
625 *Ritter*, Der Wirtschaftsausschuss, S. 222.
626 *EuGH*, Urteil vom 08.06.1994, Rs. C-382/92 – Kommission ./. Vereinigtes Königreich, Slg. 1994, S. I-2435; *EuGH*, Urteil vom 08.06.1994, Rs. C-383/92 – Kommission ./. Vereinigtes Königreich, Slg. 1994, S. I-2479.
627 *Gerdom*, Unterrichtungs- und Anhörungspflichten, S. 67.
628 *EuGH*, Urteil vom 08.06.1994, Rs. C-382/92 – Kommission ./. Vereinigtes Königreich, Slg. 1994, S. I-2435; *EuGH*, Urteil vom 08.06.1994, Rs. C-383/92 – Kommission ./. Vereinigtes Königreich, Slg. 1994, S. I-2479.

nicht vom Arbeitgeber abhängen dürfe.[629] Allerdings stellt der EuGH gleichzeitig klar, dass die Richtlinien nur eine teilweise Harmonisierung der Vorschriften über den Schutz der Arbeitnehmer bei einem Betriebsübergang bzw. einer Massenentlassung vorsehe. Die nationalen Systeme der Arbeitnehmervertretungen sollten dagegen nicht vollständig harmonisiert werden.[630] Die Richtlinien verweisen für die Bestellung der Arbeitnehmervertreter auf die Rechtsvorschriften der Mitgliedstaaten. Nach der in den vorgenannten Urteilen vertretenen Auffassung des EuGH ist die Entscheidung, wie die Arbeitnehmervertreter, deren Information und Konsultation vorgeschrieben ist, zu bestellen sind, aus diesem Grund den Mitgliedstaaten überlassen.[631] Bestätigt wurde diese Rechtsauffassung im Jahr 2001. Bezüglich der Richtlinie 2002/14/EG hatte das Parlament in zweiter Lesung vorgeschlagen, einen Erwägungsgrund Nr. 22a einzuführen, wonach als Arbeitnehmervertreter ausschließlich Personen in Betracht kommen sollten, die von den Arbeitnehmervertretern selbst gewählt oder von sonstigen Arbeitnehmervertretungen ernannt wurden.[632] Auch auf supranationaler Ebene wurde hinsichtlich der Bestellung der Arbeitervertreter letztere Auffassung befürwortet. Im ILO-Übereinkommen Nr. 135 über Schutz und Erleichterungen der Arbeitnehmervertreter im Betrieb wurden Arbeitnehmervertreter in Art. 3 definiert als Personen, die aufgrund der innerstaatlichen Gesetzgebung oder Praxis als solche anerkannt sind. Dies sollten Gewerkschaftsvertreter, d. h. von Gewerkschaften oder von deren Mitgliedern bestellte oder gewählte Vertreter, oder gewählte Vertreter sein, d. h. Vertreter, die von den Arbeitnehmern des Betriebs im Einklang mit Bestimmungen der innerstaatlichen Gesetzgebung oder von Gesamtarbeitsverträgen frei gewählt werden und deren Funktionen sich nicht auf Tätigkeiten erstrecken, die in dem betreffenden Land als ausschließliches Vorrecht der Gewerkschaften anerkannt sind. Der Vorschlag des Parlaments wurde jedoch als nicht mit Art. 2 lit. e) der Richtlinie 2002/14/EG vereinbar abgelehnt, da es auf die in den Mitgliedstaaten bestehenden Vertretungsgremien ankomme.[633]

---

629 *Kohte*, Partizipation, S. 20.
630 *EuGH*, Urteil vom 08.06.1994, Rs. C-382/92 – Kommission ./. Vereinigtes Königreich, Slg. 1994, S. I-2435, Rn. 28; *EuGH*, Urteil vom 08.06.1994, Rs. C-383/92 – Kommission ./. Vereinigtes Königreich, Slg. 1994, S. I-2479, Rn. 25.
631 *EuGH*, Urteil vom 08.06.1994, Rs. C-382/92 – Kommission ./. Vereinigtes Königreich, Slg. 1994, S. I-2435, Rn. 18; *EuGH*, Urteil vom 08.06.1994, Rs. C-383/92 – Kommission ./. Vereinigtes Königreich, Slg. 1994, S. I-2479, Rn. 19.
632 *Gerdom*, Unterrichtungs- und Anhörungspflichten, S. 66.
633 *Gerdom*, Unterrichtungs- und Anhörungspflichten, S. 66.

Diese Grundsätze hinsichtlich der Vertretungsgremien der Mitgliedstaaten können auch auf die Richtlinie 89/391/EWG übertragen werden. Auch diese enthält eine stillschweigende Verweisung auf die nationalen Rechtsvorschriften und erkennt diese an. Damit ist es den Mitgliedstaaten grundsätzlich selbst überlassen, wie die nationalen Vertretungsgremien der Arbeitnehmer bestellt werden, solange die Bestellung nicht dem Willen des Arbeitgebers unterliegt. Ferner zeigt ein Blick in die Definition der Arbeitnehmervertreter mit besonderer Funktion bei der Sicherheit und beim Gesundheitsschutz nach Art. 3 lit. c) der Richtlinie 89/391/ EWG, dass diverse Formen der Bestellung der Arbeitnehmervertreter möglich sind. Danach kann Arbeitnehmervertreter mit besonderer Funktion bei der Sicherheit und beim Gesundheitsschutz jede Person sein, „die gemäß den nationalen Rechtsvorschriften bzw. Praktiken *gewählt, ausgewählt oder bestellt*[634] wurde, um die Arbeitnehmer in Fragen der Sicherheit und des Gesundheitsschutzes der Arbeitnehmer bei der Arbeit zu vertreten". Auch bezüglich der Arbeitnehmervertreter mit besonderer Funktion bei der Sicherheit und beim Gesundheitsschutz obliegt die Art und Weise der Bestellung mithin den Mitgliedstaaten. Dies ergibt sich auch aus dem Vertragsverletzungsverfahren der Kommission der Europäischen Gemeinschaften gegen die Portugiesische Republik in der Rechtssache C-425/01.[635] Dort ging es um Vorwürfe der Kommission betreffend das Fehlen von Vorschriften über das Wahlverfahren für Arbeitnehmervertreter mit besonderer Funktion bei der Sicherheit und beim Gesundheitsschutz. Die Kommission trug vor, dass die Portugiesische Republik dadurch, dass sie keine Vorschriften über das Wahlverfahren erlassen habe, die Wahrnehmung der Rechte der Arbeitnehmer und ihrer Arbeitnehmervertreter aus Art. 4, 10, 11 und 12 der Richtlinie 89/391/EWG behindere und damit die Sicherheit und Gesundheit der Arbeitnehmer am Arbeitsplatz gefährde.[636] In diesem Zusammenhang führte die Generalanwältin Stix-Hackl in ihren Schlussanträgen in der Rechtssache C-425/01 aus, dass die Richtlinie 89/391/EWG keine ausdrückliche Bestimmung darüber enthalte, „ob und wenn ja welche Vorschriften über das Wahlverfahren die Mitgliedstaaten für eine Wahl der besonderen Arbeitnehmervertreter erlassen müssen. Dazu komm[e], dass die Richtlinie auch gar nicht ausdrücklich verlang[e], dass die

---

634 Hervorhebung erfolgte durch die Verfasserin.
635 *EuGH*, Urteil vom 12.06.2003, Rs. C-425/01 – Kommission der Europäischen Gemeinschaften ./. Portugiesische Republik, Slg. 2003, S. I-6025.
636 Schlussanträge der Generalanwältin Stix-Hackl vom 05.12.2002, Rs. C-425/01 – Kommission der Europäischen Gemeinschaften ./. Portugiesische Republik, Slg. 2003, S. I-6025, Rn. 13.

besonderen Arbeitnehmervertreter nur durch Wahl bestimmt werden können, die Arbeitnehmer also insoweit ein Recht auf eine Wahl hätten. Artikel 3 Buchstabe c der Richtlinie definier[e] die besonderen Arbeitnehmervertreter vielmehr als Personen, die ,gewählt, ausgewählt oder benannt' werden".[637]

Gleichwohl ist dem Wort „*Arbeitnehmer*vertreter" schon begrifflich zu entnehmen, dass eine gewisse Legitimation durch die Arbeitnehmerseite erforderlich ist[638], weshalb sich die Frage der Art dieser Legitimation stellt. Teilweise wird davon ausgegangen, dass zwischen den Arbeitnehmern und ihren Vertretern eine Beziehung, etwa in Form eines Auftrags bestehen müsse. Da eine Einzelbeauftragung durch jeden einzelnen Arbeitnehmer gerade in größeren Unternehmen jedoch praktisch nicht möglich sei, müssten die Arbeitnehmervertreter auf andere Art und Weise, etwa durch Wahl, demokratisch durch die Arbeitnehmer legitimiert werden. Die Wahl könne unmittelbar oder mittelbar erfolgen.[639] Teilweise wird demgegenüber vertreten, dass an die Legitimation durch die Arbeitnehmerseite keine hohen Anforderungen zu stellen sei. Insbesondere sei eine demokratische Legitimation nicht erforderlich. Dies ergebe sich bereits aus dem abgelehnten Vorschlag zur Einführung eines Erwägungsgrundes Nr. 22a. Als Arbeitnehmervertreter könnten daher auch Gremien angesehen werden, die nicht durch die Arbeitnehmer gewählt, sondern durch ein anderes Arbeitnehmervertretungsorgan oder eine Gewerkschaft bestellt würde.[640] Für die letztere Auffassung könnte sprechen, dass die Richtlinie 89/391/EWG durch den stillschweigenden Verweis auf nationale Rechtsvorschriften schließlich gerade an die in den Mitgliedstaaten vorgefundenen Vertretungsgremien und die Bestellungsvorschriften anknüpft.[641] Ferner sind auch die Ausführungen des EuGH in den Urteilen vom 08.06.1994 in der Rechtssache C-382/92 entsprechend zu verstehen.[642] Der EuGH führte darin ausdrücklich

---

637 Schlussanträge der Generalanwältin Stix-Hackl vom 05.12.2002, Rs. C-425/01 – Kommission der Europäischen Gemeinschaften ./. Portugiesische Republik, Slg. 2003, S. I-6025, Rn. 29.
638 *Gerdom*, Unterrichtungs- und Anhörungspflicht, S. 67.
639 So *Ritter*, Der Wirtschaftsausschuss, S. 222.
640 So *Gerdom*, Unterrichtungs- und Anhörungspflichten, S. 67 f.
641 So auch *Franzen* in Festschrift für Birk, S. 97 (100) zu Art. 2 lit. e) der Richtlinie 2002/14/EG.
642 *EuGH*, Urteil vom 08.06.1994, Rs. C-382/92, – Kommission ./. Vereinigtes Königreich, Slg. 1994, S. I-2435; *EuGH*, Urteil vom 08.06.1994, Rs. C-383/92, – Kommission ./. Vereinigtes Königreich, Slg. 1994, S. I-2479.

aus, dass den Mitgliedstaaten die Entscheidung, wie die Arbeitnehmervertreter zu bestellen sind, überlassen ist.[643]

Gleichwohl ist die Auffassung zu befürworten, die von einer Legitimation durch Bestellung der Arbeitnehmervertreter durch die Arbeitnehmer ausgeht. Eine hiervon abweichende Ansicht dürfte schon mit supranationalem Recht schwerlich zu vereinbaren sein. Das seitens der Bundesrepublik Deutschland ratifizierte ILO-Übereinkommen Nr. 176 über den Arbeitsschutz in Bergwerken sieht in Art. 13 lit. f) vor, dass die innerstaatliche Gesetzgebung den Arbeitnehmern das Recht einzuräumen hat „gemeinsam Arbeitsschutzvertreter auszuwählen".[644] Dieser allgemeine Grundsatz gilt nicht nur für den Arbeitsschutz in Bergwerken, sondern generell für den gesamten Bereich des Arbeitsschutzes.[645]

Generelle unionsrechtliche Vorgaben hinsichtlich der Art und der Bestellung der Arbeitnehmervertreter existieren gleichwohl nicht. Insofern ist es zulässig und steht mit supranationalem Recht in Einklang, die Arbeitnehmervertreter durch Wahl der Arbeitnehmer zu legitimieren. Wenn sich ein Mitgliedstaat für ein Wahlverfahren entschieden hat, sieht die Richtlinie 89/391/EWG auch keine ausdrückliche Regelung vor, wie detailliert die Modalitäten der Wahl im nationalen Recht zu regeln sind.[646]

Supranationale Vorgaben ergeben sich aus dem bereits erwähnten ILO-Übereinkommen Nr. 135 insoweit, als die Arbeitnehmervertreter entsprechend Art. 3 entweder durch die Gewerkschaften oder durch die Arbeitnehmer selbst gewählt werden. Der deutsche Gesetzgeber hat sich für letztere Möglichkeit entschieden, indem er den Arbeitnehmern in § 7 BetrVG das Recht zur Wahl des Betriebsrats eingeräumt hat. Problematisch ist jedoch, dass arbeitnehmerähnlichen Personen dieses Wahlrecht nach § 7 BetrVG gerade nicht zusteht, obgleich es – zumindest im Bereich des Arbeits- und Gesundheitsschutzes – im Wege einer richtlinienkonformen Rechtsfortbildung notwendig ist, dass auch sie durch den Betriebsrat repräsentiert werden. Dies erscheint unvertretbar, auch wenn unionsrechtlich keine Vorgaben bezüglich der Bestellung der Arbeitnehmervertreter bestehen. Auch aus

643 *EuGH*, Urteil vom 08.06.1994, Rs. C-382/92, – Kommission ./. Vereinigtes Königreich, Slg. 1994, S. I-2435, Rn. 18; *EuGH*, Urteil vom 08.06.1994, Rs. C-383/92, – Kommission ./. Vereinigtes Königreich, Slg. 1994, S. I-2479, Rn. 19.

644 *Kohte*, Partizipation, S. 55.

645 *Kohte*, Partizipation, S. 49.

646 *EuGH*, Urteil vom 12.06.2003, Rs. C-425/01 – Kommission der Europäischen Gemeinschaften ./. Portugiesische Republik, Slg. 2003, S. I-6025, Rn. 21.

dem Urteil des EuGH in der Rechtssache C-425/01[647] geht Entsprechendes hervor. Der EuGH führte dort Folgendes aus:

> „Ein Mitgliedstaat muss jedoch, wenn er bei Arbeitnehmervertretern mit einer besonderen Funktion die Durchführung einer *Wahl* vorschreibt, sicherstellen, dass die *Arbeitnehmer*[648] ihre Vertreter gemäß den nationalen Rechtsvorschriften und/oder Praktiken wählen können."[649]

Wenn der EuGH im Rahmen der vorstehenden Ausführungen von „Arbeitnehmern" spricht, können dies jedoch nur diejenigen sein, wie sie im Sinne der Richtlinie 89/391/EWG zu verstehen sind. Hieraus folgt, dass neben den klassischen Arbeitnehmern auch arbeitnehmerähnliche Personen gemeint sein müssen. Damit sind die vorstehenden Ausführungen des EuGH so zu verstehen, dass ein Mitgliedstaat, der für die Bestellung der Arbeitnehmervertreter eine Wahl durch die Arbeitnehmer vorschreibt, sicherstellen muss, dass sämtliche Arbeitnehmer, wie sie von der Richtlinie 89/391/EWG verstanden werden, mithin neben den klassischen Arbeitnehmern auch arbeitnehmerähnliche Personen, ihre Vertreter selbst wählen können. Nur wenn den arbeitnehmerähnlichen Personen die Wahl ihrer Vertreter ermöglicht wird, ist daher den Anforderungen der Richtlinie 89/391/EWG Genüge getan.[650] Bestätigt wird dies wiederum durch das ILO-Übereinkommen Nr. 176, wonach die Arbeitnehmer das Recht haben müssen, gemeinsam Arbeitsschutzvertreter auszuwählen. Wenn ein Mitgliedstaat also eine Legitimation der Arbeitnehmervertreter durch Wahl der Arbeitnehmer vorsieht, gebieten es die unionsrechtlichen Vorgaben der Richtlinie 89/391/EWG, dieses Recht allen Arbeitnehmern im Sinne der Richtlinie, mithin auch arbeitnehmerähnlichen Personen, einzuräumen.

IV. Richtlinienkonforme Rechtsfortbildung des § 7 BetrVG

Auch arbeitnehmerähnlichen Personen steht – wie zuvor ausgeführt – das Recht zu, ihre Repräsentanten selbst zu bestimmen. Es liegt daher nahe, das aktive Wahlrecht des § 7 BetrVG, der die Wahl des Betriebsrats regelt, im Wege einer

---

647 *EuGH*, Urteil vom 12.06.2003, Rs. C-425/01 – Kommission der Europäischen Gemeinschaften ./. Portugiesische Republik, Slg. 2003, S. I-6025.

648 Hervorhebung erfolgte durch die Verfasserin.

649 *EuGH*, Urteil vom 12.06.2003, Rs. C-425/01 – Kommission der Europäischen Gemeinschaften ./. Portugiesische Republik, Slg. 2003, S. I-6025, Rn. 22.

650 So *EuGH*, Urteil vom 12.06.2003, Rs. C-425/01 – Kommission der Europäischen Gemeinschaften ./. Portugiesische Republik, Slg. 2003, S. I-6025, Rn. 23 ff. zu der Frage, ob die portugiesischen Regelungen hinsichtlich des Wahlverfahrens den Anforderungen der Richtlinie 89/391/EWG genügen.

richtlinienkonformen Rechtsfortbildung auf arbeitnehmerähnliche Personen zu erstrecken.

Problematisch ist jedoch, dass der Betriebsrat kollektive Belegschaftsinteressen und individuelle Arbeitnehmerinteressen nicht lediglich auf dem Gebiet des technischen Arbeits- und Gesundheitsschutzes wahrnimmt. Nur dieser Bereich kommt jedoch arbeitnehmerähnlichen Personen im Rahmen der Betriebsverfassung aufgrund der entsprechenden unionsrechtlichen Vorgaben der Richtlinie 89/391/ EWG zugute. Ein Wahlrecht arbeitnehmerähnlicher Personen hätte zur Folge, dass diese die Zusammensetzung des Betriebsrats beeinflussten, obgleich der Betriebsrat diese nur in einem Teilbereich tatsächlich repräsentiert, weil er außerhalb des technischen Arbeits- und Gesundheitsschutzes nicht insgesamt für sie zuständig ist. In Angelegenheiten außerhalb dieser Bereiche würden die Arbeitnehmer des Betriebs mithin durch einen Betriebsrat repräsentiert werden, dessen Zusammensetzung nicht allein durch die Arbeitnehmer des Betriebs bestimmt wurde. Schon deshalb ist fraglich, ob ein Wahlrecht arbeitnehmerähnlicher Personen gerechtfertigt ist. Andererseits muss berücksichtigt werden, dass eine Arbeitnehmervertretung für die Vertretung der Arbeitnehmer nicht schon allein deshalb untauglich sein muss, weil an ihrer Wahl auch Personen beteiligt sind, die nach nationalem Recht nicht als Arbeitnehmer gelten. Entscheidend ist letztlich nur die effektive Wahrnehmung der Belegschaftsinteressen und der im BetrVG vorgesehenen Beteiligungsrechte.[651] Zudem besteht auch nach der jetzigen Rechtslage die Möglichkeit, dass der Betriebsrat durch Arbeitnehmer gewählt wird, die letztlich nicht von diesem repräsentiert werden. Unbeschadet der Eventualität des Ausscheidens von Arbeitnehmern aus dem Betrieb, gilt dies in besonderem Maße in Bezug auf Leiharbeitnehmer. Diese sind immer dann wahlberechtigt, wenn sie länger als drei Monate im Betrieb eingesetzt werden. Die Dauer des Wahlverfahrens kann es daher mit sich bringen, dass Leiharbeiter, die diesen 3-Monats-Zeitraum nur knapp überschreiten, zwar an den Wahlen des Betriebsrats teilhaben, sie aber bereits ausscheiden, bevor dieser sein Amt überhaupt antreten kann. Auch in diesen Fällen ist der Betriebsrat nicht nur von Beschäftigten gewählt, die durch diesen aktuell vertreten werden.

Gleichwohl dürfte ein Recht arbeitnehmerähnlicher Personen zur Teilnahme an den Betriebsratswahlen nach § 7 BetrVG auch unter Berücksichtigung unionsrechtlicher Vorgaben nicht zu erreichen sein. Wie bereits unter § 4, A., I., 2., b), cc), (3), (a) dargestellt, ist die richtlinienkonforme Auslegung durch den

---

651 So im Ergebnis auch *Gerdom*, Unterrichtungs- und Anhörungsrechte, S. 243, in Bezug auf die Arbeitnehmervertreter im Sinne der Richtlinie 2002/14/EG.

Grundsatz der Rechtssicherheit beschränkt, sodass eine dem Willen des Gesetzgebers widersprechende Auslegung contra legem und damit unzulässig wäre.[652] Eine richtlinienkonforme Rechtsfortbildung des § 7 BetrVG käme demnach nur dann in Betracht, wenn sich der deutsche Gesetzgeber bei der Beschränkung des Wahlrechts auf Arbeitnehmer im Sinne des § 5 BetrVG unbewusst unionsrechtswidrig verhalten hat. Hierfür könnte zunächst sprechen, dass der Gesetzgeber bei der Umsetzung der Richtlinie 89/391/EWG verkannt hat, dass die betriebsverfassungsrechtlichen Beteiligungsrechte im Bereich des Arbeitsschutzes im Sinne einer unionsrechtskonformen Umsetzung ausgeweitet werden müssen.[653] Gegen eine bewusst richtlinienwidrige Umsetzung spricht ferner die Denkschrift zu dem bereits erwähnten ILO-Übereinkommen Nr. 176, in dem vorgesehen ist, dass die Arbeitsschutzvertreter von den Arbeitnehmern gemeinsam auszuwählen sind. Dort wies der Bundestag darauf hin, dass nach seiner Auffassung die Vorschriften des ILO-Übereinkommens bezüglich der Beteiligung der Arbeitnehmer bereits durch das BetrVG erfüllt seien. Er führte aus, dass die Beteiligung der Arbeitnehmer oder ihrer Vertreter nach Art. 13 in arbeitsschutzrelevanten Angelegenheiten vor allem durch das BetrVG als abgedeckt gelten. Der von den Arbeitnehmern eines Betriebs gewählte Betriebsrat nehme neben den Sicherheitsbeauftragten nach § 22 SGB VII Aufgaben als „Arbeitsschutzvertreter" im Sinne des ILO-Übereinkommens Nr. 176 wahr.[654] Der Gesetzgeber ist mithin davon ausgegangen, dass die Wahlen nach dem BetrVG den supranationalen Vorgaben genügen.

Allerdings ist zu berücksichtigen, dass der Gesetzgeber das Wahlrecht des § 7 BetrVG ausdrücklich auf Arbeitnehmer des Betriebs beschränkt und er nur hinsichtlich Leiharbeitnehmern eine Ausnahmeregelung geschaffen hat. Dies hat er in dem Bewusstsein getan, dass vereinzelte Vorschriften des BetrVG auch solche Beschäftigte erfassen, die gerade nicht als Arbeitnehmer im betriebsverfassungsrechtlichen Sinne anzusehen sind. So gilt etwa § 75 Abs. 1 BetrVG, wonach Arbeitgeber und Betriebsrat darüber zu wachen haben, dass alle im Betrieb tätigen Personen nach den Grundsätzen von Recht und Billigkeit behandelt werden, eben nicht nur für Arbeitnehmer im betriebsverfassungsrechtlichen Sinne. Vielmehr bezieht sich § 75 BetrVG auf die im Betrieb tätigen Beschäftigten, sodass etwa auch Nichtarbeitnehmer erfasst sind.[655] Gleichwohl hat der Gesetzgeber diesem

---

652 *BAG*, Urteil vom 17.11.2009, Az.: 9 AZR 844/08, NZA 2010, 1020, Rn. 26 ff.
653 Vgl. § 4, A., I., 2., b), cc), (3), (b), (cc).
654 BT-Drucks. 13/8819, S. 18 f.
655 D/K/K/W-*Berg*, § 75 BetrVG, Rn. 5; *Fitting*, § 75 BetrVG, Rn. 12; HaKo-BetrVG/ *Lorenz*, § 75 BetrVG, Rn. 2; *Preis* in Wlotzke/Preis/Kreft, § 75 BetrVG, Rn. 5 f.;

Personenkreis nicht die Möglichkeit der Teilnahme an Betriebsratswahlen einge-räumt. Auch leitenden Angestellten, die als Nichtarbeitnehmer im Sinne des Be-trVG gelten, wird das Wahlrecht des § 7 BetrVG nicht gewährt, obschon auch sie durch das BetrVG geschützt sind, sofern es das Gesetz ausdrücklich bestimmt, § 5 Abs. 3 BetrVG.[656] Den leitenden Angestellten ist vielmehr eine eigene Be-triebsvertretung, der Sprecherausschuss, zugewiesen worden.[657] Es ist daher davon auszugehen, dass sich der Gesetzgeber auch dann gegen die Einräumung eines Wahlrechts arbeitnehmerähnlicher Personen entschieden hätte, wenn er ein Bewusstsein dafür gehabt hätte, dass vereinzelte betriebsverfassungsrechtliche Vorschriften auch zugunsten arbeitnehmerähnlicher Personen Anwendung finden. Denn an den Wahlen sollten nach dem Willen des Gesetzgebers scheinbar nur die-jenigen Personen teilnehmen können, die durch das BetrVG insgesamt und nicht nur teilweise geschützt werden. Auch bezüglich der leitenden Angestellten wurde schließlich eine eigene Betriebsvertretung geschaffen. Es steht daher zu vermu-ten, dass der Gesetzgeber bei Kenntnis der unionsrechtlichen Vorgaben allenfalls ein weiteres, vom Betriebsrat abweichendes Beteiligungsgremium für den Bereich des Arbeitsschutzes geschaffen hätte.

Die Beteiligung der arbeitnehmerähnlichen Personen an den Betriebsratswah-len ist nach alledem nicht im Wege einer richtlinienkonformen Rechtsfortbildung zu erreichen. Vielmehr ist ein Handeln des Gesetzgebers geboten, der entweder das Wahlrecht des § 7 BetrVG ausdrücklich auf arbeitnehmerähnliche Personen erstrecken muss oder separate Arbeitsschutzvertreter zu schaffen hat.

D. Zusammenfassung zum aktiven Wahlrecht arbeitnehmerähnlicher Personen nach § 7 BetrVG

Arbeitnehmerähnliche Personen sind nach derzeitiger Rechtslage nicht be-rechtigt, sich an den Wahlen des Betriebsrats aktiv zu beteiligen, was mit den unionsrechtlichen Vorgaben nicht in Einklang steht. Zwar gibt es keinen uni-onsrechtlichen Begriff des Arbeitnehmervertreters. Allerdings bestehen einige Vorgaben hinsichtlich der Bestellung von Arbeitnehmervertretern. Zum einen besteht die Pflicht des Arbeitgebers, den Arbeitnehmern die Schaffung von

---

Richardi-*Richardi*, § 75 BetrVG, Rn. 7; *Kreutz* in GK-BetrVG, § 75 BetrVG, Rn. 13 ff.
656 D/K/K/W-*Schneider/Homburg*, § 7 BetrVG, Rn. 33.
657 Richardi-*Richardi*, § 5 BetrVG, Rn. 264.

Vertretungsgremien überhaupt zu ermöglichen, wobei die Bestimmung der Vertreter selbst nicht durch den Arbeitgeber erfolgen darf. Zum anderen muss jeder Mitgliedstaat, wenn er bei Arbeitnehmervertretern die Durchführung einer Wahl vorschreibt, sicherstellen, dass die Arbeitnehmer ihre Vertreter gemäß den nationalen Rechtsvorschriften und/oder Praktiken tatsächlich wählen können. Dies ist im Hinblick auf arbeitnehmerähnliche Personen nicht gewährleistet. Gleichwohl scheidet eine richtlinienkonforme Rechtsfortbildung aus, da sie dem Willen des Gesetzgebers, der sich zuletzt im Rahmen der BetrVG-Reform gegen eine betriebsverfassungsrechtliche Einbeziehung arbeitnehmerähnlicher Personen entschieden hat, zuwider laufen würde.

§ 6 Vertreter mit besonderer Funktion bei der Sicherheit und dem Gesundheitsschutz entsprechend Art. 11 Abs. 2 der Richtlinie 89/391/EWG als Repräsentanten arbeitnehmerähnlicher Personen?

Wie soeben gezeigt, ist arbeitnehmerähnlichen Personen grundsätzlich die Möglichkeit einzuräumen, im Bereich des Arbeitsschutzes Einfluss auf die Zusammensetzung der Arbeitnehmervertretung zu üben. Eine Beteiligung an den Betriebsratswahlen nach § 7 BetrVG aufgrund einer analogen Anwendung oder einer richtlinienkonformen Rechtsfortbildung ist gleichwohl wegen des entgegenstehenden Willens des deutschen Gesetzgebers nicht möglich. Allerdings hätte der Gesetzgeber bei Kenntnis der Reichweite der Richtlinie 89/391/EWG gegebenenfalls spezielle „Arbeitsschutzvertreter" vorgesehen, um den Anforderungen der Richtlinie 89/391/EWG gerecht zu werden. Diese Arbeitsschutzvertreter müssten dann auch die arbeitnehmerähnlichen Personen repräsentieren.

Auch die Richtlinie 89/391/EWG sieht die Möglichkeit entsprechender Vertretungsgremien vor. Neben den allgemeinen Arbeitnehmervertretungen nach Art. 11 Abs. 1 der Richtlinie 89/391/EWG sind in Art. 11 Abs. 2 bis 5 ausführliche Regelungen zu den Arbeitnehmervertretern mit einer besonderen Funktion bei der Sicherheit und beim Gesundheitsschutz enthalten.[658] Ein Rechtsvergleich zeigt, dass die Ausweitung der Partizipation in vielen Mitgliedstaaten mit dem Ausbau solcher spezieller Arbeitsschutzvertreter verbunden war. Problematisch könnte zwar

---

658 *Kohte*, Partizipation, S. 13.

sein, dass die Beteiligungsrechte der besonderen Vertreter nach Art. 11 Abs. 2 bis 5 hinter denen der allgemeinen Vertreter nach Art. 11 Abs. 1 der Richtlinie 89/391/ EWG zurückbleiben. Eine Vertretung der arbeitnehmerähnlichen Personen im Bereich des Gesundheitsschutzes, deren Rechte hinter denen des Betriebsrats als allgemeiner Vertreter nach Art. 11 Abs. 1 der Richtlinie 89/391/EWG zurückblieben, verbietet sich allerdings bereits deshalb, weil arbeitnehmerähnlichen Personen unter Berücksichtigung des Leitbilds der Richtlinie 89/391/EWG ein den Arbeitnehmern äquivalenter Schutz zur Seite stehen muss. Dieser Schutz wäre aber nicht gewährleistet, wenn die Beteiligungsrechte der Vertreter arbeitnehmerähnlicher Personen im Bereich des Arbeitsschutzes hinter denen des Betriebsrats zurückbleiben würden. Insofern müssten den Vertretern arbeitnehmerähnlicher Personen im Bereich des Arbeitsschutzes die gleichen Rechte eingeräumt werden, wie sie dem Betriebsrat zustehen. Fraglich ist, ob die Schaffung entsprechender besonderer Arbeitsschutzgremien in Erfüllung der unionsrechtlichen Vorgaben in Bezug auf arbeitnehmerähnliche Personen nach nationalem Recht in Betracht kommt.

A. Arbeitsschutzausschuss, Betriebsärzte/Fachkräfte für Arbeitssicherheit oder Sicherheitsbeauftragte als Repräsentant arbeitnehmerähnlicher Personen?

Möglicher Anknüpfungspunkt für solche besonderen Arbeitsschutzvertreter könnten im nationalen Recht der Arbeitsschutzausschuss, die Betriebsärzte, die Fachkräfte für Arbeitssicherheit oder die Sicherheitsbeauftragten sein.[659] Im Folgenden soll untersucht werden, welche dieser Gremien sich am besten als Arbeitsschutzvertretung nach Art. 11 Abs. 2 der Richtlinie 89/391/EWG eignet.

I. Der Arbeitsschutzausschuss gemäß § 11 ASiG als Arbeitnehmervertreter nach Art. 11 Abs. 2 der Richtlinie 89/391/EWG

Als Vertreter arbeitnehmerähnlicher Personen könnte zunächst der Arbeitsschutzausschuss nach § 11 ASiG in Betracht kommen. Zweck des Arbeitsschutzausschusses ist es, die Beteiligten der betrieblichen Arbeitsschutzorganisation in regelmäßigen Abständen zusammenzuführen, um Erfahrungen auszutauschen, gemeinsame Anliegen zu beraten und insgesamt eine Diskussion über die konkreten Probleme

---

659 *Kohte*, Partizipation, S. 55.

des Arbeitsschutzes und der Unfallverhütung im Betrieb zu fördern.[660] Nach § 11 S. 1 ASiG ist er stets in Betrieben mit mehr als zwanzig Beschäftigten zu bilden. Er setzt sich gemäß § 11 S. 2 ASiG aus dem Arbeitgeber oder einem von ihm Beauftragten, zwei vom Betriebsrat bestimmten Betriebsratsmitgliedern, Betriebsärzten, Fachkräften für Arbeitssicherheit und Sicherheitsbeauftragten zusammen.

Allein die Zusammensetzung zeigt jedoch, dass sich der Arbeitsschutzausschuss nicht als Arbeitnehmervertreter im Sinne des Art. 11 Abs. 2 der Richtlinie 89/391/EWG eignet. Schon begrifflich erfordert eine Arbeitnehmervertretung die Wahrnehmung der Interessen der Arbeitnehmer gegebenenfalls auch gegenüber dem Arbeitgeber. Mit dieser Pflicht der Arbeitnehmervertreter würde jedoch die Zugehörigkeit des Arbeitgebers, der nach § 11 ASiG schließlich Teil des Arbeitsschutzausschusses ist, kollidieren. Dieser wird sich kaum für die Arbeitnehmer einsetzen, wenn eine konkrete Maßnahme seinem Interesse widerspricht. Aus diesem Grund kann der Arbeitsschutzausschuss nicht als Arbeitnehmervertretung qualifiziert werden.

II. Die Betriebsärzte und Fachkräfte für Arbeitssicherheit gemäß § 2 ff. ASiG bzw. § 5 ff. ASiG als Arbeitnehmervertreter im Sinne des Art. 11 Abs. 2 der Richtlinie 89/391/EWG

Möglicherweise könnten die Betriebsärzte und die Fachkräfte für Arbeitssicherheit die Stellung als Arbeitnehmervertreter im Sinne des Art. 11 Abs. 2 der Richtlinie 89/391/EWG wahrnehmen.

Nach § 1 ASiG hat der Arbeitgeber Betriebsärzte und Fachkräfte für Arbeitssicherheit zu bestellen, wodurch er seiner Verpflichtung zum Aufbau einer betrieblichen Sicherheitsorganisation gemäß §§ 2, 5 ASiG nachkommt.[661] Durch die Bestellung soll dem Gesetzeszweck entsprechend sichergestellt werden, dass die Arbeitsschutz- und Unfallverhütungsvorschriften wirkungsvoll und effizient angewandt und gesicherte arbeitsmedizinische und arbeitstechnische Erkenntnisse zur Verbesserung des Schutzes der Beschäftigten verwirklicht werden.[662] Die Betriebsärzte sollen den Arbeitgeber aus der Sicht ihrer arbeitsmedizinischen Fachkunde beraten. Sie haben ferner die Beschäftigten zu untersuchen, arbeitsmedizinisch zu beurteilen und die Ergebnisse auszuwerten und zu erfassen. Darüber hinaus haben sie die Durchführung des Arbeitsschutzes und der Unfallverhütung

---

660 MünchArb-*Kohte*, § 292, Rn. 61.
661 *Bremer*, Arbeitsschutz im Baubereich, S. 126.
662 *Wank/Börgmann*, Deutsches und Europäisches Arbeitsschutzrecht, S. 51.

zu beobachten und auf ein hieran orientiertes Verhalten hinzuwirken. Den Fachkräften für Arbeitssicherheit obliegt außerdem die Aufgabe, den Arbeitgeber zu beraten, die Durchführung des Arbeitsschutzes und der Unfallverhütung zu überwachen und auf ein sicherheitsgerechtes Verhalten der Beschäftigten hinzuwirken. Überdies sind sie für die sicherheitstechnische Überprüfung von Betriebsanlagen, Arbeitsmitteln und Arbeitsverfahren zuständig.[663] Die Betriebsärzte und Fachkräfte für Arbeitssicherheit spielen bei der Verwirklichung des Arbeitsschutzes mithin eine nicht unerhebliche Rolle. Sie dienen der Umsetzung des Leitbilds des Europäischen Arbeitsschutzrechts, insbesondere der Richtlinie 89/391/EWG. Auch die Richtlinie 89/391/EWG sieht in Art. 7 Dienste vor, die mit der Wahrnehmung von Schutzmaßnahmen und Maßnahmen zur Gefahrenverhütung zu beauftragen sind. Es sind ein oder mehrere Arbeitnehmer zu benennen, die diese Aufgaben wahrzunehmen haben und die über die fachlichen Fähigkeiten verfügen. Es handelt sich bei diesen Arbeitnehmern mit-hin um Arbeitnehmer mit einer besonderen Funktion bei der Sicherheit und dem Gesundheitsschutz. Im nationalen Recht kann diese Aufgabe am besten durch die Betriebsärzte und die Fachkräfte für Arbeitssicherheit erfüllt werden, da nur sie über die notwendigen Fachkenntnisse verfügen.[664] Auch der Gesetzgeber vertritt die Auffassung, dass Betriebsärzte und Fachkräfte für Arbeitssicherheit als Arbeitnehmer im Sinne des Art. 7 Abs. 1 der Richtlinie 89/391/EWG zu qualifizieren sind. Diese Auffassung des Gesetzgebers ergibt sich aus der Begründung zu Artikel 2 des Entwurfs eines Gesetzes zur Umsetzung der EG-Rahmenrichtlinie Arbeitsschutz und weiterer Arbeitsschutz-Richtlinien vom 22.01.1996.[665] Die Ergänzung des § 8 ASiG durch den Zusatz, dass Betriebsärzte und Fachkräfte für Arbeitssicherheit nicht wegen der Erfüllung der ihnen übertragenen Aufgaben benachteiligt werden dürfen, begründet der Gesetzgeber dort nämlich damit, dass sie der Umsetzung des in Art. 7 Abs. 2 UA 1 der Richtlinie 89/391/EWG vorgesehenen Benachteiligungsverbot diene.[666] Die Betriebsärzte und die Fachkräfte für Arbeitssicherheit sind als Arbeitnehmer mit einer besonderen Funktion bei der Sicherheit und dem Gesundheitsschutz jedoch zwingend von den Arbeitnehmer*vertretern* mit einer besonderen Funktion bei der Sicherheit und dem Gesundheitsschutz zu unterscheiden. Dies ergibt sich schon aus Art. 10 Abs. 3 der Richtlinie 89/391/EWG; auch dort wird zwischen den Arbeitnehmern

---

663 MünchArb-*Kohte*, § 292, Rn. 52 f.
664 *Balze* in Kollmer/Klindt, ArbSchG, Einl B, Rn. 95; *Bremer*, Arbeitsschutz im Baubereich, S. 126; MünchArb-*Kohte*, § 292, Rn. 47.
665 BT-Drucks. 13/3540.
666 BT-Drucks. 13/3540, S. 22.

mit einer besonderen Funktion bei der Sicherheit und beim Gesundheitsschutz und den Arbeitnehmervertretern mit einer besonderen Funktion bei der Sicherheit und beim Gesundheitsschutz unterschieden. Schon aus diesem Grund scheiden Betriebsärzte wie auch Fachkräfte für Arbeitssicherheit als Vertreter im Sinne des Art. 11 Abs. 2 der Richtlinie 89/391/EWG aus. Ferner gilt zu beachten, dass sich aus Art. 11 Abs. 2 lit. b) selbst ergibt, dass die gemäß Art. 7 bestellten Arbeitnehmer nicht zugleich Arbeitnehmervertreter sein können. Anderenfalls würde die Regelung, dass die Arbeitnehmervertreter bei der Benennung der Arbeitnehmer gemäß Art. 7 der Richtlinie 89/391/EWG zu beteiligen sind, keinen Sinn ergeben.

Ein Vergleich des ASiG mit Art. 7 der Richtlinie 89/391/EWG bestätigt die Annahme, dass die Betriebsärzte und die Fachkräfte für Arbeitssicherheit als Arbeitnehmer mit besonderer Funktion bei der Sicherheit und beim Gesundheitsschutz anzusehen sind. Nach Art. 7 Abs. 3 der Richtlinie 89/391/EWG können auch außerbetriebliche Fachleute für die Aufgabenwahrnehmung herangezogen werden, sofern die Möglichkeiten im Unternehmen oder Betrieb nicht ausreichen, um die Organisation dieser Schutzmaßnahmen und Maßnahmen zur Gefahrenverhütung durchzuführen. Seinen Niederschlag findet diese Möglichkeit in § 19 ASiG, wenngleich § 19 ASiG die Richtlinie 89/391/EWG schon deshalb nicht hinreichend umzusetzen vermag, weil es dort an der Subsidiarität des Rückgriffs auf außerbetriebliche Fachleute mangelt.[667] Die Betriebsärzte und Fachkräfte für Arbeitssicherheit müssen mithin nicht zwingend Arbeitnehmer des Betriebs sein. Dies widerspricht jedoch schon dem Gedanken, dass die Arbeitnehmer durch sie vertreten werden. Auch im BetrVG genießen nur diejenigen Arbeitnehmer das passive Wahlrecht zum Betriebsratsmitglied, die Arbeitnehmer des Betriebs sind. Hintergrund ist, dass die Ausübung des Betriebsratsamts, also die Stellung als Arbeitnehmervertreter, an eine Verknüpfung zum Betrieb gebunden ist. Nur derjenige hat ausreichende Kenntnisse über die Verhältnisse, insbesondere die

---

667 Der EuGH hat in dem bereits unter § 2, B., I., 4. genannten Verfahren gegen das Königreich der Niederlande entschieden, dass dieses gegen ihre Verpflichtung aus Art. 7 Abs. 3 der Richtlinie 89/391/EWG verstoßen hat, indem es dem Arbeitgeber gestattet hat, frei zwischen inner- und außerbetrieblichen Gesundheitsschutzschutz- und Sicherheitsdiensten zu wählen. Die Verpflichtung außerbetriebliche Fachleute heranzuziehen sei lediglich subsidiär gegenüber derjenigen aus Art. 7 Abs. 1, da sie nur bestehe, wenn die Möglichkeiten im Unternehmen oder Betrieb nicht ausreichen, *EuGH*, Urteil vom 22.05.2003, Rs. C-441/01 – Kommission der Europäischen Gemeinschaften ./. Königreich Niederlande, Slg. 2003, 5463 ff.; *Kohte/Faber,* Anmerkung zu EuGH, Urteil vom 06.04.2006, Rs. C-428/04, ZESAR 2007, 39 ff. (41); *Bremer*, Arbeitsschutz im Baubereich, S. 127.

Arbeitsbedingungen in einem Betrieb, der dem Betrieb selbst angehört. Nur dann kann er aber mit ausreichender Sachkunde und entsprechender Erfahrung seine Aufgaben als Betriebsratsmitglied, die insbesondere in der Wahrnehmung des Schutzes der Arbeitnehmer liegt, erfüllen.[668]

Damit sind weder Betriebsärzte noch Fachkräfte für Arbeitssicherheit als Arbeitnehmervertreter mit besonderer Funktion bei der Sicherheit und dem Gesundheitsschutz geeignet.

III. Sicherheitsbeauftragte gemäß § 22 SGB VII als Arbeitnehmervertreter im Sinne des Art. 11 Abs. 2 der Richtlinie 89/391/EWG

Möglicherweise können die Sicherheitsbeauftragten die Stellung als Arbeitnehmervertreter mit besonderer Funktion bei der Sicherheit und dem Gesundheitsschutz sinnvoll übernehmen, um die durch die Richtlinie 89/391/EWG verpflichtend vorgesehene Partizipation der Beschäftigten unionsrechtskonform in deutsches Recht umzusetzen. Dies wiederum hängt maßgeblich davon ab, wie die Aufgaben der Sicherheitsbeauftragten unter Berücksichtigung des Leitbilds des europäischen Arbeitsumweltrechts zu verstehen sind.

Gemäß § 22 SGB VII haben die Sicherheitsbeauftragten den Unternehmer bei der Durchführung der Maßnahmen zur Verhütung von Arbeitsunfällen und Berufskrankheiten zu unterstützen. Diese Unterstützungspflicht könnte zunächst dagegen sprechen, die Sicherheitsbeauftragten als Arbeitnehmervertreter im Sinne des Art. 11 Abs. 2 der Richtlinie 89/391/EWG zu qualifizieren. Teilweise wird der Wortlaut als Begründung dafür herangezogen, dass die Sicherheitsbeauftragten der Arbeitgeberseite zuzuordnen seien und insoweit die Rolle von dem Arbeitgeber zugewiesenen Führungsgehilfen wahrnehmen würden.[669] Gegen diese Auffassung spricht jedoch bereits der Sinn und Zweck des § 22 Abs. 3 SGB VII. Danach dürfen Sicherheitsbeauftragte wegen der Erfüllung der ihnen übertragenen Aufgaben nicht benachteiligt werden. Hintergrund dieses Benachteiligungsverbots ist es, die Unabhängigkeit für die Erfüllung der Aufgaben im Betrieb zu sichern.[670] Hier findet sich eine Parallele zum Betriebsverfassungsrecht, wobei dort nicht lediglich ein Benachteiligungsverbot statuiert ist, sondern ein Kündigungsverbot bei

---

668 *BAG*, Beschluss vom 28.11.1977, Az.: 1 ABR 40/76, AP Nr. 2 zu § 8 BetrVG 1972.

669 *Kohte* in Festschrift für Wlotzke, S. 563 (572 f.).

670 Vgl. zum Immissionsschutzrecht: BT-Drucks. 11/4909, S. 25; vgl. zum Datenschutzrecht: BT-Drucks. 11/4306, S 52.

Nichtvorliegen eines wichtigen Grundes, § 15 KSchG. Zweck des § 15 KSchG ist ebenfalls, dass den Betriebsräten als Arbeitnehmervertretern die erforderliche Unabhängigkeit bei der Ausübung ihres Amtes gewährt wird.[671] Insofern sind die Sicherheitsbeauftragten nicht lediglich der Arbeitgeberseite zuzuordnen. Das statuierte Benachteiligungsverbot spricht im Hinblick auf die Parallele zum Betriebsverfassungsrecht eher für eine Zuordnung zur Arbeitnehmerseite.

Die Stellung der Sicherheitsbeauftragten kann daher besser so verstanden werden, dass sie Arbeitnehmer des Betriebs sind, die sich während ihrer Arbeitszeit mit dem Arbeitsschutz und der Unfallverhütung in ihrem engeren Arbeitsbereich auseinanderzusetzen haben. Es handelt sich um freiwillige Helfer, die beratende und unterstützende Funktion innehaben, aber weder aufsichts- noch weisungsbefugt sind. Insbesondere die Arbeitskollegen sind auf die vom Arbeitsplatz oder von Arbeitsmitteln ausgehenden Gefahren aufmerksam zu machen; sie sind zu beraten und aufzuklären.[672]

Die Sicherheitsbeauftragten können die Aufgabe der Arbeitnehmervertretung im Bereich des Sicherheits- und Gesundheitsschutzes mithin schon deshalb effektiv erbringen, weil sie ihre eigenen alltäglichen Arbeitserfahrungen bei ihrer Tätigkeit verwenden können, um den Schutz der Arbeitnehmer zu verbessern.[673] Sie kennen das Unternehmen von innen und wenden die dort üblichen Arbeitsmethoden an. Sie sind mit den von dem Betrieb ausgehenden Gefahren vertraut und gegebenenfalls aufgrund früherer Arbeitsunfälle hierfür sensibilisiert. Vor diesem Hintergrund können die Risiken im Betrieb durch Sicherheitsbeauftragte effektiv erkannt werden. Dies gerade auch deshalb, weil sie – zumindest in der Regel – ständig auf dem Betriebsgelände tätig sind. Darüber hinaus haben sie als Arbeitnehmer des Betriebs ein großes Interesse an der sicheren Wahrnehmung der Aufgaben, da sowohl ihre eigene körperliche Unversehrtheit als auch die ihrer Kollegen in Frage steht.[674] Daher sind sie in besonderem Maße als Arbeitnehmervertreter nach Art. 11 Abs. 2 der Richtlinie 89/391/EWG geeignet, weil durch die

---

671 *BAG*, Urteil vom 26.11.2009, Az.: 2 AZR 185/08, NZA 2010, 443; ErfK/*Kiel*, § 15 KSchG, Rn. 1; *Linck* in *Ascheid/Preis/Schmidt*, § 15 KSchG, Rn. 1; BeckOK-*Volkening*, § 15 KSchG, Rn. 1.

672 MünchArb-*Kohte*, § 292, Rn. 60; *ders.* in Festschrift für Wlotzke, S. 563 (572 f.); *Spinnarke*, Sicherheitstechnik, S. 108.

673 MünchArb-*Kohte*, § 292, Rn. 60.

674 So Generalanwalt Dámaso Ruiz-Jarabo Colomer in seinen Schlussanträgen in der Rs. C-441/01 – Kommission der Europäischen Gemeinschaften ./. Königreich der Niederlande zu der Frage, ob Art. 7 Abs. 3 der Richtlinie 89/391/EWG dahingehend zu verstehen ist, dass außerbetriebliche Fachkräfte lediglich subsidiär bestellt werden

spezieller Vertreter des Art. 11 Abs. 2 das Erfahrungswissen der Beschäftigten in den betrieblichen Arbeits- und Gesundheitsschutz einfließen sollte.[675] Gerade die Sicherheitsbeauftragten müssen notwendig Beschäftigte des Betriebs sein und sich – anders als etwa die Sicherheitsfachkräfte – nicht durch formale Kenntnisse, sondern durch ihr beschäftigungsnahes Erfahrungswissen auszeichnen.[676] Dadurch ähneln sie in nicht unerheblicher Weise den Betriebsräten. Auch sie müssen zwingend Arbeitnehmer des Betriebs sein oder zumindest im Betrieb tätig sein, da sie nur so über die für ihr Betriebsratsamt notwendigen Kenntnisse hinsichtlich der Arbeitsbedingungen und Arbeitsverhältnisse verfügen können.[677] Die Sicherheitsbeauftragten sind zudem schon in der bereits erwähnten Denkschrift zum ILO-Übereinkommen Nr. 176 als spezielle Arbeitsschutzvertreter qualifiziert worden.[678]

IV. Zusammenfassung zum geeignetsten Repräsentationsorgan arbeitnehmerähnlicher Personen

Der Arbeitsschutzausschuss ist nach alledem schon deshalb nicht als Arbeitsschutzvertreter geeignet, weil ihm auch der Arbeitgeber, welchem gegenüber die arbeitnehmerähnlichen Personen vertreten werden sollen, angehört. Die Bestellung der Betriebsärzte und Fachkräfte für Arbeitssicherheit dient ferner bereits der Umsetzung des Art. 7 der Richtlinie 89/391/EWG, weshalb die Betriebsärzte und Fachkräfte für Arbeitssicherheit nicht zugleich als Arbeitnehmervertreter im Sinne des Art. 11 Abs. 2 der Richtlinie 89/391/EWG angesehen werden können.

Die Sicherheitsbeauftragten nach § 22 SGB VII sind indes schon in der bereits erwähnten Denkschrift zum ILO-Übereinkommen Nr. 176 als spezielle Arbeitsschutzvertreter qualifiziert worden. Sie können die Aufgabe der Arbeitnehmervertretung im Bereich des Sicherheits- und Gesundheitsschutzes schon deshalb effektiv erbringen, weil sie ihre eigenen alltäglichen Arbeitserfahrungen bei ihrer Tätigkeit verwenden können, um den Schutz der Beschäftigten zu verbessern.

---

dürfen; *Kohte/Faber,* Anmerkung zu EuGH, Urteil vom 06.04.2006, Rs. C-428/04, ZESAR 2007, 39 ff. (41).

675 *Kohte,* Partizipation, S. 11 f.

676 *Kohte* in Festschrift für Wlotzke, S. 570.

677 Vgl. § 6, A., III.; *BAG,* Beschluss vom 28.11.1977, Az.: 1 ABR 40/76, AP Nr. 2 zu § 8 BetrVG 1972.

678 BT-Drucks. 13/8819, S. 19; *Kohte,* Partizipation, S. 55.

B. Sicherheitsbeauftragte nach § 22 SGB VII als Vertreter arbeitnehmerähnlicher Personen im Bereich des Arbeits- und Gesundheitsschutzes?

Wie soeben festgestellt, sind die Sicherheitsbeauftragten nach § 22 SGB VII am ehesten geeignet als besondere Arbeitnehmervertreter im Sinne des Art. 11 Abs. 2 der Richtlinie 89/391/EWG angesehen zu werden. Es stellt sich daher die Frage, ob § 22 SGB VII nach derzeitiger Rechtslage dahingehend fortgebildet werden kann, dass die Sicherheitsbeauftragten im nationalen Recht als Vertreter arbeitnehmerähnlicher Personen fungieren können. Besonders Augenmerk ist in diesem Zusammenhang zunächst der Überlegung zu widmen, ob § 22 SGB VII grundsätzlich Anwendung auf solche Beschäftigte findet, die gegenüber ihrem Auftraggeber nicht in einem persönlichen Abhängigkeitsverhältnis stehen, ob § 22 SGB VII mithin auch arbeitnehmerähnliche Personen erfasst. Im Anschluss daran wird zu untersuchen sein, ob die unionsrechtlichen Vorgaben es gebieten, die Sicherheitsbeauftragten nicht nur als „Beauftragte", sondern als „Vertreter" der Beschäftigten anzusehen.

I. Anwendbarkeit des § 22 SGB VII auf arbeitnehmerähnliche Personen unter Berücksichtigung unionsrechtlicher und supranationaler Vorgaben

Bevor auf die Frage eingegangen werden soll, ob die Sicherheitsbeauftragten über den Wortlaut des § 22 SGB VII hinaus als *Vertreter* arbeitnehmerähnlicher Personen angesehen werden können, ist zu klären, ob § 22 SGB VII generell den Schutz arbeitnehmerähnlicher Personen bezweckt. Auch hierbei sind in besonderem Maße die unionsrechtlichen und supranationalen Vorgaben zu berücksichtigen. Nur wenn arbeitnehmerähnliche Personen begrifflich betrachtet vom Schutz des § 22 SGB VII erfasst sind, besteht überhaupt die Möglichkeit, Überlegungen dahingehend anzustellen, ob sie dann – in einem weiteren Schritt– als deren Vertreter angesehen werden können. Es kommt daher maßgeblich darauf an, wie der Beschäftigtenbegriff des § 22 SGB VII zu verstehen bzw. auszulegen ist.

§ 22 SGB VII dient grundsätzlich der Erhöhung der Wirksamkeit von Arbeitsschutzmaßnahmen im Unternehmen.[679] Er entspricht insoweit dem Leitbild der Richtlinie 89/391/EWG, wonach ein präventives Sicherheitsmanagement zu

---

679 Lauterbach/Watermann/Breuer-*Rentrop*, § 22 SGB VII, Rn. 7.

besorgen ist, um Arbeitsunfällen und berufsbedingten Krankheiten vorzubeugen.[680] Von diesem Schutzgedanken ausgehend, liegt es nahe, den Beschäftigtenbegriff des § 22 SGB VII dahingehend auszulegen, dass er alle Personen erfasst, die mit den vom Betrieb ausgehenden Gefahren in Berührung kommen und vor diesen geschützt werden müssen. Auch die Terminologie deutet darauf hin, dass der Beschäftigtenbegriff weit auszulegen ist und er nicht nur solche Personen erfasst, die zu ihrem Auftraggeber in einem persönlichen Abhängigkeitsverhältnis stehen.

Soweit ersichtlich wird in der Literatur zur Frage des Beschäftigungsbegriffs des § 22 SGB VII nur sehr oberflächlich Stellung genommen. Teilweise wird der Beschäftigtenbegriff erst gar nicht beschrieben[681], teilweise wird lediglich ausgeführt, dass als Beschäftigte alle Betriebsangehörigen anzusehen seien, gleichgültig, in welcher Stellung sie tätig sind.[682] Auch den Gesetzesmaterialien kann nicht mit Gewissheit entnommen werden, wie der Begriff des Beschäftigten in § 22 SGB VII zu verstehen ist. Die Fraktion der SPD hatte bezüglich der Sicherheitsbeauftragten zunächst beantragt, dass bereits in Betrieben mit zehn oder mehr *Versicherten* ein Sicherheitsbeauftragter zu bestellen sei. Dann würden jedenfalls alle Versicherten im Sinne des § 2 SGB VII dem Beschäftigtenbegriff unterfallen. Auf Antrag der CDU/CSU-Fraktion wurde anschließend beschlossen, für Unternehmen, die mehr als 20 *Arbeitnehmer beschäftigen*, die Bestellung von Sicherheitsbeauftragten zur Pflicht zu machen.[683] Der Gesetzestext spricht im Ergebnis aber weder von *Versicherten* noch von *beschäftigten Arbeitnehmern*, sondern ganz allgemein von „Beschäftigten". Hieraus könnte einerseits der Schluss gezogen werden, dass sich der Gesetzgeber bewusst dagegen entschieden hat, alle *Versicherten* als Beschäftigte anzusehen. Andererseits besteht auch die Möglichkeit, dass der Gesetzgeber all diejenigen Versicherten dem Beschäftigtenbegriff zuschreiben wollte, die im Betrieb tätig sind. Dies trifft jedoch nicht auf alle Versicherten zu. Gewissheit ist aus den Gesetzesmaterialien indes nicht zu erlangen. Gegen letztere Auffassung spricht allerdings der Wortlaut des § 22 SGB VII selbst. Der Begriff „Beschäftigung", der dort verwendet wird, findet sich im SGB VII auch an anderer Stelle, nämlich in § 2 Abs. 1 Nr. 1 SGB VII. Es liegt nahe, die Formulierung in § 22 SGB VII so zu verstehen, dass als Beschäftigte im Sinne des § 22 SGB VII

---

680 MünchArb-*Kohte*, § 289, Rn. 11.
681 Eichenhofer/Wenner-*Jung*, SGB VII, § 22, Rn. 1 ff; Becker/Franke/Molketin-*Zakrzewski*, SGB VII, § 22, Rn. 2 ff.; *Schmitt*, SGB VII, § 22, Rn. 4 ff.
682 *Lauterbach/Watermann*, § 719 RVO, Anm. 2. b), S. 960; Lauterbach/Watermann/Breuer-*Rentrop*, SGB VII, § 22, Rn. 14 ff.
683 BT-Drucks. IV/938, S. 22 f.

nur diejenigen des § 2 Abs. 1 Nr. 1 SGB VII anzusehen sind und die übrigen Versicherten nach § 2 Abs. 1 SGB VII nur dann erfasst sein sollten, wenn dies ausdrücklich geregelt ist. Dies würde auch die Regelung des § 22 Abs. 1 S. 2 SGB VII erklären, wonach als Beschäftigte im Sinne des § 22 SGB VII auch die nach § 2 Abs. 1 Nr. 2, 8 und 12 Versicherten gelten. Der Beschäftigtenbegriff des § 2 Abs. 1 Nr. 1 orientiert sich jedoch wiederum an § 7 SGB IV.[684] Dieser definiert den Begriff der Beschäftigung als „nicht selbstständige Arbeit". Diesem Beschäftigtenbegriff unterfallen arbeitnehmerähnliche Personen gerade nicht, da sie nicht persönlich abhängig sind.[685] Bestätigt wird dies durch § 12 SGB IV, der die wirtschaftlich abhängigen Heimarbeiter den Beschäftigten im Sinne des § 7 SGB IV gleichstellt. Einer solchen Gleichstellung hätte es nicht bedurft, wenn wirtschaftlich Abhängige ohnehin dem Beschäftigtenbegriff des § 7 SGB IV zugeordnet werden könnten. Damit scheinen wirtschaftlich Abhängige weder dem Beschäftigtenbegriff des § 7 SGB IV noch dem des § 2 Abs. 1 Nr. 1 SGB VII zu unterfallen. Dann könnten arbeitnehmerähnliche Personen möglicherweise auch nicht dem Beschäftigtenbegriff des § 22 SGB VII zugeordnet werden.

Ein derartiges Verständnis würde jedoch nicht nur den Vorgaben der Arbeitsschutzrahmenrichtlinie 89/391/EWG, die das präventive Sicherheitsmanagement auch arbeitnehmerähnlichen Personen zukommen lassen will[686], widersprechen, sondern auch dem Zweck des SGB VII. Aufgabe der Unfallversicherung ist es gemäß § 1 SGB VII, mit allen geeigneten Mitteln Arbeitsunfälle und Berufskrankheiten sowie arbeitsbedingte Gesundheitsgefahren zu verhüten und nach deren Eintritt die Gesundheit und Leistungsfähigkeit der Versicherten mit allen geeigneten Mitteln wieder herzustellen. § 1 SGB VII differenziert hierbei jedoch nicht nach der rechtlichen Qualifizierung des zwischen dem Auftraggeber und demjenigen, der diesen Gefahren ausgesetzt ist, geschlossenen Vertrags. Vielmehr soll allgemein vor Arbeitsunfällen und Gesundheitsgefahren geschützt werden. Um eben diesen Arbeitsunfällen und Gesundheitsgefahren vorzubeugen, sollen nach § 22 SGB VII unter Berücksichtigung der bestehenden Gefahren Sicherheitsbeauftragte bestellt werden. Insoweit würde es keinen Sinn ergeben, den Beschäftigtenbegriff derart einzuschränken, dass nur die persönlich Abhängigen und die in Heimarbeit Beschäftigten nach § 2 Abs. 1 Nr. 1 SGB VII für die Berechnung der Beschäftigtenzahl maßgeblich sein sollten. Entscheidend muss vielmehr sein, welche Personen

---

684 BT-Drucks. 13/2204, S. 74.
685 *Lüdtke* in Winkler, LPK-SGB IV, § 7, Rn. 8; *Marschner* in Kreikebohm, SGB IV, § 7, Rn. 5; R/G/K/U-*Rittweger*, SGB IV, § 7, Rn. 9.
686 *Kohte*, Arbeitsschutzrahmenrichtlinie, EAS B 6100, Rn. 11; Vgl. ferner § 2, B. I., 3.

mit den vom Betrieb ausgehenden Gefahren in Berührung kommen und welche Personen aufgrund ihrer sozialen Stellung vor diesen Gefahren geschützt werden müssen. Insoweit müssen alle Personen in den Beschäftigtenbegriff des § 22 SGB VII einbezogen werden, die zu dem Unternehmer in irgendeinem Beschäftigungsverhältnis stehen und den vom Betrieb ausgehenden Gefahren in schützenswerter Weise ausgesetzt sind. Diese Anforderungen erfüllen aber gerade auch diejenigen Personen, die nach § 2 Abs. 2 SGB VII „wie" Beschäftigte im Sinne des § 2 Abs. 1 Nr. 1 SGB VII tätig werden. Eine Tätigkeit wie ein nach § 2 Abs. 1 Nr. 1 SGB VII Beschäftigter setzt voraus, dass die Tätigkeit für das Unternehmen von wirtschaftlichem Wert ist und sonst von Personen verrichtet wird, die in einem dem allgemeinen Arbeitsmarkt zuzurechnenden Beschäftigungsverhältnis stehen. Die Tätigkeit muss zudem „unter der Leitung" des Unternehmers durchgeführt werden, wobei dies nicht im Sinne einer arbeitsrechtlichen Weisungsgebundenheit zu verstehen ist. Daher kann auch ein Selbstständiger „wie ein Beschäftigter" im Sinne des § 2 Abs. 1 Nr. 1 SGB VII tätig sein.[687] Einer persönlichen oder wirtschaftlichen Abhängigkeit bedarf es nicht.[688] Es genügt, dass der Unternehmer die Tätigkeit im Rahmen seiner betrieblichen Organisation in Anspruch nimmt und die Tätigkeit für gewöhnlich durch persönlich abhängige Beschäftigte ausgeführt wird.[689] Nach der Rechtsprechung des BGH ist die für den Unternehmer tätig gewordene Person damit dem Betrieb zuzuordnen. Eine Beziehung zu dem Betrieb, die arbeitsrechtlich als die eines Arbeitnehmers zu qualifizieren ist, ist für eine solche Zuordnung nicht erforderlich.[690] Dies ist konsequent und entspricht auch dem Verständnis im europäischen und internationalen Arbeitsschutzrecht. Für die Schutzbedürftigkeit der Arbeitskraft kommt es schließlich nicht darauf an, wer die geschuldete Leistung durch Ausübung seines Weisungsrechts konkretisiert, sondern wer die Gefahrenursachen beherrscht und auf deren Vermeidung Einfluss hat.[691] Dies entspricht auch der Auffassung des Gesetzgebers, der die Einführung des § 719 RVO, der dem heutigen § 22 Abs. 1 S. 2 SGB VII entspricht, damit begründet hat, dass an kleinen Schulen die erforderliche Beschäftigtenzahl nicht erreicht wird, dies aber „im Interesse der Unfallsicherheit" erforderlich sei.[692] Damit

---

687 *Julius*, Arbeitsschutz und Fremdfirmenbeschäftigung, S. 93; *Schmitt*, SGB VII, § 2, Rn. 161, 165; *BSG*, Urteil vom 24.07.1985, Az.: 9b RU 6/85, NZA 1986, 406.

688 *Kohte* in Kollmer/Klindt, § 2 ArbSchG, Rn. 81.

689 *Julius*, Arbeitsschutz und Fremdfirmenbeschäftigung, S. 93.

690 *BGH*, Urteil vom 22.05.1984, Az.: VI ZR 234/82, NZA 1984, 304; *Kohte* in Kollmer/ Klindt, § 2 ArbSchG, Rn. 81.

691 *Julius*, Arbeitsschutz und Fremdfirmenbeschäftigung, S. 95.

692 BT-Drucks. VI/1333, S. 5.

unterfallen auch arbeitnehmerähnliche Personen dem Schutz des Unfallversicherungsrechts. Sie sind gemäß § 2 Abs. 2 SGB VII den Beschäftigten nach § 2 Abs. 1 Nr. 1 SGB VII gleichgestellt. Unter Berücksichtigung der vorgenannten Ursache der Schutzbedürftigkeit, ist es erforderlich auch den Beschäftigtenbegriff des § 22 SGB VII entsprechend auszulegen. Dem Beschäftigtenbegriff unterfallen daher alle Personen, die ähnlich wie Beschäftigte in der betrieblichen Sphäre des Unternehmens tätig sind. Eine derartige Auslegung widerspricht auch nicht § 22 Abs. 1 S. 2 SGB VII, der die Versicherten nach § 2 Abs. 1 Nr. 2, 8, 12 SGB VII dem Beschäftigtenbegriff zuordnet. Diese Fiktion könnte zwar auf den ersten Blick darauf hindeuten, dass grundsätzlich nur diejenigen Personen als Beschäftigte des § 22 SGB VII anzusehen sind, die auch dem Beschäftigtenbegriff des § 2 Abs. 1 Nr. 1 SGB VII unterfallen. Allerdings erfüllen die Versicherten im Sinne des § 2 Abs. 1 Nr. 2 – 17 SGB VII die vorgenannten Voraussetzungen, die für die Qualifizierung als Beschäftigter im Sinne des § 22 SGB VII heranzuziehen sind, gerade nicht. Aus diesem Grund war eine ausdrückliche Einbeziehung der Versicherten nach § 2 Abs. 1 Nr. 2, 8, 12 SGB VII erforderlich.

Der Beschäftigtenbegriff des § 22 SGB VII ist daher dergestalt zu verstehen, dass von ihm auch arbeitnehmerähnliche Personen erfasst sind. Eine strikte Orientierung allein an § 2 Abs. 1 Nr. 1 SGB VII und § 7 SGB IV verbietet sich.

II. Sicherheitsbeauftragte als Vertreter arbeitnehmerähnlicher Personen im Wege einer richtlinienkonformen Rechtsfortbildung des § 22 SGB VII

Nachdem die Bestellung der Sicherheitsbeauftragten dem Zweck des § 22 SGB VII entsprechend auch dem Schutz arbeitnehmerähnlicher Personen zu dienen bestimmt ist, könnte es aufgrund der bereits dargestellten unionsrechtlichen und supranationalen Vorgaben nun geboten sein, die Sicherheitsbeauftragten nicht nur als *Beauftragte*, sondern als spezielle *Vertreter* arbeitnehmerähnlicher Personen anzusehen. Um den unionsrechtlicher Vorgaben genügen zu können, müsste den arbeitnehmerähnlichen Personen dann ferner die Bestimmung der Sicherheitsbeauftragten zugestanden werden. Auch das von Deutschland ratifizierte ILO-Übereinkommen Nr. 187 wäre hierdurch vollumfänglich gewahrt, wonach das innerstaatliche Arbeitsschutzsystem ein oder mehrere für den Arbeitsschutz verantwortliche Gremien vorsehen muss, Art. 4 Abs. 2 lit. b) des ILO-Übereinkommens Nr. 187.

Eine richtlinienkonforme Rechtsfortbildung des § 22 SGB VII dahingehend, dass die Sicherheitsbeauftragten als Vertreter arbeitnehmerähnlicher Personen anzusehen sind, kommt allerdings nur dann in Betracht, wenn das Gesetz unvollständig umgesetzt wurde und die Rechtsfortbildung nicht einer eindeutigen Entscheidung des Gesetzgebers entgegen steht.[693] Die Unvollständigkeit des Gesetzes ist vorliegend schon deshalb zu bejahen, weil die Richtlinie 89/391/EWG zwingend vorsieht, dass die Arbeitnehmer oder deren Vertreter in Fragen des Arbeitsschutzes zu beteiligen sind, während dies in Bezug auf arbeitnehmerähnliche Personen nicht gewährleistet wird. Das deutsche Recht enthält keine Regelung, durch die die arbeitsschutzbezogenen Beteiligungsrechte der Richtlinie 89/391/EWG arbeitnehmerähnlicher Personen hinreichend umgesetzt werden. Fraglich ist jedoch, inwieweit es dem Willen des Gesetzgebers entspräche, eine entsprechende richtlinienkonforme Rechtsfortbildung vorzunehmen. Wie bereits festgestellt wurde, ist zu konstatieren, dass der Gesetzgeber davon ausgegangen ist, dass die Beteiligungsrechte der Arbeitnehmer vollumfänglich durch den Betriebsrat gewährt werden. Arbeitnehmerähnliche Personen ließ er bei seiner Betrachtung gleichwohl unberücksichtigt. Er hat nicht erkannt, dass auch arbeitnehmerähnliche Personen durch Vertreter repräsentiert werden müssen, um den Vorgaben der Richtlinie 89/391/EWG gerecht zu werden. Er sah die Vorgaben der Arbeitsschutzrichtlinien vielmehr durch Erlass des ArbSchG und die Änderung des BetrVG als erfüllt an.[694] Der Gesetzgeber wollte mithin richtliniengetreu handeln, was grundsätzlich für eine richtlinienkonforme Rechtsfortbildung spricht.

Allerdings gilt es auch hier zu berücksichtigen, dass eine richtlinienkonforme Rechtsfortbildung nicht contra legem erfolgen darf. Nach der Rechtsprechung des BAG ist der Begriff Auslegung „contra legem" funktionell zu verstehen. Er meint den Bereich, in dem eine richterliche Rechtsfindung unzulässig ist, weil sie eine eindeutige Entscheidung des Gesetzgebers aufgrund eigener rechtspolitischer Vorstellungen ändern will und damit – nach deutschem Verfassungsrecht – die Bindung der Gerichte an Recht und Gesetz sowie das Gewaltenteilungsprinzip verletzt.[695] Es stellt sich daher die Frage, ob es einer Entscheidung des Gesetzgebers widerspricht, wenn die Sicherheitsbeauftragten als Vertreter arbeitnehmerähnlicher Personen qualifiziert werden. Wesentliche Bedeutung kommt hierbei dem Verhalten des Gesetzgebers im Nachgang zum Erlass der Richtlinie 89/391/EWG zu. Es ist nämlich zu bedenken, dass sich der Gesetzgeber bewusst dafür entschieden zu haben scheint, nur den Betriebsrat als Arbeitnehmervertretung anzuerkennen. Während im Nachgang des Erlasses der Richtlinie 89/391/

---

693 *BAG*, Urteil vom 17.11.2009, Az.: 9 AZR 844/08, NZA 2010, 1020 (1023).
694 Vgl. § 4, A., I., 2., b), cc), (3), (b), (aa).
695 *BAG*, Urteil vom 17.11.2009, Az.: 9 AZR 844/08, NZA 2010, 1020 (1023).

EWG in allen anderen Mitgliedstaaten Arbeitnehmervertreter nach Art. 11 Abs. 2 der Richtlinie 89/391/EWG geschaffen wurden, sind in Deutschland keine dahingehenden Überlegungen angestellt worden.[696] Neben dem Betriebsrat als Belegschaftsorgan existieren zwar weitere für den Arbeitsschutz zuständige Gremien, wie etwa die Sicherheitsbeauftragten, die Fachkräfte für Arbeitssicherheit und die Betriebsärzte. Allerdings werden diese nicht als Arbeitnehmervertreter qualifiziert, wie beispielsweise die in Österreich neben dem Betriebsrat bestehenden Sicherheitsvertrauensleute.[697] Auch der Begründung des Gesetzesentwurfs zur Umsetzung der Richtlinie 89/391/EWG kann entnommen werden, dass der Gesetzgeber die Schaffung einer neben dem Betriebsrat bestehenden Arbeitnehmervertretung für den Bereich des Arbeitsschutzes abgelehnt, zumindest aber nicht in Betracht gezogen hat. So wird die Einführung des § 10 Abs. 2 S. 3 ArbSchG, wonach Betriebs- und Personalrat vor der Benennung der Beschäftigten, die die Aufgaben der Ersten Hilfe, Brandbekämpfung und Evakuierung übernehmen sollen, zu hören sind, damit begründet, dass er der Umsetzung des Art. 11 Abs. 2 lit. b) der Richtlinie 89/391/EWG diene.[698] Art. 11 Abs. 2 lit. b) der Richtlinie 89/391/EWG sieht vor, dass die Arbeitnehmer bzw. die Arbeitnehmervertreter mit besonderer Funktion bei der Sicherheit und beim Gesundheitsschutz vor der Benennung der Arbeitnehmer nach Art. 8 Abs. 2 der Richtlinie 89/391/EWG zu hören sind. Hieraus ergibt sich, dass der Gesetzgeber davon ausgegangen ist, dass der Betriebsrat für Arbeitnehmer außerhalb des öffentlichen Dienstes nach dem Willen des Gesetzgebers sowohl die Aufgaben der Arbeitnehmervertreter nach Art. 11 Abs. 1 der Richtlinie 89/391/EWG als auch die der Arbeitnehmervertreter mit einer besonderen Funktion bei der Sicherheit und beim Gesundheitsschutz nach Art. 11 Abs. 2 wahrnehmen sollte. Diese gesetzgeberische Entscheidung wird an anderer Stelle der Gesetzesbegründung nochmals bestätigt. So soll die Einführung des § 81 Abs. 3 BetrVG, der die Pflicht vorsieht, alle Beschäftigten zu Maßnahmen anzuhören, die Auswirkungen auf die Sicherheit und die Gesundheit haben können, sowohl der Umsetzung des Art. 11 Abs. 1 als auch des Art. 11 Abs. 2 der Richtlinie 89/391/EWG dienen.

---

696 *Kohte*, Partizipation, S. 55.
697 Zu den Beteiligungsrechten der Sicherheitsvertrauensleute nach Art. 11 Abs. 2 der Richtlinie 89/391/EWG vgl. nochmals *EuGH*, Urteil vom 06.04.2006, Rs. C-428/04 – Kommission ./. Republik Österreich, Slg. 2006, I-3325; *Kohte/Faber*, Anmerkung zu EuGH, Urteil vom 06.04.2006, Rs. C-428/04, ZESAR 2007, 39 ff.
698 BT-Drucks. 13/3540, S. 18.

Erwähnenswert ist in diesem Zusammenhang ferner die Denkschrift des Deutschen Bundestages zu dem ratifizierten ILO-Übereinkommen Nr. 176. Auch dieses Übereinkommen sieht vor, dass die Arbeitnehmer das Recht haben, spezielle Arbeitsschutzvertreter auszuwählen. Die benannten Vertreter haben die Arbeitnehmer entsprechend ihrer Funktion in allen Fragen betreffend die Sicherheit und den Gesundheitsschutz zu vertreten. In der Denkschrift zum ILO-Übereinkommen Nr. 176 wird hierzu ausgeführt, dass die Beteiligungsrechte der Arbeitnehmer oder ihrer Vertreter durch das BetrVG als abgedeckt gelten. Zwar sind dort auch die Sicherheitsbeauftragten als Arbeitsschutzvertreter genannt, gleichwohl heißt es nur bezüglich des Betriebsrats, dass dieser auch tatsächlich Aufgaben als Arbeitsschutzvertreter wahrnimmt. Es wird ausgeführt, dass der Betriebsrat über ein umfassendes, selbstständiges Überwachungsrecht und eine Überwachungspflicht bei der Bekämpfung von Gefahren für Leben und Gesundheit der Arbeitnehmer im Betrieb verfüge.[699]

Im Übrigen zeigt auch eine Bewertung des § 81 Abs. 3 BetrVG, dass Arbeitnehmervertreter neben dem Betriebsrat nicht bestehen sollten. § 81 Abs. 3 BetrVG wurde eingeführt, um die Anhörungsrechte der Arbeitnehmer in Betrieben ohne Betriebsrat sicherzustellen. Hätte der Gesetzgeber neben dem Betriebsrat auch andere Gremien als Arbeitnehmervertreter anerkannt, hätte es näher gelegen, diesen die entsprechenden Beteiligungsrechte des Betriebsrats zu übertragen, sofern ein solcher nicht besteht. Entsprechend erfolgte etwa die Umsetzung der in Art. 11 Abs. 2 lit. c) der Richtlinie 89/391/EWG vorgesehenen Beteiligungsrechte im österreichischen Recht. Nach Art. 11 Abs. 6 ASchG sollten die Sicherheitsvertrauenspersonen nach Art. 11 Abs. 2 der Richtlinie 89/391/EWG nur dann an Maßnahmen betreffend die Sicherheit und den Gesundheitsschutz beteiligt werden, wenn kein Betriebsrat errichtet ist.[700] Stattdessen hat der deutsche Gesetzgeber in diesen Fällen ein individuelles Recht der Arbeitnehmer anerkannt, ohne in Erwägung zu ziehen, dass das Anhörungsrecht auch durch andere Arbeitsschutzgremien wahrgenommen werden könnte, die dann als Vertreter der Arbeitnehmer anzusehen wären. Die Sicherheitsbeauftragten sind in diesem Zusammenhang nicht einmal

---

699 BT-Drucks. 13/8819, S. 19.
700 Der EuGH sah hierin – wie schon unter § 2, B., I., 4. ausgeführt – einen Verstoß gegen Art. 11 Abs. 2 lit. c) der Richtlinie 89/391/EWG, da den Sicherheitsvertrauenspersonen als Arbeitnehmervertreter mit besonderer Funktion bei der Sicherheit und dem Gesundheitsschutz die Beteiligungsrechte des Art. 11 Abs. 2 der Richtlinie 89/391/ EWG nicht lediglich nachrangig zustehen dürften, vgl. *EuGH*, Urteil vom 06.04.2006, Rs. C-428/04 – Kommission ./. Republik Österreich, Slg. 2006, I-3325.

erwähnt.[701] Auch in der bereits genannten Denkschrift zum ILO-Übereinkommen Nr. 176 ist angeführt, dass die Anhörungsrechte des Betriebsrats durch die Arbeitnehmer wahrzunehmen sind, wenn ein Betriebsrat nicht existiert. Dies gelte insbesondere auch hinsichtlich der Benennung der Sicherheitsbeauftragten. Auch dies zeigt, dass der Betriebsrat als Arbeitnehmervertreter nach dem Willen des Gesetzgebers deutlich von den Sicherheitsbeauftragten zu trennen ist. Besonders deutlich wird dies durch die vom Gesetzgeber vorgenommene Trennung zwischen „Arbeitsschutzvertretern" und „Arbeit*nehmer*schutzvertretern". Während der Gesetzgeber die Sicherheitsbeauftragten lediglich als „Arbeitsschutzvertreter" qualifiziert hat, ohne sie den Arbeitnehmern zuzuordnen, soll der Betriebsrat als „Arbeit*nehmer*schutzvertreter" anzusehen sein.[702] Nur der Betriebsrat scheint daher nach dem Willen des Gesetzgebers dem Lager der Belegschaft zugeordnet zu werden, nicht aber die Sicherheitsbeauftragten.

Es ist nach alledem nicht davon auszugehen, dass der Gesetzgeber die Sicherheitsbeauftragten als Arbeitnehmervertreter ansehen würde. Eine richtlinienkonforme Rechtsfortbildung wäre zu weit gehend. Sie würde einen Verstoß gegen die Bindung der Gerichte an Recht und Gesetz und einen Eingriff in den Gewaltenteilungsgrundsatz darstellen, da sie einer eindeutigen Entscheidung des Gesetzgebers zuwider liefe. Die Sicherheitsbeauftragten dienen daher zwar grundsätzlich auch dem Schutz arbeitnehmerähnlicher Personen, da auch sie vom Beschäftigtenbegriff des § 22 SGB VII erfasst sind. Sie sind aber nicht als deren Vertreter anzusehen. Damit steht den arbeitnehmerähnlichen Personen auch keine Möglichkeit zu, an der Bestellung der Sicherheitsbeauftragten teilzuhaben.

III. Zusammenfassung zu den Sicherheitsbeauftragten nach § 22 SGB VII als Vertreter arbeitnehmerähnlicher Personen im Bereich des Arbeits- und Gesundheitsschutzes

Der Gesetzgeber hat sich bewusst dafür entschieden, lediglich den Betriebsrat als Vertretungsgremium der Arbeitnehmer anzuerkennen. Die Sicherheitsbeauftragten können daher nicht als Vertreter arbeitnehmerähnlicher Personen betrachtet werden, sodass ihnen auch nicht das Recht eingeräumt werden kann, an der Bestellung der Sicherheitsbeauftragten mitzuwirken. Eine dahingehende richtlinienkonforme Rechtsfortbildung würde dem Willen des Gesetzgebers zuwiderlaufen und wäre contra legem.

---

701 BT-Drucks. 13/3540, S. 22.
702 BT-Drucks. 13/8819, S. 19.

C. Beteiligungsrecht des Betriebsrats bei der Bestellung der Sicherheitsbeauftragten

Wie soeben dargestellt, kommt den arbeitnehmerähnlichen Personen kein Recht zu, an der Wahl ihrer Arbeitsschutzvertreter teilzuhaben. Zwar werden sie im Bereich des Arbeits- und Gesundheitsschutzes aufgrund einer richtlinienkonformen Rechtsfortbildung der arbeitsschutzrechtlichen Vorschriften durch den Betriebsrat repräsentiert, allerdings scheitert eine richtlinienkonforme Rechtsfortbildung am entgegenstehenden Willen des Gesetzgebers. In Bezug auf die Sicherheitsbeauftragten, die nicht nur zum Schutz klassischer Arbeitnehmer einzusetzen sind, sondern unter anderem auch zum Schutz arbeitnehmerähnlicher Personen, besteht ebenfalls kein unmittelbares Mitwirkungsrecht arbeitnehmerähnlicher Personen. Möglicherweise können arbeitnehmerähnliche Personen aber über den Betriebsrat Mitbestimmungsrechte bei der Bestellung der Sicherheitsbeauftragten ausüben.

I. Mitbestimmungsrecht des Betriebsrats bei der individuellen Bestellung der Sicherheitsbeauftragten nach § 22 Abs. 1 S. 1 SGB VII

Ein Mitbestimmungsrecht des Betriebsrats bei der individuellen Bestellung der Sicherheitsbeauftragten könnte sich zunächst aus § 22 Abs. 1 S. 1 SGB VII ergeben, der dem Arbeitgeber die Pflicht zur Bestellung von Sicherheitsbeauftragten auferlegt. Denn nach § 22 Abs. 1 S. 1 SGB VII hat der Arbeitgeber die Sicherheitsbeauftragten *unter der Beteiligung des Betriebsrats* zu bestellen. Problematisch ist, dass die Vorschrift selbst ein Mitbestimmungsrecht nicht einräumt und lediglich ein Beteiligungsrecht vorsieht.

Dem Wort „Beteiligung" kann ein Mitbestimmungsrecht jedoch nicht entnommen werden. Die Vorgängervorschrift des § 22 SGB VII, § 719 RVO, sprach zwar abweichend vom heutigen Wortlaut des § 22 SGB VII noch von der „Mitwirkung" des Betriebsrats, sodass insoweit eine sprachliche Neufassung erfolgt ist. Allerdings sind die Rechte des Betriebsrats unterschiedlich stark ausgeprägt und werden vielfach unter dem Oberbegriff „Beteiligung" zusammengefasst. Hierbei werden als anerkannte Beteiligungsformen in der Regel die Informationsrechte, die Anhörungs- und Vorschlagsrechte, die Beratungsrechte und die echten Mitbestimmungsrechte unterschieden.[703] Andere unterscheiden lediglich

---

703 *Franzen* in GK-BetrVG, § 1 BetrVG, Rn. 67.

zwischen Mitwirkungs- und Mitbestimmungsrechten, was der Überschrift des Vierten Teils (§§ 74 ff.) des BetrVG entspricht.[704] Allein dem Wortlaut des § 22 SGB VII bzw. des § 719 RVO kann mithin nicht entnommen werden, wie stark das Recht des Betriebsrats bei der Bestellung des Sicherheitsbeauftragten ausgeformt sein soll. Ebenso wenig lässt sich das begriffliche Verständnis aus der gesetzgeberischen Begründung zu § 719 RVO oder zu § 22 SGB VII ersehen. Die Gesetzesbegründung zu § 719 RVO[705] kommentiert die konkrete Beteiligungsform des Betriebsrats schon nicht und die Gesetzesbegründung zu § 22 SGV VII[706] stellt lediglich fest, dass die Vorschrift im Wesentlichen dem geltenden Recht (§ 719 Abs. 1 RVO) entspreche. Auch aus dem gesetzgeberischen Ziel der Unfallverhütungsvorschriften, nämlich den Wirkungsgrad der Unfallverhütung zu verbessern, lassen sich keine Rückschlüsse auf das Verständnis des Begriffs „Beteiligung" ziehen. Denn auf die Effektivität der Unfallverhütung hat es nicht zwingend einen Einfluss, ob dem Betriebsrat ein echtes Mitbestimmungsrecht oder lediglich ein Anhörungs- oder Beratungsrecht eingeräumt wird.[707] Aus diesen Gründen sind zahlreiche Autoren der Auffassung, dass sich die Reichweite des Beteiligungsrechts des Betriebsrats bei der Bestellung der Sicherheitsbeauftragten darauf beschränke, dem Betriebsrat ein Beratungsrecht einzuräumen. Der Unternehmer sei lediglich verpflichtet, den Betriebs- bzw. Personalrat über die beabsichtigte Bestellung zu unterrichten und zu versuchen, sich mit diesem über die zu bestellende Person zu verständigen.[708] Lediglich eine Mindermeinung in Literatur und Rechtsprechung qualifiziert die Beteiligung des Betriebsrats als Mitbestimmungsrecht mit Letztentscheidungskompetenz der Einigungsstelle.[709] Letztlich ist aber auch zu berücksichtigen, dass dem Gesetzgeber die Diskussion um die Auslegung der Begriffe „Mitwirkung" und „Beteiligung" bereits bekannt war, als § 719 RVG durch § 22 SGB VII ersetzt wurde. Es liegt nahe, dass der Gesetzgeber den Wortlaut entsprechend angepasst und das Wort „Mitwirkung" in „Mitbestimmung" geändert hätte, wenn der Vorschrift ein derartiges Verständnis zugrunde gelegen hätte.

---

704 *Fitting*, § 1, Rn. 242 ff.
705 BT-Drucks. IV/938 (neu), S. 22 f (zu § 718a).
706 BT-Drucks. 13/2204, S. 82.
707 *Ehrich*, Amt, Anstellung und Mitbestimmung, S. 226 f.
708 *Oetker*, BlStSozArbR 1983, 247 (249); *Lauterbach/Watermann*, § 719 RVO, Anm. 6, S. 963; vgl. auch *Ehrich*, Amt, Anstellung und Mitbestimmung, S. 224 m.w.N
709 *LAG Düsseldorf*, Urteil vom 25.03.1977, Az.: 4 Sa 171/77, DB 1977, 915; D/K/K/W-*Buschmann*, § 89, Rn. 40; *Pieper*, ArbSchR, SGB VII, Rn. 34.

Es ist daher davon auszugehen, dass § 22 SGB VII bewusst „offen" formuliert und vom Gesetzgeber nicht im Sinne eines echten Mitbestimmungsrechts verstanden wurde. Vielmehr sollte § 22 SGB VII im Landesrecht konkretisiert und ergänzt werden.[710]

II. Mitbestimmungsrecht des Betriebsrats bei der individuellen Bestellung der Sicherheitsbeauftragten aufgrund einer analogen Anwendung des § 9 Abs. 3 S. 1 ASiG

Teilweise wird ein Mitbestimmungsrecht bei der Bestellung der Sicherheitsbeauftragten auch mit einer analogen Anwendung des § 9 Abs. 3 ASiG begründet. Danach sind die Betriebsärzte und Fachkräfte für Arbeitssicherheit mit Zustimmung des Betriebsrats zu bestellen. Dem Betriebsrat wird mithin ein echtes Mitbestimmungsrecht eingeräumt.

Unter Rückgriff auf § 9 Abs. 3 ASiG wird argumentiert, der Begriff „Mitwirkung", wie er § 719 RVO zugrunde lag, sei nicht im rechtstechnischen Sinne zu verstehen. Dies ergebe sich daraus, dass „Mitwirkung" keine betriebsverfassungsrechtliche Beteiligungsform sei. Es müsste eine Gesamtschau sämtlicher Vorschriften vorgenommen werden, die die Frage der Beteiligung des Betriebs- und Personalrats beim Arbeitsschutz- und Gesundheitsschutz betreffen. Insbesondere aus einer Gesamtbetrachtung der §§ 719 Abs. 1 S. 2 RVO und 9 Abs. 3, 16 ASiG ergebe sich, dass Betriebs- und Personalrat ein echtes Mitbestimmungsrecht bei der Bestellung der Sicherheitsbeauftragten eingeräumt sei. Bestätigt würde dies durch Sinn, Zweck und Entstehungsgeschichte von § 9 Abs. 3 ASiG und § 719 RVO.[711]

Dieser Auffassung kann im Ergebnis nicht gefolgt werden. § 9 Abs. 3 ASiG ist als Auslegungshilfe für § 22 SGB VII nicht ergiebig. Zwar haben die Vorschriften im Grunde die gleiche Zielsetzung, nämlich den Wirkungsgrad der Unfallverhütung zu verbessern. Allerdings bezieht sich § 9 Abs. 3 ASiG ausdrücklich nur auf die Bestellung der Betriebsärzte und Fachkräfte für Arbeitssicherheit.[712] Für eine analoge Anwendung dieser Vorschrift fehlt es jedoch am Vorliegen vergleichbarer Sachverhalte und am Vorliegen einer planwidrigen Regelungslücke.

---

710 *Kohte* in Festschrift für Wlotzke, S. 563 (580).
711 *Coulin*, Der Personalrat 1989, S. 65 (65 ff.), zur Frage des Mitbestimmungsrechts des Personalrats.
712 *Ehrich*, Amt, Anstellung und Mitbestimmung, S. 227.

Die Vergleichbarkeit der Sachverhalte muss deshalb verneint werden, weil Sicherheitsbeauftragte und Fachkräfte für Arbeitssicherheit nach deutschem Recht unterschiedliche Rollen präsentieren. Nach § 6 ASiG haben die Fachkräfte für Arbeitssicherheit die Aufgabe, den Arbeitgeber beim Arbeitsschutz und bei der Unfallverhütung zu unterstützen. Hierbei fungieren sie als Experten, die dem Arbeitgeber mit Hilfe ihrer Sachkunde die neuen sicherheitstechnischen Erkenntnisse zu vermitteln haben. Folglich wurde in § 7 ASiG entsprechend dieser Expertenrolle ein fachliches Anforderungsprofil erstellt. Nach § 19 ASiG müssen die Fachkräfte für Arbeitssicherheit nicht zwingend Arbeitnehmer des Betriebs sein.[713] Demgegenüber zeichnen sich die Sicherheitsbeauftragten nicht durch ihre formale Fachkenntnis aus, sondern durch ihr eigenes Erfahrungswissen, durch welches der Gesundheitsschutz gefördert werden soll. Dieses Erfahrungswissen steht nur den Arbeitnehmern des Betriebs zur Verfügung, weshalb Sicherheitsbeauftragte zwingend Beschäftigte des Betriebs sein müssen.[714] Selbst wenn aber die Vergleichbarkeit der Interessenlage und auch das Vorliegen einer Regelungslücke bejaht werden würde, fehlte es jedenfalls an der Planwidrigkeit. Durch § 21 ASiG sollten frühere Zweifelsfragen im Zusammenhang mit dem damaligen § 719 RVO geklärt werden.[715] Wie bereits unter § 6, C., I. festgestellt, war dem Gesetzgeber die Diskussion um die Frage des Mitbestimmungsrechts bei der Bestellung von Sicherheitsbeauftragten bekannt. Im Zusammenhang mit § 21 ASiG, der die Änderung der RVO vorsah, hätte es daher nahegelegen, den Wortlaut des § 719 RVO zu ändern und den Wortlaut des § 21 ASiG entsprechend anzupassen. Ferner hätte auch eine Anpassung des § 22 SGB VII erfolgen können, wenn dies im gesetzgeberischen Sinne gewesen wäre. Da Änderungen jedoch nicht erfolgt sind, scheint es nicht dem Willen des Gesetzgebers zu entsprechen, dem Betriebsrat bei der Bestellung der Sicherheitsbeauftragten ein Mitbestimmungsrecht einzuräumen.[716]

---

713 Die Unionsrechtskonformität dieser Vorschrift wurde bereits unter § 6, A., II. in Frage gestellt. Zwar räumt Art. 7 Abs. 3 der Richtlinie 89/391/EWG ebenfalls die Möglichkeit zur Bestellung externer Fachkräfte ein. Diese Bestellung ist jedoch gegenüber der Bestellung von Arbeitnehmern des Betriebs nachrangig und darf nur erfolgen, sofern die an die Sicherheitsfachkräfte gestellten Anforderungen nicht durch Arbeitnehmer des Betriebs erfüllt werden können.

714 *Kohte* in Festschrift für Wlotzke, S. 563 (570).

715 BT-Drucks. 7/260, S. 17.

716 *Ehrich*, Amt, Anstellung und Mitbestimmung, S. 227.

III. Mitbestimmungsrecht des Betriebsrats bei der individuellen Bestellung der Sicherheitsbeauftragten nach § 87 Abs. 1 Nr. 7 BetrVG

Nachdem ein Mitbestimmungsrecht des Betriebsrats bei der Bestellung der Sicherheitsbeauftragten aufgrund § 22 Abs. 1 S. 1 SGB VII bzw. § 9 Abs. 3 ASiG analog verneint wurde, stellt sich die Frage, ob ein entsprechendes Mitbestimmungsrecht aus § 87 Abs. 1 Nr. 7 BetrVG hergeleitet werden kann. Voraussetzung für die Anwendbarkeit des § 87 Abs. 1 Nr. 7 BetrVG ist zunächst, dass gesetzliche Vorschriften oder Unfallverhütungsvorschriften zum betrieblichen Arbeitsschutz umgesetzt und konkretisiert werden müssen.[717] Diese Voraussetzung ist in Bezug auf § 22 Abs. 1 S. 2 SGB VII erfüllt.

Weitere Voraussetzung für die Anwendbarkeit des § 87 Abs. 1 Nr. 7 BetrVG ist allerdings, dass es sich bei der Bestellung von Sicherheitsbeauftragten um eine Regelung handelt. Der Mitbestimmung des Betriebsrats nach § 87 Abs. 1 Nr. 7 BetrVG unterliegen nämlich nur Regelungen, nicht Einzelmaßnahmen. Daraus folgt, dass ein kollektiver Bezug oder eine Festlegung mit generalisierendem Inhalt vorliegen muss.[718] Streng zu trennen ist daher zwischen Individualmaßnahmen, die dem Mitbestimmungsrecht des Betriebsrats nach § 87 Abs. 1 Nr. 7 BetrVG nicht unterfallen, und Regelungen, bei welchen § 87 Abs. 1 Nr. 7 BetrVG greift. Diese Differenzierung hebt auch das BAG in seinen Entscheidungen zu § 9 Abs. 3 ASiG und dessen Verhältnis zu § 87 Abs. 1 Nr. 7 BetrVG hervor.[719]

Die individuelle Bestellung eines Sicherheitsbeauftragten kann jedoch nicht als Regelung in diesem Sinne angesehen werden. Es handelt sich hierbei vielmehr um eine Einzelmaßnahme, wie es das BAG auch hinsichtlich der Bestellung und Abberufung von Betriebsärzten und Fachkräften für Arbeitssicherheit annimmt.[720] Vergleichsweise können hierzu auch die Entscheidungen zu § 13 Abs. 2 ArbSchG herangezogen werden. Danach kann der Arbeitgeber zuverlässige und fachkundige Personen damit beauftragen, ihm obliegende Aufgaben nach dem ArbSchG in eigener Verantwortung wahrzunehmen. Diesbezüglich hat das Landesarbeitsgericht Hamburg im Jahr 2000 ausgeführt, dass die Bestellung einer solchen Person mit der Bestellung eines Sicherheitsbeauftragten vergleichbar sei. Die Auswahl

---

717 *Kohte* in Festschrift für Wlotzke, S. 563 (584).

718 *Bender* in Wlotzke/Preis/Kreft, § 87 BetrVG, Rn. 143; *Kohte* in Festschrift für Wlotzke, S. 563 (584); Richardi-*Richardi*, BetrVG, § 87, Rn. 559.

719 *BAG*, Urteil vom 24.03.1988, Az.: 2 AZR 369/87, AP Nr. 1 zu § 9 ASiG; *Kohte* in Festschrift für Wlotzke, S. 563 (584 f.).

720 *BAG*, Urteil vom 24.03.1988, Az.: 2 AZR 369/87, AP Nr. 1 zu § 9 ASiG.

dieser Person sei aber keine Regelung im Sinne des § 87 Abs. 1 Nr. 7 BetrVG. Es handele sich vielmehr um eine Einzelfallmaßnahme.[721] Dieser Auffassung ist das Landesarbeitsgericht Niedersachsen im Jahr 2008 entgegen getreten. Es führte aus, dass dem Betriebsrat nach § 87 Abs. 1 Nr. 7 BetrVG ein Mitbestimmungsrecht im Rahmen des § 13 Abs. 2 ArbSchG zustehe. Der Arbeitgeber würde sich im Regelfall dann fremder Hilfe bedienen, wenn eigene Personen mit entsprechender Fachkunde nicht zur Verfügung stünden. Er würde dann regelmäßig einzelne Personen oder Institutionen auffordern, Konzepte vorzulegen, wie die Aufgaben im Betrieb im Einzelnen durchzuführen sind und sich dann für einen Anbieter entscheiden. Bei der Auswahl dieses Personenkreises habe der Arbeitgeber Handlungsspielräume, sich für eines der Konzepte zu entscheiden oder sich gegebenenfalls auch weitere Alternativkonzepte einzuholen. Es gehe deshalb bei der Beauftragung nach § 13 Abs. 2 ArbSchG nicht um eine Einzelmaßnahme. Vielmehr gehe es darum, dass hinter der Beauftragung Konzepte hinsichtlich der konkreten Durchführung der übertragenen Aufgaben stehen. Die Beauftragung selbst beinhalte deshalb nicht nur eine personelle Einzelmaßnahme, vielmehr gleichzeitig auch die Festlegung des Konzepts, wann, in welcher Weise und in welcher Form die Aufgabe durchgeführt werde.[722] Insofern wurde ein Mitbestimmungsrecht des Betriebsrats bei der Übertragung von Aufgaben nach § 13 Abs. 2 ArbSchG bejaht.

Der entsprechende Beschluss des Landesarbeitsgerichts Niedersachsen wurde am 18.08.2009 vom BAG aufgehoben. Die Aufhebung begründete das BAG damit, dass personelle Einzelmaßnahmen vom Mitbestimmungsrecht des BetrVG nicht erfasst seien. Bei der Übertragung von Aufgaben an Dritte handle es sich aber typischerweise um Einzelmaßnahmen, sodass ein Mitbestimmungsrecht des Betriebsrats nicht bestehe.[723]

Diese Grundsätze können auch auf die individuelle Bestellung von Sicherheitsbeauftragten übertragen werden.[724] § 9 Abs. 3 ASiG und § 22 SGB VII bestätigen diese Rechtsauffassung. Wäre nämlich ein Mitbestimmungsrecht des Betriebsrats in Bezug auf die individuelle Bestellung der Betriebsärzte, Sicherheitsfachkräfte und Sicherheitsbeauftragten ohnehin nach § 87 Abs. 1 Nr. 7 BetrVG gegeben, würden also auch Einzelmaßnahmen dem Mitbestimmungsrecht des Betriebsrats unterliegen, hätte es der ausdrücklichen Festlegung konkreter Beteiligungsformen

---

721 *LAG Hamburg*, Beschluss vom 21.09.2000, Az.: 7 TaBV 3/98, NZA-RR 2001, 190.

722 *LAG* Niedersachsen, Beschluss vom 04.04.2008, Az.: 16 TaBV 110/07, BeckRS 2009, 73868.

723 *BAG*, Beschluss vom 18.08.2009, Az.: 1 ABR 43/08, NZA 2009, 1434.

724 So im Ergebnis auch *Kohte* in Festschrift für Wlotzke, S. 563 (585).

im ASiG und im SGB VII nicht bedurft. Demzufolge kann aus § 87 Abs. 1 Nr. 7 BetrVG kein Mitbestimmungsrecht bei der individuellen Bestellung von Sicherheitsbeauftragten hergeleitet werden.

IV. Mitbestimmungsrecht des Betriebsrats bei allgemeinen Vorentscheidungen bezüglich der Bestellung der Sicherheitsbeauftragten nach § 87 Abs. 1 Nr. 7 BetrVG

Nachdem ein Mitbestimmungsrecht des Betriebsrats bei der individuellen Bestellung der Sicherheitsbeauftragten weder aus § 22 Abs. 1 S. 1 SGB VII noch § 9 Abs. 3 ASiG oder § 87 Abs. 1 Nr. 7 BetrVG abgeleitet werden kann, stellt sich die Frage, ob zumindest die der Einzelmaßnahme vorgelagerten Entscheidungen dem Mitbestimmungsrecht des Betriebsrats unterfallen können.

Führt man sich die Systematik der Beteiligung des Betriebsrats im Zusammenhang mit den Betriebsärzten und Fachkräften für Arbeitssicherheit vor Augen, liegt die Annahme nahe, dass dem Betriebsrat ein entsprechendes Mitbestimmungsrecht zusteht. Denn § 9 Abs. 3 ASiG trifft im Verhältnis zu § 87 Abs. 1 Nr. 7 BetrVG eine konkurrierende Regelung. Beide Mitbestimmungstatbestände finden nebeneinander Anwendung. Während § 9 Abs. 3 ASiG das Mitbestimmungsrecht des Betriebsrats auf die konkrete Einzelmaßnahme, nämlich die Bestellung bezieht, räumt § 87 Abs. 1 Nr. 7 BetrVG ein Mitbestimmungsrecht betreffend generelle Vorentscheidungen ein. Bei diesen Vorentscheidungen handelt es sich nicht um Einzelmaßnahmen, die grundsätzlich nicht nach § 87 BetrVG mitbestimmungspflichtig sind, sondern vielmehr um Regelungen, die § 87 Abs. 1 Nr. 7 BetrVG unterfallen, da sie einen kollektiven Bezug aufweisen und generalisierend entschieden werden.

Das Verfahren zur Bestellung von Betriebsärzten und Sicherheitsfachkräften erschöpft sich mithin nicht in der bloßen Auswahl konkreter Personen. Vielmehr hat der Arbeitgeber auch eine Entscheidung im Vorfeld zu treffen, etwa über die Gestaltungsform der Bestellung. Wie sich nämlich aus § 2 Abs. 3 S. 3 ASiG und § 5 Abs. 3 S. 4 ASiG ergibt, ist der Arbeitgeber – ungeachtet der Frage der Unionsrechtskonformität – nicht verpflichtet, die Betriebsärzte und Fachkräfte für Arbeitssicherheit aus dem Arbeitnehmerkreis zu bestellen. Er ist auch berechtigt, einen Werkvertrag mit einem freiberuflichen Träger abzuschließen oder einen überbetrieblichen Dienst zu verpflichten, § 19 ASiG. Die Entscheidung bezüglich dieser zur Verfügung stehenden Gestaltungsformen unterliegt dem

Mitbestimmungsrecht des Betriebsrats nach § 87 Abs. 1 Nr. 7 BetrVG.[725] Erst nachdem eine Auswahlentscheidung über die konkrete Gestaltungsform getroffen wurde, greift auf der zweiten Stufe das Mitbestimmungsrecht nach § 9 Abs. 3 ASiG, das sich auf die Einzelmaßnahme der Bestellung bezieht.[726]

Im Recht der Sicherheitsbeauftragten sind hiermit vergleichbare Vorentscheidungen zu treffen. Dies hat auch das Landesarbeitsgericht Hamburg in seiner bereits erwähnten Entscheidung vom 21.09.2000 bezüglich der beauftragten Personen gemäß § 13 Abs. 2 ArbSchG, deren Bestellung mit der der Sicherheitsbeauftragten vergleichbar sei, anerkannt. Das Landesarbeitsgericht Hamburg hat hierzu ausgeführt, dass zwar die Einzelmaßnahme der Bestellung nicht mitbestimmungspflichtig sei, dies aber nichts an der Tatsache ändere, dass sich neben der Einzelmaßnahme der Bestellung eine Anzahl von Fragen ergeben könnten, die ihrerseits einen so allgemeinen Charakter haben, dass deren Beantwortung wieder das Mitbestimmungsrecht des Betriebsrats nach § 87 Abs. 1 Nr. 7 BetrVG eröffne. Es handele sich bei § 13 Abs. 2 ArbSchG um eine Norm, die zwar individuelle Einzelmaßnahmen betreffe, aber generelle Verfahrensregelungen erfordert, um die individuelle Maßnahme vorzunehmen.

Der individuellen Bestellung der Sicherheitsbeauftragten vorgeschaltet ist etwa die Entscheidung darüber, wie viele Sicherheitsbeauftragte in dem Betrieb überhaupt bestellt werden sollen. Zwar schreibt die Anlage 2 der Unfallverhütungsvorschrift „Grundsätze der Prävention" (BGV A1) i.V.m. § 20 BGV A1 eine bestimmte Anzahl zu bestellender Sicherheitsbeauftragter vor. Die dort festgelegte Zahl richtet sich nach Art und Größe der Betriebe und den bestehenden arbeitsbedingten Unfall- und Gesundheitsgefahren. Sie wird jeweils von den Berufsgenossenschaften festgelegt und als Anlage A 2 erlassen. Allerdings handelt es sich hierbei lediglich um Mindestzahlen, die abhängig von den besonderen betrieblichen Verhältnissen und den damit verbundenen Unfallgefahren zu gering sein können.

---

725 *BAG*, Urteil vom 10.04.1979, Az.: 1 ABR 34/77, AP Nr. 1 zu § 87 BetrVG 1972 – Arbeitssicherheit; *Fitting*, § 87 BetrVG, Rn. 316; Richardi-*Richardi*, § 87 BetrVG, Rn. 570 ff.; sofern der Regelungsspielraum des Betriebsrats aber aufgrund einer behördlichen Anordnung nach § 12 Abs. 1 ASiG entfällt, ist auch für ein Mitbestimmungsrecht nach § 87 Abs. 1 Nr. 7 BetrVG kein Raum, *Fitting*, § 87 BetrVG, Rn. 317; Das Mitbestimmungsrecht des Betriebsrats wird dagegen nicht dadurch eingeschränkt, dass die Berufsgenossenschaften nach § 24 SGB VII einen überbetrieblichen Dienst mit Anschlusszwang eingerichtet haben, denn der Arbeitgeber hat die Möglichkeit sich auf Antrag vom Anschlusszwang befreien zu lassen, Richardi-*Richardi*, § 87 BetrVG, Rn. 573.
726 Richardi-*Richardi*, § 87 BetrVG, Rn. 575.

Insoweit handelt es sich um eine normative Pflicht des Arbeitgebers, gegebenenfalls weitere Sicherheitsbeauftragte zu bestellen. Auch die BGR A1 sieht es unter 4.2.1 als sinnvoll an, dass je nach Gefährdungspotential und Organisationsstruktur eines Betriebs, Sicherheitsbeauftragte über die Mindestzahl hinaus zu bestellen sind. Die Beurteilung, welche Anzahl an Sicherheitsbeauftragten unter Berücksichtigung der betrieblichen Verhältnisse und den von dem Betrieb ausgehenden Gefahren tatsächlich zu bestellen sind, ist eine generalisierende Entscheidung, die nicht vom Arbeitgeber allein getroffen werden kann, sondern die dem Mitbestimmungsrecht des Betriebsrats unterliegt.[727]

Nach Punkt 4.1.2 BGR A1 sollten die Sicherheitsbeauftragten ferner zur Erfüllung ihrer Aufgaben nur einem für sie überschaubaren Betriebsbereich zugewiesen werden. Die Effektivität des Gesundheitsschutzes und der Unfallverhütung kann gefährdet sein, wenn Sicherheitsbeauftragte für sehr unterschiedliche Bereiche zuständig sind, wie die Erfahrungen gezeigt haben.[728] Dementsprechend ist der Arbeitgeber im Sinne eines effektiven Arbeitsschutzes verpflichtet, das Sicherheitssystem so zu organisieren, dass die Sicherheitsbeauftragten ihre Aufgaben bestmöglich erfüllen können. Der Gedanke der Effektivität des Gesundheitsschutzes liegt auch der Richtlinie 89/391/EWG zugrunde. Sofern für jeden Betriebsbereich ein Sicherheitsbeauftragter bestellt werden muss, um dem vorgenannten Richtlinienziel gerecht zu werden, kann dies wiederum Einfluss auf die Anzahl der zu bestellenden Sicherheitsbeauftragten haben. Im Vorfeld der konkreten Bestellung von Sicherheitsbeauftragten müssen sich daher Betriebsrat und Arbeitgeber nicht nur über die Anzahl der zu bestellenden Sicherheitsbeauftragten einig sein, sondern auch über ihren konkreten Einsatz- bzw. Zuständigkeitsbereich.[729]

Auch die Frage des Auswahlverfahrens ist eine abstrakt-generelle Entscheidung. Dies betrifft insbesondere die Zusammensetzung des Kreises der Sicherheitsbeauftragten. Sofern im Kreis der Sicherheitsbeauftragten verschiedene Beschäftigungsgruppen repräsentiert sein sollen, ist dies gemeinsam mit dem Betriebsrat und unter dessen Mitbestimmung zu entscheiden.[730]

Bei den generellen Entscheidungen, betreffend Zahl der Sicherheitsbeauftragten, Aufgabenbereiche der Sicherheitsbeauftragten und Auswahlverfahren, die der

---

727 *Kohte* in Festschrift für Wlotzke, S. 563 (585 f.).
728 *Simons/Wattendorff*, Sicherheitsbeauftragte im Betrieb, S. 88.
729 *Kohte* in Festschrift für Wlotzke, S. 563 (586).
730 *Kohte* in Festschrift für Wlotzke, S. 563 (586).

einzelnen Bestellung vorgeschaltet sind, steht dem Betriebsrat nach alledem ein Mitbestimmungsrecht nach § 87 Abs. 1 Nr. 7 BetrVG zu.[731]

V. Mitbestimmungsrecht aufgrund unionsrechtlicher Vorgaben der Richtlinie 89/391/EWG

Möglicherweise könnte ein Mitbestimmungsrecht des Betriebsrats bei der Bestellung der Sicherheitsbeauftragten auch im Wege einer richtlinienkonformen Rechtsfortbildung des § 22 SGB VII erfolgen. Anknüpfungspunkt einer solchen Rechtsfortbildung könnte Art. 11 Abs. 2 lit. b) der Richtlinie 89/391/EWG sein. Danach sind die Arbeitnehmer bzw. ihre Vertreter bei der Benennung der Arbeitnehmer nach Art. 7 der Richtlinie ausgewogen zu beteiligen oder im Voraus zu hören. Wie sich aber unmittelbar aus dem Wortlaut des Art. 11 Abs. 2 der Richtlinie 89/391/EWG ergibt, schreiben die unionsrechtlichen Vorgaben nicht zwingend ein echtes Mitbestimmungsrecht vor. Vielmehr soll sich die konkrete Beteiligungsform nach den nationalen Rechtsvorschriften und Praktiken richten. Die Richtlinie lässt sogar ein bloßes Anhörungsrecht ausreichen. Ungeachtet dessen sind die Sicherheitsbeauftragten nach der hier vertretenen Auffassung keine Arbeitnehmer im Sinne des Art. 7 der Richtlinie 89/391/EWG, sondern Arbeitnehmervertreter im Sinne des Art. 11 Abs. 2, sodass auch aus diesem Grund eine richtlinienkonforme Rechtsfortbildung ausscheidet.

VI. Zusammenfassung zum Beteiligungsrecht des Betriebsrats bei der Bestellung der Sicherheitsbeauftragten

Ein Mitbestimmungsrecht des Betriebsrats bei der Bestellung der Sicherheitsbeauftragten kann weder § 22 SGB VII noch § 9 Abs. 3 ASiG analog oder § 87 Abs. 1 Nr. 7 BetrVG entnommen werden.

§ 22 SGB VII schreibt ein Mitbestimmungsrecht nicht vor; die gewählte Formulierung ist bewusst offen. Das Mitbestimmungsrecht selbst soll sich vielmehr an den entsprechenden § 22 SGB VII konkretisierenden landesrechtlichen Vorschriften orientieren. Ein Mitbestimmungsrecht nach § 9 Abs. 3 ASiG analog scheitert indes am Vorliegen vergleichbarer Sachverhalte, da die Sicherheitsbeauftragten gegenüber den Fachkräften für Arbeitssicherheit eine abweichende Rolle einnehmen. Ebenso wenig kann ein Mitbestimmungsrecht nach § 87 Abs. 1 Nr. 7 BetrVG

---

731 D/K/K/W-*Klebe*, § 87 BetrVG, Rn. 190 a; *Kohte* in Festschrift für Wlotzke, S. 563 (585 f.).

begründet werden. Bei der konkreten Bestellung der Sicherheitsbeauftragten handelt es sich um eine Individualmaßnahme und nicht um eine Regelung, wie es für die Anwendbarkeit des § 87 Abs. 1 Nr. 7 BetrVG erforderlich wäre. Gleichwohl bedeutet das nicht, dass das Mitbestimmungsrecht nach § 87 Abs. 1 Nr. 7 BetrVG bei dem Verfahren zur Bestellung von Sicherheitsbeauftragten gänzlich unbeachtlich wäre. Vielmehr steht dem Betriebsrat insofern ein entsprechendes Mitbestimmungsrecht zu, als vor der tatsächlichen Bestellung Vorentscheidungen getroffen werden müssen, die sich etwa auf die konkrete Anzahl der zu bestellenden Sicherheitsbeauftragten, auf den Tätigkeitsbereich der Sicherheitsbeauftragten und/oder auf das Auswahlverfahren beziehen können.

Vierter Abschnitt: Wesentliche Zusammenfassungen

- Gerade im Bereich des Arbeitsschutzes ist die Mitwirkung der Beschäftigten bzw. ihrer Vertreter von herausragender Bedeutung. Dies zeigt deutlich die Arbeitsschutzrahmenrichtlinie 89/391/EWG zur Verbesserung der Sicherheit und des Gesundheitsschutzes der Arbeitnehmer bei der Arbeit. Das ihr zugrunde liegende Leitbild zeichnet sich maßgeblich durch die Partizipation der Beschäftigten aus, wie es sich insbesondere aus Nr. 11 der Erwägungsgründe ergibt. Danach ist es „unerlässlich", dass die Beschäftigten bzw. ihre Vertreter in die Lage versetzt werden, durch eine angemessene Mitwirkung entsprechend den nationalen Rechtsvorschriften bzw. Praktiken zu überprüfen und zu gewährleisten, dass die erforderlichen Schutzmaßnahmen getroffen werden.

- Der Richtlinie 89/391/EWG liegt dabei ein umfassender personeller Anwendungsbereich zugrunde, der neben den klassischen Arbeitnehmern auch arbeitnehmerähnliche Personen erfasst, sofern sie mit den vom Betrieb oder den Betriebsmitteln ausgehenden Gefahren in Berührung kommen. Ziel der Richtlinie 89/391/EWG ist die Durchführung von Maßnahmen zur Verbesserung der Sicherheit und des Gesundheitsschutzes der Arbeitnehmer am Arbeitsplatz. Diesem Ziel würde es jedoch zuwiderlaufen, wenn lediglich diejenigen Personen vom Schutz der Richtlinie 89/391/EWG erfasst würden, die von ihrem Auftraggeber persönlich abhängig bzw. ihm gegenüber weisungsgebunden sind, denn auch die arbeitnehmerähnlichen Personen sind wirtschaftlich von ihrem Auftraggeber abhängig und können sich den vom Betrieb oder den Betriebsmitteln ausgehenden Gesundheitsgefahren aufgrund dieses Abhängigkeitsverhältnisses faktisch nicht entziehen.

- Der Begriff der arbeitnehmerähnlichen Person ist hierbei in Übereinstimmung mit der gesetzlichen Terminologie und der Rechtsprechung dahingehend zu verstehen, dass ihm alle Personen unterfallen, die wirtschaftlich abhängig und vergleichbar einem Arbeitnehmer sozial schutzbedürftig sind. Dem Vorgehen der Rechtsprechung, die bei der Ermittlung der sozialen Schutzbedürftigkeit wiederum auf wirtschaftliche Kriterien abstellt, ist jedoch nicht zu folgen. Zwar kann entgegen teilweise vertretener Auffassung nicht gänzlich von wirtschaftlichen Kriterien abgesehen werden. Diese sind jedoch bereits bei der Prüfung der wirtschaftlichen Abhängigkeit ausreichend berücksichtigt. Im Rahmen der sozialen Schutzbedürftigkeit kann es im Bereich des Arbeitsschutzrechts dagegen nur noch darauf ankommen, ob die Beschäftigten mit den vom Betrieb oder den ihnen zur Verfügung gestellten Betriebsmitteln ausgehenden Gefahren in Berührung kommen, denen sie sich aufgrund ihrer Abhängigkeit nicht ohne Weiteres entziehen können.

- Wirtschaftlich abhängig Beschäftigten, die mit den vom Betrieb oder den Betriebsmitteln ausgehenden Gefahren in Berührung kommen und die insoweit als Arbeitnehmer im Sinne der Richtlinie 89/391/EWG anzusehen sind, stehen die im BetrVG vorgesehenen individuellen und kollektiven Beteiligungsrechte jedoch aufgrund des begrenzten Anwendungsbereichs des § 5 BetrVG nicht zu, was in Widerspruch zu den unionsrechtlichen Vorgaben der Richtlinie 89/391/EWG steht.

- Gleichwohl ist es nicht möglich, den personellen Anwendungsbereich des BetrVG insgesamt auf arbeitnehmerähnliche Personen zu erstrecken. Ein entsprechendes Erfordernis ergibt sich nicht aufgrund unionsrechtlicher Vorgaben. Arbeitnehmerähnliche Personen scheinen mangels Weisungsgebundenheit nicht von den Arbeitnehmerbegriffen der Art. 45 AEUV, 157 AEUV, 48 AEUV und der Charta der Grundrechte erfasst zu sein. Ungeachtet dessen gibt es keinen für alle Rechtsbereiche und alle Mitgliedsstaaten geltenden allgemeinen unionsrechtlichen Arbeitnehmerbegriff, der eine Verpflichtung zur Ausweitung des nationalen Arbeitnehmerbegriffs mit sich bringen würde. Auch im nationalen Recht ist keine Möglichkeit gegeben, den Arbeitnehmerbegriff des § 5 BetrVG insgesamt auf arbeitnehmerähnliche Personen auszudehnen. Eine analoge Anwendung des § 5 BetrVG scheitert bereits am entgegenstehenden Willen des Gesetzgebers, der sich im Rahmen der letzten Reform des BetrVG noch einmal eindeutig gegen die betriebsverfassungsrechtliche Einbeziehung arbeitnehmerähnlicher Personen entschieden hat.

- Unter Berücksichtigung der im Bereich des Arbeitsschutzes bestehenden unionsrechtlichen Vorgaben der Richtlinie 89/391/EWG sind jedoch vereinzelte betriebsverfassungsrechtliche Vorschriften im Wege einer richtlinienkonformen Rechtsfortbildung auf arbeitnehmerähnliche Personen zu erstrecken.

- Die Richtlinie 89/391/EWG schreibt in Art. 10 unter anderem vor, dass die Arbeitnehmer bzw. ihre Vertreter gemäß den nationalen Rechtsvorschriften bzw. Praktiken Informationen über sämtliche Gefahren für die Sicherheit und die Gesundheit sowie Schutzmaßnahmen und Maßnahmen zur Gefahrenverhütung erhalten müssen. Nach Art. 11 Abs. 1 der Richtlinie 89/391/EWG haben die Arbeitgeber die Arbeitnehmer bzw. ihre Vertreter ferner bei allen Fragen betreffend die Sicherheit und den Gesundheitsschutz zu beteiligen, wobei die

Beteiligung die Anhörung der Arbeitnehmer, das Recht der Arbeitnehmer bzw. ihrer Vertreter, Vorschläge zu unterbreiten, und die ausgewogene Beteiligung „nach den nationalen Rechtsvorschriften bzw. Praktiken" erfasst. Der Passus „ausgewogene Beteiligung nach den nationalen Rechtsvorschriften bzw. Praktiken" ist dabei dahingehend zu verstehen, dass die Arbeitnehmer im Sinne der Richtlinie 89/391/EWG in gleichwertiger Weise wie die Arbeitnehmer in den Mitgliedstaaten an Entscheidungen im Bereich des Arbeitsschutzes beteiligt werden müssen.

- Die entsprechenden Beteiligungsrechte werden im nationalen Recht durch die §§ 80 Abs. 1 Nr. 1 und Nr. 9, 81 f., 84, 89, 90 und 87 Abs. 1 Nr. 7 BetrVG umgesetzt, die aber in Bezug auf arbeitnehmerähnliche Personen gerade nicht gelten. Die §§ 80 Abs. 1 Nr. 1 und Nr. 9, 81, 82 Abs. 1, 89, 90 und 87 Abs. 1 Nr. 7 BetrVG sind daher im Wege einer richtlinienkonformen Rechtsfortbildung auf arbeitnehmerähnliche Personen zu erstrecken, wobei davon auszugehen ist, dass dies nicht dem Willen des Gesetzgebers widerspricht und damit nicht contra legem ist. Den vorliegenden Gesetzesmaterialien ist vielmehr zu entnehmen, dass der Gesetzgeber durchaus richtlinienkonform handeln wollte, er das Erfordernis, die betriebsverfassungsrechtlichen Vorschriften im Bereich des Arbeitsschutzes personell auszuweiten, jedoch schlicht verkannt hat. § 84 BetrVG ist hingegen nicht richtlinienkonform fortzubilden, zumal die Richtlinien nur außerbetriebliche und keine innerbetrieblichen Beschwerderechte einräumen und diese Beschwerderechte arbeitnehmerähnlichen Personen in anderen Vorschriften eingeräumt wurden.

- Im Bereich des Arbeitszeitschutzes bedarf es aufgrund unionsrechtlicher Vorgaben hingegen keiner Korrekturen des nationalen Rechts. Der Arbeitszeitschutz ist nämlich nur dann von Relevanz, wenn der Arbeitgeber das ihm zustehende Weisungsrecht arbeitsvertraglich dahingehend ausüben kann, dass die Vorgaben bezüglich Höchstarbeitszeiten und Ruhepausen überschritten und der Arbeitnehmer hierdurch Gesundheitsgefahren ausgesetzt ist. Da aber arbeitnehmerähnliche Personen einer entsprechenden Weisungsgebundenheit gerade nicht unterliegen, ist auch die Arbeitszeitrichtlinie 2003/88/EG nicht auf sie zugeschnitten, da sie den Gefahren, vor denen die Richtlinie schützen will, nicht gleichermaßen ausgesetzt sind, wie persönlich abhängig Beschäftigte.

- Arbeitnehmerähnliche Personen werden daher – mit Ausnahme des Arbeitszeitschutzes i.S.d. Richtlinie 2003/88/EG – vom europäischen Arbeitsschutz vollumfänglich erfasst, sodass auch der Betriebsrat die ihm im Bereich des Arbeitsschutzes zustehenden Beteiligungsrechte zugunsten arbeitnehmerähnlicher

Personen auszuüben hat. Arbeitnehmerähnliche Personen werden insoweit durch den Betriebsrat repräsentiert.

- Vor diesem Hintergrund ist fraglich, ob arbeitnehmerähnlichen Personen dann nicht auch das Recht eingeräumt werden müsste, an der Wahl des Betriebsrats teilzunehmen. Schreibt nämlich ein Mitgliedstaat (im Bereich des Arbeitsschutzes) die Wahl der Arbeitnehmervertreter durch die Arbeitnehmer vor, hat er auch sicherzustellen, dass dieses Wahlrecht tatsächlich von allen Arbeitnehmern im Sinne der Richtlinie ausgeübt werden kann. Eine analoge Anwendung bzw. unionsrechtskonforme Rechtsfortbildung des § 7 BetrVG scheidet jedoch bereits aufgrund des eindeutig entgegenstehenden Willens des Gesetzgebers aus, der sich im Rahmen der BetrVG-Reform nochmals gegen eine Einbeziehung arbeitnehmerähnlicher Personen entschieden hat. Es ist kein Grund ersichtlich, weshalb er ihnen gleichwohl ein Recht zur Teilnahme an den Betriebsratswahlen hätte einräumen wollen.

- Im Hinblick auf Art. 11 Abs. 2 der Richtlinie 89/391/EWG ist daher daran zu denken, den arbeitnehmerähnlichen Personen im Bereich des Arbeitsschutzrechts eigene, von ihnen selbst gewählte und neben dem Betriebsrat bestehende Arbeitsschutzvertreter zur Seite zu stellen, wobei sich diesbezüglich die Sicherheitsbeauftragten am besten eignen würden. Sie wurden schon in der Denkschrift zum ILO-Übereinkommen Nr. 176 als spezielle Arbeitsschutzvertreter anerkannt und können die Aufgabe der Arbeitnehmervertretung im Bereich des Sicherheits- und Gesundheitsschutzes schon deshalb effektiv erbringen, weil sie ihre eigenen alltäglichen Arbeitserfahrungen in ihre Tätigkeit einfließen lassen können, um den Schutz der Beschäftigten zu verbessern.

- Den vorliegenden Gesetzesmaterialien ist jedoch zu entnehmen, dass sich der Gesetzgeber bewusst dafür entschieden hat, lediglich den Betriebsrat als Vertretungsgremium anzuerkennen, weshalb eine entsprechende richtlinienkonforme Rechtsfortbildung des § 22 SGB VII contra legem wäre und damit ausscheidet. Lediglich dem Betriebsrat kommt insofern ein Mitbestimmungsrecht nach § 87 Abs. 1 Nr. 7 BetrVG zu, als vor der tatsächlichen Bestellungen der Sicherheitsbeauftragten Vorentscheidungen getroffen werden müssen, die sich etwa auf die konkrete Anzahl der zu bestellenden Sicherheitsbeauftragten, auf den Tätigkeitsbereich der Sicherheitsbeauftragten und/oder auf das Auswahlverfahren beziehen können.

- Die fehlende Möglichkeit arbeitnehmerähnlicher Personen im Bereich des Arbeitsschutzes an der Bestellung ihrer Vertreter mitzuwirken, stellt insoweit eine defizitäre Umsetzung unionsrechtlicher Vorgaben dar, die nicht mit Hilfe der zulässigen Auslegungs- und Fortbildungsmethoden ausgeglichen werden kann.

- Mit Rücksicht auf den Grundsatz des effet utile ist insofern ein gesetzgeberisches Handeln erforderlich, welches auf nationaler Ebene klarstellen muss, dass die dem Betriebsrat im Bereich des Arbeitsschutzes zustehenden Beteiligungsrechte nicht nur zugunsten von Arbeitnehmern, sondern vielmehr auch zugunsten arbeitnehmerähnlicher Personen gelten und ausgeübt werden müssen.

Literaturverzeichnis

Anders, Monika; Ascheid, Reiner, Dörner, Hans-Jürgen u. a.
Das Bürgerliche Gesetzbuch mit besonderer Berücksichtigung der Rechtsprechung des Reichsgerichts und des Bundesgerichtshofes: Kommentar, Bd. II, Teil 3/1, §§ 611–620, 12. Aufl., Berlin 1997.

Anzinger Rudorf; Wank, Rolf (Hrsg.)
Entwicklungen im Arbeitsrecht und Arbeitsschutzrecht, Festschrift für Otfried Wlotzke, Zum 70. Geburtstag, München 1996.

Ascheid, Reiner; Preis, Ulrich; Schmidt, Ingrid (Hrsg.)
Kündigungsrecht: Großkommentar zum gesamten Recht der Beendigung von Arbeitsverhältnissen, 3. Aufl., München 2007.

Baeck, Ulrich; Deutsch, Markus; Kramer, Nadine
Arbeitszeitgesetz – Kommentar, 3. Aufl., München 2014.

Bamberger, Heinz Georg; Roth, Herbert (Hrsg.)
Kommentar zum Bürgerlichen Gesetzbuch, Bd. 2, §§ 611 – 1296, AGG, ErbbauRG, WEG, 3. Aufl., München 2012.

Bauer, Jobst-Hubertus; Göpfert, Burkard; Krieger, Steffen
Allgemeines Gleichbehandlungsgesetz, Kommentar, 3. Aufl., München 2011.

Bayreuther, Frank
Das Grünbuch der Europäischen Kommission zum Arbeitsrecht, NZA 2007, 371.

Becker, Friedrich; Hillebrecht, Wilfried (Mitbegr.)
Gemeinschaftskommentar zum Kündigungsschutzgesetz und zu sonstigen kündigungsschutzrechtlichen Vorschriften, 9. Aufl., Köln 2009.

Becker, Harald; Franke, Edgar; Molketin, Thomas (Hrsg.)
Sozialgesetzbuch VII, Gesetzliche Unfallversicherung, 3. Aufl., Baden-Baden 2011.

Beuthien, Volker; Wehler, Thomas
Stellung und Schutz der freien Mitarbeiter im Arbeitsrecht, RdA 1978, 2.

Birk, Rolf	Die Rahmenrichtlinie über die Sicherheit und den Gesundheitsschutz am Arbeitsplatz – Umorientierung des Arbeitsschutzes und bisherige Umsetzung in den Mitgliedstaaten der Europäischen Union, in: Anzinger Rudolf; Wank, Rolf (Hrsg.), Entwicklungen im Arbeitsrecht und Arbeitsschutzrecht, Festschrift für Otfried Wlotzke, Zum 70. Geburtstag, München 1996, S. 645.
Blanpain, Roger; Schmidt, Marlene; Schweibert, Ulrike	Europäisches Arbeitsrecht, 2. Aufl., Baden-Baden 1996.
Böhmert, Sabine	Das Recht der ILO und sein Einfluss auf das deutsche Arbeitsrecht im Zeichen der europäischen Integration, Baden-Baden 2002.
Bonin, Birger	Die Richtlinie 2002/14/EG zur Unterrichtung und Anhörung der Arbeitnehmer und ihre Umsetzung in das Betriebsverfassungsrecht, AuR 2004, 321.
Brecht, Hans-Theo	Heimarbeitsgesetz, München 1977.
Breitenmoser, Stephan; Riemer; Boris; Seitz, Claudia	Praxis des Europarechts: Grundrechtsschutz, Köln 2006.
Bremeier, Karl-Friedrich	Die personelle Reichweite der Betriebsverfassung im Lichte des Gleichheitssatzes (Art. 3 Abs. 1 GG), Berlin 2001.
Bremer, Diana	Arbeitsschutz im Baubereich, Baden-Baden 2007.
Brox, Hans; Rüthers, Bernd; Henssler, Martin	Arbeitsrecht, 18. Aufl., Stuttgart 2011.
Buchner, Herbert	Meinungsfreiheit im Arbeitsrecht, ZfA 1982, 49.
Buchner, Herbert	Das Recht der Arbeitnehmer, der Arbeitnehmerähnlichen und der Selbständigen – jedem das Gleiche oder jedem das Seine), NZA 1998, 1144.
Buchner, Herbert	Die arbeitnehmerähnliche Person, das unbekannte Wesen, ZUM 2000, 624.

Bücker, Andreas; Feldhoff, Kerstin; Kohte, Wolfhard	Vom Arbeitsschutz zur Arbeitsumwelt: europäische Herausforderungen für das deutsche Arbeitsrecht, Neuwied, Kriftel, Berlin 1994.
Calliess, Christian; Ruffert, Matthias	EUV/AEUV – Das Verfassungsrecht der Europäischen Union mit Europäischer Grundrechtecharta, 4. Aufl., München 2011.
Coulin, Christian	Mitbestimmung des Personalrats bei der Bestellung von Sicherheitsbeauftragten und Fachkräften für Arbeitssicherheit, Der Personalrat 1989, 65.
Däubler, Wolfgang	Arbeitnehmerähnliche Personen im Arbeits- und Sozialrecht und im EG-Recht, ZIAS 2000, 326.
Däubler, Wolfgang (Hrsg.)	Tarifvertragsgesetz, 3. Aufl., Baden-Baden 2012.
Däubler, Wolfgang; Bertzbach, Martin (Hrsg.)	Allgemeines Gleichbehandlungsgesetz, Handkommentar, 2. Aufl., Baden-Baden 2008.
Däubler, Wolfgang; Kittner, Michael; Klebe, Thomas	Betriebsverfassungsgesetz, Kommentar für die Praxis, 7. Aufl., Frankfurt a. M. 2000
Däubler, Wolfgang; Bertzbach, Martin; Ambrosius, Barbara (Hrsg.)	Allgemeines Gleichbehandlungsgesetz, Handkommentar, 2. Aufl., Baden-Baden 2008.
Däubler, Wolfgang; Kittner, Michael; Klebe, Thomas; Wedde, Peter (Hrsg.)	Betriebsverfassungsrecht mit Wahlordnung und EBR-Gesetz, 12. Aufl., Frankfurt a. M. 2010.
Denck, Johannes	Arbeitsschutz und Anzeigerecht des Arbeitnehmers, DB 1980, 2132.
Denck, Johannes	Bildschirmarbeitsplätze und Mitbestimmungsrecht des Betriebsrats, RdA 1982, 279.
Dieterich, Thomas (Hrsg.)	Jahrbuch des Arbeitsrechts, Gesetzgebung – Rechtsprechung – Literatur, Nachschlagewerk Wissenschaft und Praxis, Bd. 37, Berlin 2000.
Düwell, Franz Josef	Handkommentar zum Betriebsverfassungsgesetz, 3. Aufl., Baden-Baden 2010.
Düwell, Franz Josef; Göhle-Sander, Kristina; Kohte, Wolfhard	juris PraxisKommentar, Vereinbarkeit von Familie und Beruf, Saarbrücken 2009.

Egger, Hartmut	Die Rechte der Arbeitnehmer und des Betriebsrats auf dem Gebiet des Arbeitsschutzes, BB 1992, 629.
Ehlers, Dirk (Hrsg.)	European fundamental rights and freedoms, Berlin 2007.
Ehmann, Horst	Arbeitsschutz und Mitbestimmung bei neuen Technologien, Berlin 1981.
Ehrich, Christian	Amt, Anstellung und Mitbestimmung bei betrieblichen Beauftragten, Heidelberg 1993.
Eichenhofer, Eberhard; Wenner Ulrich (Hrsg.)	Kommentar zum SGB VII, Köln 2010.
Endemann, Helmut	Die arbeitnehmerähnlichen Personen, AuR 1954, 210.
Engel, Hiltrud	Die Mitbestimmung des Betriebsrats bei Bildschirmarbeitsplätzen, AuR 1982, 79.
Faber, Ulrich	Die arbeitsschutzrechtlichen Grundpflichten des § 3 ArbSchG, Berlin 2004.
Fabricius, Fritz; Kraft, Alfons; Wiese, Günther; Kreutz, Peter; Oetker, Hartmut	Gemeinschaftskommentar zum Betriebsverfassungsgesetz, Band I, §§ 1 – 73 mit Wahlordnungen, 6. Aufl., Neuwied, Kriftel 1997.
Fitting, Karl; Engels, Gerd; Schmidt, Ingrid; Trebinger, Yvonne; Linsenmaier, Wolfgang	Betriebsverfassungsgesetz mit Wahlordnung, Handkommentar, 25. Aufl., München 2010.
Franzen, Martin	Europarecht und betriebliche Mitbestimmung, Überlegungen zur Umsetzung der Rahmenrichtlinie 2002/14/EG über die Unterrichtung und Anhörung der Arbeitnehmer in Deutschland, in: Konzen, Horst; Krebber, Sebastian; Raab, Thomas; Veit, Barbara; Waas, Bernd (Hrsg.), Festschrift für Rolf Birk zum siebzigsten Geburtstag, Tübingen 2008, S. 97.
Fuchs, Maximilian; Marhold, Franz	Europäisches Arbeitsrecht, 3. Aufl., New York, Wien 2010.

Gänswein, Olivier	Der Grundsatz unionsrechtskonformer Auslegung nationalen Rechts – Erscheinungsformen und dogmatische Grundlage eines Rechtsprinzips des Unionsrechts, Frankfurt a. M. 2009.
Galperin, Hans; Löwisch, Manfred	Kommentar zum Betriebsverfassungsgesetz, 6. Aufl., Heidelberg 1982.
Geiger, Rudolf; Khan, Daniel-Erasmus; Kotzur, Markus	EUV / AEUV, Vertrag über die Europäische Union und Vertrag über die Arbeitsweise der Europäischen Union, 5. Aufl., München 2010.
Gerdom, Thomas	Gemeinschaftsrechtliche Unterrichtungs- und Anhörungspflichten und ihre Auswirkungen auf das Betriebsverfassungs-, Personalvertretungs- und Mitarbeitervertretungsrecht – Zum Umsetzungsbedarf der Richtlinie 2002/14/EG, Heidelberg 2009.
Geyer, Fabian	Die Mitbestimmung des Betriebsrats beim Arbeits- und Gesundheitsschutz – Dargestellt am Beispiel der Einführung und Gestaltung von Bildschirmarbeitsplätzen, Hamburg 2001.
Grabitz, Eberhard; Hilf, Meinhard; Nettesheim (Begr.), Martin (Hrsg.)	Das Recht der Europäischen Union, Band I, EUV/AEUV einschließlich 47. Ergänzungslieferung, Loseblattsammlung, Stand August 2012.
von der Groeben, Hans; Schwarze, Jürgen	Kommentar zum Vertrag über die Europäische Union und zur Gründung der Europäischen Gemeinschaft, 6. Aufl., Baden-Baden 2003.
Habich, Anke	Sicherheits- und Gesundheitsschutz durch die Gestaltung von Nacht- und Schichtarbeit und die Rolle des Betriebsrats, Frankfurt a. M. 2006.
Hadeler, Indra	Die Revision der Gleichbehandlungsrichtlinie 76/207/EWG – Umsetzungsbedarf für das deutsche Arbeitsrecht, NZA 2003, 77.
Hanau, Peter	Analogie und Restriktion im Betriebsverfassungsrecht, in: Mayer-Maly, Theo; Richardi, Reinhard; Schambeck, Herbert; Zöllner, Wolfgang (Hrsg.), Arbeitsleben und Rechtspflege, Festschrift für Gerhard Müller, Berlin 1981, 169.

Hanau, Peter; Steinmeyer, Heinz-Dietrich; Wank, Rolf	Handbuch des europäischen Arbeits- und Sozialrechts, München 2002.
Hess, Harald; Schlochauer, Ursula; Worzalla, Michael; Glock, Dirk; Nicolei, Andrea; Rose, Franz-Josef	BetrVG Kommentar, 8. Aufl., Köln 2011.
Heilmann, Joachim; Aufhauser, Rudolf	Arbeitsschutzgesetz, Handkommentar, 2. Aufl., Baden-Baden 2005.
Hinrichs, Oda	Mitbestimmung des Betriebsrats nach § 87 Abs. 1 Nr. 7 BetrVG und die Entwicklung des europäischen Arbeitsumweltrechts, Düsseldorf 1994.
von Hoyningen-Huene	Betriebsverfassungsrecht, 6.Aufl., München 2007.
Hromadka, Wolfgang	Arbeitnehmerbegriff und Arbeitsrecht, Zur Diskussion um die „neue Selbständigkeit", NZA 1997, 569.
Hromadka, Wolfgang	Arbeitnehmerähnliche Personen, NZA 1997, 1249.
Hromadka, Wolfgang	Zum Arbeitsrecht der arbeitnehmerähnlichen Selbständigen, in: Köbler, Gerhard; Heinze, Meinhard; Hromadka, Wolfgang, Festschrift für Alfred Söllner zum 70. Geburtstag – Europas universale rechtsordnungspolitische Aufgabe im Recht des dritten Jahrtausends, München 2000.
Hromadka, Wolfgang	Arbeitnehmer, Arbeitnehmergruppen und Arbeitnehmerähnliche im Entwurf eines Arbeitsvertragsgesetzes, NZA 2007, 838.
Hümmerich, Klaus	Arbeitsverhältnis als Wettbewerbsgemeinschaft, Zur Abgrenzung von Arbeitnehmern und Selbständigen, NJW 1998, 2625.
Internationales Arbeitsamt (Hrsg.)	Übereinkommen und Empfehlungen der Internationalen Arbeitsorganisation, 1919–1991 (Band II), Genf 1993.
Jarass, Hans	EU-Grundrechte: ein Studien- und Handbuch, München 2005.

Jarass, Hans	Charta der Grundrechte der Europäischen Union: unter Einbeziehung der vom EuGH entwickelten Grundrechte und der Grundrechtsregelungen der Verträge, München 2010.
Jarass, Hans D./Beljin, Sasa	Unmittelbare Anwendung des EG-Rechts und EG-rechtskonforme Auslegung, JZ 2003, S. 768.
Julius, Nico	Arbeitsschutz und Fremdfirmenbeschäftigung, Baden-Baden 2004.
Kappus, Matthias	Telearbeit de lege ferenda, NZA 1987, 408.
Karthaus, Boris; Klebe, Thomas	Betriebsratsrechte bei Werkverträgen, NZA 2012, 417.
Kempen, Otto Ernst; Zachert, Ulrich (Hrsg.)	Tarifvertragsgesetz, 3. Aufl., Köln 1997.
Kempen, Otto Ernst; Zachert, Ulrich (Hrsg.)	Tarifvertragsgesetz, 4. Aufl., Frankfurt a. M. 2006.
Klebe, Thomas; Roth, Siegfried	Handlungskonzept für Betriebsräte bei Bildschirmtechnologien – am Beispiel CAD/CAM, AiB 1984, 70.
Klebe, Thomas; Wedde, Peter; Wolmerath, Martin (Hrsg.)	Recht und soziale Arbeitswelt, Festschrift für Wolfgang Däubler zum 60. Geburtstag, Frankfurt a. M. 1999.
Klinkhammer, Heinz	Zur Mitbestimmung des Betriebsrats bei Bildschirmarbeitsplätzen, AuR 1983, 321.
Klöckner, Ilka	Grenzüberschreitende Bindung an zivilgerichtliche Präjudizien, Möglichkeiten und Grenzen im Europäischen Rechtsraum und bei staatsvertraglich angelegter Rechtsvereinheitlichung, Tübingen 2006.
Kohte, Wolfhard	Die arbeitsrechtliche Bedeutung der Störfallverordnung, BB 1981, 1277.
Kohte, Wolfhard	Mitbestimmung und Gesundheitsschutz, AiB 1983, 51.
Kohte, Wolfhard	Ein Rahmen ohne Regelungsinhalt? Kritische Anmerkung zur Auslegung des § 87 Abs. 1 Ziff. 7 BetrVG, AuR 1984, 263.

Kohte, Wolfhard	Neue Impulse aus Brüssel zur Mitbestimmung im betrieblichen Gesundheitsschutz, S. 675.
Kohte, Wolfhard	Arbeitsschutzrahmenrichtlinie, in: Oetker, Hartmut; Preis, Ulrich (Hrsg.): Europäisches Arbeits- und Sozialrecht, Loseblattsammlung, Kennziffer B 6100.
Kohte, Wolfhard	Die Sicherheitsbeauftragten nach geltendem und künftigen Recht, in: Anzinger Rudolf; Wank, Rolf (Hrsg.), Entwicklungen im Arbeitsrecht und Arbeitsschutzrecht, Festschrift für Otfried Wlotzke, Zum 70. Geburtstag, München 1996, S. 563.
Kohte, Wolfhard	Mitbestimmung und die gesetzliche Regelung des Arbeitsschutzes, Gütersloh 1998.
Kohte, Wolfhard	Die Stärkung der Partizipation der Beschäftigten im betrieblichen Arbeitsschutz, Edition der Hans-Böckler-Stiftung 9, Düsseldorf 1999.
Kohte, Wolfhard	Arbeitsschutzrecht im Wandel – Strukturen und Erfahrungen, in: Dietrich, Thomas (Hrsg.), Jahrbuch des Arbeitsrechts, Gesetzgebung – Rechtsprechung – Literatur, Nachschlagewerk für Wissenschaft und Praxis, Bd. 37, Berlin 2000, S. 21.
Kohte, Wolfhard	Der Beitrag der ESC zum europäischen und deutschen Arbeitsschutz, in: Konzen, Horst; Krebber, Sebastian; Raab, Thomas; Veit, Barbara; Waas, Bernd (Hrsg.), Festschrift für Rolf Birk zum siebzigsten Geburtstag, Tübingen 2008, S. 417.
Kohte, Wolfhard; Dörner, Hans-Jürgen; Anzinger, Rudolf (Hrsg.)	Arbeitsrecht im sozialen Dialog, Festschrift für Hellmut Wissmann, Zum 65. Geburtstag, München 2005.
Kohte, Wolfhard; Faber, Ulrich	Anmerkung zu EuGH, Urteil vom 06.04.2006, Rs. C-428/04, ZESAR 2007, 39.

Kollmer, Norbert; Klindt, Thomas	Arbeitsschutzgesetz mit Arbeitsschutzverordnungen, bearb. von Kohte, Wolfhard u. a., Kommentar, München 2011.
Kollmer, Norbert; Vogl, Markus	Das neue Arbeitsschutzgesetz, Darstellung der neuen Rechtslage für Arbeitgeber, Beschäftigte und Fachkräfte für Arbeitssicherheit, München 1997.
Konzen, Horst; Krebber, Sebastian; Raab, Thomas; Veit, Barbara; Waas, Bernd (Hrsg.)	Festschrift für Rolf Birk zum siebzigsten Geburtstag, Tübingen 2008.
Kreikebohm, Ralf (Hrsg.)	Sozialgesetzbuch, Gemeinsame Vorschriften für die Sozialversicherung, – SGB IV – , Kommentar, München 2008.
Lauterbach, Herbert; Watermann, Friedrich	Gesetzliche Unfallversicherung, Kommentar zum 3. und 5. Buch der Reichsversicherungsordnung und zu den die Unfallversicherung betreffenden Vorschriften des 1., 4., 5., 10. und 11. Buches des Sozialgesetzbuches, Band 3, Loseblattsammlung, 3. Aufl. bis einschließlich 62. Ergänzungslieferung, Stand 01.01.1996, Stuttgart, Berlin, Köln 1967.
Lauterbach, Herbert; Watermann, Friedrich (Begr.); Breuer, Joachim (Hrsg.)	Unfallversicherung Sozialgesetzbuch VII, Kommentar zum Siebten Buche des Sozialgesetzbuchs und zu weiteren die Unfallversicherung betreffenden Gesetzen, Band 2, Loseblattsammlung, 4. Aufl. bis einschließlich 45. Ergänzungslieferung, Stand März 2011, Stuttgart 1997.
Larenz, Karl; Canaris, Claus-Wilhelm	Methodenlehre der Rechtswissenschaft, 3. Aufl., Berlin 1995.
Leinemann, Wolfgang; Schütz, Friedrich	Die Bedeutung internationaler und europäischer Arbeitsrechtsnormen für die Arbeitsgerichtsbarkeit, BB 1993, 2519.
Lieb, Manfred	Die Schutzbedürftigkeit arbeitnehmerähnlicher Personen, RdA 1974, 257.

Lörcher, Klaus	Die Normen der Internationalen Arbeitsorganisation und des Europarats – Ihre Bedeutung für das Arbeitsrecht der Bundesrepublik, AuR 1991, 97.
Löwisch, Manfred	Arbeitsrecht, 8. Aufl., Köln 2007.
Löwisch, Manfred; Rieble, Volker	Tarifvertragsgesetz, 3 Aufl., München 2012.
Loritz, Karl-Georg	Sinn und Aufgabe der Mitbestimmung heute, ZfA 1991, 1.
Loritz, Karl-Georg	Die Erforderlichkeit und Geeignetheit von Betriebsräte- Schulungs- und Bildungsveranstaltungen, NZA 1993, 2.
Ludwigs, Markus; Kroll-Ludwigs, Kathrin	Die richtlinienkonforme Rechtsfortbildung im Gesamtsystem der Richtlinienwirkung – Zugleich Besprechung von BGH, Urt. v. 26.11.2008 – VIII ZR 200/05 (Quelle), Teil 2: Implementierungsmöglichkeiten im nationalen Recht, ZJS 2009, S. 123.
Maier-Rigaud, Julia	Die technische Zusammenarbeit der ILO zur Stärkung der Menschenrechte, Zum Potential von Projekten in der formellen und informellen Wirtschaft für die Verbesserung von Arbeitsbedingungen, Gewerkschaftsrechten und der Geschlechtergerechtigkeit, in: Institut für Entwicklung und Frieden (Hrsg.), INEF Forschungsreihe Menschenrechte, Unternehmensverantwortung und Nachhaltige Entwicklung, Universität Duisburg-Essen 2010, im Internet abrufbar unter: http://www.human rightsbusiness.org/files/tz_der_ilo_zur_staer kung_von_menschenrechten.pdf (30.12.2011).
Maus, Wilhelm	Anmerkung zu BAG, Urteil vom 10.07.1963, AP Nr. 3 zu § 2 HAG.
Mayer-Maly, Theo; Richardi, Reinhard; Schambeck, Herbert; Zöllner, Wolfgang (Hrsg.)	Arbeitsleben und Rechtspflege, Festschrift für Gerhard Müller, Berlin 1981, 169.

Meinel, Gernod; Heyn, Judith; Herms, Sascha	Allgemeines Gleichbehandlungsgesetz, Arbeitsrechtlicher Kommentar, 2. Aufl., München 2010.
Merten, Frank	Gesundheitsschutz und Mitbestimmung bei der Bildschirmarbeit, Köln 2002.
Meyer, Jürgen (Hrsg.)	Charta der Grundrechte der Europäischen Union, 3. Aufl., Baden-Baden 2011.
Moll, Wilhelm (Hrsg.)	Münchener Anwaltshandbuch Arbeitsrecht, 2. Aufl., München 2009.
Müller, Matthias	Die Arbeitnehmerähnliche Person im Arbeitsschutzrecht, Frankfurt a. M. 2009.
Müller, Michael	Der Arbeitnehmerbegriff im europäischen und deutschen Arbeitsrecht, München 2009.
Müller-Glöge, Rudi; Ulrich Preis; Ingrid Schmidt (Hrsg.)	Erfurter Kommentar zum Arbeitsrecht, 12. Aufl., München 2012.
Nebe, Katja	Betrieblicher Mutterschutz ohne Diskriminierung, Baden-Baden 2006.
Nebe, Katja; Ritschel, Andrea	The concept of information and consultation in European Directives, in: Blanke, Thomas / Rose, Edgar / Voogsgeerd, Herman / Zondag, Wijnand (Hrsg.), Tagungsband zur Konferenz "Worker Involvement Recast? Recent trends in information, consultation and codetermination of workers' representatives in a Europeanized Arena", Oldenburg, Groningen, 2009, S. 157.
Nebe, Katja; Schulze-Doll, Christine	Mitbestimmung bei Rote-Kreuz-Schwestern, Anmerkung zu LAG Düsseldorf, Urteil vom 30.10.2008, Az.: 15 TaBV 245/08, AuR 2010, 216.
Neumann, Dirk; Biebl, Josef	Arbeitszeitgesetz – Kommentar, 16. Aufl., München 2013.
Neuvians, Nicole	Die arbeitnehmerähnliche Person, Berlin 2002.
Oberthür, Natalie	Unionsrechtliche Impulse für den Kündigungsschutz von Organvertretern und Arbeitnehmerbegriff, NZA 2011, 253.

Oetker, Hartmut	Ausgewählte Probleme zum Beschwerderecht des Beschäftigten nach § 13 AGG, NZA 2008, 264.
Oetker, Hartmut	Rechtliche Probleme bei der Bestellung eines Sicherheitsbeauftragten (§ 719 I 1 RVO), BlSt-SozArbR 1983, 247.
Perulli, Adalberto	Wirtschaftlich abhängige Beschäftigungsverhältnisse/arbeitnehmerähnliche Selbständige: rechtliche, soziale und wirtschaftliche Aspekte, Bericht für die Europäische Kommission, Brüssel 2003.
Otten, Wilhelm	Heimarbeit – ein Dauerrechtsverhältnis eigener Art, NZA 1995, 289.
Pieper, Ralf	Mitbestimmung im betrieblichen Arbeitsschutz, AiB 2005, 252.
Pieper, Ralf	Arbeitsschutzgesetz, Basiskommentar mit der neuen Arbeitsschutzverordnung zu künstlicher optischer Strahlung, 4. Aufl., Frankfurt a. M. 2009.
Plander, Harro	Arbeitnehmerähnliche Personen in der Betriebsverfassung?, DB 1999, 330.
Plander, Harro	Erstreckung der Betriebsverfassung auf Arbeitnehmerähnliche durch analoge Anwendung der Heimarbeitsklausel des § 6 BetrVG?, in: Klebe, Thomas; Wedde, Peter; Wolmerath, Martin (Hrsg.), Recht und soziale Arbeitswelt, Festschrift für Wolfgang Däubler zum 60. Geburtstag, Frankfurt a. M. 1999, S. 272.
Pottschmidt, Daniela	Arbeitnehmerähnliche Personen in Europa, Baden-Baden 2006.
Rolfs, Christian; Giesen, Richard; Kreikebohm, Ralf; Udsching, Peter (Hrsg.)	Sozialrecht, SGB IV, SGB V, SGG, Kommentar, München 2007.
Rebhahn, Robert	Arbeitnehmerähnliche Personen – Rechtsvergleich und Regelungsperspektive, RdA 2009, 236.

Rebhahn, Robert	Die Arbeitnehmerbegriffe des Unionsrechts in der neueren Judikatur des EuGH, EuZA 2012, 3.
Reichold, Hermann	Arbeitsrecht, 3. Aufl., München 2008.
Reichold, Hermann	Durchbruch zu einer Europäischen Betriebsverfassung – Die Rahmen-Richtlinie 2002/14/EG zur Unterrichtung und Anhörung der Arbeitnehmer, NZA 2003, 289.
Richardi, Reinhard (Hrsg.)	Betriebsverfassungsgesetz mit Wahlordnung, Kommentar, 12. Aufl., München 2010.
Richardi, Reinhard; Wiß-mann, Helmut; Wlotzke, Otfried; Oetker, Hartmut (Hrsg.)	Münchener Handbuch zum Arbeitsrecht, Band 1, §§ 1 – 151, Individualarbeitsrecht, 3. Aufl., München 2009.
Richardi, Reinhard; Wiß-mann, Helmut; Wlotzke, Otfried; Oetker, Hartmut (Hrsg.)	Münchener Handbuch zum Arbeitsrecht, Band 2, §§ 152 – 347, Kollektivarbeitsrecht/Sonderformen, 3. Aufl., München 2009.
Riesenhuber, Karl	Europäisches Arbeitsrecht, Eine systematische Darstellung, Heidelberg, München, Landsberg, Frechen, Hamburg 2009.
Ritter, Tanja	Der Wirtschaftsausschuss nach dem Betriebsverfassungsgesetz und die Rahmenrichtlinie 2002/14/EG, Baden-Baden 2006.
von Roetteken, Torsten	Anforderungen des Gemeinschaftsrechts an Gesetzgebung und Rechtsprechung, Am Beispiel der Gleichbehandlungs-, der Arbeitsschutz- und der Betriebsübergangsrichtlinie, NZA 2001, 414.
Rolfs, Christian; Giesen, Richard; Kreikebohm, Ralf; Udsching, Peter (Hrsg.)	Sozialrecht, SGB IV – Gemeinsame Vorschriften, SGB X – Sozialverwaltungsverfahren, SGG – Sozialgerichtsgesetz, München 2007.
Rolfs, Christian; Giesen, Richard; Kreikebohm, Ralf; Udsching, Peter (Hrsg.)	Beck'scher Online-Kommentar, Arbeitsrecht, Tarifvertragsgesetz, Stand 01.12.2011.

Rolfs, Christian; Giesen, Richard; Kreikebohm, Ralf; Udsching, Peter (Hrsg.)	Beck'scher Online-Kommentar, Arbeitsrecht, Betriebsverfassungsgesetz (Auszug), Stand 01.12.2011.
Rolfs, Christian; Giesen, Richard; Kreikebohm, Ralf; Udsching, Peter (Hrsg.)	Beck'scher Online-Kommentar, Arbeitsrecht, Kündigungsschutzgesetz (Auszug), Stand 01.12.2011.
Rosenfelder, Ulrich	Der arbeitsrechtliche Status des freien Mitarbeiters, Berlin 1982.
Rost, Friedhelm	Arbeitnehmer und arbeitnehmerähnliche Personen in der Betriebsverfassung, NZA 1999, S. 113.
Rüthers, Bernd; Fischer, Christian; Birk, Axel	Rechtstheorie mit Juristischer Methodenlehre, 6. Aufl., München 2011.
Runggaldier, Ulrich	Die Freizügigkeit der Arbeitnehmer im EG-Vertrag, in: Oetker, Hartmut; Preis, Ulrich (Hrsg.): Europäisches Arbeits- und Sozialrecht, Loseblattsammlung, Kennziffer B 2000.
Scheibeler, Elke	Begriffsbildung durch den Europäischen Gerichtshof – autonom oder durch Verweis auf die nationalen Rechtsordnungen?, Berlin 2004.
Schiek, Dagmar	Europäisches Arbeitsrecht, 3. Aufl., Baden-Baden 2007.
Schiek, Dagmar (Hrsg.)	Allgemeines Gleichbehandlungsgesetz (AGG): ein Kommentar aus europäischer Perspektive, München 2007.
Schmidt, Klaus; Koberski, Wolfgang; Tiemann, Barbara; Wascher, Angelika	Heimarbeitsgesetz, Kommentar, 4. Aufl., München 1998.
Schmitt, Jochem	SGB VII, Gesetzliche Unfallversicherung, Kommentar, 4. Aufl., München 2009.
Schrammel, Walter; Winkler, Gottfried	Europäisches Arbeits- und Sozialrecht, Wien 2010.
Schroeder, Werner	Grundkurs Europarecht, München 2009.
Schubert, Claudia	Der Schutz der arbeitnehmerähnlichen Personen, München 2005.

Schubert, Florian	Europäisches Arbeitsschutzrecht und betriebliche Mitbestimmung – Die Beteiligungsrechte der Arbeitnehmer im Arbeitsschutzrecht in der Bundesrepublik Deutschland und im Königreich Schweden, Frankfurt am Main 2005.
Schulze, Reiner; Zuleeg, Manfred; Kadelbach, Stefan	Europarecht – Handbuch für die deutsche Rechtspraxis, 2. Aufl., Baden-Baden 2010.
Schwarze, Jürgen (Hrsg.), Becker, Ulrich; Hatje, Armin; Schoo, Johann (Mithrsg.)	EU-Kommentar, 3. Aufl., Baden-Baden 2012.
Seidel, Norbert	Die arbeitnehmerähnlichen Personen im Urlaubsrecht, BB 1970, 971.
Simons, Rolf; Wattendorff, Frank (Hrsg.)	Sicherheitsbeauftragte im Betrieb, Projektbericht des Weiterbildungsstudiums Arbeitswissenschaft Universität Hannover, Hannover 1985.
Spinnarke, Jürgen	Sicherheitstechnik, Arbeitsmedizin, Arbeitsplatzgestaltung, Eine Einführung in das Recht der Arbeitssicherheit, 2. Aufl., München 1990.
Stahlmann, Günther (Hrsg.)	Recht und Praxis der Ein-Euro-Jobs, Beschäftigungsverhältnisse ohne Arbeitsvertrag nach dem SGB II, Handbuch, Scheßlitz 2006.
Stoffels, Markus	Die Betriebsverfassung unter dem Einfluss des Europarechts, in: Söllner, Alfred; Gitter, Wolfgang; Waltermann, Raimund; Giesen, Richard; Ricken, Oliver (Hrsg.), Gedächtnisschrift für Meinhard Heinze, München 2005, S. 885.
Stolterfoth, Joachim N.	Tarifautonomie für arbeitnehmerähnliche Personen?, DB 1973, 1068.
Streinz, Rudolf (Hrsg.)	EUV/AEUV – Vertrag über die Europäische Union und Vertrag über die Arbeitsweise der Europäischen Union, 2. Aufl., München 2012.

Söllner, Alfred; Gitter, Wolfgang; Waltermann, Raimund; Giesen, Richard; Ricken, Oliver (Hrsg.)	Gedächtnisschrift für Meinhard Heinze, München 2005.
Supiot, Alain	Beyond Employment – Changes in Work and the Future of Labour Law in Europe, A report prepared for the European Commission, Oxford 2001.
Tettinger, Peter J.; Stern, Klaus (Hrsg.)	Kölner Gemeinschaftskommentar zur Europäischen Grundrechte-Charta, München 2006.
Thüsing, Gregor	Europäisches Arbeitsrecht, 2. Aufl., München 2011.
Thüsing, Gregor; Braun, Axel	Tarifrecht, München 2011.
Vedder, Christoph; Heintschel von Heinegg, Wolff (Hrsg.)	Europäisches Unionsrecht, EUV/AEUV/Grundrechte-Charta, Handkommentar, Baden-Baden 2012.
Waltermann, Raimund	Gutachten B zum 68. Deutschen Juristentag, Abschied vom Normalarbeitsverhältnis? – Welche arbeits- und sozialrechtlichen Regelungen empfehlen sich im Hinblick auf die Zunahme neuer Beschäftigungsformen und die Diskontinuität von Erwerbsbiographien?, Band I, Berlin 2010.
Wank, Rolf	Arbeitnehmer und Selbständige, München 1988.
Wank, Rolf	Der Entwurf eines Arbeitsschutzrahmengesetzes im Spannungsfeld von Verfassungs- und Gemeinschaftsrecht, in: Anzinger Rudorf; Wank, Rolf (Hrsg.), Entwicklungen im Arbeitsrecht und Arbeitsschutzrecht, Festschrift für Otfried Wlotzke, Zum 70. Geburtstag, München 1996, S. 617.
Wank, Rolf	Die personellen Grenzen des Europäischen Arbeitsrechts: Arbeitsrecht für Nicht-Arbeitnehmer?, EuZA 2008, 172.
Wank, Rolf; Börgmann, Udo	Deutsches und europäisches Arbeitsschutzrecht, München 1992.

Wedde, Peter	Der Schutz der Telearbeiter – eine Herausforderung an das Arbeitsrecht, AuR 1987, 325.
Weiss, Manfred	Arbeitnehmermitwirkung in Europa, NZA 2003, 177.
Weiße, Mirjam	Die Nichtarbeitnehmer im Betriebsverfassungsrecht, Hamburg 2009.
Wendeling-Schröder, Ulrike; Stein, Axel	Allgemeines Gleichbehandlungsgesetz, Kommentar, München 2008.
Wiedemann, Herbert	Das Arbeitsverhältnis als Austausch- und Gemeinschaftsverhältnis, Karlsruhe 1996.
Wiedemann, Herbert (Hrsg.)	Tarifvertragsgesetz mit Durchführungs- und Nebenvorschriften, 7. Aufl., München 2007.
Wiese, Günther; Kreutz, Peter; Oetker, Hartmut; Raab, Thomas; Weber, Christoph; Franzen, Martin	Gemeinschaftskommentar zum Betriebsverfassungsgesetz, Band I, §§ 74 – 132 mit Wahlordnungen, 9. Aufl., Neuwied, Kriftel 2010.
Wiese, Günther; Kreutz, Peter; Oetker, Hartmut; Raab, Thomas; Weber, Christoph; Franzen, Martin	Gemeinschaftskommentar zum Betriebsverfassungsgesetz, Band II, §§ 1 – 73b mit Wahlordnungen, 9. Aufl., Neuwied, Kriftel 2010.
Wiese, Günther	Individuum und Kollektiv im Betriebsverfassungsrecht, NZA 2006, 1.
Wiese, Günther	Buchautoren als arbeitnehmerähnliche Personen, Wien 1980.
Willemsen, Heinz Josef; Müntefering, Michael	Begriff und Rechtsstellung arbeitnehmerähnlicher Personen: Versuch einer Präzisierung, NZA 2008, 193.
Winkler, Jürgen (Hrsg.)	Sozialgesetzbuch IV, Gemeinsame Vorschriften für die Sozialversicherung, Lehr- und Praxiskommentar, Baden-Baden 2007.
Wlotzke, Otfried	Neuerungen im gesetzlichen Arbeitsrecht, DB 1974, 2252.
Wlotzke, Otfried	Das gesetzliche Arbeitsrecht in einer sich wandelnden Arbeitswelt, DB 1985, 754.

Wlotzke, Otfried	EG-Binnenmarkt und Arbeitsrechtsordnung – Eine Orientierung, NZA 1990, 417.
Wlotzke, Otfried	Technischer Arbeitsschutz im Spannungsfeld von Arbeits- und Wirtschaftsrecht, RdA 1992, 85.
Wlotzke, Otfried	Auf dem Weg zu einer grundlegenden Neuregelung des betrieblichen Arbeitsschutzes, NZA 1994, 602.
Wlotzke, Otfried	Das neue Arbeitsschutzgesetz zeitgemäßes Grundlagengesetz für den betrieblichen Arbeitsschutz, NZA 1996, 1017.
Wlotzke, Otfried	Ausgewählte Leitlinien des Arbeitsschutzgesetzes, in: Klebe, Thomas; Wedde, Peter; Wolmerath, Martin (Hrsg.), Recht und soziale Arbeitswelt, Festschrift für Wolfgang Däubler zum 60. Geburtstag, Frankfurt a. M. 1999, S. 654.
Wlotzke, Otfried; Preis, Ulrich	Betriebsverfassungsgesetz, Kommentar, 4. Aufl., München 2009.
Ziegler, Katharina	Arbeitnehmerbegriffe im Europäischen Arbeitsrecht, München 2011.
Zimmer, Reingard	Soziale Mindeststandards und ihre Durchsetzungsmechanismen, Sicherung internationaler Mindeststandards durch Verhaltenskodizes?, Baden-Baden 2008.

RECHT DER ARBEIT UND DER SOZIALEN SICHERHEIT

Band 21 Bettina Graue: Der deutsche und europäische öffentliche Dienst zwischen rechtlicher und faktischer Gleichberechtigung der Geschlechter. Ein rechtssystematischer Vergleich zur Frauenförderung in beiden öffentlichen Diensten unter besonderer Berücksichtigung des Gemeinschaftsgrundrechts der Gleichberechtigung von Männern und Frauen. 2004.

Band 22 Timo Karsten: Schuldrechtliche Tarifverträge und außertarifliche Sozialpartner-Vereinbarungen. Eine Untersuchung am Beispiel von Vereinbarungen der Tarifparteien der Chemischen Industrie. 2004.

Band 23 Katrin Stoye: Rechtsdogmatische und rechtspolitische Probleme des § 14 Abs. 2 Teilzeit- und Befristungsgesetz. Ein Beitrag zur Auslegung der Tatbestandsvoraussetzungen des § 14 Abs. 2 TzBfG sowie zur Entwicklung des Rechts der sachgrundlosen Befristungen unter Berücksichtigung der gesetzlichen Neuerungen durch die Arbeitsmarktreformen der Jahre 2002 und 2003. 2007.

Band 24 Felix Herbold: Gleichbehandlung in der betrieblichen Altersversorgung. Rechtsfragen zur Beteiligung an der zweiten Säule der Alterssicherung am Beispiel der geringfügig Beschäftigten und eingetragenen Lebenspartner. 2007.

Band 25 Andrea Henke-Klar: Unfall- und Gesundheitsschutz – ein Rechtsvergleich zwischen Japan und Deutschland. 2008.

Band 26 Gerald Peter Müller: Der vermittlungsorientierte Einsatz von Arbeitnehmerüberlassung in der Personal-Service-Agentur (PSA). Arbeitsrechtliche Auswirkungen auf die Rechtsbeziehungen der Beteiligten. 2008.

Band 27 Alexandra Lessel: Die berufsständische Versorgung der klassischen verkammerten Freien Berufe und das Problem der Kindererziehungszeiten. 2009.

Band 28 Meike Schils: Das betriebliche Eingliederungsmanagement im Sinne des § 84 Abs. 2 SGB IX. 2009.

Band 29 Hans Hoins: Die Kündigung von Berufsausbildungsverhältnissen, insbesondere aus betrieblichen Gründen. 2009.

Band 30 Sandra Buse: Die Unkündbarkeit im Arbeitsrecht. Neue Akzente durch das AGG. 2009.

Band 31 Melanie Böttger: In Vielfalt geeint. Die Europäische Integration im Lichte der offenen Methode der Koordinierung in der Alterssicherung am Beispiel der Anhebung der Regelaltersgrenze in der gesetzlichen Rentenversicherung. 2010.

Band 32 Nina N. Blinda: Altersbezogene Regelungen in Sozialplänen – eine Diskriminierung? 2010.

Band 33 Sabine Eggert-Weyand: Belästigung am Arbeitsplatz. Eine Form der verbotenen Benachteiligung wegen des Geschlechts. 2010.

Band 34 Carsten Albers: Ausschluss trotz Einschluss? Arbeitsuchende Unionsbürger und die Grundsicherung nach SGB II aus gemeinschaftsrechtlicher Perspektive. 2012.

Band 35 Lea Frey: Arbeitnehmerähnliche Personen in der Betriebsverfassung unter besonderer Berücksichtigung des Arbeitsschutzrechts. 2014.

www.peterlang.com

Printed by
CPI books GmbH, Leck

Zeitfracht Medien GmbH
Ferdinand-Jühlke-Straße 7
99095 Erfurt, Deutschland
produktsicherheit@kolibri360.de